BIM 造价软件应用实训系列教程

BIM 建筑工程计量与计价实训（上海版）

BIM Jianzhu Gongcheng
Jiliang yu Jijia Shixun

主　编　柳婷婷　张玲玲
副主编　曹　婷　祁巧艳　张金玉

重庆大学出版社

内容提要

本书分上、下两篇。上篇为建筑工程计量，详细介绍了如何识图、如何从清单定额和平法图集角度进行分析，确定算什么，以及如何算的问题；讲解了如何应用广联达 BIM 土建计量平台 GTJ 软件完成工程量的计算。下篇为建筑工程计价，主要介绍了如何运用广联达云计价平台 GCCP 完成工程量清单计价的全过程，并提供了报表实例。通过本书的学习，学生可以掌握正确的算量流程和组价流程，掌握软件的应用方法，能够独立完成工程量计算和清单计价。

本书可作为高校工程造价专业的实训教材，也可作为建筑工程技术、工程管理等专业的教学参考用书以及岗位技能培训教材或自学用书。

图书在版编目(CIP)数据

BIM 建筑工程计量与计价实训：上海版 / 柳婷婷，张玲玲主编. -- 重庆 ：重庆大学出版社，2022.2
BIM 造价软件应用实训系列教程
ISBN 978-7-5689-3155-7

Ⅰ.①B… Ⅱ.①柳… ②张… Ⅲ.①建筑工程—计量—教材②建筑造价—教材 Ⅳ.①TU723.32

中国版本图书馆 CIP 数据核字(2022)第 027801 号

BIM 造价软件应用实训系列教程
BIM 建筑工程计量与计价实训(上海版)
主　编　柳婷婷　张玲玲
副主编　曹　婷　祁巧艳　张金玉
策划编辑：林青山
责任编辑：张红梅　　版式设计：林青山
责任校对：邹　忌　　责任印制：赵　晟
*
重庆大学出版社出版发行
出版人：饶帮华
社址：重庆市沙坪坝区大学城西路 21 号
邮编：401331
电话：(023)88617190　88617185(中小学)
传真：(023)88617186　88617166
网址：http://www.cqup.com.cn
邮箱：fxk@cqup.com.cn（营销中心）
全国新华书店经销
重庆市正前方彩色印刷有限公司印刷
*
开本：787mm×1092mm　1/16　印张：26.5　字数：646 千
2022 年 2 月第 1 版　　2022 年 2 月第 1 次印刷
印数：1—2 000
ISBN 978-7-5689-3155-7　定价：59.00 元

出版说明

随着科学技术日新月异的发展,近两年"云、大、移、智"等技术深刻影响着社会的方方面面,数字建筑时代悄然到来。建筑业传统建造模式已不再符合可持续发展的要求,迫切需要利用以信息技术为代表的现代科技手段,实现中国建筑产业转型升级与跨越式发展。在国家政策倡导下,积极探索基于信息化技术的现代建筑业的新材料、新工艺、新技术发展模式已成大势所趋。中国建筑产业转型升级就是以互联化、集成化、数据化、智能化的信息化手段为有效支撑,通过技术创新与管理创新,带动企业与人员能力的提升,最终实现建造过程、运营过程、建筑及基础设施产品三方面的升级。数字建筑集成了人员、流程、数据、技术和业务系统,管理建筑物从规划、设计开始到施工、运维的全生命周期。数字时代,建筑将呈现数字化、在线化、智能化的"三化"新特性,建筑全生命周期也呈现出全过程、全要素、全参与方的"三全"新特征。

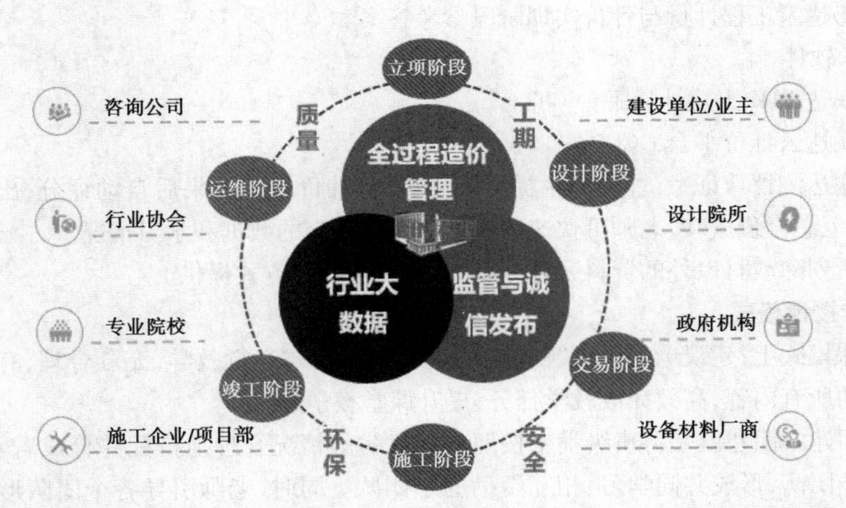

在工程造价领域,住房和城乡建设部于 2017 年发布了《工程造价事业发展"十三五"规划》,提出要加强对市场价格信息、造价指标指数、工程案例信息等各类型、各专业造价信息的综合开发利用;提出利用"云+大数据"技术丰富多元化信息服务种类,培育全过程工程咨询,建立健全合作机制,促进多元化平台良性发展;提出大力推进 BIM 技术在工程造价事业中的应用,大力发展以 BIM、大数据、云计算为代表的先进技术,从而提升信息服务能力,构建信息服务体系。造价改革顶层设计为工程造价领域指出了以数据为核心的发展方向,也为数字化指明了方向。

行业深刻变革的背后,需要新型人才。为了顺应新时代、新建筑、新教育的趋势,广联达科技股份有限公司(以下简称"广联达公司")再次联合国内各大建筑相关院校,组织编写新

版"BIM 造价软件应用实训系列教程",以帮助院校培养建筑行业的新型人才。新版教材编制框架分为 7 个部分,具体如下:

①图纸分析:解决识图的问题。

②业务分析:从清单、定额两个方面进行分析,解决本工程要算什么以及如何算的问题。

③如何应用软件进行计算。

④本阶段的实战任务。

⑤工程实战分析。

⑥练习与思考。

⑦知识拓展。

新版教材、配套资源以及授课模式讲解如下:

1.系列教材及配套资源

本系列教材包含案例图集《1 号办公楼施工图》和分地区版的《BIM 建筑工程计量与计价实训》。为了方便老师开展教学,与目前新清单、新定额、16G 平法相配套,切实提高教学质量,按照新的内容全面更新实训教学配套资源,具体教学资源如下:

①BIM 建筑工程计量与计价实训教学指南。

②BIM 建筑工程计量与计价实训授课 PPT。

③BIM 建筑工程计量与计价实训教学参考视频。

④BIM 建筑工程计量与计价实训阶段参考答案。

2.教学软件

①广联达 BIM 土建计量平台 GTJ。

②广联达云计价平台 GCCP。

③广联达测评认证考试网:学生提交土建工程/计价工程成果后自动评分,出具评分报告,并自动汇总全班成绩,老师可快速掌握学生作答提交的数据和学习情况。

以上所列除教材以外的资料,由广联达公司以课程的方式提供。

3.教学授课模式

在授课模式上,建议老师采用"团建八步教学法"模式进行教学,充分合理、有效利用教学资料包的所有内容,高效完成教学任务,提升课堂教学效果。

何为团建?团建就是将班级学生按照成绩优劣等情况合理地搭配并分成若干组,有效地形成若干团队,形成共同学习、相互帮助的小团队。同时,老师引导各个团队形成不同的班级管理职能小组(学习小组、纪律小组、服务小组、娱乐小组等)。授课时,老师组织引导各职能小组发挥作用,帮助老师有效管理课堂和自主组织学习。本授课方法主要以组建团队为主导,以团建形式培养学生自我组织学习、自我管理的能力,形成团队意识、竞争意识。在实训过程中,所有学生以小组团队身份出现。老师按照"八步教学法"的步骤,首先对整个实训工程案例进行切片式阶段任务设计,每个阶段任务按照"八步教学法"合理贯穿实施。整个课程利用我们提供的教学资料包进行教学,备、教、练、考、评一体化课堂设计,老师主要扮演组织者、引导者的角色,学生作为实训学习的主体发挥主要作用,实训效果在学生身上得到充分体现。

"八步教学法"的操作流程如下:

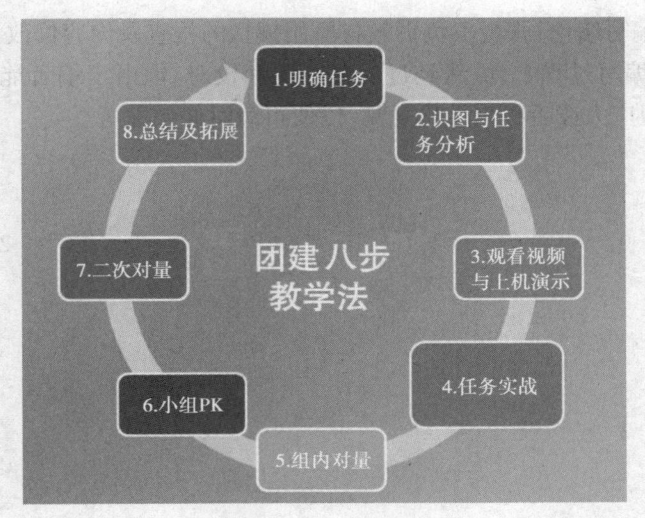

第一步,明确任务:本堂课的任务是什么?该任务的前提条件是什么?确定该任务的计算范围(哪些项目需要计算?哪些项目不需要计算?)。

第二步,识图与任务分析(结合案例图纸):以团队的方式进行图纸及任务分析,找出各任务中涉及构件的关键参数及图纸说明,从定额、清单两个角度进行任务分析,确定算什么、如何算。

第三步,观看视频与上机演示:老师可以播放完整的案例操作以及业务讲解视频,也可以根据需要自行上机演示操作,主要是明确本阶段软件应用的重要功能、操作上机的重点及难点。

第四步,任务实战:老师根据布置的任务,规定完成任务的时间;团队学生自己动手操作,配合老师的辅导,在规定时间内完成阶段任务。学生在规定时间内完成任务后,提交个人成果至广联达认证考试网自动评分,得出个人成绩;老师在网上直接查看学生的提交情况和成绩汇总。

第五步,组内对量:评分完毕后,团队学生根据每个人的成绩,在小组内利用对量软件进行对量,讨论完成对量问题,如找问题、查错误、优劣搭配、自我提升。老师要求每个小组最终出具一份能代表小组实力的结果文件。

第六步,小组 PK:每个小组上交最终成果文件后,老师再次使用评分软件进行评分,测出各个小组的成绩优劣,通过小组成绩刺激小组的团队意识以及学习动力。

第七步,二次对量:老师下发标准答案,学生再次利用对量软件与标准答案进行结果对比,从而找出错误点并加以改正。

第八步,总结及拓展:学生小组及个人总结;老师针对本堂课的情况进行总结及知识拓展,最终共同完成本堂课的教学任务。

随着高校实训教学的深入开展,广联达教育事业部造价组联合全国建筑类高校资深专业教师,倾力打造完美的造价实训课堂。

本书由广联达公司张玲玲负责组织制定编写思路及大纲;由上海城建职业学院柳婷婷、广联达公司张玲玲担任主编,上海城建职业学院曹婷、祁巧艳、张金玉担任副主编。具体编写分工如下:祁巧艳负责编写第 1—5 章;曹婷负责编写第 6—12 章,柳婷婷负责编写第 13—

15 章;张玲玲负责编写绪论;张金玉负责教材所用模型的检查及内容修改。

本系列教材在编写过程中,虽然经过反复斟酌和校对,但由于编者能力有限,书中难免存在不足之处,诚望广大读者提出宝贵意见,以便再版时修改完善。

张玲玲

2020 年 7 月于北京

目录

CONTENTS

下篇 建筑工程计价

0 绪 论

1) BIM 技术给工程造价行业带来的变革

(1)提高工程量计算的准确性

工程量计算作为工程造价文件编制的基础工作,其计算结果的准确性直接影响工程造价的金额。从理论上讲,根据工程图纸和全国统一工程量计算规范所计算出的工程量,应是一个唯一确定的数值,然而在实际手工算量工作中,由于不同的造价人员对图纸的理解不同以及数值取定存在差异,最后会得到不同的数据。利用计算机借助 BIM 技术计算工程量就能很好地解决这一问题。

利用 BIM 技术计算工程量,主要是通过三维图形算量软件中的建模法和数据导入法进行。建模法是在计算机中绘制基础、墙、柱、梁、板、楼梯等构件模型图,然后软件根据设置的清单和定额工程量计算规则,充分利用几何数学的原理自动计算工程量。计算时,以楼层为单元,在计算机界面上输入相关构件数据,建立整栋楼层基础、墙、柱、梁、板、楼梯的建筑模型,根据建好的模型进行工程量计算。数据导入法是将工程图纸的 CAD 电子文档直接导入三维图形算量软件,软件会智能识别工程设计图中的各种建筑结构构件,快速虚拟出仿真建筑,结合对构件属性的定义,以及对构件的转化,就能准确地计算出工程量。这两种基于 BIM 技术计算工程量的方法,不仅可以减少造价人员的工作误差,同时利用 BIM 算量模型还可以使工程量的计算更加准确、高效。

(2)提升工程结算效率

工程结算中一个比较麻烦的问题就是核对工程量。尤其对单价合同而言,在单价确定的情况下,工程量对合同价的影响甚大,因此核对工程量就显得尤为重要。钢筋、模板、混凝土、脚手架等在工程中大量采用的材料,都是造价工程师核对工作的要点,需要耗费大量的时间和精力。BIM 技术引入后,承包商利用 BIM 模型对该施工阶段的工程量进行一定的修改及深化,并将其包含在竣工资料里提交给业主,经过设计单位的审核之后,作为竣工图最主要的组成部分之一转交给咨询公司进行竣工结算,施工单位和咨询公司基于这个 BIM 模型导出的工程量是一致的。这就意味着承包商在提交竣工模型的同时就相当于提交了工程量,设计单位在审核模型的同时就已经审核了工程量。也就是说,只要是项目的参与人员,无论是咨询单位、设计单位,还是施工单位,或者是业主,所有获得这个 BIM 模型的人,得到的工程量都是一样的,从而大大提高了工程结算的效率。

(3)提高核心竞争力

造价人员是否会被 BIM 技术所取代呢?其实不然,只要造价人员充分了解 BIM 技术给造价行业带来的变革,积极提升自身的能力,就不会被取代。

当然,如果造价人员的核心竞争力仅体现在数字核对、计算等简单重复的工作上,那么高度自动化计算一定会取代造价人员。相反,如果造价人员掌握了一些软件很难取代的知识,比如精通清单定额、项目管理,BIM 软件还将成为提高造价人员专业能力的好帮手。因此,BIM 的引入和普及发展,不过是淘汰专业技术能力差的从业人员。算量是基础,软件只是减小工作强度,这样会让造价人员的工作不再局限于算量这一小部分,而是上升到对整个项目的全面掌控,例如全过程造价管理、项目管理。精通合同、施工技术、法律法规等能显著提高造价人员核心竞争力的专业能力,能为造价人员带来更好的职业发展。

2)BIM 在全过程造价管理中的应用

(1)BIM 在投资决策阶段的应用

投资决策阶段是建设项目最关键的一个阶段,它对项目工程造价的影响高达 80%~90%,利用 BIM 技术,可以通过相关的造价信息以及 BIM 数据模型比较精确地预估不可预见的费用,减少风险,从而更加准确地确定投资估算。在进行多方案比选时,还可通过 BIM 进行方案的造价对比,选择更合理的方案。

(2)BIM 在设计阶段的应用

设计阶段对整个项目工程造价管理有十分重要的影响。通过信息交流平台,各参与方可以在早期介入建设工程。在设计阶段使用的主要措施是限额设计,通过它可以对工程变更进行合理控制,确保总投资不增加。完成建设工程设计图纸后,将图纸内的构成要素通过 BIM 数据库与相应的造价信息相关联,实现限额设计的目标。

在设计交底和图纸审查时,通过 BIM 技术,可以将与图纸相关的各个内容汇总到 BIM 平台进行审核。利用 BIM 的可视化模拟功能,进行模拟、碰撞检查,减少设计失误,降低因设计错误或设计冲突导致的返工费用,实现设计方案在经济和技术上的最优。

(3)BIM 在招投标阶段的应用

BIM 技术的推广与应用,极大地促进了招投标管理的精细化程度和管理水平。招标单位通过 BIM 模型可以准确地计算出招标所需的工程量,编制招标文件,最大限度地减少施工阶段因工程量问题产生的纠纷。投标单位的商务标是基于较为准确的模型工程量清单制订的,同时可以利用 BIM 模型进一步完善施工组织设计,进行重大施工方案预演,做出较为优质的技术标,从而综合、有效地制订本单位的投标策略,提高中标率。

(4)BIM 在施工阶段的应用

在进度款支付时,往往会因为数据难以统一而花费大量的时间和精力,利用 BIM 技术中的 5D 模型可以直观地反映不同建设时间点的工程量完成情况,并及时进行调整。BIM 还可以将招投标文件、工程量清单、进度款审核等进行汇总,便于成本测算和工程款的支付。另外,利用 BIM 技术的虚拟碰撞检查,可以在施工前发现并解决碰撞问题,有效地减少变更次数,控制工程成本,加快工程进度。

(5)BIM 在竣工验收阶段的应用

传统模式下的竣工验收阶段,造价人员需要核对工程量,重新整理资料,审核计算甚至细化到具体的梁、柱,并且由于造价人员的经验水平和计算逻辑不尽相同,在对量过程中经常出现争议。BIM 模型可将前几个阶段的量价信息进行汇总,真实完整地记录此过程中发生的各项数据,提高工程结算效率并更好地控制建造成本。

3）BIM 对建设工程全过程造价管理模式带来的改变

（1）建设工程项目采购模式的变化

建设工程全过程造价管理作为建设工程项目管理的一部分，与建设工程项目采购模式（承发包模式）是密切相关的。目前，在我国建设工程领域应用最为广泛的采购模式是 DBB 模式，即设计—招标—施工模式。在 DBB 模式下开展 BIM，可为设计单位提供更好的设计软件和工具，增强设计效果。但是由于缺乏各阶段、各参与方之间的共同协作，BIM 作为信息共享平台的作用和价值将难以实现，BIM 在全过程造价管理中的应用价值将被大大削弱。

相对于 DBB 模式，在我国目前的建设工程市场环境下，DB 模式（设计—施工模式）更加有利于 BIM 的实施。在 DB 模式下，总承包商从项目开始到项目结束都承担着总的管理及协调工作，有利于 BIM 在全过程造价管理中的实施，但是该模式下也存在着业主过于依赖总承包商的风险。

（2）工作方式的变化

传统的建设工程全过程造价管理是从建设工程项目投资决策开始，到竣工验收直至试运行投产为止，对所有的建设阶段进行全方位、全面的造价控制和管理，其工作方式为业主主导，具体由一家造价咨询单位承担全过程的造价管理工作。这种工作方式能够有效避免多头管理，利于明确职责与规避风险，使全过程造价管理工作系统地开展与实施。但在这种工作方式下，项目各参与方无法有效融入造价管理全过程。

在基于 BIM 的全过程造价管理体系下，全过程造价管理工作不再仅仅是造价咨询单位的职责，甚至不是由其承担主要职责。项目各参与方在早期便介入项目，共同进行全过程造价管理，各个参与方的造价信息都聚集在 BIM 信息共享平台上，组成信息“面”，工作方式也由传统的造价咨询单位与各个参与方之间的“点对点”的形式，转变成造价咨询单位、项目各参与方与 BIM 平台之间的“点对面”的形式。信息交流由“点”升级为“面”，信息传递更为及时、准确，造价管理的工作效率也更高。

（3）组织架构的变化

传统的建设工程全过程造价管理的工作组织架构较为简单，负责全过程造价管理的造价咨询单位是组织架构中的主导，项目各参与方之间的造价管理人员配合造价咨询单位完成全过程造价管理工作。

在基于 BIM 的建设工程全过程造价管理体系下，项目各参与方最理想的组织架构应该类似于集成项目交付（Integrated Project Delivery，IPD）模式的组织架构，即由各参与方抽调具备 BIM 技术的造价管理人员，组建基于 BIM 的造价管理工作小组（该工作小组不再以造价咨询单位为主导，甚至可以不再需要造价咨询单位的参与）。这个基于 BIM 的造价管理工作小组以业主为主导，从建设工程项目投资决策阶段开始，到项目竣工验收直至试运行投产为止，贯穿建设工程的所有阶段，涉及所有项目参与方，承担建设工程全过程的造价管理工作。这种组织架构有利于 BIM 信息流的集成与共享，有利于各阶段之间、各参与方之间造价管理工作的协调与合作，有利于建设工程全过程造价管理工作的开展与实施。

国外大量成功的实践案例证明，只有找到适合 BIM 特点的项目采购模式、工作方式、组织架构，才能更好地发挥 BIM 的应用价值，才能更好地促进基于 BIM 的建设工程全过程造价管理体系的实施。

4)将 BIM 应用于建设工程全过程造价管理的障碍

(1)具备基于 BIM 的造价管理能力的专业人才缺乏

基于 BIM 的建设工程全过程造价管理,要求造价管理人员在早期便参与到建设工程项目中来,参与决策、设计、招投标、施工、竣工验收等全过程,从技术、经济的角度出发,在精通造价管理知识的基础上,熟知 BIM 应用技术,制订基于 BIM 的造价管理措施及方法,能够通过 BIM 进行各项造价管理工作的实施,与各参与方之间进行信息共享、组织协调等工作,这对造价管理人员的素质要求更为严格。显然,在我国目前的建筑业环境中,既懂 BIM,又精通造价管理的人才十分缺乏,这些都不利于我国 BIM 技术的应用及推广。

(2)基于 BIM 的建设工程全过程造价管理应用模式障碍

BIM 意味着一种全新的行业模式,而传统的工程承发包模式并不足以支持 BIM 的实施,因此需要一种新的适应 BIM 特征的建设工程项目采购模式。目前应用最为广泛的 BIM 应用模式是 IPD 模式,即把建设单位、设计单位、施工单位及材料设备供应商等集合在一起,各方基于 BIM 进行有效合作,优化建设工程的各个阶段,减少浪费,实现建设工程效益最大化,进而促进基于 BIM 的全过程造价管理的顺利实施。IPD 模式在建设工程中收到了很好的效果,然而即使在国外,也是通过长期的摸索,最终形成相应的制度及合约模板,才使得 IPD 的推广应用成为可能。将 BIM 引入我国建筑业中,IPD 是一个很好的可供借鉴的应用模式,但由于我国当前的建筑工程市场仍不成熟,相应的制度仍需进一步完善、与国外的应用环境差别较大,因此 IPD 模式在我国的应用及推广也会面临很多问题。

上篇

建筑工程计量

1 算量基础知识

通过本章的学习,你将能够:

(1)掌握软件算量的基本原理;

(2)掌握软件算量的操作流程;

(3)掌握软件绘图的操作要点;

(4)能够正确识读建筑施工图和结构施工图。

1.1 软件算量的基本原理

通过本节的学习,你将能够:

掌握软件算量的基本原理。

建筑工程量的计算是一项工作量极大的工作,工程量计算的算量工具也随着信息化技术的发展,经历了算盘、计算器、计算机表格、计算机建模等几个阶段,如图 1.1 所示。现阶段我们是利用建筑模型进行工程量的计算。

图 1.1

目前,建筑设计输出的图纸绝大多数采用二维设计,提供建筑的平、立、剖面图纸,对建筑物进行表达。而建模算量则是将建筑平、立、剖面图结合,建立建筑的三维空间模型。模型的正确建立可以准确地表达各类构件之间的空间位置关系,土建算量软件则按内置计算规则计算各类构件的工程量,构件之间的扣减关系则根据模型由程序进行处理,从而准确计算出各类构件的工程量。为方便工程量的调用,将工程量以代码的方式提供,清单与定额可以直接套用,如图 1.2 所示。

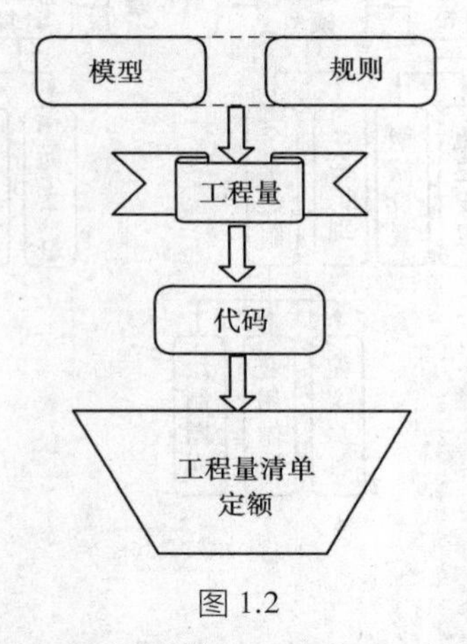

图 1.2

通过使用土建算量软件进行工程量计算,已经实现了从手工计算的大量书写与计算到建立建筑模型的转变。但无论是手工算量还是软件算量,都有一个基本的要求,那就是知道算什么、如何算。知道算什么,是做好算量工作的第一步,也就是业务关,手工算、软件算只是采用了不同的手段而已。

软件算量的重点:一是快速地按照图纸的要求,正确地建立建筑模型;二是将算出来的工程量和工程量清单与定额进行关联;三是掌握特殊构件的处理并灵活应用。

1.2 软件算量操作

通过本节的学习,你将能够:
掌握软件算量的基本操作流程。

在进行实际工程的绘制和计算时,GTJ 相对于以往的 GCL 与 GGJ,在操作上有很多相同的地方,但在流程上,更加有逻辑性,也更简便。其大体流程如图 1.3 所示。

1)分析图纸

拿到图纸后应先分析图纸,熟悉工程建筑结构图纸说明,正确识读图纸。

2)新建工程/打开文件

启动软件后,会出现新建工程的界面,单击左键即可。如果已有工程文件,单击打开文件即可,详细步骤见 2.1 节“新建工程”。

3)工程设置

工程设置包括基本设置、土建设置和钢筋设置三大部分。在基本设置中可以进行工程信息和楼层设置;在土建设置中可以进行计算设置和计算规则设置;在钢筋设置中可以进行计算设置、比重设置、弯钩设置、损耗设置和弯曲调整值设置。

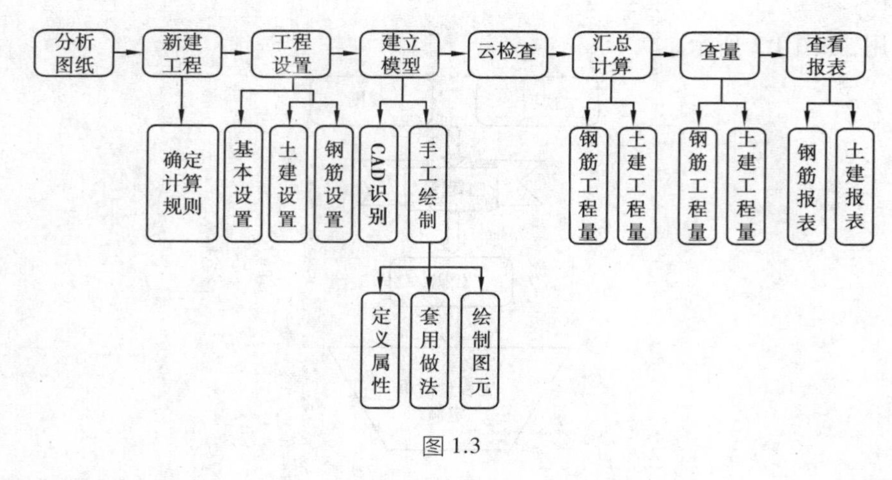

图 1.3

4)建立模型

建立模型有两种方式:第一种是通过 CAD 识别,第二种是通过手工绘制。CAD 识别包括识别构件和识别图元。手工绘制包括定义属性、套用做法及绘制图元。在建模过程中,可以通过建立轴网→建立构件→设置属性/做法套用→绘制构件完成建模。轴网的创建可以为整个模型的创建确定基准,建立包括柱、墙、门窗洞、梁、板、楼梯、装修、土方、基础等在内的构件。创建出的构件需要设置属性,并进行做法套用,包括清单和定额项的套用。最后在绘图区域将构件绘制到相应的位置即可完成建模。

5)云检查

模型绘制好后可以进行云检查,软件会从业务方面检查构件图元之间的逻辑关系。

6)汇总计算

云检查无误后,进行汇总计算,计算钢筋和土建工程量。

7)查量

汇总计算后,查看钢筋工程量和土建工程量,包括查看钢筋三维显示、钢筋及土建工程量的计算式。

8)查看报表

最后是查看报表,包括钢筋报表和土建报表。

【说明】

在进行构件绘制时,针对不同的结构类型,采用不同的绘制顺序,一般为:

剪力墙结构:剪力墙→门窗洞→暗柱/端柱→暗梁/连梁。

框架结构:柱→梁→板→砌体墙部分。

砖混结构:砖墙→门窗洞→构造柱→圈梁。

利用软件做工程的处理流程一般为:

先地上、后地下:首层→二层、三层……→顶层→基础层。

先主体、后零星:柱→梁→板→基础→楼梯→零星构件。

1.3 软件绘图学习的重点——点、线、面的绘制

通过本节的学习，你将能够：
掌握软件绘图的重点。

GTJ2018 主要通过绘图建立模型的方式来进行工程量的计算，构件图元的绘制是软件使用中的重要部分。对绘图方式的了解是学习软件算量的基础，下面概括地介绍软件中构件的图元形式和常用的绘制方法。

1）构件图元的分类

工程实际中的构件按照图元形状可以分为点状构件、线状构件和面状构件。

①点状构件，包括柱、门窗洞口、独立基础、桩、桩承台等。

②线状构件，包括梁、墙、条基等。

③面状构件，包括现浇板、筏板等。

不同形状的构件，有不同的绘制方法。对于点状构件，主要使用“点”画法；对于线状构件，可以使用“直线”画法和“弧线”画法，也可以使用“矩形”画法在封闭区域绘制；对于面状构件，可以使用以“直线”绘制边围成面状图元的画法，也可以使用“弧线”画法及“点”画法。

下面主要介绍一些最常用的“点”画法和“直线”画法。

2）“点”画法和“直线”画法

（1）“点”画法

“点”画法适用于点状构件（如柱）和部分面状构件（如封闭区域的现浇板），其操作方法如下：

①在“构件工具条”选择一种已经定义的构件，如 KZ-1，如图 1.4 所示。

图 1.4

②在“建模”选项卡下的“绘图”面板中选择“点”，如图 1.5 所示。

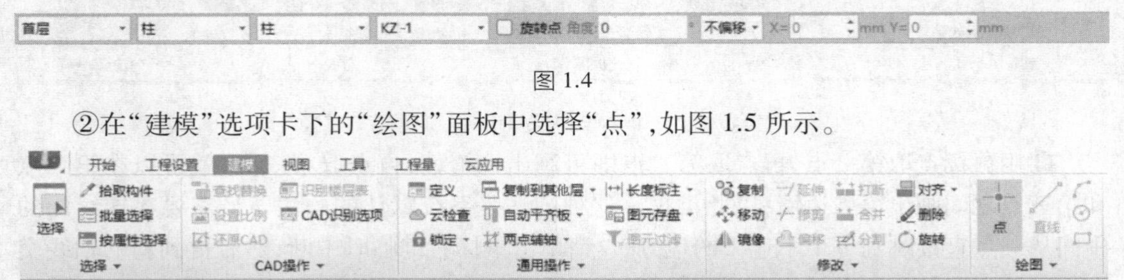

图 1.5

③在绘图区，用鼠标左键单击一点作为构件的插入点，完成绘制。

【说明】

①选择了适用点的构件之后,软件会默认为点,直接在绘图区域绘制即可。例如,在构件工具条中选择了"框架柱"之后,可跳过绘图步骤的第二步直接绘制。

②面状构件(如房间、板、雨篷)的点,必须要在由其他构件(如梁和墙)围成的封闭空间内进行点式绘制。

③面式垫层的点可以选中集水坑、下柱墩、后浇带图元进行垫层布置。

④对于柱、板洞、独立基础、桩、桩承台等构件,在插入之前,按"F3"键可以进行左镜像翻转,按"Shift+F3"键可以进行上下镜像翻转,按"F4"键可以改变插入点;按下"Shift"键,单击鼠标左键可弹出如图 1.6 所示的界面。

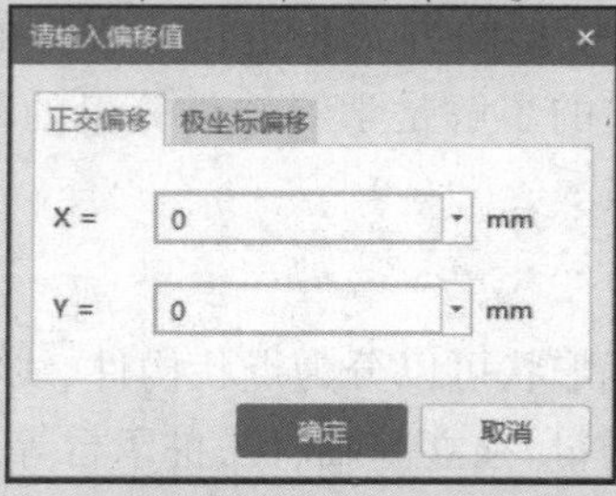

图 1.6

输入偏移值后,单击"确定"按钮即可。输入 X、Y 偏移值时可以输入四则运算表达式。

(2)"直线"画法

"直线"画法主要用于线状构件(如梁、墙和栏板),当需要绘制一条或多条连续直线时,可以采用绘制"直线"的方式,其操作方法如下:

①在"构件工具条"中选择一种已经定义好的构件,如墙 QTQ-1。

②在"建模"选项卡下的"绘图"面板中选择"直线",如图 1.7 所示。

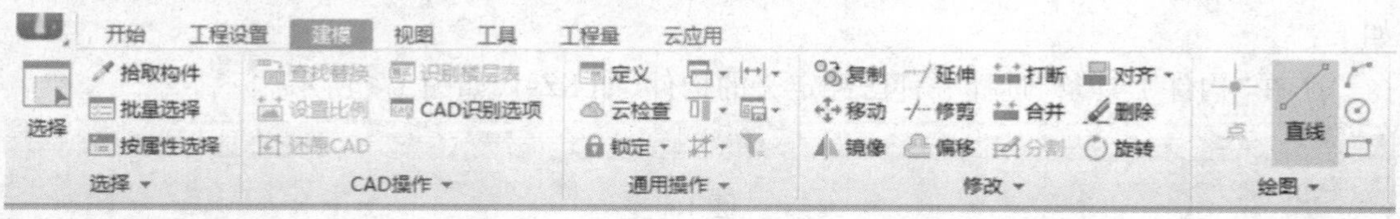

图 1.7

③用鼠标点取第一点,再点取第二点即可画出一道墙,再点取第三点,就可以在第二点和第三点之间画出第二道墙,以此类推。这种画法是系统默认的画法。当需要在连续画的中间从一点直接跳到一个不连续的地方时,请单击鼠标右键临时中断,然后再到新的轴线交点上继续点取第一点开始连续画图,如图 1.8 所示。

【说明】

①梁构件通过直线连续绘制,绘制后软件自动合并为折梁。

②其他构件类型连续绘制后软件不会自动合并,如砌体墙。

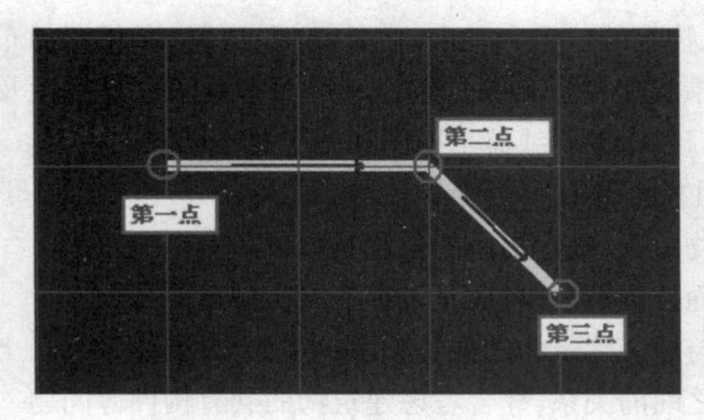

图 1.8

直线绘制现浇板等面状图元时,采用和直线绘制墙同样的方法,不同的是要连续绘制,使绘制的线围成一个封闭的区域,形成一块面状图元。绘制结果如图 1.9 所示。

图 1.9

其他绘制方法可参考软件内置的“帮助文档”中的相关内容。了解了软件中构件的形状分类,学会了主要的绘制方法,就可以快速地通过绘图进行构件的建模,进而完成构件的计算了。

1.4 建筑施工图

通过本节的学习,你将能够:

(1)熟悉建筑设计总说明的主要内容;

(2)熟悉建筑施工图及其详图的重要信息。

对于房屋建筑土建施工图纸,大多数分为建筑施工图和结构施工图。建筑施工图大多由总平面布置图、建筑设计说明、各层平面图、立面图、剖面图、楼梯详图、节点详图等组成。下面就根据这些分类,结合《1 号办公楼施工图》分别对其功能、特点逐一进行介绍。

1)总平面布置图

(1)概念

建筑总平面布置图表明新建房屋所在基础有关范围内的总体布置,反映新建、拟建、原有和拆除的房屋、构筑物等的位置和朝向,室外场地、道路、绿化等的布置,地形、地貌、标高等以及原有环境的关系和邻界情况等。建筑总平面布置图也是房屋及其他设施施工定位、土方施工以及绘制水、暖、电等管线总平面图和施工总平面图的依据。

(2)对编制工程预算的作用

①结合拟建建筑物位置,确定塔吊的位置及数量。

②结合场地总平面位置情况,考虑是否存在二次搬运。

③结合拟建工程与原有建筑物的位置关系,考虑土方支护、放坡、土方堆放调配等问题。

④结合拟建工程之间的关系,综合考虑建筑物的共有构件等问题。

2)建筑设计说明

(1)概念

建筑设计说明是对拟建建筑物的总体说明。

(2)包含的主要内容

①建筑施工图目录。

②设计依据:设计所依据的标准、规定、文件等。

③工程概况:内容一般应包括建筑名称、建设地点、建设单位、建筑面积、建筑基底面积、建筑工程等级、设计使用年限、建筑层数和建筑高度、防火设计建筑分类和耐火等级、人防工程防护等级、屋面防水等级、地下室防水等级、抗震设防烈度等,以及能反映建筑规模的主要技术经济指标,如住宅的套型和套数(包括每套的建筑面积、使用面积、阳台建筑面积,房间的使用面积可在平面图中标注)、旅馆的客房间数和床位数、医院的门诊人次和住院部的床位数、车库的停车泊位数等。

④建筑物定位及设计标高、高度。

⑤图例。

⑥用料说明和室内外装修说明。

⑦对采用新技术、新材料的做法说明及对特殊建筑造型和必要建筑构造的说明。

⑧门窗表及门窗性能(防火、隔声、防护、抗风压、保温、空气渗透、雨水渗透等)、用料、颜色、玻璃、五金件等的设计要求。

⑨幕墙工程(包括玻璃、金属、石材等)及特殊的屋面工程(包括金属、玻璃、膜结构等)的性能及制作要求,平面图、预埋件安装图,以及防火、安全、隔声构造。

⑩电梯(自动扶梯)选择及性能说明(功能、载重量、速度、停站数、提升高度等)。

⑪墙体及楼板预留孔洞需封堵时的封堵方式说明。

⑫其他需要说明的问题。

问题思考

编制预算时,请结合《1号办公楼施工图》思考以下问题:

①该建筑物的建设地点在哪里?(涉及税金等费用问题)

②该建筑物的总建筑面积是多少?地上、地下建筑面积各是多少?(可根据经验,估算此建筑物的造价金额)

③图纸中的特殊符号表示什么意思？（帮助我们读图）

④层数是多少？高度是多少？（是否产生超高增加费？）

⑤填充墙体采用什么材质？厚度是多少？砌筑砂浆标号是多少？特殊部位墙体是否有特殊要求？（查套填充墙子目）

⑥是否有关于墙体粉刷防裂的具体措施？（比如在混凝土构件与填充墙交接部位设置钢丝网片）

⑦是否有相关构造柱、过梁、压顶的设置说明？（此内容不在图纸上画出，但也需计算造价）

⑧门窗采用什么材质？对玻璃的特殊要求是什么？对框料的要求是什么？有什么五金？门窗的油漆情况如何？是否需要设置护窗栏杆？（查套门窗、栏杆相关子目）

⑨有几种屋面？构造做法分别是什么？或者采用哪本图集？（查套屋面子目）

⑩屋面排水的形式是什么？（计算落水管的工程量及查套子目）

⑪外墙保温的形式是什么？保温材料和厚度是多少？（查套外墙保温子目）

⑫外墙装修分几种？做法分别是什么？（查套外装修子目）

⑬室内有几种房间？它们的楼地面、墙面、墙裙、踢脚、天棚（吊顶）装修做法是什么？或者采用的哪本图集？（查套房间装修子目）

3）各层平面图

在窗台上边用一个水平剖切面将房子水平剖开，移去上半部分，从上向下透视它的下半部分，可看到房子的四周外墙和墙上的门窗、内墙和墙上的门，以及房子周围的散水、台阶等。将看到的部分都画出来，并注上尺寸，就是平面图。

编制预算时需注意的问题：

①地下 n 层平面图：

a.地下室平面图的用途，地下室墙体的厚度及材质（结合“建筑设计说明”）。

b.进入地下室的渠道是与其他邻近建筑地下室连通，还是本建筑物地下室独立；以及进入地下室的楼梯的位置。

c.图纸下方对此楼层的特殊说明。

②首层平面图：

a.是否存在对称的情况。

b.台阶、坡道的位置，台阶挡墙的做法是否有节点引出，台阶的构造做法采用的哪本图集，坡道的位置、坡道的构造做法采用的哪本图集，坡道栏杆的做法（台阶、坡道的做法有时也在“建筑设计说明”中明确）。

c.散水的宽度、做法采用的图集号（散水做法有时也在“建筑设计说明”中明确）。

d.首层的大门、门厅的位置（与二层平面图中的雨篷相对应）。

e.首层墙体的厚度、材质及砌筑要求（可对照“建筑设计说明”识读）。

f.是否有节点详图引出标志（如有节点详图引出标志，则需对照相应节点号找到详图，以帮助全面理解图纸）。

g.图纸下方对此楼层的特殊说明。

③二层平面图:

a.是否存在平面对称或户型相同的情况。

b.雨篷的位置(与首层大门位置一致)。

c.二层墙体的厚度、材质及砌筑要求(可对照“建筑设计说明”识读)。

d.是否有节点详图引出标志(如有节点详图引出标志,则需对照相应节点号找到详图,以帮助全面理解图纸)。

e.图纸下方对此楼层的特殊说明。

④其他层平面图:

a.是否存在平面对称或户型相同的情况。

b.当前层墙体的厚度、材质及砌筑要求(可对照“建筑设计说明”识读)。

c.是否有节点详图引出标志(如有节点详图引出标志,则需对照相应节点号找到详图,以帮助全面理解图纸)。

d.注意当前楼层与其他楼层平面的异同,并结合立面图、详图、剖面图综合理解。

e.图纸下方对此楼层的特殊说明。

⑤屋面平面图:

a.屋面结构板顶标高(结合层高、相应位置结构层板顶标高识读)。

b.屋面女儿墙顶标高(结合屋面板顶标高计算出女儿墙高度)。

c.查看屋面女儿墙详图(理解女儿墙造型、压顶造型等)。

d.屋面的排水方式、落水管的位置及根数(结合“建筑设计说明”中关于落水管的说明进行理解)。

e.屋面造型平面形状,并结合相关详图理解。

f.屋面楼梯间的信息。

4)立面图

在与房屋立面平行的投影面上所作房屋的正投影图,称为建筑立面图,简称立面图。其中,反映主要出入口或比较显著地反映房屋外貌特征的那一面的立面图,称为正立面图,其余的立面图相应地称为背立面图和侧立面图。

编制预算时,需注意的问题:

①室外地坪标高。

②查看立面图中门窗洞口尺寸、离地标高等信息,结合各层平面图中门窗的位置,思考过梁的信息;结合“建筑设计说明”中关于护窗栏杆的说明,确定是否存在护窗栏杆。

③结合屋面平面图,从立面图上理解女儿墙及屋面造型。

④结合各层平面图,从立面图上理解空调板、阳台拦板等信息。

⑤结合各层平面图,从立面图上理解各层节点位置及装饰位置的信息。

⑥从立面图上理解建筑物各个立面的外装修信息。

⑦结合平面图理解门斗造型信息。

5)剖面图

剖面图是对无法在平面图及立面图上表述清楚的局部进行剖切,以表述清楚建筑内部的构造,从而补充说明平面图、立面图所不能显示的建筑物内部信息。

编制预算时需注意的问题:

①结合平面图、立面图、结构板的标高信息、层高信息及剖切位置,理解建筑物内部构造的信息。

②查看剖面图中关于首层室内外标高信息,结合平面图、立面图,理解室内外高差的概念。

③查看剖面图中屋面标高信息,结合屋面平面图及其详图,正确理解屋面板的高差变化。

6)楼梯详图

楼梯详图由楼梯剖面图、平面图、立面图组成。由于平面图、立面图只能显示楼梯的位置,无法清楚地显示楼梯的走向、踏步、标高、栏杆等细部信息,因此,设计中楼梯一般用详图表达。

编制预算时需注意的问题:

①结合平面图中楼梯位置、楼梯详图的标高信息,正确理解楼梯作为竖向交通工具的立体状况(思考楼梯平台、楼梯踏步、楼梯休息平台的概念,进一步理解楼梯及楼梯间装修的工程量计算及定额套用的注意事项)。

②结合楼梯详图,了解楼梯井的宽度,进一步思考楼梯工程量的计算规则。

③了解楼梯栏杆的详细位置、高度及所用到的图集。

7)节点详图

(1)表示方法

为了补充说明建筑物细部的构造,从建筑物的平面图、立面图中特意引出需要说明的部位,对相应部位作进一步详细描述就构成了节点详图。下面就节点详图的表示方法作简要说明。

①被索引的详图在同一张图纸内,如图 1.10 所示。

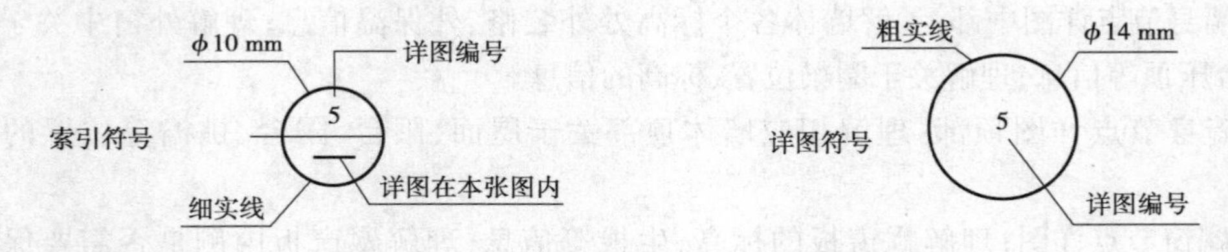

图 1.10

②被索引的详图不在同一张图纸内,如图 1.11 所示。

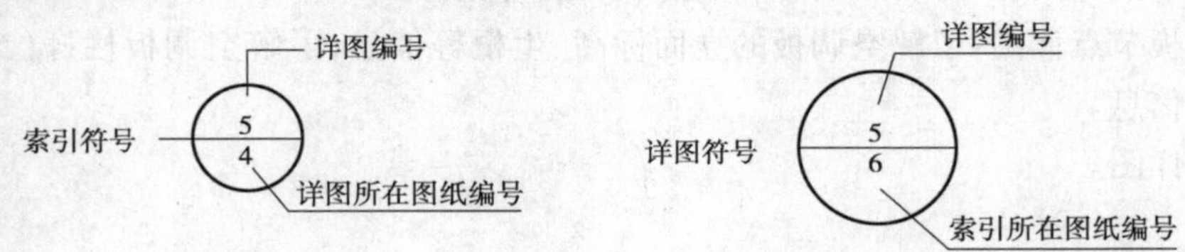

图 1.11

③被索引的详图参见图集,如图 1.12 所示。

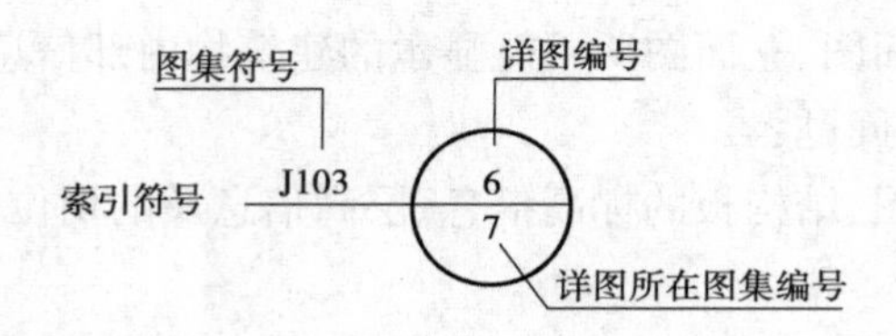

图 1.12

④被索引的剖视详图在同一张图纸内,如图 1.13 所示。

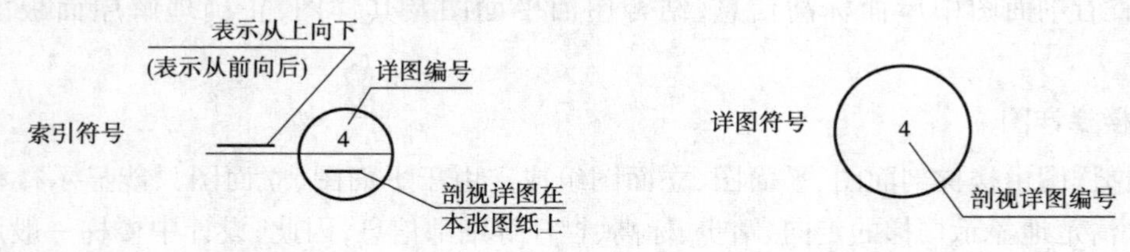

图 1.13

⑤被索引的剖视详图不在同一张图纸内,如图 1.14 所示。

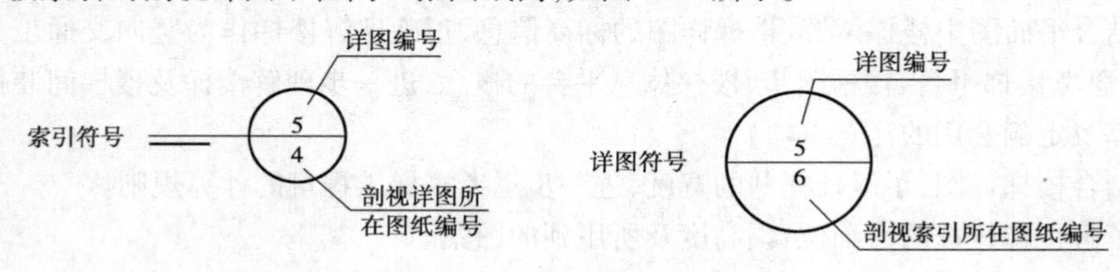

图 1.14

(2)编制预算时需注意的问题

①墙身节点详图:

a.墙身节点详图底部:查看关于散水、排水沟、台阶、勒脚等信息,对照散水宽度是否与平面图一致,参照的散水、排水沟图集是否明确(图集有时在平面图或“建筑设计说明”中明确)。

b.墙身节点详图中部:了解墙体各个标高处外装修、外保温信息;理解外窗中关于窗台板、窗台压顶等信息;理解关于圈梁位置、标高的信息。

c.墙身节点详图顶部:理解相应墙体顶部关于屋面、阳台、露台、挑檐等位置的构造信息。

②飘窗节点详图:理解飘窗板的标高、生根等信息;理解飘窗板内侧是否需要保温等信息。

③压顶节点详图:了解压顶的形状、标高、位置等信息。

④空调板节点详图:了解空调板的立面标高、生根等信息;了解空调板栏杆(或百叶)的高度及位置信息。

⑤其他详图。

1.5 结构施工图

通过本节的学习,你将能够:

(1)熟悉设计总说明的主要内容;

(2)熟悉结构施工图及其详图的重要信息。

结构施工图纸一般包括图纸目录、结构设计总说明、桩基平面图、基础平面图及其详图、墙柱定位图、各层结构平面图(模板图、板配筋图、梁配筋图)、墙柱配筋图及其留洞图、楼梯及其他构筑物详图(水池、坡道、电梯机房、挡土墙等)。

对造价工作者来讲,结构施工图主要用于计算混凝土、模板、钢筋等工程量,进而计算其造价,而为了计算这些工程量,还需要了解建筑物的钢筋配置、摆放信息,建筑物的基础及其垫层、墙、梁、板、柱、楼梯等的混凝土强度等级、截面尺寸、高度、长度、厚度、位置等信息,因此,从造价工作角度出发,应着重从这些方面加以详细阅读。下面结合《1号办公楼施工图》分别对其功能、特点逐一进行介绍。

1)结构设计总说明

(1)主要内容

①工程概况:建筑物的位置、面积、层数、结构抗震类别、设防烈度、抗震等级、建筑物合理使用年限等。

②工程地质情况:土质情况、地下水位等。

③设计依据。

④结构材料类型、规格、强度等级等。

⑤分类说明建筑物各部位设计要点、构造及注意事项等。

⑥需要说明的隐蔽部位的构造详图,如后浇带加强、洞口加强筋、锚拉筋、预埋件等。

⑦重要部位图例等。

(2)编制预算时需注意的问题

①建筑物抗震等级、设防烈度、檐高、结构类型等信息,作为钢筋搭接、锚固的计算依据。

②土质情况,作为针对土方工程组价的依据。

③地下水位情况,考虑是否需要采取降排水措施。

④混凝土强度等级、保护层等信息,作为查套定额、计算钢筋的依据。

⑤钢筋接头的设置要求,作为计算钢筋的依据。

⑥砌体构造要求,包括构造柱、圈梁的设置位置及配筋、过梁的参考图集、砌体加固钢筋的设置要求或参考图集,作为计算圈梁、构造柱、过梁的工程量及钢筋量的依据。

⑦砌体的材质及砌筑砂浆要求,作为套砌体定额的依据。

⑧其他文字性要求或详图,有时不在结构平面图纸中画出,但应计算其工程量,举例

如下:

a.现浇板分布钢筋;

b.施工缝止水带;

c.次梁加筋、吊筋;

d.洞口加强筋;

e.后浇带加强钢筋等。

问题思考

编制预算时,请结合《1 号办公楼施工图》思考以下问题:

①本工程结构类型是什么?

②本工程的抗震等级及设防烈度是多少?

③本工程不同位置混凝土构件的混凝土强度等级是多少?有无抗渗等特殊要求?

④本工程砌体的类型及砂浆标号是多少?

⑤本工程的钢筋保护层有什么特殊要求?

⑥本工程的钢筋接头及搭接有无特殊要求?

⑦本工程各构件的钢筋配置有什么要求?

2)桩基平面图

编制预算时需注意的问题:

①桩基类型,结合"结构设计总说明"中的地质情况,考虑施工方法及相应定额子目。

②桩基钢筋详图,是否存在铁件,用来准确计算桩基钢筋及铁件工程量。

③桩顶标高,用来考虑挖桩间土方等因素。

④桩长。

⑤桩与基础的连接详图,考虑是否存在凿截桩头情况。

⑥其他计算桩基需要考虑的问题。

3)基础平面图及其详图

编制预算时需注意的问题:

①基础的类型,这决定了查套的子目。例如,需要注意判断是有梁式条基还是无梁式条基。

②基础详图情况,帮助理解基础构造,特别注意基础标高、厚度、形状等信息,了解基础上生根的柱、墙等构件的标高及插筋情况。

③注意基础平面图及详图的设计说明,有些内容是不画在平面图上的,而是以文字的形式表现。

4)柱子平面布置图及柱表

编制预算时需注意的问题:

①对照柱子位置信息(b 边、h 边的偏心情况)及梁、板、建筑平面图柱的位置,理解柱子作为支座类构件的准确位置,为以后计算梁、墙、板等工程量做准备。

②柱子不同标高部位的配筋及截面信息(常以柱表或平面标注的形式出现)。

③特别注意柱子生根部位及高度截止信息，为理解柱子高度信息做准备。

5)梁平面布置图

编制预算时需注意的问题：

①结合剪力墙平面布置图、柱平面布置图、板平面布置图综合理解梁的位置信息。

②结合柱子位置，理解梁跨的信息，进一步理解主梁、次梁的概念及在计算工程量过程中的次序。

③注意图纸说明，捕捉关于次梁加筋、吊筋、构造钢筋的文字说明信息，防止漏项。

6)板平面布置图

编制预算时需注意的问题：

①结合图纸说明，阅读不同板厚的位置信息。

②结合图纸说明，理解受力筋范围信息。

③结合图纸说明，理解负弯矩钢筋的范围及其分布筋信息。

④仔细阅读图纸说明，捕捉关于洞口加强筋、阳角加筋、温度筋等信息，防止漏项。

7)楼梯结构详图

编制预算时需注意的问题：

①结合建筑平面图，了解不同楼梯的位置。

②结合建筑立面图、剖面图，理解楼梯的使用性能(举例：1#楼梯仅从首层通至3层，2#楼梯可从负1层通往18层等)。

③结合建筑楼梯详图及楼层的层高、标高等信息，理解不同踏步板的数量、休息平台、平台的标高及尺寸。

④结合图纸说明及相应踏步板的钢筋信息，理解楼梯钢筋的布置状况，注意分布筋的特殊要求。

⑤结合详图及位置，阅读梯板厚度、宽度及长度，平台厚度及面积，楼梯井宽度等信息，为计算楼梯实际混凝土体积做准备。

1.6 图纸修订说明

鉴于建筑装饰部分工程做法存在地域性差异，且对工程造价影响较大，现将本工程图纸设计中的工程做法部分，根据上海市地方标准进行修订，工程做法内容见表1.1。

表 1.1 工程做法明细表

一、室外装修设计			
部位	名称	用料及做法	备注
屋面 1	不上人屋面	(1)满铺银粉保护剂 (2)防水层(SBS),四周卷边 250 (3)20 mm 厚 1∶3 水泥砂浆找平层 (4)平均 40 mm 厚 1∶0.2∶3.5 水泥粉煤灰页岩陶粒找 2%坡 (5)保温层(采用 80 mm 厚现喷硬质发泡聚氨酯) (6)现浇混凝土屋面板	
外墙 1	面砖外墙	(1)10 mm 厚面砖,在砖粘贴面上随粘随刷一遍 YJ-302 混凝土界面处理剂 1∶1 水泥砂浆勾缝 (2)6 mm 厚 1∶0.2∶2.5 水泥石灰膏砂浆(内掺建筑胶) (3)刷素水泥浆一道(内掺水重 5%的建筑胶)	
外墙 2	干挂大理石墙面	(1)干挂石材墙面 (2)10 mm 厚面砖,在砖粘贴面上随粘随刷一遍 YJ-302 混凝土界面处理剂 1∶1 水泥砂浆勾缝 (3)6 mm 厚 1∶0.2∶2.5 水泥石灰膏砂浆(内掺建筑胶) (4)刷素水泥浆一道(内掺水重 5%的建筑胶)	
外墙 3	喷(刷)涂料墙面	(1)喷 HJ80-1 型无机建筑涂料 (2)6 mm 厚 1∶2.5 水泥砂浆找平 (3)12 mm 厚 1∶3 水泥砂浆打底扫毛或划出纹道 (4)刷素水泥浆一道(内掺水重 5%的建筑胶)	
外墙 5	水泥砂浆墙面	(1)6 mm 厚 1∶2.5 水泥砂浆抹面 (2)12 mm 厚 1∶3 水泥砂浆打底扫毛或划出纹道	
二、室内装修设计			
部位	名称	用料及做法	备注
地面 1	大理石板地面(大理石规格 800 mm×800 mm)	(1)20 mm 厚大理石板,稀水泥浆擦缝 (2)撒素水泥面(洒适量清水) (3)30 mm 厚 1∶3 干硬性水泥砂浆黏结层 (4)100 mm 厚 C10 素混凝土 (5)150 mm 厚 3∶7 灰土垫层 (6)素土夯实	

续表

部位	名称	用料及做法	备注
地面2	防滑地砖地面 （面砖规格 300 mm×300 mm） （有防水）	(1)2.5 mm 厚防滑地砖，建筑胶黏剂粘铺，稀水泥浆擦缝 (2)素水泥浆一道（内掺建筑胶） (3)30 mm 厚 C15 细石混凝土随打随抹 (4)3 mm 厚高聚物改性沥青涂膜防水层，四周上卷 150 mm (5)平均 35 mm 厚 C15 细石混凝土找坡层 (6)150 mm 厚 3∶7 灰土垫层 (7)素土夯实	
地面3	铺地砖地面 （面砖规格 600 mm×600 mm）	(1)10 mm 厚高级地砖，建筑胶黏剂粘铺，稀水泥浆擦缝 (2)20 mm 厚 1∶2 干硬性水泥砂浆黏结层 (3)素水泥结合层一道 (4)50 mm 厚 C10 素混凝土 (5)150 mm 厚 5-32 卵石灌 M2.5 混合砂浆，平板振捣器振捣密实 (6)素土夯实	
地面4	水泥地面	(1)20 mm 厚 1∶2.5 水泥砂浆抹面压实赶光 (2)素水泥浆一道（内掺建筑胶） (3)50 mm 厚 C10 素混凝土 (4)150 mm 厚 5-32 卵石灌 M2.5 混合砂浆，平板振捣器振捣密实 (5)素土夯实	
楼面1	铺地砖楼面 （面砖规格 600 mm×600 mm）	(1)10 mm 厚高级地砖，稀水泥浆擦缝 (2)6 mm 厚建筑胶水泥砂浆黏结层 (3)素水泥抹一道（内掺建筑胶） (4)20 mm 厚 1∶3 水泥砂浆找平层 (5)素水泥浆一道（内掺建筑胶） (6)钢筋混凝土楼板	
楼面2	防滑地砖防水楼面 （面砖用 400 mm×400 mm）	(1)10 mm 厚防滑地砖，稀水泥浆擦缝 (2)撒素水泥面（洒适量清水） (3)20 mm 厚 1∶2 干硬性水泥砂浆黏结层 (4)1.5 mm 厚聚氨酯涂膜防水层靠墙处卷边 150 mm (5)20 mm 厚 1∶3 水泥砂浆找平层，四周及竖管根部位抹小八字角 (6)素水泥浆一道 (7)平均 35 mm 厚 C15 细石混凝土从门口向地漏找 1%坡 (8)现浇混凝土楼板	

续表

部位	名称	用料及做法	备注
楼面 3	大理石楼面 (大理石尺寸 800 mm×800 mm)	(1)铺 20 mm 厚大理石板,稀水泥浆擦缝 (2)撒素水泥面(洒适量清水) (3)30 mm 厚 1∶3 干硬性水泥砂浆结层 (4)40 mm 厚 1∶1.6 水泥粗砂焦渣垫层 (5)钢筋混凝土楼板	
楼面 4	水泥楼面	(1)20 mm 厚 1∶2.5 水泥砂浆压实赶光 (2)50 mm 厚 CL7.5 轻骨料混凝土 (3)钢筋混凝土楼板	
踢脚 1	地砖踢脚 (用 400 mm×100 mm 深色地砖,高度为 100 mm)	(1)10 mm 厚防滑地砖踢脚,稀水泥浆擦缝 (2)8 mm 厚 1∶2 水泥砂浆(内掺建筑胶)黏结层 (3)5 mm 厚 1∶3 水泥砂浆打底扫毛或划出纹道	
踢脚 2	大理石踢脚 (用 800 mm×100 mm 深色大理石,高度为 100 mm)	(1)15 mm 厚大理石踢脚板,稀水泥浆擦缝 (2)10 mm 厚 1∶2 水泥砂浆(内掺建筑胶)黏结层 (3)界面剂一道甩毛(甩前先将墙面用水湿润)	
踢脚 3	水泥踢脚(高 100 mm)	(1)6 mm 厚 1∶2.5 水泥砂浆罩面压实赶光 (2)素水泥浆一道 (3)6 mm 厚 1∶3 水泥砂浆打底扫毛或划出纹道	
墙裙 1	普通大理石板墙裙	(1)稀水泥浆擦缝 (2)贴 10 mm 厚大理石板,正、背面及四周满刷防污剂 (3)素水泥浆一道 (4)6 mm 厚 1∶0.5∶2.5 水泥石灰膏砂浆罩面 (5)8 mm 厚 1∶3 水泥砂浆打底扫毛或划出纹道 (6)素水泥浆一道甩毛(内掺建筑胶)	
内墙面 1	水泥砂浆墙	(1)喷水性耐擦洗涂料 (2)5 mm 厚 1∶2.5 水泥砂浆找平 (3)9 mm 厚 1∶3 水泥砂浆打底扫毛 (4)素水泥浆一道甩毛(内掺建筑胶)	
内墙面 2	瓷砖墙面 (面层用 200 mm×300 mm 高级面砖)	(1)白水泥擦缝 (2)5 mm 厚釉面砖面层(粘前先将釉面砖浸水 2 h 以上) (3)5 mm 厚 1∶2 建筑水泥砂浆黏结层 (4)素水泥浆一道 (5)9 mm 厚 1∶3 水泥砂浆打底压实抹平 (6)素水泥浆一道甩毛	

续表

部位	名称	用料及做法	备注
天棚 1	涂料天棚	(1)喷水性耐擦洗涂料 (2)3 mm 厚 1∶3 水泥砂浆打底扫毛或划出纹道 (3)5 mm 厚 1∶2.5 水泥砂浆找平 (4)素水泥浆一道甩毛(内掺建筑胶)	
吊顶 1	铝合金条板吊顶 燃烧性能为 A 级	(1)1.0 mm 厚铝合金条板,离缝安装带插缝板 (2)U 型轻钢次龙骨 B45×48,中距<1 500 mm (3)U 型轻钢主龙骨 B38×12,中距≤1 500 mm,与钢筋吊杆固定 (4)Φ 6 钢筋吊杆,中距横向<1 500 mm,纵向<1 200 mm (5)现浇混凝土板底预留Φ 10 钢筋吊环,双向中距≤1 500 mm	
吊顶 2	岩棉吸音板吊顶 燃烧性能为 A 级	(1)12 mm 厚岩棉吸声板面层,规格 592 mm×592 mm (2)T 型轻钢次龙骨 TB24×28,中距<600 mm (3)T 型轻钢次龙骨 TB24×38,中距<600 mm,找平后与钢筋吊杆固定 (4)Φ 8 钢筋吊杆,双向中距≤1 200 mm (5)现浇混凝土板底预留Φ 10 钢筋吊环,双向中距<1 200 mm	
散水	混凝土散水	(1)60 mm 厚 C15 细石混凝土面层,撒 1∶1 水泥砂子压实赶光 (2)150 mm 厚 3∶7 灰土宽处面层 300 mm (3)素土夯实,向外找坡 4%	
台阶	花岗岩台阶	(1)20 mm 厚花岗岩板铺面,正、背面及四周边满涂防污剂,稀水泥浆擦缝 (2)撒素水泥面(洒适量清水) (3)30 mm 厚 1∶4 硬性水泥砂浆黏结层 (4)素水泥浆一道(内掺建筑胶) (5)100 mm 厚 C15 混凝土 (6)300 mm 厚 3∶7 灰土垫层分两层夯实 (7)素土夯实	

2 建筑工程量计算准备工作

通过本章的学习，你将能够：

(1)正确选择清单与定额规则，以及相应的清单库和定额库；

(2)正确选择钢筋规则；

(3)正确设置室内外高差，正确进行工程信息输入；

(4)正确定义楼层并统一设置各类构件混凝土强度等级；

(5)正确进行工程量计算设置；

(6)按图纸定义绘制轴网。

2.1 新建工程

通过本节的学习，你将能够：

(1)正确选择清单与定额规则，以及相应的清单库和定额库；

(2)正确选择钢筋规则；

(3)区分做法模式。

一、任务说明

根据《1号办公楼施工图》，在软件中完成新建工程的各项设置。

二、任务分析

①清单与定额规则及相应的清单库和定额库都是做什么用的？

②清单规则和定额规则如何选择？

③钢筋规则如何选择？

三、任务实施

1)分析图纸

在新建工程前，应先分析图纸中的“结构设计总说明(一)”中“四、本工程设计所遵循的标准、规范和规程”中第6条《混凝土结构施工图平面整体表示方法制图规则和构造详图》16G101—1、2、3，软件算量要依照此规定。

2) 新建工程

①在分析图纸、了解工程的基本概况之后，启动软件，进入软件界面“新建工程”，如图2.1所示。

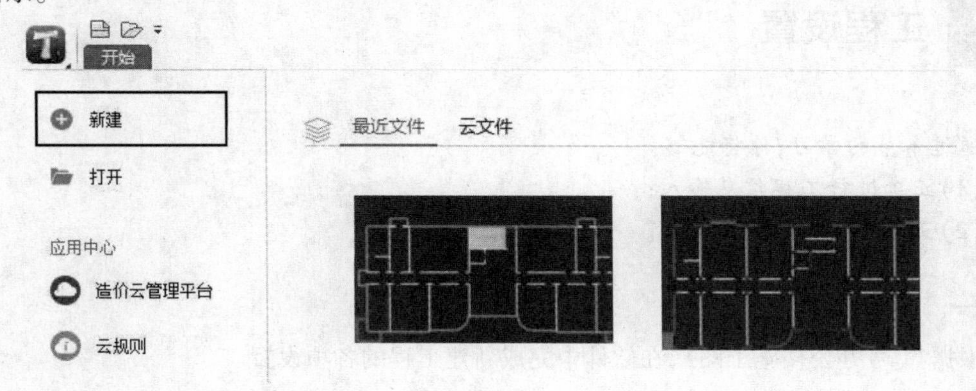

图 2.1

②用鼠标左键单击界面上的“新建工程”，进入新建工程界面，输入各项工程信息。

工程名称：按工程图纸名称输入，保存时会作为默认的文件名。本工程名称输入为“1号办公楼”。

计算规则：如图 2.2 所示。

平法规则：选择“16 系平法规则”。

单击“创建工程”，即完成了工程的新建。

新建工程

工程名称：1号办公楼

计算规则

清单规则：房屋建筑与装饰工程计量规范计算规则(2013-上海)(R1.0.24.1)

定额规则：上海市建筑和装饰工程预算定额工程量计算规则(2016)(R1.0.24.1)

清单定额库

清单库：工程量清单计价规范(上海2013-土建)

定额库：上海市建筑和装饰工程预算定额(2016)

钢筋规则

平法规则：16系平法规则

汇总方式：按照钢筋图示尺寸-即外皮汇总

《钢筋汇总方式详细说明》　创建工程　取消

图 2.2

四、任务结果

任务结果如图 2.2 所示。

2.2 工程设置

通过本节的学习,你将能够:
(1)正确进行工程信息输入;
(2)正确进行工程计算设置。

一、任务说明

根据《1 号办公楼施工图》,在软件中完成新建工程的各项设置。

二、任务分析

①软件中新建工程的各项设置都有哪些?
②室外地坪标高的设置如何查询?

三、任务实施

创建工程后,进入软件界面,如图 2.3 所示,分别对基本设置、土建设置、钢筋设置进行修改。

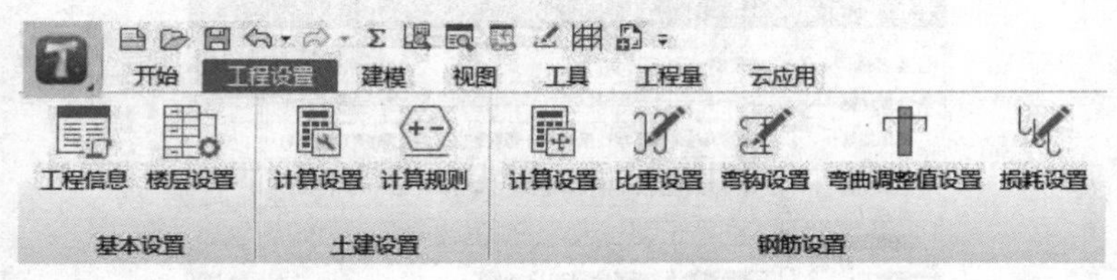

图 2.3

1)基本设置

首先对基本设置中的工程信息进行修改,单击"工程信息",出现如图 2.4 所示界面。蓝色字体部分需要填写,黑色字体所示信息只起标识作用,可以不填,不影响计算结果。

从图纸结施-01(1)可知:结构类型为框架结构;抗震设防烈度为 7 度;框架抗震等级为三级。

从图纸建施-09 可知:室外地坪相对±0.000 标高为-0.45 m;檐高为 14.85 m(设计室外地坪到屋面板板顶的高度为 14.4 m+0.45 m=14.85 m)。

【注意】

①抗震等级由结构类型、设防烈度、檐高 3 项确定。
②若已知抗震等级,可不必填写结构类型、设防烈度、檐高 3 项。
③抗震等级必须填写,其余部分可以不填,不影响计算结果。

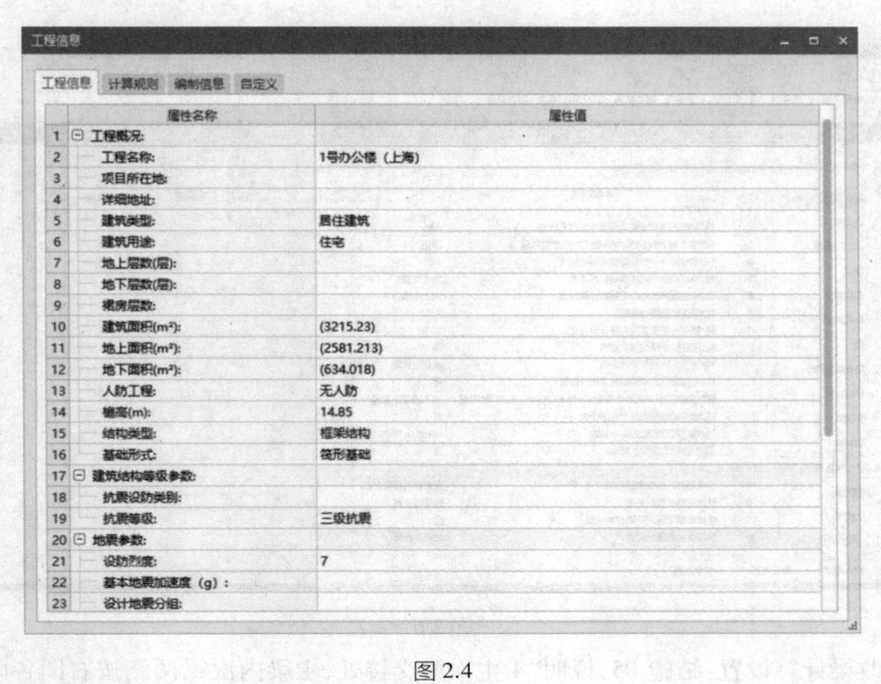

工程信息

工程信息　计算规则　编制信息　自定义

	属性名称	属性值
1	⊟ 工程概况:	
2	工程名称:	1号办公楼（上海）
3	项目所在地:	
4	详细地址:	
5	建筑类型:	居住建筑
6	建筑用途:	住宅
7	地上层数(层):	
8	地下层数(层):	
9	裙房层数:	
10	建筑面积(m²):	(3215.23)
11	地上面积(m²):	(2581.213)
12	地下面积(m²):	(634.018)
13	人防工程:	无人防
14	檐高(m):	14.85
15	结构类型:	框架结构
16	基础形式:	筏形基础
17	⊟ 建筑结构等级参数:	
18	抗震设防类别:	
19	抗震等级:	三级抗震
20	⊟ 地震参数:	
21	设防烈度:	7
22	基本地震加速度（g）:	
23	设计地震分组:	

图 2.4

填写信息，如图 2.5 所示。

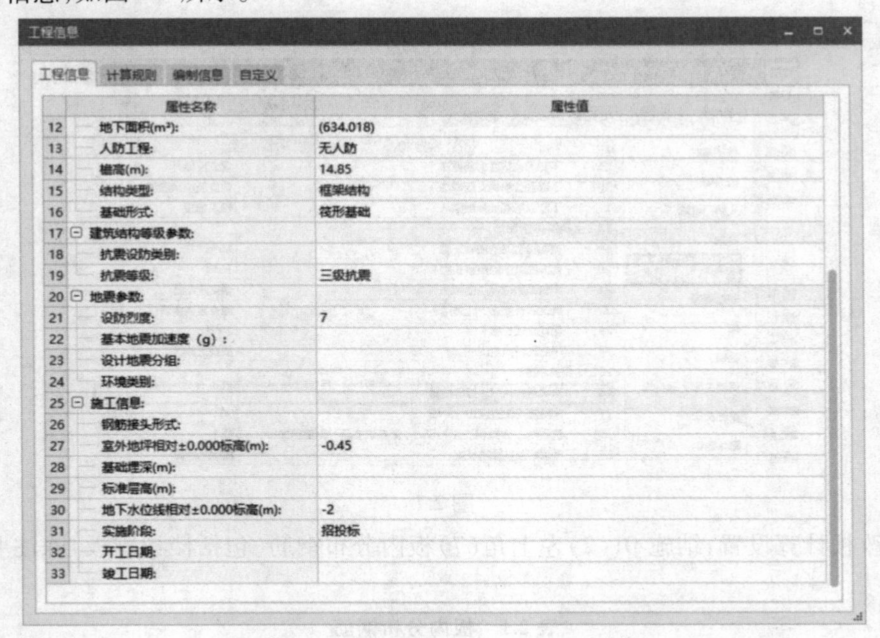

工程信息

工程信息　计算规则　编制信息　自定义

	属性名称	属性值
12	地下面积(m²):	(634.018)
13	人防工程:	无人防
14	檐高(m):	14.85
15	结构类型:	框架结构
16	基础形式:	筏形基础
17	⊟ 建筑结构等级参数:	
18	抗震设防类别:	
19	抗震等级:	三级抗震
20	⊟ 地震参数:	
21	设防烈度:	7
22	基本地震加速度（g）:	
23	设计地震分组:	
24	环境类别:	
25	⊟ 施工信息:	
26	钢筋接头形式:	
27	室外地坪相对±0.000标高(m):	-0.45
28	基础埋深(m):	
29	标准层高(m):	
30	地下水位线相对±0.000标高(m):	-2
31	实施阶段:	招投标
32	开工日期:	
33	竣工日期:	

图 2.5

2）土建设置

土建规则在前面“创建工程”时已选择，此处不需要修改。

3）钢筋设置

①“计算设置”修改，如图 2.6 所示。

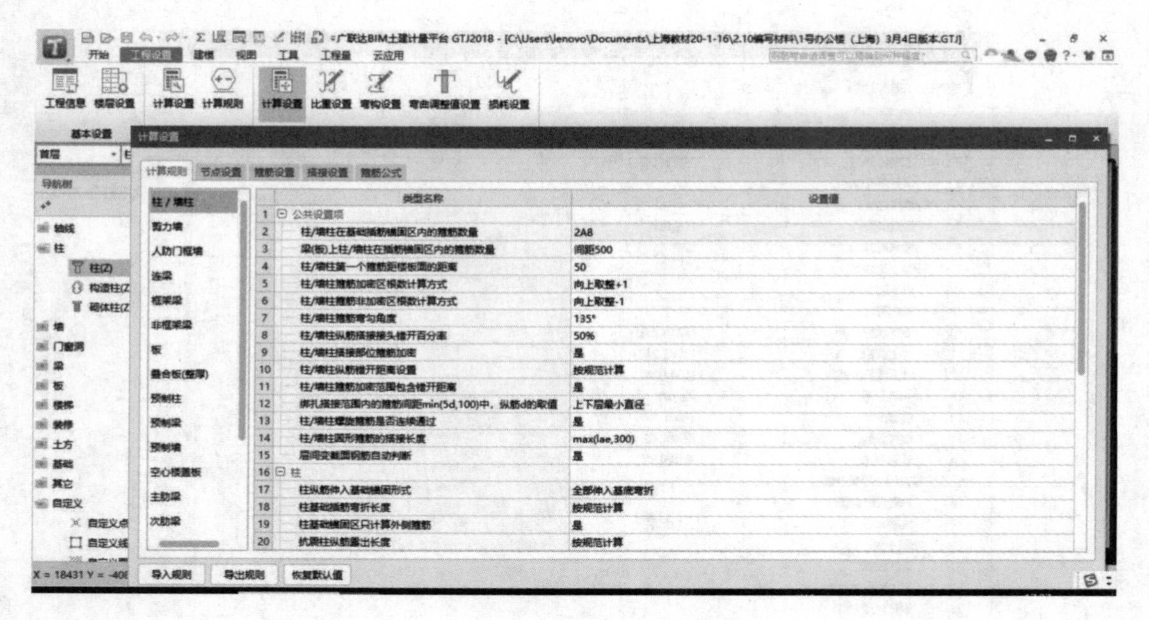

图 2.6

a.修改梁计算设置:结施-05,说明“4.主次梁交接处,主梁内次梁两侧按右图各附加 3 根箍筋,间距 50 mm,直径同主梁箍筋”。

单击“框架梁”,修改“26.次梁两侧共增加箍筋数量”为“6”,如图 2.7 所示。

图 2.7

b.修改板计算设置:结施-01(2)左上角(7)板内分布钢筋(包括楼梯跑板)除注明者外见表 2.1。

表 2.1　板内分布钢筋

楼板厚度(mm)	≤110	120~160
分布钢筋配置	Φ6@200	Φ8@200

单击“板”,修改“3.分布钢筋配置”为“同一板厚的分布筋相同”,如图 2.8 所示,单击“确定”即可。

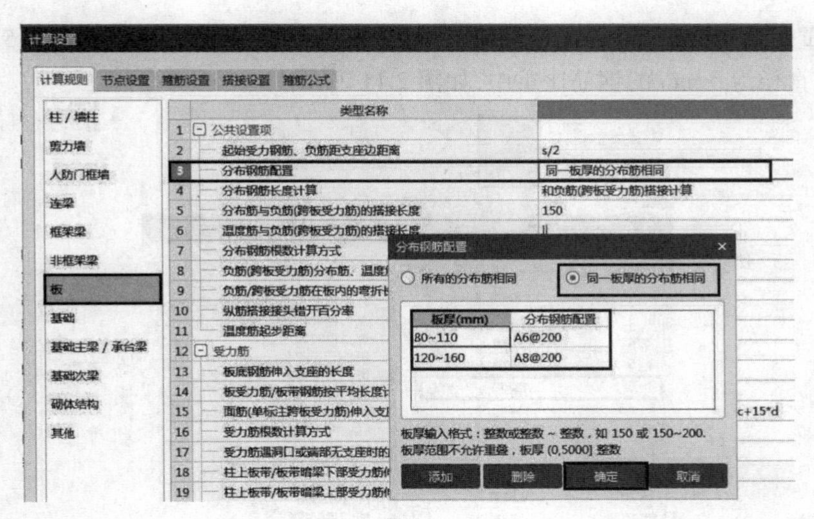

图 2.8

查看各层板结构施工图，“跨板受力筋标注长度位置”为“支座外边线”，“板中间支座负筋标注是否含支座”为“否”，“单边标注支座负筋标注长度位置”为“支座内边线”，修改后如图 2.9 所示。

板
基础
基础主梁 / 承台梁
基础次梁
砌体结构
其他

	类型名称	
20	跨中板带下部受力筋伸入支座的长度	max(ha/2,12*d)
21	跨中板带上部受力筋伸入支座的长度	0.6*Lab+15*d
22	柱上板带受力筋根数计算方式	向上取整+1
23	跨中板带受力筋根数计算方式	向上取整+1
24	柱上板带/板带暗梁的箍筋起始位置	距柱边50 mm
25	柱上板带/板带暗梁的箍筋加密长度	3*h
26	跨板受力筋标注长度位置	支座外边线
27	柱上板带暗梁部位是否扣除平行板带筋	是
28	负筋	
29	单标注负筋锚入支座的长度	能直锚就直锚,否则按公式计算:ha-bhc+15*d
30	板中间支座负筋标注是否含支座	否
31	单边标注支座负筋标注长度位置	支座内边线

图 2.9

②“搭接设置”修改。结施-01(1)中，“八、钢筋混凝土结构构造”中“2.钢筋接头形式及要求”下的“(1)框架梁、框架柱 当受力钢筋直径≥16 mm 时，采用直螺纹机械连接，接头性能等级为一级；当受力钢筋直径<16 mm 时，可采用绑扎搭接”。单击并修改“搭接设置”，如图 2.10 所示。

计算设置

计算规则　节点设置　箍筋设置　搭接设置　箍筋公式

	钢筋直径范围	连接形式								墙柱垂直筋定尺	其余钢筋定尺
		基础	框架梁	非框架梁	柱	板	墙水平筋	墙垂直筋	其它		
1	HPB235,HPB300										
2	3~10	绑扎	绑扎	绑扎	绑扎	绑扎	绑扎	绑扎	绑扎	8000	8000
3	12~14	绑扎	绑扎	绑扎	绑扎	绑扎	绑扎	绑扎	绑扎	10000	10000
4	16~22	直螺纹连接	直螺纹连接	直螺纹连接	直螺纹连接	直螺纹连接	直螺纹连接	电渣压力焊	电渣压力焊	10000	10000
5	25~32	套管挤压	直螺纹连接	直螺纹连接	直螺纹连接	套管挤压	套管挤压	套管挤压	套管挤压	10000	10000
6	HRB335,HRB335E,HRBF335,HRBF335E										
7	3~10	绑扎	绑扎	绑扎	绑扎	绑扎	绑扎	绑扎	绑扎	8000	8000
8	12~14	绑扎	绑扎	绑扎	绑扎	绑扎	绑扎	绑扎	绑扎	10000	10000
9	16~22	直螺纹连接	直螺纹连接	直螺纹连接	直螺纹连接	直螺纹连接	直螺纹连接	电渣压力焊	电渣压力焊	10000	10000
10	25~50	套管挤压	直螺纹连接	直螺纹连接	直螺纹连接	套管挤压	套管挤压	套管挤压	套管挤压	10000	10000
11	HRB400,HRB400E,HRBF400,HRBF400E,RR...										
12	3~10	绑扎	绑扎	绑扎	绑扎	绑扎	绑扎	绑扎	绑扎	8000	8000
13	12~14	绑扎	绑扎	绑扎	绑扎	绑扎	绑扎	绑扎	绑扎	10000	10000
14	16~22	直螺纹连接	直螺纹连接	直螺纹连接	直螺纹连接	直螺纹连接	直螺纹连接	电渣压力焊	电渣压力焊	10000	10000
15	25~50	套管挤压	直螺纹连接	直螺纹连接	直螺纹连接	套管挤压	套管挤压	套管挤压	套管挤压	10000	10000
16	冷轧带肋钢筋										
17	4~12	绑扎	绑扎	绑扎	绑扎	绑扎	绑扎	绑扎	绑扎	8000	8000
18	冷轧扭钢筋										
19	6.5~14	绑扎	绑扎	绑扎	绑扎	绑扎	绑扎	绑扎	绑扎	8000	8000

图 2.10

③“比重设置”修改:单击“比重设置”,进入“比重设置”界面。将直径为 6.5 mm 的钢筋比重复制到直径为 6 mm 的钢筋比重中,如图 2.11 所示。

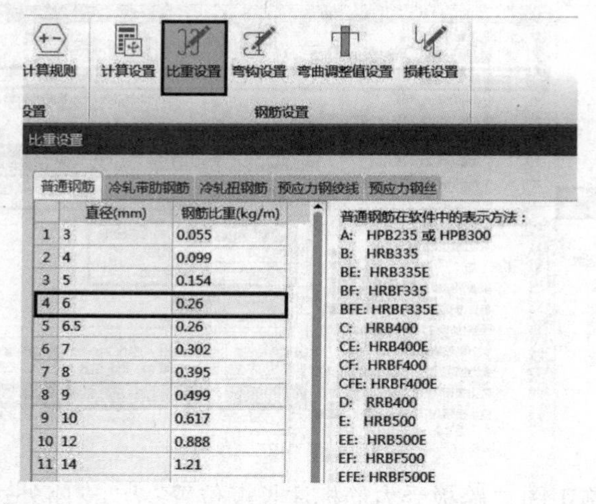

图 2.11

【注意】

市面上直径 6 mm 的钢筋较少,一般采用直径 6.5 mm 的钢筋。其余不需要修改。

四、任务结果

见以上各图。

2.3 新建楼层

通过本小节的学习,你将能够:

(1)定义楼层;

(2)定义各类构件混凝土强度等级设置。

一、任务说明

根据《1 号办公楼施工图》,在软件中完成新建工程的楼层设置。

二、任务分析

①软件中新建工程的楼层应如何设置?

②如何对楼层进行添加或删除?

③各层混凝土强度等级、砂浆标号的设置,对哪些操作有影响?

④工程楼层的设置应依据建筑标高还是结构标高?区别是什么?

⑤基础层的标高应如何设置？

三、任务实施

1) 分析图纸

层高按照《1 号办公楼施工图》结施-05 中“结构层楼面标高表”设置，见表 2.2。

表 2.2 结构层楼面标高表

楼层	层底标高(m)	层高(m)
屋顶	14.4	—
4	11.05	3.35
3	7.45	3.6
2	3.85	3.6
1	-0.05	3.9
-1	-3.95	3.9

2) 建立楼层

(1) 楼层设置

单击“工程设置”→“楼层设置”，进入“楼层设置”界面，如图 2.12 所示。

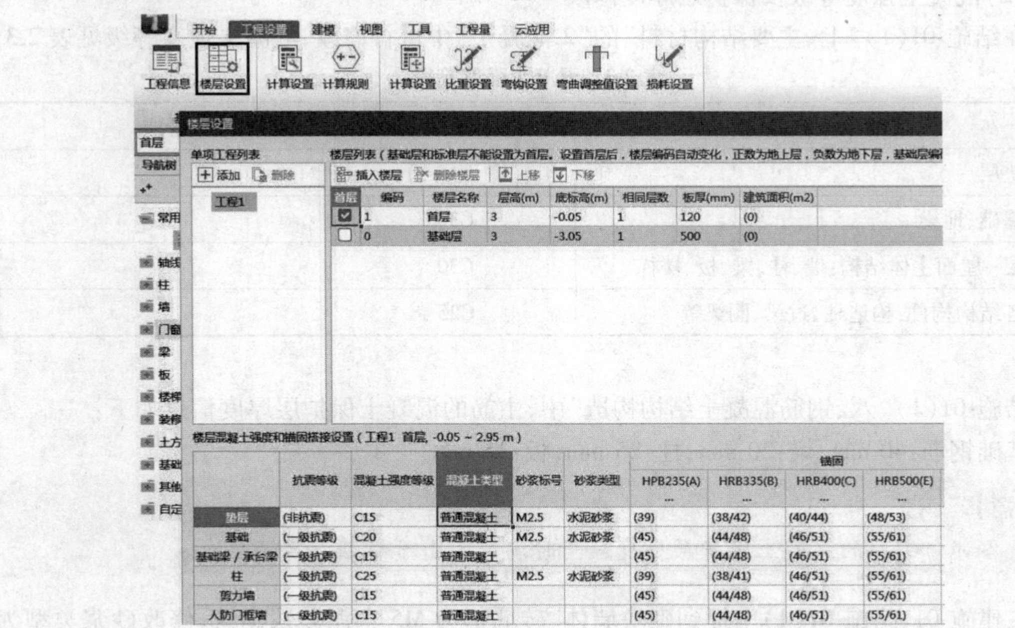

图 2.12

鼠标定位在首层，单击“插入楼层”，则插入地上楼层。鼠标定位在基础层，单击“插入楼层”，则插入地下室。按照表 2.2 修改层高。

①软件默认给出首层和基础层。

②首层的结构底标高输入为-0.05 m,层高输入为 3.9 m,板厚本层最常用的为 120 mm。用鼠标左键选择首层所在的行,单击“插入楼层”,添加第 2 层,层高输入为 3.6 m,最常用的板厚为 120 mm。

③按照建立第 2 层同样的方法,建立第 3 层和第 4 层,第 3 层层高为 3.6 m,第 4 层层高为 3.35 m。单击基础层,插入楼层,地下一层的层高为 3.9 m。

④用鼠标左键选择基础层所在的行,单击“插入楼层”,添加地下一层,地下一层的层高为 3.9 m。修改层高后,如图 2.13 所示。

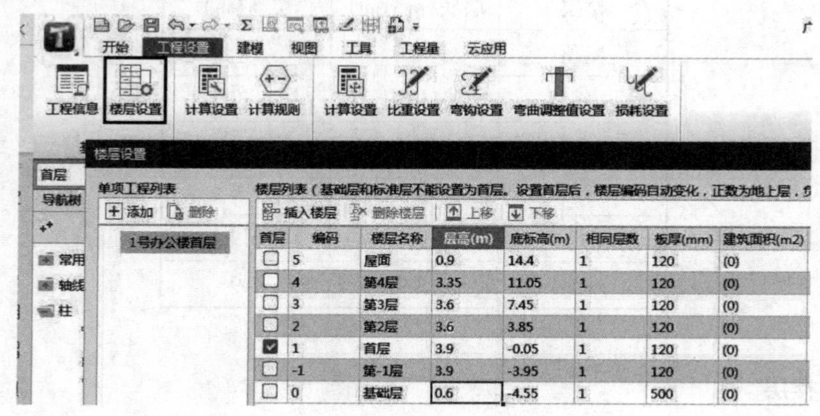

图 2.13

(2)混凝土强度等级及保护层厚度修改

在结施-01(1)“七、主要结构材料”的“2.混凝土”中进行修改,混凝土强度等级见表 2.3。

表 2.3 混凝土强度等级

混凝土所在部位	混凝土强度等级	备注
基础垫层	C15	
独立基础、地梁	C30	
基础层~屋面主体结构:墙、柱、梁、板、楼梯	C30	
其余各结构构件:构造柱、过梁、圈梁等	C25	

结施-01(1)“八、钢筋混凝土结构构造”中,主筋的混凝土保护层厚度信息如下:

基础钢筋:40 mm;梁:20 mm;柱:25 mm;板:15 mm。

【注意】

各部分钢筋的混凝土保护层厚度应同时满足不小于钢筋直径的要求。

在建施-01、结施-01(1)中提到砌块墙体、砖墙都为 M5 水泥砂浆砌筑,修改砂浆类型为“水泥砂浆”。保护层依据结施-01(1)说明依次修改即可。

首层修改完成后,单击左下角“复制到其他楼层”,如图 2.14 所示。

楼层混凝土强度和锚固搭接设置（1号办公楼首层 基础层，-6.40 ~ -3.95 m）

	抗震等级	混凝土强度等级	混凝土类型	砂浆标号	砂浆类型	锚固						搭接						保护层厚度(mm)
						HPB235(A)	HRB335(B)	HRB400(C)	HRB500(E)	冷轧带肋	冷轧扭	HPB235(A)	HRB335(B)	HRB400(C)	HRB500(E)	冷轧带肋	冷轧扭	
垫层	(非抗震)	C15	普通混凝土	M5	水泥砂浆	(39)	(38/42)	(40/44)	(48/53)	(45)	(45)	(55)	(53/59)	(56/62)	(67/74)	(63)	(63)	(25)
基础	(三级抗震)	C30	普通混凝土	M5	水泥砂浆	(32)	(30/34)	(37/41)	(45/49)	(37)	(35)	(45)	(42/48)	(52/57)	(63/69)	(52)	(49)	(40)
基础梁 / 承台梁	(三级抗震)	C30	普通混凝土			(32)	(30/34)	(37/41)	(45/49)	(37)	(35)	(45)	(42/48)	(52/57)	(63/69)	(52)	(49)	(40)
柱	(三级抗震)	C30	普通混凝土	M5	水泥砂浆	(32)	(30/34)	(37/41)	(45/49)	(37)	(35)	(45)	(42/48)	(52/57)	(63/69)	(52)	(49)	25
剪力墙	(三级抗震)	C30	普通混凝土			(32)	(30/34)	(37/41)	(45/49)	(37)	(35)	(38)	(36/41)	(44/49)	(54/59)	(44)	(42)	20
人防门框墙	(三级抗震)	C30	普通混凝土			(32)	(30/34)	(37/41)	(45/49)	(37)	(35)	(45)	(42/48)	(52/57)	(63/69)	(52)	(49)	(15)
墙柱	(三级抗震)	C30	普通混凝土			(32)	(30/34)	(37/41)	(45/49)	(37)	(35)	(45)	(42/48)	(52/57)	(63/69)	(52)	(49)	(20)
墙梁	(三级抗震)	C30	普通混凝土			(32)	(30/34)	(37/41)	(45/49)	(37)	(35)	(45)	(42/48)	(52/57)	(63/69)	(52)	(49)	(20)
框架梁	(三级抗震)	C30	普通混凝土			(32)	(30/34)	(37/41)	(45/49)	(37)	(35)	(45)	(42/48)	(52/57)	(63/69)	(52)	(49)	(20)
非框架梁	(非抗震)	C30	普通混凝土			(30)	(29/32)	(35/39)	(43/47)	(35)	(35)	(42)	(41/45)	(49/55)	(60/66)	(49)	(49)	(20)
现浇板	(非抗震)	C30	普通混凝土			(30)	(29/32)	(35/39)	(43/47)	(35)	(35)	(42)	(41/45)	(49/55)	(60/66)	(49)	(49)	(15)
楼梯	(非抗震)	C30	普通混凝土			(30)	(29/32)	(35/39)	(43/47)	(35)	(35)	(42)	(41/45)	(49/55)	(60/66)	(49)	(49)	(20)
构造柱	(三级抗震)	C25	普通混凝土			(36)	(35/38)	(42/46)	(50/56)	(42)	(40)	(50)	(49/53)	(59/64)	(70/78)	(59)	(56)	(25)
圈梁 / 过梁	(三级抗震)	C25	普通混凝土			(36)	(35/38)	(42/46)	(50/56)	(42)	(40)	(50)	(49/53)	(59/64)	(70/78)	(59)	(56)	(25)
砌体墙柱	(非抗震)	C25	普通混凝土	M5	水泥砂浆	(34)	(33/36)	(40/44)	(48/53)	(40)	(40)	(48)	(46/50)	(56/62)	(67/74)	(56)	(56)	(25)
其他	(非抗震)	C25	普通混凝土	M5	水泥砂浆	(34)	(33/36)	(40/44)	(48/53)	(40)	(40)	(48)	(46/50)	(56/62)	(67/74)	(56)	(56)	(25)

图 2.14

选择其他所有楼层，单击“确定”按钮即可，如图 2.15 所示。最后，根据结施-01(3)完成负一层及基础层的修改。

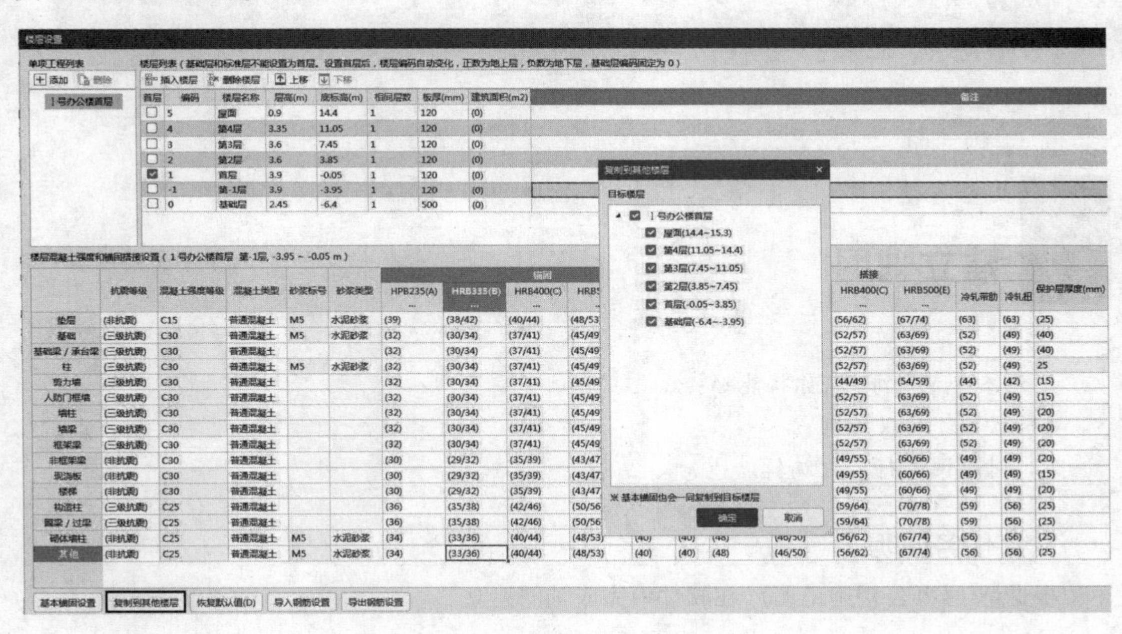

图 2.15

四、任务结果

完成楼层设置，如图 2.16 所示。

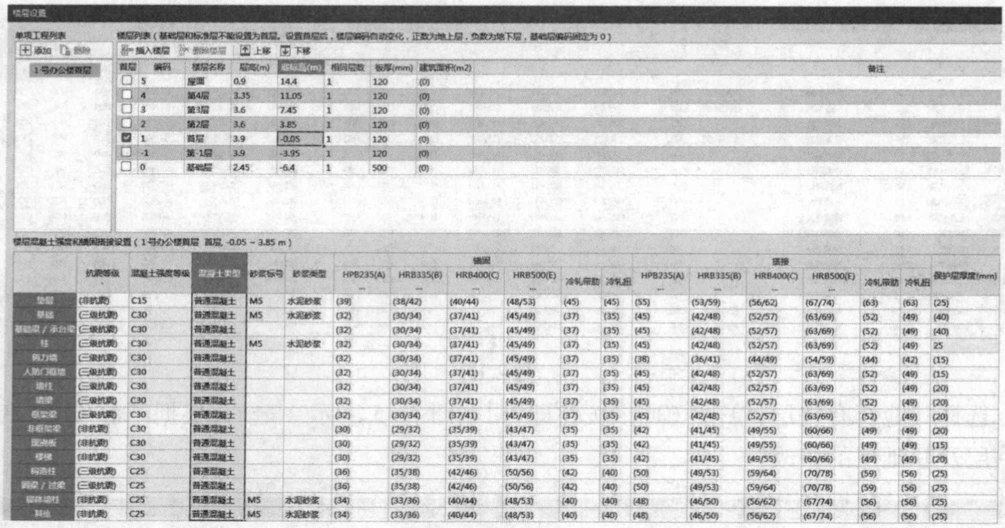

楼层设置

单项工程列表

添加 删除

1号办公楼首层

楼层列表(基础层和标准层不能设置为首层。设置首层后，楼层编码自动变化，正数为地上层，负数为地下层，基础层编码固定为0)

插入楼层 删除楼层 上移 下移

首层	编码	楼层名称	层高(m)	底标高(m)	相同层数	板厚(mm)	建筑面积(m2)	备注
☐	5	屋面	0.9	14.4	1	120	(0)	
☐	4	第4层	3.35	11.05	1	120	(0)	
☐	3	第3层	3.6	7.45	1	120	(0)	
☐	2	第2层	3.6	3.85	1	120	(0)	
☑	1	首层	3.9	-0.05	1	120	(0)	
☐	-1	第-1层	3.9	-3.95	1	120	(0)	
☐	0	基础层	2.45	-6.4	1	500	(0)	

楼层混凝土强度和锚固搭接设置(1号办公楼首层 首层，-0.05 ~ 3.85 m)

	抗震等级	混凝土强度等级	混凝土类型	砂浆标号	砂浆类型	锚固						搭接						
						HPB235(A)	HRB335(B)	HRB400(C)	HRB500(E)	冷轧带肋	冷轧扭	HPB235(A)	HRB335(B)	HRB400(C)	HRB500(E)	冷轧带肋	冷轧扭	保护层厚度(mm)
垫层	(非抗震)	C15	普通混凝土	M5	水泥砂浆	(39)	(38/42)	(40/44)	(48/53)	(45)	(45)	(55)	(53/59)	(56/62)	(67/74)	(63)	(63)	(25)
基础	(三级抗震)	C30	普通混凝土	M5	水泥砂浆	(32)	(30/34)	(37/41)	(45/49)	(37)	(35)	(45)	(42/48)	(52/57)	(63/69)	(52)	(49)	(40)
基础梁/承台梁	(三级抗震)	C30	普通混凝土			(32)	(30/34)	(37/41)	(45/49)	(37)	(35)	(45)	(42/48)	(52/57)	(63/69)	(52)	(49)	(40)
柱	(三级抗震)	C30	普通混凝土	M5	水泥砂浆	(32)	(30/34)	(37/41)	(45/49)	(37)	(35)	(45)	(42/48)	(52/57)	(63/69)	(52)	(49)	25
剪力墙	(三级抗震)	C30	普通混凝土			(32)	(30/34)	(37/41)	(45/49)	(37)	(35)	(38)	(36/41)	(44/49)	(54/59)	(44)	(42)	(15)
人防门框墙	(三级抗震)	C30	普通混凝土			(32)	(30/34)	(37/41)	(45/49)	(37)	(35)	(45)	(42/48)	(52/57)	(63/69)	(52)	(49)	(15)
墙柱	(三级抗震)	C30	普通混凝土			(32)	(30/34)	(37/41)	(45/49)	(37)	(35)	(45)	(42/48)	(52/57)	(63/69)	(52)	(49)	(20)
墙梁	(三级抗震)	C30	普通混凝土			(32)	(30/34)	(37/41)	(45/49)	(37)	(35)	(45)	(42/48)	(52/57)	(63/69)	(52)	(49)	(20)
框架梁	(三级抗震)	C30	普通混凝土			(32)	(30/34)	(37/41)	(45/49)	(37)	(35)	(45)	(42/48)	(52/57)	(63/69)	(52)	(49)	(20)
非框架梁	(非抗震)	C30	普通混凝土			(30)	(29/32)	(35/39)	(43/47)	(35)	(35)	(42)	(41/45)	(49/55)	(60/66)	(49)	(49)	(20)
现浇板	(非抗震)	C30	普通混凝土			(30)	(29/32)	(35/39)	(43/47)	(35)	(35)	(42)	(41/45)	(49/55)	(60/66)	(49)	(49)	(15)
楼梯	(非抗震)	C30	普通混凝土			(30)	(29/32)	(35/39)	(43/47)	(35)	(35)	(42)	(41/45)	(49/55)	(60/66)	(49)	(49)	(20)
构造柱	(三级抗震)	C25	普通混凝土			(36)	(35/38)	(42/46)	(50/56)	(42)	(40)	(50)	(49/53)	(59/64)	(70/78)	(59)	(56)	(25)
圈梁/过梁	(三级抗震)	C25	普通混凝土			(36)	(35/38)	(42/46)	(50/56)	(42)	(40)	(50)	(49/53)	(59/64)	(70/78)	(59)	(56)	(25)
砌体墙柱	(非抗震)	C25	普通混凝土	M5	水泥砂浆	(34)	(33/36)	(40/44)	(48/53)	(40)	(40)	(48)	(46/50)	(56/62)	(67/74)	(56)	(56)	(25)
其他	(非抗震)	C25	普通混凝土	M5	水泥砂浆	(34)	(33/36)	(40/44)	(48/53)	(40)	(40)	(48)	(46/50)	(56/62)	(67/74)	(56)	(56)	(25)

图 2.16

2.4 建立轴网

通过本小节的学习，你将能够：

(1)按图纸定义轴网；

(2)对轴网进行二次编辑。

一、任务说明

根据《1 号办公楼施工图》，在软件中完成轴网建立。

二、任务分析

①建施与结施图中采用什么图的轴网最全面？

②轴网中上下开间、左右进深如何确定？

三、任务实施

1)建立轴网

楼层建立完毕后，切换到“绘图输入”界面。先建立轴网。施工时用放线来定位建筑物，使用软件做工程时则用轴网来定位构件的位置。

(1)分析图纸

由建施-03 可知，该工程的轴网是简单的正交轴网，上下开间的轴距相同，左右进深的轴距也相同。

(2)轴网的定义

①切换到“绘图输入”界面之后,选择导航树中的“轴线”→“轴网”,单击右键,选择“定义”按钮,将软件切换到轴网的定义界面。

②单击“新建”按钮,选择“新建正交轴网”,新建“轴网-1”。

③输入“下开间”,在“常用值”下面的列表中选择要输入的轴距,双击鼠标即添加到轴距中;或者在“添加”按钮下的输入框中输入相应的轴网间距,单击“添加”按钮或回车键即可;按照图纸从左到右的顺序,“下开间”依次输入 3 300,6 000,6 000,7 200,6 000,6 000,3 300;因为上下开间轴距相同,所以上开间可以不输入轴距。

④切换到“左进深”的输入界面,按照图纸从下到上的顺序,依次输入左进深的轴距 2 500,4 700,2 100,6 900。修改轴号分为Ⓐ,1/A,Ⓑ,Ⓒ,Ⓓ。因为左右进深的轴距相同,所以右进深可以不输入轴距。

⑤右侧的轴网图显示区域已经显示了定义的轴网,轴网定义完成。

2)轴网的绘制

(1)绘制轴网

①轴网定义完毕后,单击“绘图”按钮,切换到绘图界面。

②弹出“请输入角度”对话框,提示用户输入定义轴网需要旋转的角度。本工程轴网为水平竖直方向的正交轴网,旋转角度按软件默认输入“0”即可,如图 2.17 所所。

③单击“确定”按钮,绘图区显示轴网,这样就完成了对本工程轴网的定义和绘制。

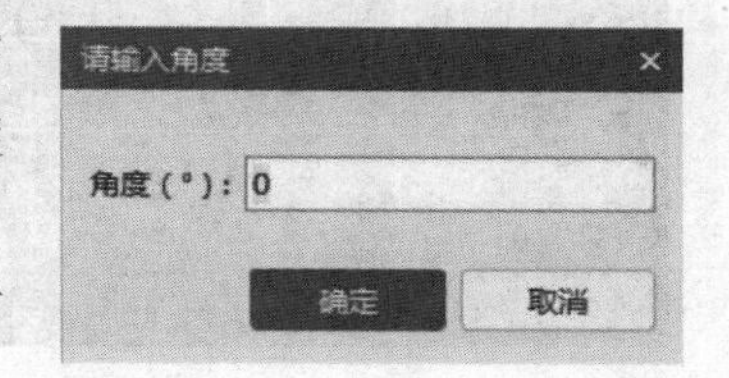

图 2.17

如果要右进深和上开间轴号和轴距显示出来,则在绘图区域,右键单击“修改轴号位置”,按鼠标左键拉框选择所有轴线,按右键确定。选择“两端标注”,然后单击“确定”按钮即可,如图 2.18 所示。

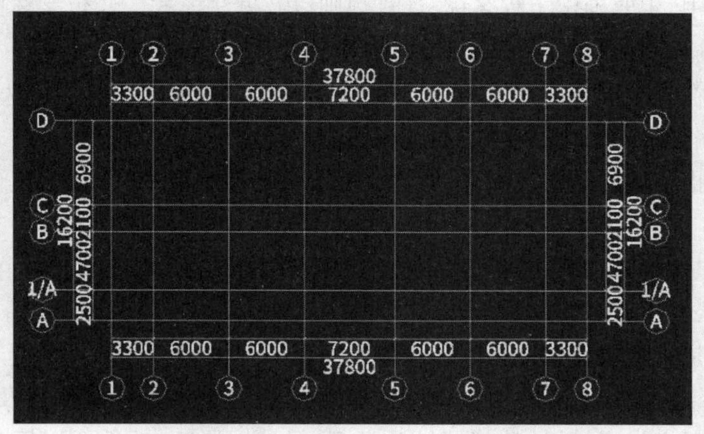

图 2.18

(2)轴网的其他功能

①设置插入点:用于轴网拼接,可以任意设置插入点(不在轴线交点处或在整个轴网外都可以设置)。

②修改轴号和轴距:当检查到已经绘制的轴网有错误时,可以直接修改。

③软件提供了辅助轴线,用于构件辅轴定位。辅轴在任意界面都可以直接添加。辅轴主要有两点、平行、点角、圆弧。

四、任务结果

完成轴网,如图 2.19 所示。

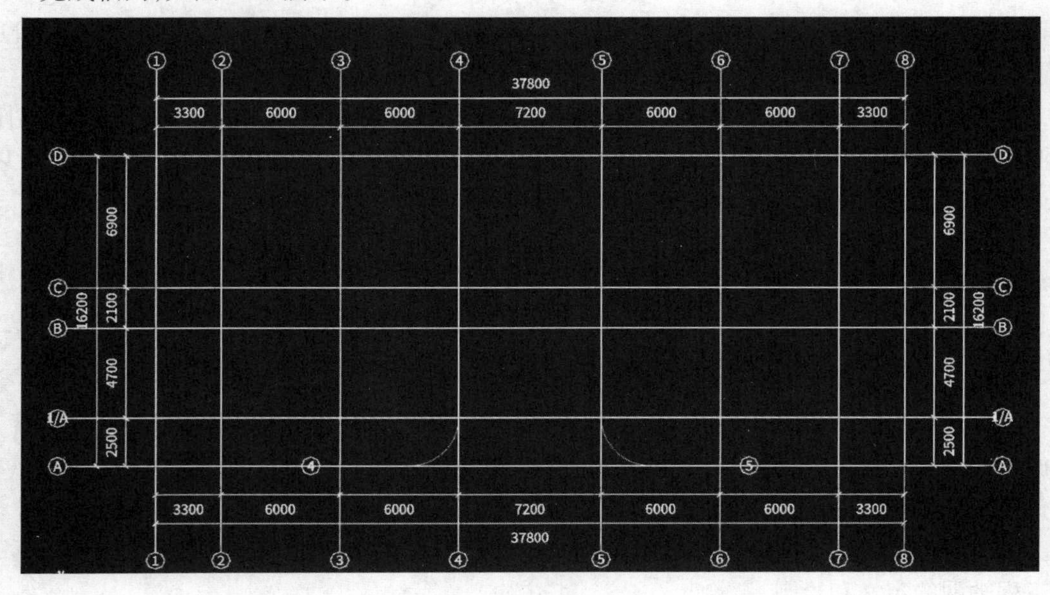

图 2.19

五、总结拓展

①新建工程中,主要确定工程名称、计算规则以及做法模式。蓝色字体的参数值影响工程量,按照图纸输入,其他信息只起标识作用。

②首层标记在楼层列表中的首层列,可以选择某一层作为首层。勾选后,该层作为首层,相邻楼层的编码自动变化,基础层的编码不变。

③底标高是指各层的结构底标高;软件中只允许修改首层的底标高,其他层底标高自动按层高反算。

④相同板厚是软件给的默认值,可以按工程图纸中最常用的板厚设置;在绘图输入新建板时,会自动默认取这里设置的数值。

⑤建筑面积是指各层建筑面积图元的建筑面积工程量,为只读。

⑥可以按照结构设计总说明对应构件选择混凝土强度等级、砂浆标号及类型、保护层厚度。对修改的混凝土强度等级、砂浆标号及类型、保护层厚度,软件会以反色显示。在首层输入相应的数值后,可以使用右下角的"复制到其他楼层"命令,把首层的数值复制到参数相同的楼层。各个楼层的楼层设置完成后,就完成了工程楼层的建立,可以进入"绘图输入"进行建模计算。

⑦有关轴网的编辑、辅助轴线的详细操作,请查阅"帮助"菜单中的文字帮助→绘图输

入→轴线。

⑧建立轴网时,输入轴距有两种方法:常用的数值可以直接双击:常用值中没有的数据直接添加。

⑨当上下开间或者左右进深的轴距不一样时(即错轴),可以使用轴号自动生成功能将轴号排序。

⑩比较常用的建立辅助轴线的功能:二点辅轴(直接选择两个点绘制辅助轴线);平行辅轴(建立平行于任意一条轴线的辅助轴线);圆弧辅轴(可以通过选择 3 个点绘制辅助轴线)。

⑪在任何界面下都可以添加辅轴。轴网绘制完成后,就进入“绘图输入”部分。“绘图输入”部分可按照后面章节的流程进行。

3 首层工程量计算

通过本章的学习,你将能够:

(1)定义柱、墙、板、梁、门窗、楼梯等构件;

(2)绘制柱、墙、梁、板、门窗、楼梯等图元;

(3)掌握飘窗、过梁在GTJ2018软件中的处理方法;

(4)掌握暗柱、连梁在GTJ2018软件中的处理方法。

3.1 首层柱工程量计算

通过本节的学习,你将能够:

(1)依据定额和清单确定柱的分类和工程量计算规则;

(2)依据平法、定额和清单确定柱的钢筋类型及工程量计算规则;

(3)应用造价软件定义各种柱(如矩形柱、圆形柱、参数化柱、异形柱)的属性并套用做法;

(4)能够应用造价软件绘制本层柱图元;

(5)统计并核查本层柱的个数、土建及钢筋工程量。

一、任务说明

①完成首层各种柱的定义、做法套用及图元绘制。

②汇总计算,统计本层柱的土建及钢筋工程量。

二、任务分析

①各种柱在计量时的主要尺寸有哪些?从哪个图中什么位置能够找到?有多少种柱?

②工程量计算中柱都有哪些分类?都套用什么定额?

③软件如何定义各种柱?各种异形截面端柱如何处理?

④构件属性、做法套用、图元之间有什么关系?

⑤如何统计本层柱的相关清单工程量和定额工程量?

三、任务实施

1)分析图纸

可在结施-04的柱表中得到柱的截面信息,本层以矩形框架柱为主,主要信息见表3.1。

表3.1 柱表

类型	名称	混凝土强度等级	截面尺寸(mm)	标高	角筋	b 每侧中配筋	h 每侧中配筋	箍筋类型号	箍筋
矩形框架柱	KZ1	C30	500×500	基础顶~+3.85	4 ⌀ 22	3 ⌀ 18	3 ⌀ 18	1(4×4)	⌀ 8@100
	KZ2	C30	500×500	基础顶~+3.85	4 ⌀ 22	3 ⌀ 18	3 ⌀ 18	1(4×4)	⌀ 8@100/200
	KZ3	C30	500×500	基础顶~+3.85	4 ⌀ 25	3 ⌀ 18	3 ⌀ 18	1(4×4)	⌀ 8@100/200
	KZ4	C30	500×500	基础顶~+3.85	4 ⌀ 25	3 ⌀ 20	3 ⌀ 20	1(4×4)	⌀ 8@100/200
	KZ5	C30	600×500	基础顶~+3.85	4 ⌀ 25	4 ⌀ 20	3 ⌀ 20	1(5×4)	⌀ 8@100/200
	KZ6	C30	500×600	基础顶~+3.85	4 ⌀ 25	3 ⌀ 20	4 ⌀ 20	1(4×5)	⌀ 8@100/200

还有一部分剪力墙柱,如图3.1所示。

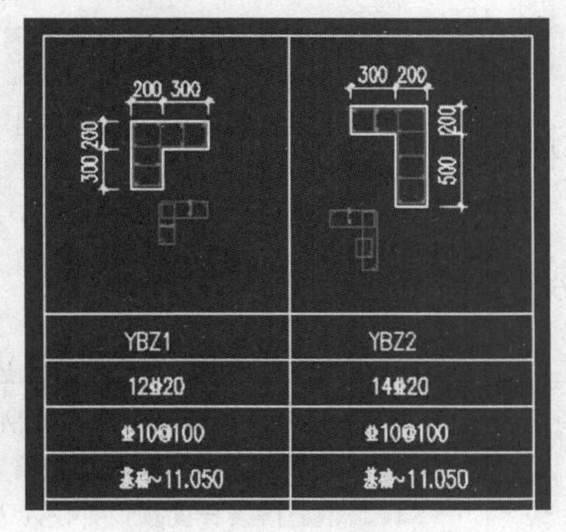

图3.1

2)现浇混凝土柱基础知识

(1)清单计算规则学习

柱清单计算规则见表3.2。

表 3.2　柱清单计算规则

编码	项目名称	单位	计算规则
010502001	矩形柱	m^3	按设计图示尺寸以体积计算。柱高: (1)有梁板的柱高,应自柱基上表面(或楼板上表面)算至上一层楼板上表面 (2)无梁板的柱高,应自柱基上表面(或楼板上表面)算至柱帽下表面 (3)框架柱的柱高:应自柱基上表面算至柱顶 (4)构造柱按全高计算,嵌接墙体部分(马牙槎)并入柱身体积 (5)依附柱上的牛腿和升板的柱帽,并入柱身体积计算
010502002	构造柱	m^3	
010502003	异形柱	m^3	
010515001	现浇构件钢筋	t	按设计图示钢筋(网)长度(面积)乘单位理论质量计算

(2)定额计算规则学习

柱定额计算规则见表 3.3。

表 3.3　柱定额计算规则

编码	项目名称	单位	计算规则
01-5-2-3	预拌混凝土(泵送) 异形柱	m^3	按设计图示尺寸以体积计算。柱高: (1)有梁板的柱高,应自柱基上表面(或楼板上表面)算至上一层的楼板上表面 (2)无梁板的柱高,应自柱基上表面(或楼板上表面)算至柱帽的下表面 (3)框架柱的高度,应自柱基上表面算至柱顶面 (4)构造柱按净高计算,嵌接墙体部分(马牙槎)的体积并入柱身工程量内 (5)依附柱上的牛腿等并入柱身体积内计算
01-5-2-1	预拌混凝土(泵送) 矩形柱		
01-5-2-2	预拌混凝土(泵送) 构造柱		
01-5-11-1~ 01-5-11-52	钢筋	t	(1)现浇、现场预制构件成型钢筋及现场制作钢筋均按设计图示钢筋长度乘以单位理论质量计算 (2)钢筋搭接长度按设计图示及规范要求计算,伸出构件的锚固钢筋应并入钢筋工程量内 (3)后张法预应力钢筋按设计图示钢筋(绞线、丝束)长度乘以单位理论质量计算: ①低合金钢筋两端采用螺杆锚具时,钢筋长度按孔道长度减 0.35 m计算,螺杆另行计算 ②低合金钢筋一端采用镦头插片,另一端采用螺杆锚具时,钢筋长度按孔道计算,螺杆另行计算 ③低合金钢筋一端采用镦头插片,另一端采用帮条锚具时,钢筋按增加孔道长度 0.15 m 计算;两端均采用帮条锚具时,钢筋长度按孔道长度增加 0.3 m 计算

续表

编码	项目名称	单位	计算规则
01-5-11-1~ 01-5-11-52	钢筋	t	④低合金钢筋采用后张混凝土自锚时,钢筋长度按孔道长度增加 0.35 m 计算 ⑤低合金钢筋(钢绞线)采用 JM、XM、QM 型锚具,孔道长度≤20 m时,钢筋长度按孔道长度增加 1 m 计算;孔道长度>20 m 时,钢筋长度按孔道长度增加 1.8 m 计算 ⑥碳素钢丝采用锥形锚具,孔道长度≤20 m 时,钢丝束长度按孔道长度增加 1 m 计算;孔道长度≤20 m 时,钢筋长度按孔道长度增加 1.8 m 计算 ⑦碳素钢丝采用镦头锚具时,钢丝束长度按孔道长度增加 0.35 m计算 ⑧预应力钢丝束、钢绞线锚具安装按套数计算 (4)各类钢筋机械连接接头不分钢筋规格,按设计要求或施工规范规定以只计算,且不再计算该处的钢筋搭接长度 (5)钢筋植筋不分孔深,按钢筋规格以根计算 (6)钢筋笼按设计图示钢筋长度乘以单位理论质量计算 (7)预埋铁件、预埋螺栓按设计图示尺寸乘以单位理论质量计算 (8)支持钢筋、型钢按设计图示(或施工组织设计)尺寸乘以单位理论质量计算
01-17-2-53	复合模板 矩形柱	m^2	柱模板按柱周长乘以柱高计算,牛腿的模板面积并入柱模板工程量内 (1)柱高从柱基或板上表面算至上一层楼板下表面,无梁板算至柱帽底部标高 (2)构造柱应按图示外露部分计算模板面积,带马牙槎构造柱的宽度按马牙槎处的宽度计算
01-17-2-56	复合模板 异形柱		
01-17-2-57	复合模板 圆形柱		
01-17-2-59	复合模板 柱高超过 3.6 m 每超 3 m	m^2	现浇钢筋混凝土柱、梁、墙、板支模高度均按 3.6 m(板面至上层板底之间的高度)编制;超过 3.6 m 时,超过部分再按相应超高子目执行

(3)柱平法知识

柱类型有框架柱、框支柱、芯柱、梁上柱、剪力墙柱等。从形状上可分为圆形柱、矩形柱、异形柱等。柱钢筋的平法表示有两种:一种是列表注写方式;另一种是截面注写方式。

①列表注写。在柱表中注写柱编号、柱段起始标高、几何尺寸(含柱截面对轴线的偏心情况)与配筋信息、箍筋信息,如图 3.2 所示。

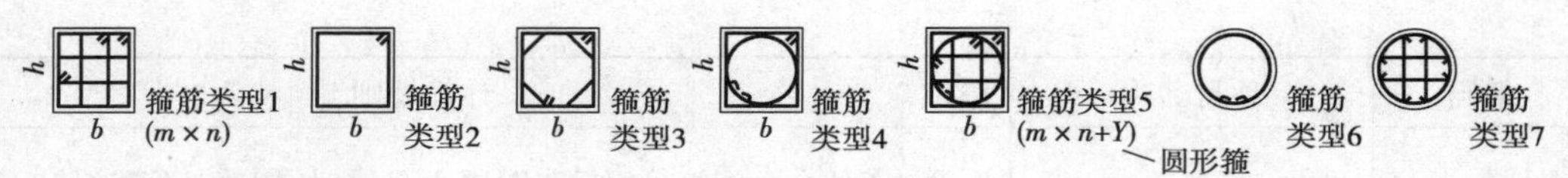

柱表

柱号	标高	b×h(圆柱直径D)	b_1	b_2	h_1	h_2	全部纵筋	角筋	b边一侧中部筋	h边一侧中部筋	箍筋类型号	箍筋	备注
KZ1	-0.030~19.470	750×700	375	375	150	550	24⌀25				1(5×4)	Φ10@100/200	
	19.470~37.470	650×600	325	325	150	450		4⌀22	5⌀22	4⌀20	1(4×4)	Φ10@100/200	—
	37.470~59.070	550×500	275	275	150	350		4⌀22	5⌀22	4⌀20	1(4×4)	Φ8@100/200	
XZ1	-0.030~8.670						8⌀25				按标准构造详图	Φ10@100	③×Ⓑ轴KZ1中设置

图 3.2

②截面注写。在同一编号的柱中选择一个截面,以直接注写截面尺寸和柱纵筋及箍筋信息,如图 3.3 所示。

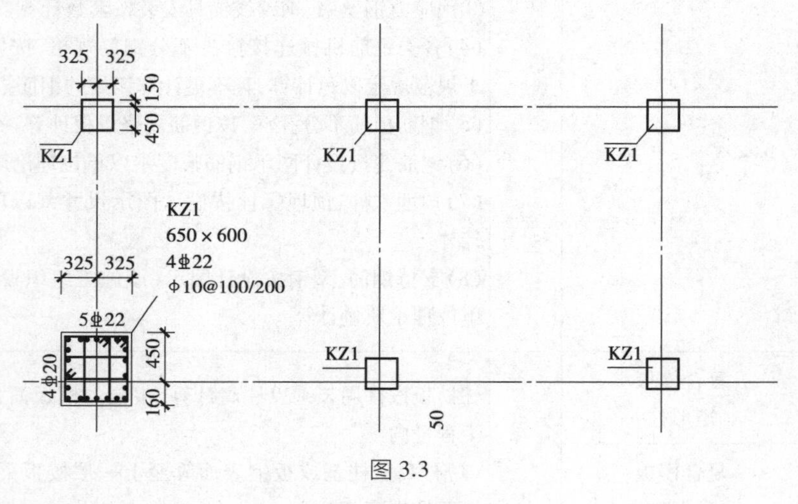

图 3.3

3)柱的定义

(1)矩形框架柱 KZ1

①在导航树中单击“柱”→“柱”,在构件列表中单击“新建”→“新建矩形柱”,如图 3.4 所示。

②在属性编辑框中输入相应的属性值,框架柱的属性定义如图 3.5 所示。

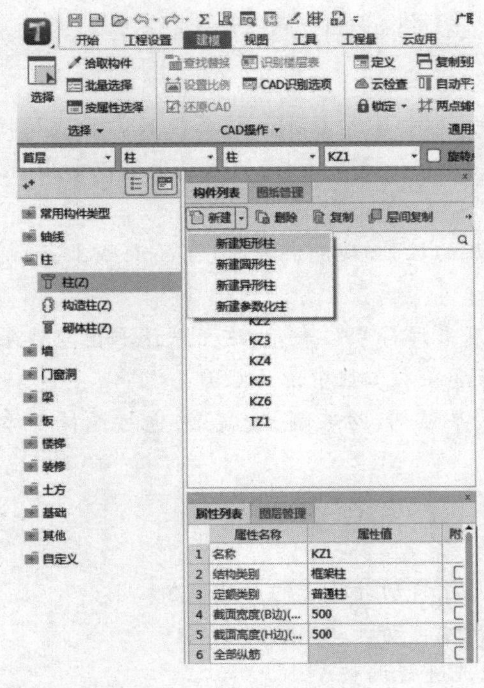

图 3.4

	属性名称	属性值	附加
1	名称	KZ1	
2	结构类别	框架柱	☐
3	定额类别	普通柱	☐
4	截面宽度(B边)(...	500	☐
5	截面高度(H边)(...	500	☐
6	全部纵筋		☐
7	角筋	4Φ22	☐
8	B边一侧中部筋	3Φ18	☐
9	H边一侧中部筋	3Φ18	☐
10	箍筋	Φ8@100(4*4)	☐
11	节点区箍筋		☐
12	箍筋肢数	4*4	
13	柱类型	(中柱)	☐
14	材质	商品混凝土	☐
15	混凝土强度等级	(C30)	☐
16	混凝土外加剂	(无)	
17	泵送类型	(混凝土泵)	
18	泵送高度(m)		
19	截面面积(m²)	0.25	☐
20	截面周长(m)	2	☐
21	顶标高(m)	层顶标高	☐
22	底标高(m)	层底标高	☐
23	备注		☐
24	⊞ 钢筋业务属性		
42	⊞ 土建业务属性		
47	⊞ 显示样式		

图 3.5

【注意】

①名称：根据图纸输入构件的名称 KZ1，该名称在当前楼层的当前构件类型下是唯一的。

②结构类别：类别会根据构件名称中的字母自动生成，例如，KZ 生成的是框架柱，也可根据实际情况进行选择，KZ1 为框架柱。

③定额类别：选择为普通柱。

④截面宽度（B 边）：KZ1 柱的截面宽度为 500 mm。

⑤截面高度（H 边）：KZ1 柱的截面高度为 500 mm。

⑥全部纵筋：表示柱截面内所有的纵筋，如 24 Φ 28；如果纵筋有不同的级别和直径，则使用“+”连接，如 4 Φ 28+16 Φ 22。在此 KZ1 的全部纵筋值设置为空，采用角筋、B 边一侧中部筋和 H 边一侧中部筋详细描述。

⑦角筋：只有当全部纵筋属性值为空时才可输入，根据该工程图纸结施-04 的柱表知，KZ1 的角筋为 4 Φ 22。

⑧B 边一侧中部筋：只有当柱全部纵筋属性值为空时才可输入，KZ1 的 B 边一侧中部筋为 3 Φ 18。

⑨H 边一侧中部筋：只有当柱全部纵筋属性值为空时才可输入，KZ1 的 H 边一侧中部筋为 3 Φ 18。

⑩箍筋：KZ1 的箍筋Φ 8@ 100（4×4）。

⑪节点区箍筋：KZ1 无节点区箍筋。

⑫箍筋肢数:通过单击当前框中省略号按钮选择肢数类型,KZ1 的箍筋肢数为 4×4 肢箍。

⑬柱类型:可以设置柱子为中柱、角柱、边柱-B、边柱-H。该属性只影响顶层柱的钢筋计算,在首层 KZ1 设置成任意柱类型无影响,但是在顶层,从图纸上可以看出,KZ1 为角柱,需进行正确设置。

⑭材质:不同的计算规则对应不同材质的柱,如现浇混凝土、商品混凝土、预制混凝土、细石混凝土,KZ1 的材质为商品混凝土。

⑮混凝土强度等级:混凝土的抗压强度采用符号 C 表示,这里默认取值与楼层设置中的混凝土强度等级一致。柱的混凝土强度在本工程中都为 C30。

⑯混凝土外加剂:可选择添加减水剂、早强剂、防冻剂、缓凝剂,也可选择不添加混凝土外加剂。

⑰泵送类型:混凝泵、汽车泵、非泵送。在此选择混凝泵。

⑱泵送高度:泵送混凝土高度。

⑲截面面积:软件根据所输入的构件尺寸自动计算出的面积数值。

⑳截面周长:软件根据所输入的构件尺寸自动计算出的周长数。

㉑顶标高:柱顶的标高,可根据实际情况进行调整。

24	⊟ 钢筋业务属性		
25	其他钢筋		
26	其他箍筋		☐
27	抗震等级	(三级抗震)	☐
28	锚固搭接	按默认锚固搭接...	
29	计算设置	按默认计算设置...	
30	节点设置	按默认节点设置...	
31	搭接设置	按默认搭接设置...	
32	汇总信息	(柱)	☐
33	保护层厚...	(25)	☐
34	芯柱截面...		☐
35	芯柱截面...		☐
36	芯柱箍筋		☐
37	芯柱纵筋		☐
38	上加密范...		☐
39	下加密范...		☐
40	插筋构造	设置插筋	☐
41	插筋信息		☐

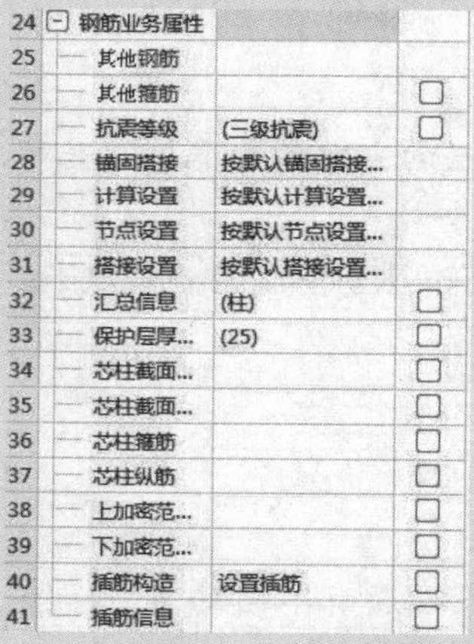

图 3.6

㉒底标高:柱底的标高,可根据实际情况进行调整。

㉓备注:该属性值仅仅是个标识,对计算不起任何作用。

㉔钢筋业务属性:如图 3.6 所示,包含以下设置。

㉕其他钢筋:除了当前构件中已经输入的钢筋外,还有需要计算的钢筋,则可以单击省略号按钮,在弹出的界面中输入。

㉖其他箍筋:除了当前构件中已经输入的箍筋外,还有需要计算的箍筋,则可以单击省略号按钮,在弹出的界面中输入。

㉗抗震等级:用户可调整构件的抗震等级、默认取值与楼层设置中的抗震等级一致。

㉘锚固搭接:软件会自动读取楼层管理中的数据,当前构件需要特殊处理时,可以单击省略号按钮,单独进行调整,修改后只对当前构件起作用。

㉙计算设置:对钢筋计算规则进行修改,当前构件会自动读取工程设置中的计算设置信息,如果当前构件的计算方法需要特殊处理,则可针对当前构件进行设置。具体操作方法请参阅“工程设置—钢筋设置—计算设置”,修改后只对当前构件起作用。

㉚节点设置:对于钢筋的节点构造进行修改,具体操作方法请参阅“工程设置—钢筋设置—计算设置—节点设置”条目。当前构件会自动读取节点设置中的节点,如果当前构件需要特殊处理,可单独进行调整,修改后只对当前构件起作用。

㉛搭接设置:软件自动读取楼层设置中搭接设置的具体数值,当前构件如果有特殊要求,则可单击省略号按钮,根据具体情况修改,修改后只对当前构件起作用。

㉜汇总信息：默认为构件的类别名称。报表预览时，部分报表可以以该信息进行钢筋的分类汇总。

㉝保护层厚度：软件自动读取楼层管理中的保护层厚度，如果当前构件需要特殊处理，则可根据实际情况进行输入。

㉞芯柱截面宽：芯柱B边的长度，单位为mm。

㉟芯柱截面高：芯柱H边的长度，单位为mm。

㊱芯柱箍筋：根据实际箍筋信息输入。

㊲芯柱纵筋：输入格式同全部纵筋。

㊳上加密范围：默认为空，表示按规范计算。

㊴下加密范围：默认为空，表示按规范计算。

㊵插筋构造：柱层间变截面或钢筋发生变化时的柱纵筋设构造或者柱生根时的纵筋构造，当选择为设置插筋时，软件根据相应设置自动计算插筋；当选择为纵筋锚固时，则上层柱纵筋伸入下层，不再单独设置插筋。

㊶插筋信息：缺省为空，表示插筋的根数和直径同柱纵筋。也可自行输入，输入格式：数量+级别+直径，不同直径用“+”号连接。例如，12 ⌀ 25+5 ⌀ 22。只有当插筋构造选择为“设置插筋”时，该属性值才起作用。

㊷土建业务属性，如图3.7所示，包含以下设置。

42	⊟ 土建业务属性		
43	计算设置	按默认计算设置	
44	计算规则	按默认计算规则	
45	超高底面...	按默认计算设置	□
46	支模高度	按默认计算设置	□

图3.7

㊸计算设置：用户可单击省略号按钮自行设置构件土建计算信息，软件将按设置的计算方法计算，修改后只对当前构件起作用。

㊹计算规则：软件内置全国各地清单及定额计算规则，同时用户可单击省略号按钮，自行设置构件土建计算规则，软件将按设置的计算规则计算。

㊺超高底面标高：按默认计算设置。

㊻支模高度：支模高度根据超高底面标高计算，为只读属性。

㊼显示样式：如图3.8所示，包含以下设置。

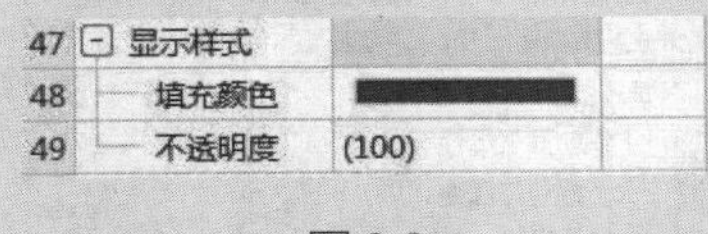

47	⊟ 显示样式		
48	填充颜色		
49	不透明度	(100)	

图3.8

㊽填充颜色：可设置柱边框颜色、填充颜色，以便在绘图区进行构建种类的快速区分。

㊾不透明度：图元过多发生遮挡时，调整不透明度可以便捷查看被遮挡的图元。

(2)参数化柱(以首层约束边缘柱 YBZ1 为例)

①新建柱,选择“新建参数化柱”。

②在弹出的“选择参数化图形”对话框中,设置截面类型与具体尺寸,如图 3.9 所示。单击“确认”后显示属性列表。

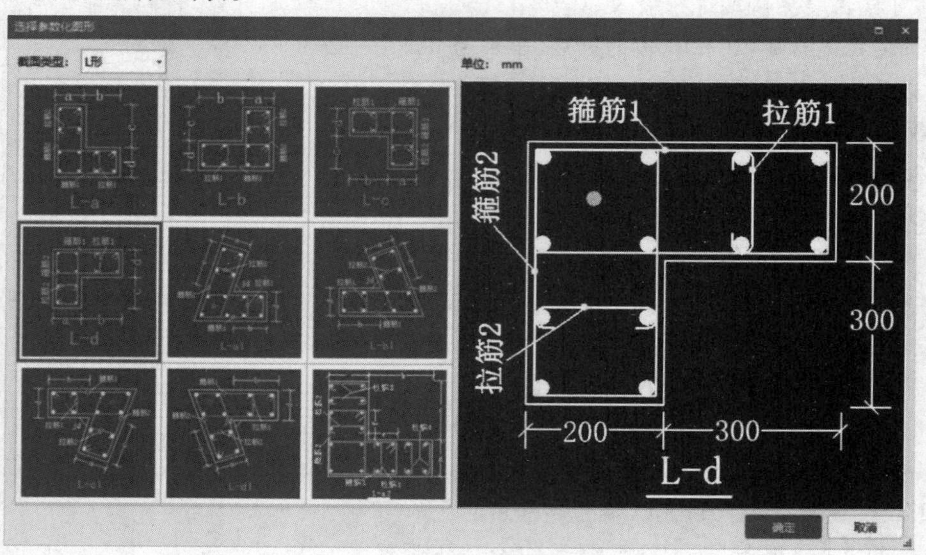

图 3.9

③参数化柱的属性定义,如图 3.10 所示。

属性列表	图层管理		
	属性名称	属性值	附加
1	名称	YBZ1	
2	截面形状	L-d形	☐
3	结构类别	暗柱	☐
4	定额类别	普通柱	☐
5	截面宽度(B边)(...	500	☐
6	截面高度(H边)(...	500	☐
7	全部纵筋	12⌀20	☐
8	材质	商品混凝土	☐
9	混凝土强度等级	C30	☐
10	混凝土外加剂	(无)	
11	泵送类型	(混凝土泵)	
12	泵送高度(m)		
13	截面面积(m²)	0.16	☐
14	截面周长(m)	2	☐
15	顶标高(m)	层顶标高	☐
16	底标高(m)	层底标高	☐
17	备注		☐
18	⊕ 钢筋业务属性		
32	⊕ 土建业务属性		
37	⊕ 显示样式		

图 3.10

【注意】

①截面形状:可以单击当前框中的省略号按钮,在弹出的“选择参数化图形”对话框中进行再次编辑。

②截面宽度(B边):柱截面外接矩形的宽度。

③截面高度(H边):柱截面外接矩形的高度。

④截面面积:软件按照柱本身的属性计算出的截面面积。

⑤截面周长:软件按照柱本身的属性计算出的截面周长。

⑥其他属性与矩形柱属性类似,参见矩形柱属性列表。

(3)异形柱(以YZB2为例)

①新建柱,选择“新建异形柱”。

②在弹出的“异形截面编辑器”中绘制线式异形截面,单击“确定”后可编辑属性,如图3.11所示。

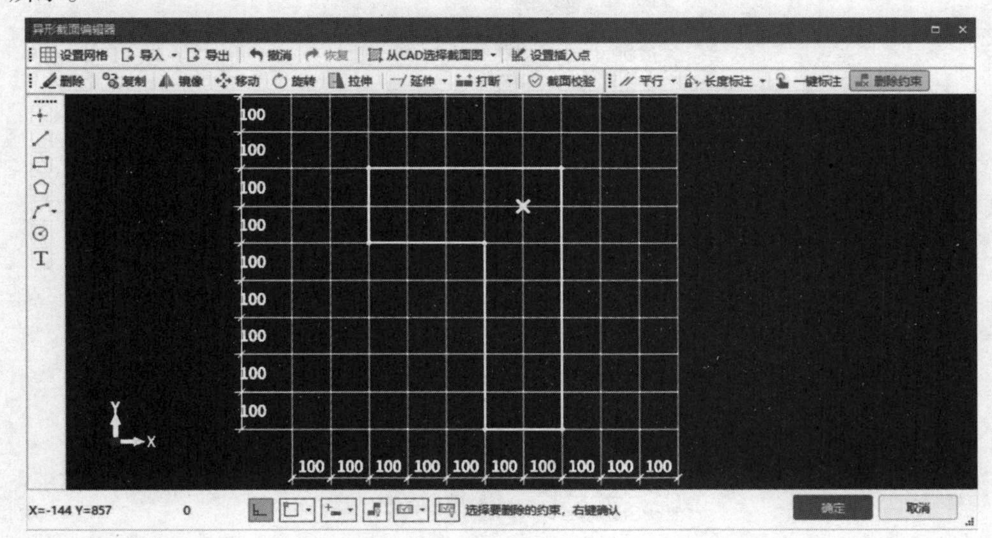

图 3.11

③异形柱的属性定义,如图3.12所示。

属性列表　图层管理

	属性名称	属性值	附加
1	名称	YBZ2	
2	截面形状	异形	☐
3	结构类别	框架柱	☐
4	定额类别	普通柱	☐
5	截面宽度(B边)(...	500	☐
6	截面高度(H边)(...	700	☐
7	全部纵筋	14⌀20	☐
8	材质	商品混凝土	☐
9	混凝土强度等级	(C30)	☐
10	混凝土外加剂	(无)	
11	泵送类型	(混凝土泵)	
12	泵送高度(m)		
13	截面面积(m²)	0.2	☐
14	截面周长(m)	2.4	☐
15	顶标高(m)	层顶标高	☐
16	底标高(m)	层底标高	☐
17	备注		☐
18	⊞ 钢筋业务属性		
36	⊞ 土建业务属性		
41	⊞ 显示样式		

图 3.12

【注意】

①截面形状:可以单击当前框中的省略号按钮,在弹出的“异形截面编辑器”中进行再次编辑。

②截面宽度(B 边):柱截面外接矩形的宽度。

③截面高度(H 边):柱截面外接矩形的高度。

④截面面积:软件按照柱本身的属性计算出的截面面积。

⑤截面周长:软件按照柱本身的属性计算出的截面周长。

⑥其他属性与矩形柱属性类似,参见矩形柱属性列表。

(4)圆形框架柱(拓展)

选择“新建”→“新建圆形柱”,方法同矩形框架柱属性定义。本工程无圆形框架柱,属性信息均是假设的。圆形框架柱的属性定义如图 3.13 所示。

属性列表 图层管理

	属性名称	属性值	附加
1	名称	KZ(圆形)	
2	结构类别	框架柱	☐
3	定额类别	普通柱	☐
4	截面半径(mm)	400	☐
5	全部纵筋	16Ф22	☐
6	箍筋	Ф10@100/200	☐
7	节点区箍筋		☐
8	箍筋类型	螺旋箍筋	☐
9	材质	商品混凝土	☐
10	混凝土强度等级	(C30)	☐
11	混凝土外加剂	(无)	
12	泵送类型	(混凝土泵)	
13	泵送高度(m)		
14	截面面积(m²)	0.503	☐
15	截面周长(m)	2.513	☐
16	顶标高(m)	层顶标高	☐
17	底标高(m)	层底标高	☐
18	备注		☐
19	+ 钢筋业务属性		
37	+ 土建业务属性		
42	+ 显示样式		

图 3.13

【注意】

①截面半径:设置圆形柱截面半径,可用“数值/数值”来表示变截面柱,输入格式为“柱底截面半径/柱顶截面半径”(圆形柱没有截面宽、截面高属性)。

②其他属性同矩形柱,参见矩形柱属性列表。

4)做法套用

柱构件定义好后,需要进行套用做法操作。套用做法是指构件按照计算规则计算汇总出做法工程量,方便进行同类项汇总,同时与计价软件数据对接。构件套用做法,可通过手动输入清单定额编码、查询匹配清单、查询匹配定额、查询外部清单、查询清单库、查询定额库等方式实现。

双击需要套用做法的柱构件,如 KZ1,在弹出的窗口中单击“构件做法”页签,可通过查询匹配清单的方式添加清单，KZ1 混凝土的清单项目编码为 010502001，完善后 3 位编码为 010502001001，KZ 模板的清单项目编码为 011702002，完善后 3 位编码为 011702002001；通过查询定额可以添加定额，正确选择对应定额项，KZ1 的做法套用如图 3.14 所示。暗柱做法套用如图 3.15 所示。

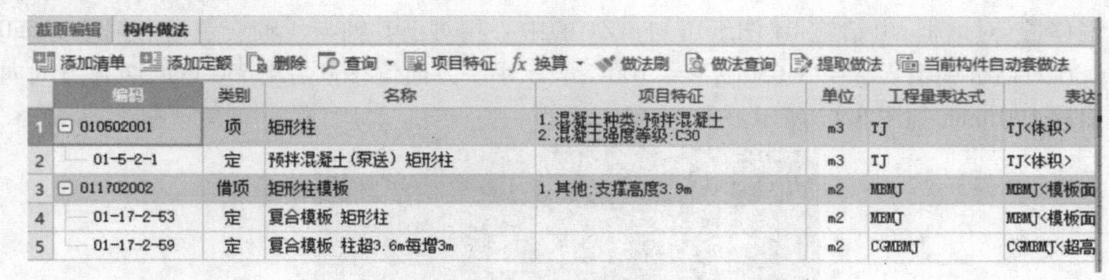

截面编辑 构件做法

添加清单 添加定额 删除 查询 项目特征 换算 做法刷 做法查询 提取做法 当前构件自动套做法

	编码	类别	名称	项目特征	单位	工程量表达式	表达
1	⊟ 010502001	项	矩形柱	1.混凝土种类:预拌混凝土 2.混凝土强度等级:C30	m3	TJ	TJ<体积>
2	01-5-2-1	定	预拌混凝土(泵送) 矩形柱		m3	TJ	TJ<体积>
3	⊟ 011702002	借项	矩形柱模板	1.其他:支撑高度3.9m	m2	MBMJ	MBMJ<模板面
4	01-17-2-53	定	复合模板 矩形柱		m2	MBMJ	MBMJ<模板面
5	01-17-2-59	定	复合模板 柱超3.6m每增3m		m2	CGMBMJ	CGMBMJ<超高

图 3.14

添加清单 添加定额 删除 查询 项目特征 换算 做法刷 做法查询 提取做法 当前构件自动套做法

	编码	类别	名称	项目特征	单位	工程量表达式	表达
1	⊟ 010504001	项	直形墙	1.混凝土种类:预拌混凝土 2.混凝土强度等级:C30	m3	TJ	TJ<体积>
2	01-5-4-1	定	预拌混凝土(泵送) 直形墙、电梯井壁		m3	TJ	TJ<体积>
3	⊟ 011702011	借项	直形墙模板		m2	MBMJ	MBMJ<模板面
4	01-17-2-69	定	复合模板 直形墙、电梯井壁		m2	MBMJ	MBMJ<模板面

图 3.15

5）柱的画法讲解

（1）点绘制

通过构件列表选择要绘制的构件 KZ1，用鼠标捕捉①轴与Ⓓ轴的交点，直接单击鼠标左键，就可完成柱 KZ1 的绘制，如图 3.16 所示。

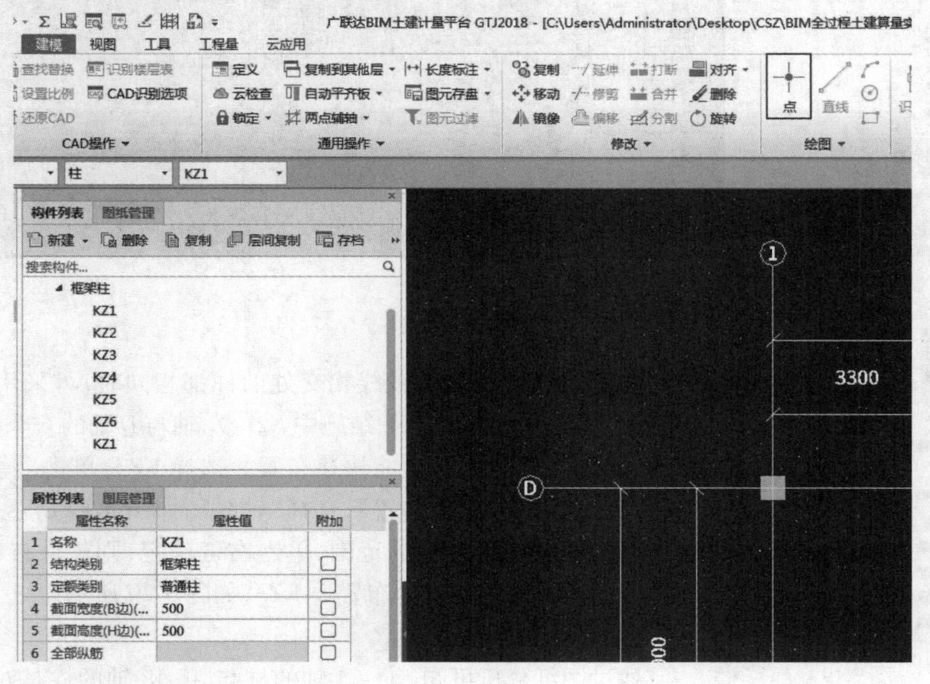

图 3.16

(2)偏移绘制

偏移绘制常用于绘制不在轴线交点处的柱,Ⓓ轴上,④~⑤轴之间的 TZ1 不能直接用鼠标选择点绘制,需要使用“Shift 键+鼠标左键”相对于基准点偏移绘制。

①把鼠标放在Ⓓ轴和④轴的交点处,同时按下键盘上的“Shift”键和鼠标左键,弹出“输入偏移量”对话框;由结施-04 图纸可知,TZ1 的中心相对于Ⓓ轴与④轴交点向右偏移 1 650 mm,在对话框中输入 X=“1 650”,Y=“100”;表示水平方向偏移量为 1 650 mm,竖直方向向上偏移 100 mm,如图 3.17 所示。

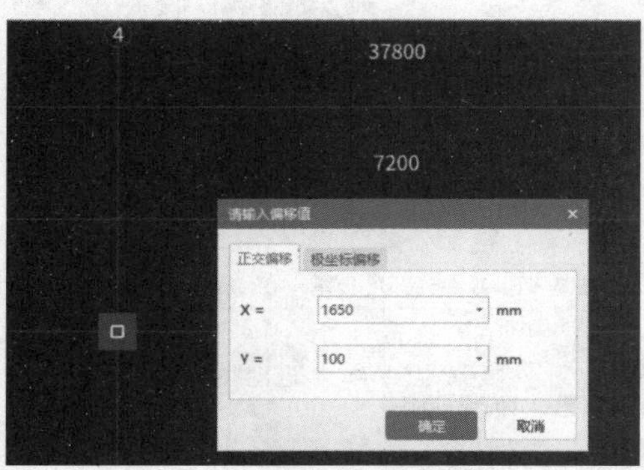

图 3.17

②单击“确定”按钮,TZ1 就偏移到指定位置了,如图 3.18 所示。

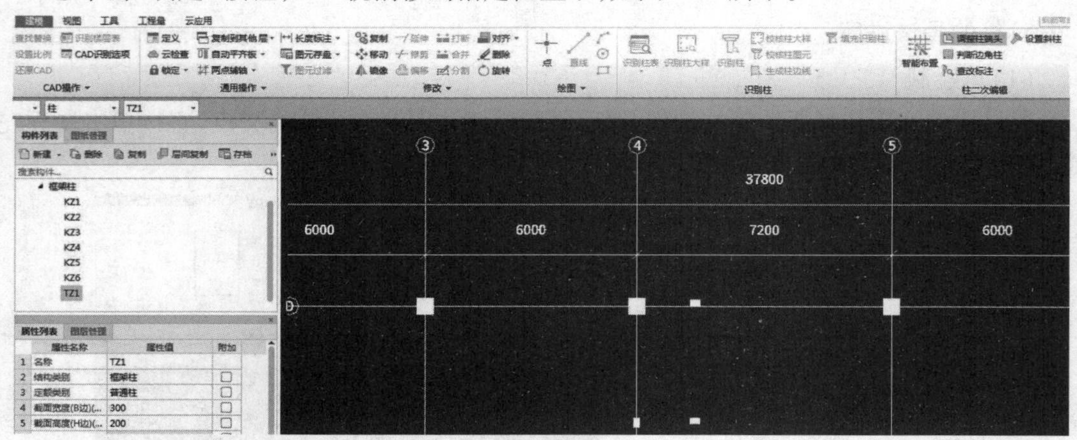

图 3.18

图 3.19

(3)智能布置

当图 3.18 中某区域轴线相交处的柱都相同时,可采用“智能布置”的方法来绘制柱。如结施中,②~⑦轴与Ⓓ轴的 6 个交点处都为 KZ3,即可利用此功能快速布置。选择 KZ3,单击“建模”→“柱二次编辑”→“智能布置”,选择“轴线”,如图 3.19 所示。然后在图框中框选要布置柱的范围,单击右键确定,则软件自动在所有范围内所有轴线相交处布置上 KZ3,如图 3.20 所示。

(4)镜像

通过图纸分析可知,①~④轴的柱与⑤~⑧轴的柱是对称的,

因此,在绘图时可以使用一种简单的方法:先绘制①~④轴的柱,然后使用"镜像"功能绘制⑤~⑧的轴。操作步骤如下:

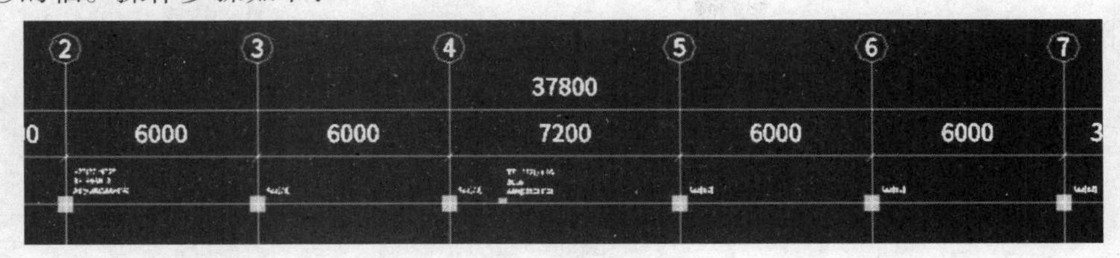

图3.20

①选中①~④轴间需要镜像的柱,单击建模页签下修改面板中的"镜像",如图3.21所示。

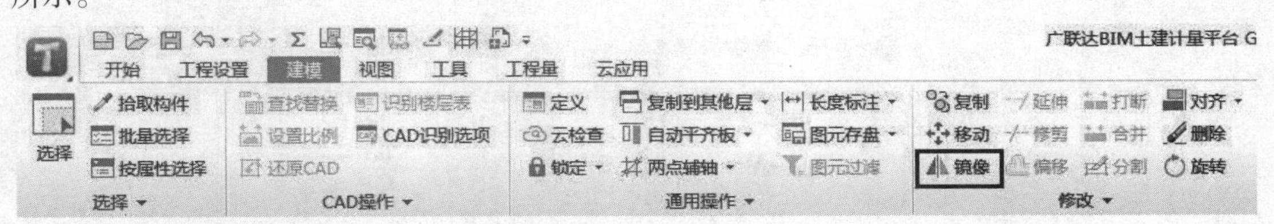

图3.21

②可以看到Ⓓ轴上、④~⑤轴之间出现了一个黄色的三角形,单击此三角形,如图3.22所示,将鼠标下移,可以看到Ⓐ轴上、④~⑤轴之间再次出现一个黄色的三角形,单击此三角形,软件跳出"是否要删除原来的图元"的提示,选择"否",所有柱布置成功。

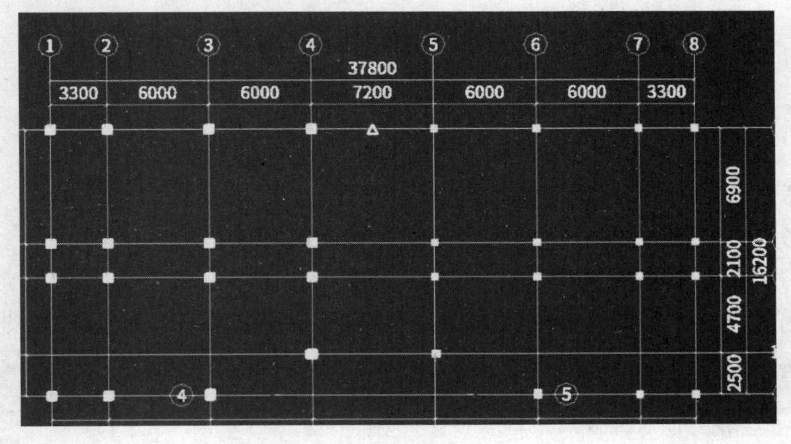

图3.22

6)闯关练习

老师讲解、演示完毕,可登录测评认证网安排学生练习。学生打开测评认证网考试端,练习完毕提交工程文件后系统可自动评分。老师可在网页直接查看学生成绩汇总和作答数据统计。平台可帮助老师和学生专注学习本身,实现快速完成评分、成绩汇总和分析。

方式一:老师安排学生到测评认证网进行相应的关卡练习,增加练习的趣味性和学生的积极性。

方式二:老师自己安排练习。

(1)老师安排随堂练习

老师登录测评认证网(http://rzds.glodonedu.com),在考试管理页面,单击“安排考试”按钮,如图 3.23 所示。

图 3.23

步骤一:填写考试基础信息,如图 3.24 所示。

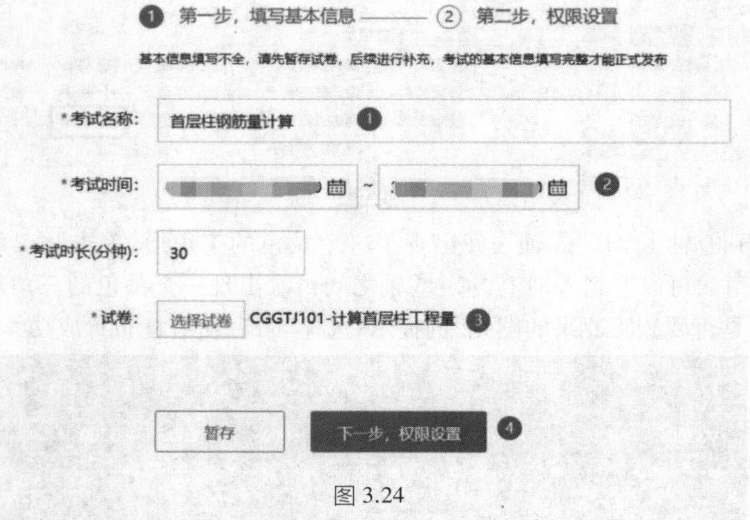

图 3.24

①填写考试名称:首层柱钢筋量计算。

②选择考试的开始时间与结束时间(自动计算考试时长)。

③单击“选择试卷”按钮选择试卷。

选择试题时,可从“我的试卷库”中选择,也可在“共享试卷库”中选择,如图 3.25 所示。

图 3.25

步骤二:考试设置,如图 3.26 所示。

①添加考生信息,从群组选择中选择对应的班级学生。

②设置成绩查看权限:交卷后立即显示考试成绩。

③设置防作弊的级别:0 级。

④设置可进入考试的次数(留空为不限制次数)。

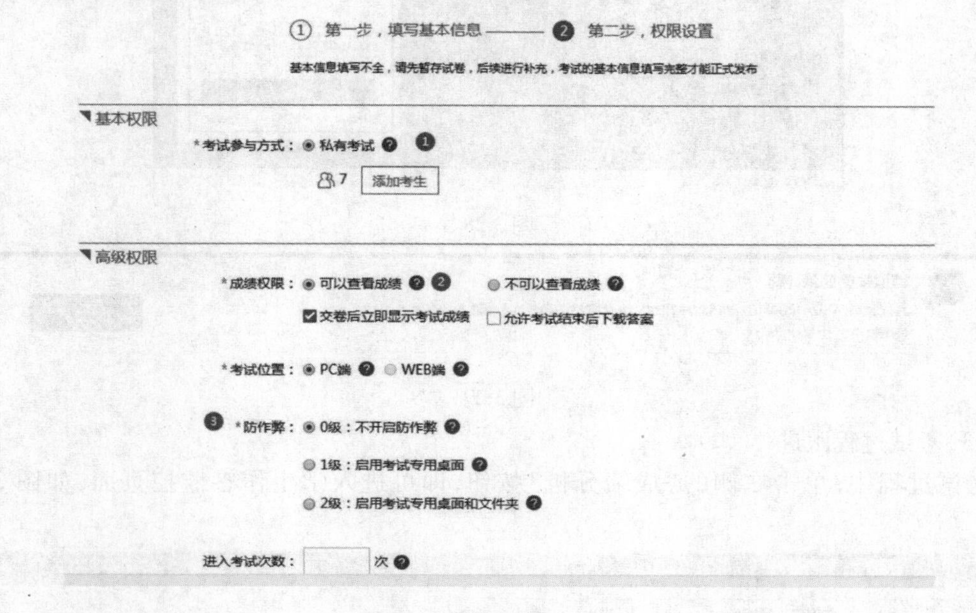

图 3.26

发布成功后,可在“未开始的考试”中查看,如图 3.27 所示。

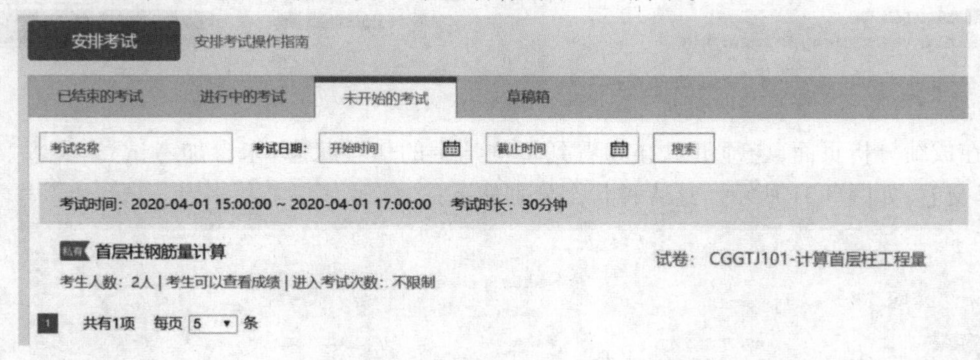

图 3.27

【小技巧】

建议提前安排好实战任务,设置好考试的时间段,在课堂上直接让学生练习即可;或者直接使用闯关模块安排学生进行练习,与教材内容配套使用。

(2)参加老师安排的任务

步骤一:登录测评认证网,学生用账号登录考试平台,如图 3.28 所示。

步骤二:参加考试。老师安排的考试位于“待参加考试”页签,找到要参加的考试,单击

“进入考试”即可,如图 3.29 所示。

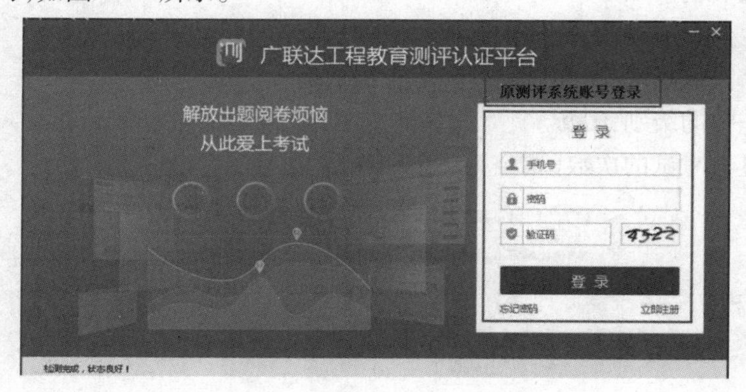

图 3.28

图 3.29

(3)考试过程跟进

考试过程中,单击右侧的“成绩分析”按钮,即可进入学生作答监控页面,如图 3.30 所示。

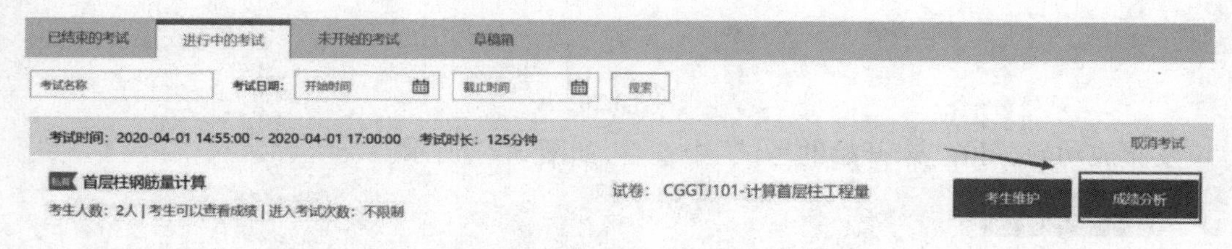

图 3.30

在成绩分析页面,老师可以详细看到每位学生的作答状态:未参加考试、未交卷、作答中、已交卷,如图 3.31 所示。这 4 种状态分别如下:

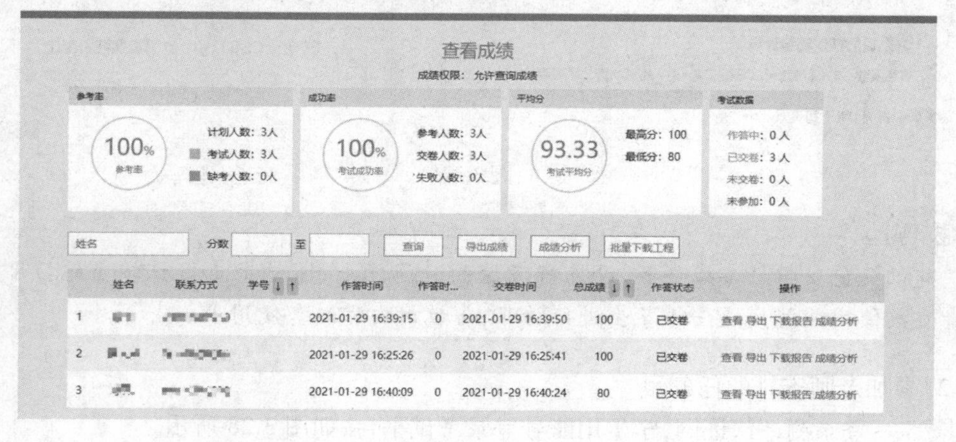

图 3.31

①未参加考试:考试开始后,学生从未进入过考试作答页面。

②未交卷:考试开始后,学生进入过作答页面,没有交卷又退出了考试。

③作答中:当前学生正在作答页面。

④已交卷:学生进入过考试页面,并完成了至少1次交卷,当前学生不在作答页面。

(4)查看成绩

查看成绩,如图3.32所示。

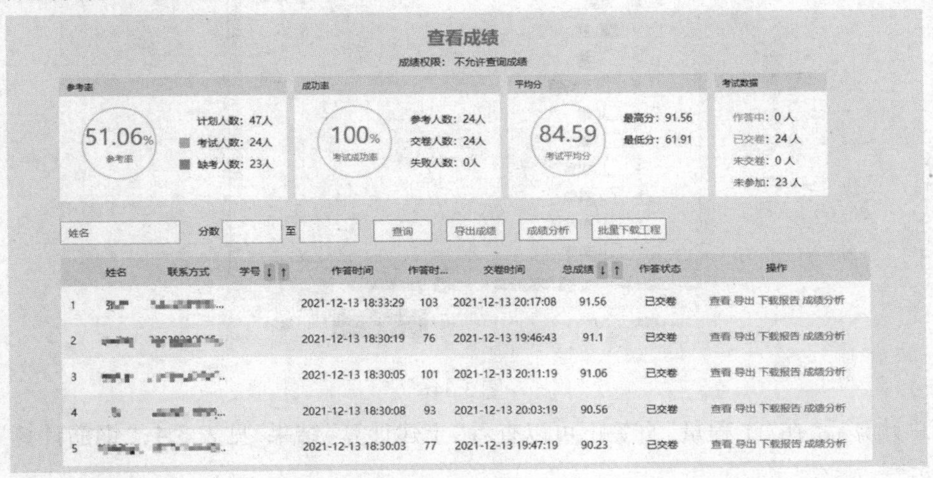

图3.32

考试结束后,老师可以在成绩分析页面查看考试的数据统计及每位考生的考试结果和成绩分析,如图3.33所示。

评分报告

钢筋　土建

序号	构件类型	标准工程量(千克)	工程量(千克)	偏差(%)	基准分	得分	得分分析
1	▼柱	8348.578	8348.578	0	92.4731	92.4729	
2	▼工程1	8348.578	8348.578	0	92.4731	92.4729	
3	▼首层	8348.578	8348.578	0	92.4731	92.4729	
4	ΦC20,1,0,柱	2350.4	2350.4	0	25.8064	25.8064	
5	ΦC18,1,0,柱	1792.896	1792.896	0	25.8064	25.8064	
6	ΦC25,1,0,柱	1687.224	1687.224	0	13.9785	13.9785	
7	ΦC22,1,0,柱	577.76	577.76	0	5.3763	5.3763	
8	ΦC16,1,0,柱	24.984	24.984	0	1.6129	1.6129	
9	ΦC8,1,0,柱	1902.42	1902.42	0	19.3548	19.3548	
10	ΦC10,1,0,柱	12.894	12.894	0	0.5376	0.5376	
11	▼暗柱/端柱	1052.82	1052.82	0	7.5269	7.5269	
12	▼工程1	1052.82	1052.82	0	7.5269	7.5269	
13	▼首层	1052.82	1052.82	0	7.5269	7.5269	
14	ΦC10,1,0,暗柱/端柱	410.88	410.88	0	3.2258	3.2258	
15	ΦC20,1,0,暗柱/端柱	641.94	641.94	0	4.3011	4.3011	

图3.33

【提示】

其他章节,老师可参照本"闯关练习"的做法,安排学生在闯关模块进行练习,或在测评认证网布置教学任务。

四、任务结果

单击"工程量"页签下的云检查,云检查无误后进行汇总计算(或者按快捷键"F9"),弹出汇总计算对话框,选择首层下的柱,如图 3.34 所示。

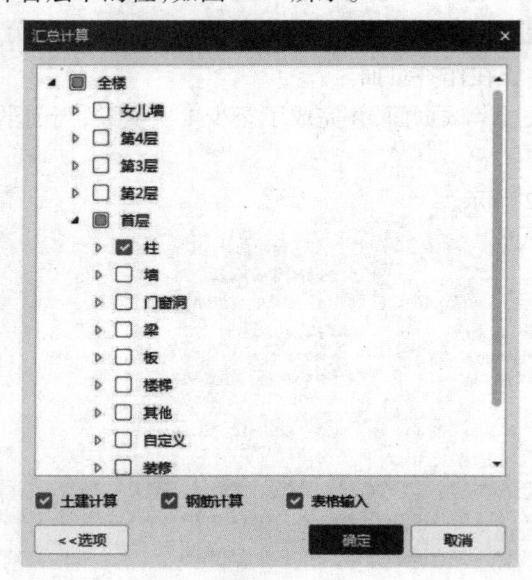

图 3.34

汇总计算后,在“工程量”页签下可以查看“土建计算”结果,见表 3.4;“钢筋计算”结果,见表 3.5。

表 3.4 首层框架柱清单定额工程量

编码	项目名称	单位	工程量明细	
			绘图输入	表格输入
010502001001	矩形柱 (1)混凝土种类:预拌混凝土 (2)混凝土强度等级:C30	m^3	32.214	
01-5-2-1	预拌混凝土(泵送) 矩形柱	m^3	32.214	
011702002002	矩形柱 模板高度:支撑高度 3.9 m	m^2	263.45	
01-17-2-53	现浇混凝土模板 矩形柱	m^2	263.45	
01-17-2-59	复合模板 柱超 3.6 m 每增 3 m	m^2	8.85	

表 3.5 首层柱钢筋工程量

汇总信息	汇总信息钢筋总重(kg)	构件名称	构件数量	HRB400
暗柱/端柱	932.356	YBZ1[1740]	2	418.072
		YBZ2[1739]	2	504.124
		合计	4	922.196

续表

汇总信息	汇总信息钢筋总重(kg)	构件名称	构件数量	HRB400
柱	7277.251	KZ1[1743]	4	883.568
		KZ2[1741]	6	1 197.322
		KZ3[1735]	6	1 270.158
		KZ4[1738]	12	2 800.956
		KZ5[1744]	2	539.184
		KZ6[1752]	2	539.184
		TZ2[2133]	1	45.72
		合计	33	7 276.092

五、总结拓展

1)查改标注

框架柱的绘制主要使用“点”绘制,或者用偏移辅助“点”绘制。如果有相对轴线偏心的支柱,则可使用以下“查改标注”的方法进行偏心的设置和修改,操作步骤如下:

①选中图元,单击“建模”→“柱二次编辑”→“查改标注”,使用“查改标注”来修改偏心,如图 3.35 所示。

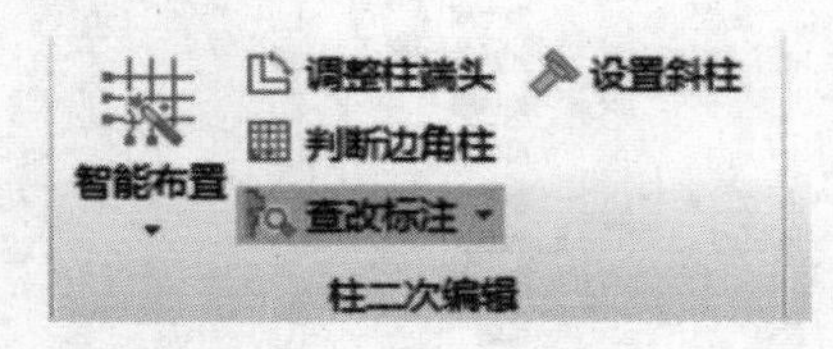

图 3.35

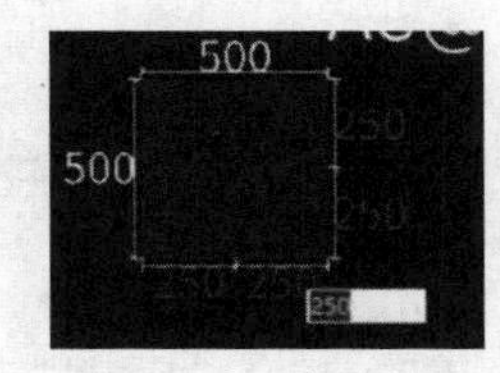

图 3.36

②回车依次修改绿色字体的标注信息,全部修改后用鼠标左键单击屏幕的其他位置即可,右键结束命令,如图 3.36 所示。

2)修改图元名称

如果需要修改已经绘制的图元名称,也可采用以下两种方法:

①“修改图元名称”功能。如果要把一个构件的名称替换成另一个名称,假如要把 KZ6 修改为 KZ1,可以使用“修改图元名称”功能。选中 KZ6,右键选择“修改图元名称”,则会弹出“修改图元名称”对话框,如图 3.37 所示,将 KZ6 修改成 KZ1 即可。

②通过属性列表修改。选中图元,“属性列表”对话框中会显示图元的属性,点开下拉名称列表,选择需要的名称,如图 3.38 所示。

3)“构件图元名称显示”功能

柱构件绘到图上后,如果需要在图上显示图元的名称,可使用“视图”选项卡下的“显示设置”功能。在弹出如图 3.39 所示的显示设置面板中,勾选显示的图元或显示名称,方便查看和修改。

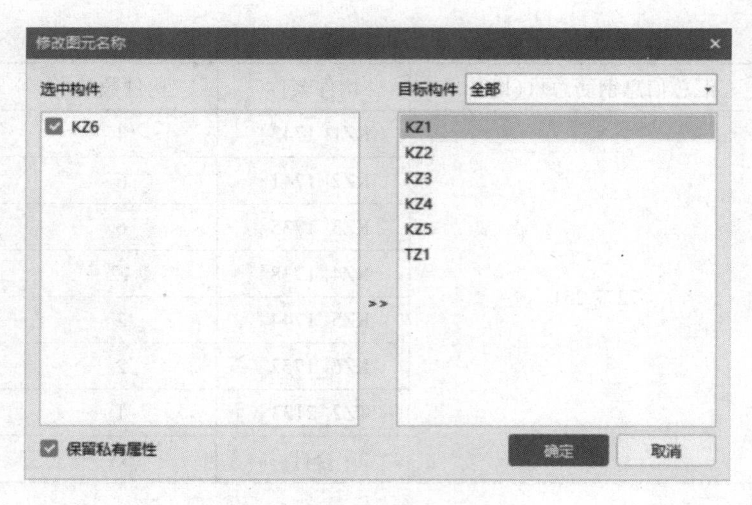

图 3.37

图 3.38

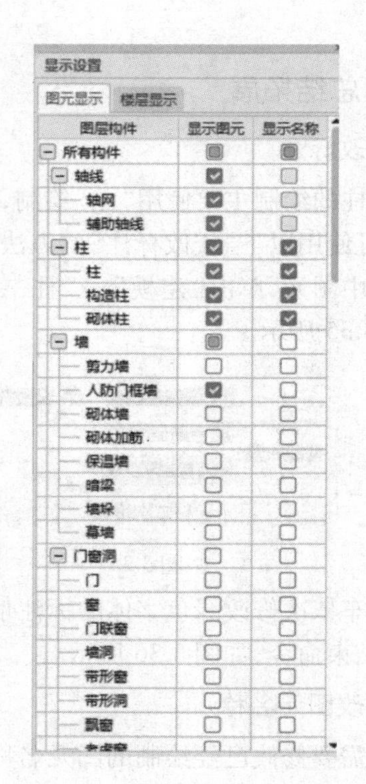

图 3.39

例如,显示柱子及其名称,则在柱显示图元及显示名称后面打钩,也可通过按"Z"键将柱图元显示出来,按"Shift+Z"键将柱图元名称显示出来。

4)柱的属性

在柱的属性中有标高的设置,包括底标高和顶标高。软件默认竖向构件是按照层底标高和层顶标高,可根据实际情况修改构件或图元的标高。

5)构件属性编辑

在对构件进行属性编辑时,属性编辑框中有两种颜色的字体:蓝色字体和黑色字体。蓝色字体显示的是构件的公有属性,黑色字体显示的是构件的私有属性。对公有属性部分进行操作,所做的改动对同层所有同名称构件起作用。

问题思考

(1)在绘图界面怎样调出柱属性编辑框对图元属性进行修改?

(2)在参数化柱模型中找不到的异形柱如何定义?

(3)在柱定额子目中找不到所需要的子目,该如何定义该柱构件做法?

3.2 首层剪力墙工程量计算

通过本节的学习,你将能够:

(1)掌握连梁在软件中的处理方式;

(2)定义剪力墙的属性;

(3)绘制剪力墙图元;

(4)统计本层剪力墙的阶段性工程量。

一、任务说明

①完成首层剪力墙的定义、做法套用及图元绘制。

②汇总计算统计本层剪力墙的工程量。

二、任务分析

①剪力墙在计量时的主要尺寸有哪些?从哪个图中什么位置能够找到?

②剪力墙的暗柱、端柱分别是如何计算钢筋工程量的?

③剪力墙的暗柱、端柱分别是如何套用清单定额的?

④当剪力墙墙中性线与轴线不重合时,该如何处理?

⑤电梯井壁剪力墙的施工措施有什么不同?

三、任务实施

1)分析图纸

(1)分析剪力墙

分析本工程图纸结施-04、结施-01,可以得到首层剪力墙的信息,见表3.6

表3.6 剪力墙表

序号	类型	名称	混凝土型号	墙厚(mm)	标高	水平筋	竖向筋	拉筋
1	内墙	Q3	C30	200	-0.05~+3.85	⌀12@150	⌀14@150	⌀8@450

(2)分析连梁

连梁是剪力墙的一部分。分析图纸可在结施-06 中"一、三层顶梁配筋"图中得到 LL1 的基本信息,尺寸为 200 mm×1 000 mm,下方有门洞,箍筋为⏀10@100(2),上部纵筋为 4⏀22,下部纵筋为 4⏀22,侧面纵筋为 G⏀12@200。

2)剪力墙清单、定额计算规则学习

(1)清单计算规则学习

剪力墙清单计算规则见表 3.7。

表 3.7　剪力墙清单计算规则

编码	项目名称	单位	计算规则
010504001	直形墙	m^3	按设计图示尺寸以体积计算。扣除门窗洞口及单个面积 >0.3 m^2的孔洞所占体积
011702011	直形墙模板	m^2	按模板与现浇混凝土构件的接触面积计算
011702013	短肢剪力墙、电梯井壁	m^2	按模板与现浇混凝土构件的接触面积计算

(2)定额计算规则学习

剪力墙定额计算规则见表 3.8。

表 3.8　剪力墙定额计算规则

编码	项目名称	单位	计算规则
01-5-4-1	预拌混凝土(泵送)直形墙、电梯井壁	m^3	按设计图示尺寸以体积计算。扣除门窗洞口及单个面积>0.3 m^2 孔洞所占体积,墙垛及突出部分并入墙体积内计算
01-17-2-69	现浇构件混凝土模板 直形墙、电梯井壁	m^2	按模板与混凝土的接触面积计算。墙、板单孔面积≤0.3 m^2 的不予扣除,侧洞壁模板亦不增加;单孔面积>0.3 m^2 时,应予扣除,洞侧壁模板面积并入墙、板模板工程量以内计算
01-17-2-73	现浇构件混凝土模板 墙超 3.6 m 每增 3 m	m^2	现浇钢筋混凝土柱、梁、墙、板支模高度均按 3.6 m(板面至上层板底之间的高度)编制;超过 3.6 m 时,超过部分再按相应超高子目执行

3)剪力墙属性定义

(1)新建剪力墙

在导航树中选择"墙"→"剪力墙",在构件列表中单击"新建"→"内墙",在属性列表中对图元属性进行编辑,如图 3.40 所示。

(2)新建连梁

在导航树中选择"梁"→"连梁",在构件列表中单击"新建"→"新建矩形连梁",如图

3.41所示。

属性列表

	属性名称	属性值	附加
1	名称	Q3	
2	厚度(mm)	200	☐
3	轴线距左墙皮...	(100)	☐
4	水平分布钢筋	(2)Φ12@150	☐
5	垂直分布钢筋	(2)Φ14@150	☐
6	拉筋	450C8	☐
7	材质	商品混凝土	☐
8	混凝土强度等级	(C30)	☐
9	混凝土外加剂	(无)	
10	泵送类型	(混凝土泵)	
11	泵送高度(m)		
12	内/外墙标志	内墙	☑
13	类别	混凝土墙	☐
14	起点顶标高(m)	层顶标高	☐
15	终点顶标高(m)	层顶标高	☐
16	起点底标高(m)	层底标高	☐
17	终点底标高(m)	层底标高	☐
18	备注		☐
19	⊞ 钢筋业务属性		
32	⊞ 土建业务属性		
39	⊞ 显示样式		

图 3.40

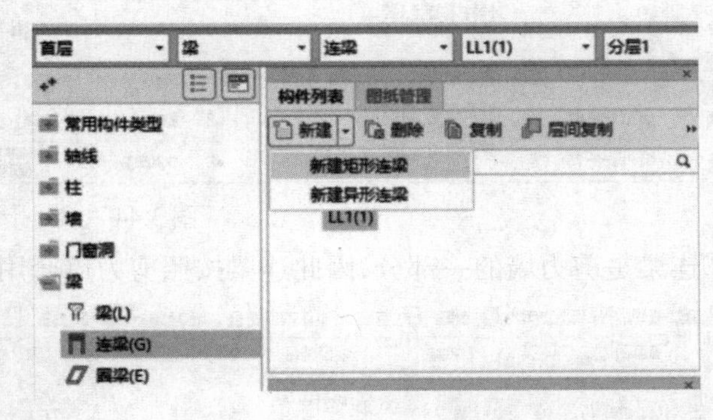

图 3.41

在属性列表中对图元属性进行编辑,如图 3.42 所示。

(3)通过复制建立新构件

分析结施-04 可知,该案例工程有 Q3(基础-11.50 m)和 Q4(11.50~15.90 m)两种类型的剪力墙,厚度为 200 mm,水平筋分别是Φ 12@ 150 和Φ 10@ 200,竖向筋分别是Φ 14@ 150 和Φ 10@ 200,拉筋分别是Φ 8@ 450 和Φ 8@ 600。其区别在于墙体的名称和钢筋信息以及布置位置不一样。在新建好的 Q3 后,选中“Q3”,单击鼠标右键选择“复制”,或者直接单击“复制”按钮,软件自动建立名为“Q4”的构件,然后对“Q4”进行属性编辑,如图 3.43 所示。

属性列表

	属性名称	属性值	附加
1	名称	LL1	
2	截面宽度(mm)	200	☐
3	截面高度(mm)	1000	☐
4	轴线距梁左边...	(100)	☐
5	全部纵筋		☐
6	上部纵筋	4Φ22	☐
7	下部纵筋	4Φ22	☐
8	箍筋	Φ10@100(2)	☐
9	肢数	2	
10	拉筋	(Φ6)	☐
11	侧面纵筋(总配...	GΦ12@200	☐
12	材质	商品混凝土	☐
13	混凝土强度等级	(C30)	☐
14	混凝土外加剂	(无)	
15	泵送类型	(混凝土泵)	
16	泵送高度(m)		
17	截面周长(m)	2.4	☐
18	截面面积(m²)	0.2	☐
19	起点顶标高(m)	层顶标高	☐
20	终点顶标高(m)	层顶标高	☐
21	备注		☐
22	⊞ 钢筋业务属性		
40	⊞ 土建业务属性		
45	⊞ 显示样式		

图 3.42

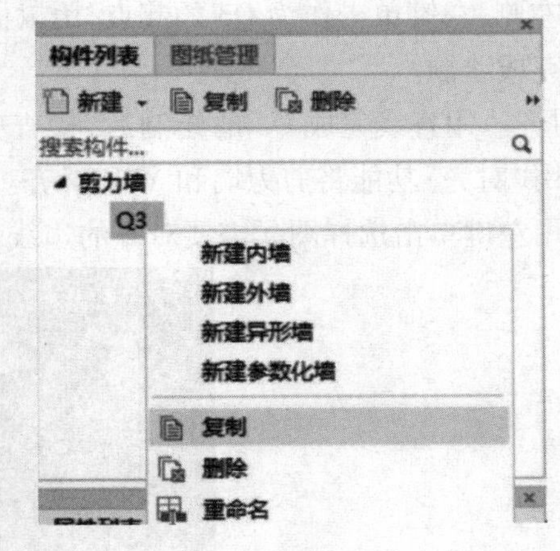

图 3.43

4)做法套用

①剪力墙做法套用如图 3.44 所示。

添加清单　添加定额　删除　查询　项目特征　fx 换算　做法刷　做法查询　提取做法　当前构件自动套做法

	编码	类别	名称	项目特征	单位	工程量表达式	表达式说明	单价	综合单价	措施项目	专业
1	⊟ 010504001	项	直形墙	1.混凝土种类:预拌混凝土 2.混凝土强度等级:C30	m3	TJ	TJ<体积>			☐	房屋建筑与装饰工程
2	01-5-4-1	定	预拌混凝土(泵送)直形墙、电梯井壁		m3	TJ	TJ<体积>	0		☐	土
3	⊟ 011702011	借项	直形墙模板	1、支撑高度3.9m	m2	MBMJ	MBMJ<模板面积>			☑	13措施项目
4	01-17-2-69	定	复合模板 直形墙、电梯井壁		m2	MBMJ	MBMJ<模板面积>	0		☑	土
5	01-17-2-73	定	复合模板 墙超3.6m每增3m		m2	CGMBMJ	CGMBMJ<超高模板面积>	0		☑	土

图 3.44

②连梁是剪力墙的一部分,因此连梁按照剪力墙套用做法,如图 3.45 所示。

添加清单　添加定额　删除　查询　项目特征　fx 换算　做法刷　做法查询　提取做法　当前构件自动套做法

	编码	类别	名称	项目特征	单位	工程量表达式	表达式说明	单价	综合单价	措施项目	专业
1	⊟ 010504001	项	直形墙	1.混凝土种类:预拌混凝土 2.混凝土强度等级:C30	m3	TJ	TJ<体积>			☐	房屋建筑与装饰工程
2	01-5-4-1	定	预拌混凝土(泵送)直形墙、电梯井壁		m3	TJ	TJ<体积>	0		☐	土
3	⊟ 011702011	借项	直形墙模板	1.其他:支撑高度3.9m	m2	MBMJ	MBMJ<模板面积>			☑	13措施项目
4	01-17-2-69	定	复合模板 直形墙、电梯井壁		m2	MBMJ	MBMJ<模板面积>	0		☑	土
5	01-17-2-73	定	复合模板 墙超3.6m每增3m		m2	MBMJ	MBMJ<模板面积>	0		☑	土

图 3.45

5)画法讲解

(1)剪力墙的画法

剪力墙定义完毕后切换到绘图界面。

①直线绘制。在导航树中选择"墙"→"剪力墙",通过构件列表选择要绘制的构件 Q3,依据结施-04 可知,剪力墙和暗柱都是 200 mm 厚,且内外边线对齐,用鼠标捕捉左下角的 YBZ1 最左侧,左键单击作为 Q3 的起点,用鼠标捕捉 YBZ2 最右侧,再左键单击作为 Q3 的终点,即可完成绘制。

②对齐。用直线完成 Q3 的绘制后,检查剪力墙是否与 YBZ1 和 YBZ2 对齐,假如不对齐,可采用"对齐"功能将剪力墙和 YBZ 对齐。选中 Q3,单击"对齐",左键单击需要对齐的目标线,用左键单击选择图元需要对齐的边线。完成绘制,如图 3.46 所示。

图 3.46

(2)连梁的画法

连梁定义完毕后,切换到绘图界面。采用“直线”绘制的方法绘制。

通过构件列表选择“梁”→“连梁”,单击“建模”→“直线”,依据结施-05 可知,连梁和暗柱都是 200 mm 厚,且内外边线对齐,用鼠标捕捉连梁 LL1(1)的起点和终点即可。

四、任务结果

汇总计算后,在“工程量”页签下,单击“报表-查看报表”,单击“设置报表范围”,选择首层剪力墙、暗柱和连梁,单击“确定”按钮,首层剪力墙清单定额工程量见表 3.9。

表 3.9 首层剪力墙清单定额工程量

编码	项目名称	单位	工程量明细	
			绘图输入	表格输入
010504001001	直形墙 C30 (1)混凝土种类:预拌混凝土 (2)混凝土强度等级:C30	m^3	6.676	
01-5-4-1	预拌混凝土(泵送) 直形墙、电梯井壁	m^3	6.676	
011702013001	直形墙模板 (1)支撑高度:3.9 m	m^2	66.793	
01-17-2-69	复合模板 直形墙、电梯井壁	m^2	66.793	
01-17-2-73	复合模板 墙超 3.6 m 每增 3 m	m^2	4.338	

首层剪力墙钢筋工程量见表 3.10。

表 3.10 首层剪力墙钢筋工程量

楼层名称	构件类型	钢筋总重(kg)	HPB300	HRB400					
			6	8	10	12	14	20	22
首层	暗柱/端柱	922			421			501	
	剪力墙	759		10		399	350		
	连梁	116	1		17	24			74
	合计	1 797	1	10	438	423	350	501	74

五、总结拓展

对属性编辑框中的“附加”进行勾选,方便用户对所定义的构件进行查看和区分。

问题思考

(1)剪力墙为什么要区分内、外墙定义?

(2)电梯井壁墙的内侧模板是否存在超高?

(3)电梯井壁墙的内侧模板和外侧模板是否套用同一定额?

3.3 首层梁工程量计算

通过本节的学习,你将能够:

(1)依据定额和清单确定梁的分类和工程量计算规则;

(2)依据平法、定额和清单确定梁的钢筋类型及工程量计算规则;

(3)定义梁的属性,进行正确的做法套用;

(4)绘制梁图元,正确对梁进行二次编辑;

(5)统计梁工程量。

一、任务说明

①完成首层梁的定义、做法套用及图元绘制。

②汇总计算,统计本层梁的钢筋及土建工程量。

二、任务分析

①梁在计量时的主要尺寸有哪些?从哪个图中什么位置能够找到?有多少种梁?

②梁是如何套用清单定额的?软件中如何处理变截面梁?

③梁的标高如何调整?起点顶标高和终点顶标高不同会有什么结果?

④绘制梁时如何使用"Shift+左键"实现精确定位?

⑤各种不同名称的梁如何快速套用做法?

⑥参照 16G101-1 第 84—97 页,分别分析框架梁、非框架梁、屋框梁、悬臂梁纵筋及箍筋的配筋构造。

⑦按图集构造分别列出各种梁中各种钢筋的计算公式。

三、任务实施

1)分析图纸

①分析图纸结施-06 可知,从左至右、从上至下,本层有框架梁和非框架梁两种。

②框架梁 KL1~KL10b,非框架梁 L1,主要信息见表 3.11。

表 3.11 梁表

序号	类型	名称	混凝土强度等级	截面尺寸(mm)	顶标高	备注
1	框架梁	KL1(1)	C30	250×500	层顶标高	钢筋信息参考结施-06
		KL2(2)	C30	300×500	层顶标高	
		KL3(3)	C30	250×500	层顶标高	
		KL4(1)	C30	300×600	层顶标高	
		KL5(3)	C30	300×500	层顶标高	
		KL6(7)	C30	300×500	层顶标高	
		KL7(3)	C30	300×500	层顶标高	
		KL8(1)	C30	300×600	层顶标高	
		KL9(3)	C30	300×600	层顶标高	
		KL10(3)	C30	300×600	层顶标高	
		KL10a(3)	C30	300×600	层顶标高	
		KL10b(1)	C30	300×600	层顶标高	
2	非框架梁	L1(1)	C30	300×550	层顶标高	

2)现浇混凝土梁基础知识学习

(1)清单计算规则学习

梁清单计算规则见表 3.12。

表 3.12 梁清单计算规则

编码	项目名称	单位	计算规则
010503002	矩形梁	m^3	按设计图示尺寸以体积计算。伸入墙内的梁头、梁垫并入梁体积内。梁长: (1)梁与柱连接时,梁长算至柱侧面 (2)主梁与次梁连接时,次梁长算至主梁侧面
011702006	矩形梁	m^2	按模板与现浇混凝土构件的接触面积计算
010505001	有梁板	m^3	按设计图示尺寸以体积计算,有梁板(包括主梁、次梁与板)按梁、板体积之和计算
011702014	有梁板模板	m^2	按模板与现浇混凝土构件的接触面积计算

(2)定额计算规则学习

梁定额计算规则见表 3.13。

表 3.13　梁定额计算规则

定额编号	项目名称	单位	计算规则
01-5-3-2	预拌混凝土(泵送)矩形梁	m^3	梁按设计图示尺寸以体积计算,伸入砌体内的梁头、梁垫并入梁体积内计算。 (1)梁与柱连接时,梁长算至柱侧面 (2)次梁与主梁连接时,次梁长算至主梁侧面 (3)弧形梁不分曲率大小,断面不分形状,按梁中心部分的弧长计算
01-17-2-61	复合模板 矩形梁	m^2	梁模板按与混凝土接触的展开面积计算,梁侧的出沿按展开面积并入梁模板工程量内,梁长的计算按以下规定: (1)梁与柱连接时,梁长算至柱侧面 (2)主梁与次梁连接时,次梁长算至主梁侧面 (3)梁与墙连接时,梁长算至墙侧面,如墙为砌体(砖)墙时,伸入墙内的梁头和梁垫的模板并入梁的工程量内 (4)拱形梁、弧形梁不分曲率大小,截面不分形状,均按梁中心部分的弧长计算
01-17-2-62	复合模板 梁高超 3.6 m 每增 3 m	m^2	现浇钢筋混凝土柱、梁、墙、板支模高度均按 3.6m(板面至上层板底之间的高度)编制。超过 3.6m 时,超过部分再按相应超高子目执行
01-5-5-1	预拌混凝土(泵送)有梁板	m^3	板按设计图示尺寸以体积计算,不扣除单个面积≤0.3 m^2 的柱、垛及孔洞所占体积。有梁板(包括主梁、次梁与板)按梁、板体积合并计算
01-17-2-74	复合模板 有梁板	m^2	按模板与混凝土的接触面积计算,墙、板单孔面积≤0.3 m^2 的孔洞不予扣除,侧洞壁模板亦不增加;单孔面积>0.3 m^2 时,应予扣除,洞侧壁模板面积并入墙、板模板工程量计算
01-17-2-85	复合模板 板超 3.6 m 每增 3 m	m^2	现浇钢筋混凝土柱、梁、墙、板支模高度均按 3.6 m(板面至上层板底之间的高度)编制。超过 3.6 m 时,超过部分再按相应超高子目执行

(3)梁平法知识

梁类型有楼层框架梁、屋面框架梁、框支梁、非框架梁、悬挑梁等。梁平面布置图上采用平面注写方式或截面注写方式表达。

①平面注写:在梁平面布置图上,分别在不同编号的梁中各选一根梁,用在其上注写截面尺寸和配筋具体数值的方式来表达梁平法施工图,如图 3.47 所示。平面注写包括集中标注与原位标注,集中标注表达梁的通用数值,原位标注表达梁的特殊数值。当集中标注中的某项数值不适用于梁的某部位时,将该项数值原位标注。施工时,原位标注取值优先。

②截面注写:在分标准层绘制的梁平面布置图上,分别在不同编号的梁中各选择一根梁用剖面号引出配筋图,并用在其上注写截面尺寸和配筋具体数值的方式来表达梁平法施工图,如图 3.48 所示。

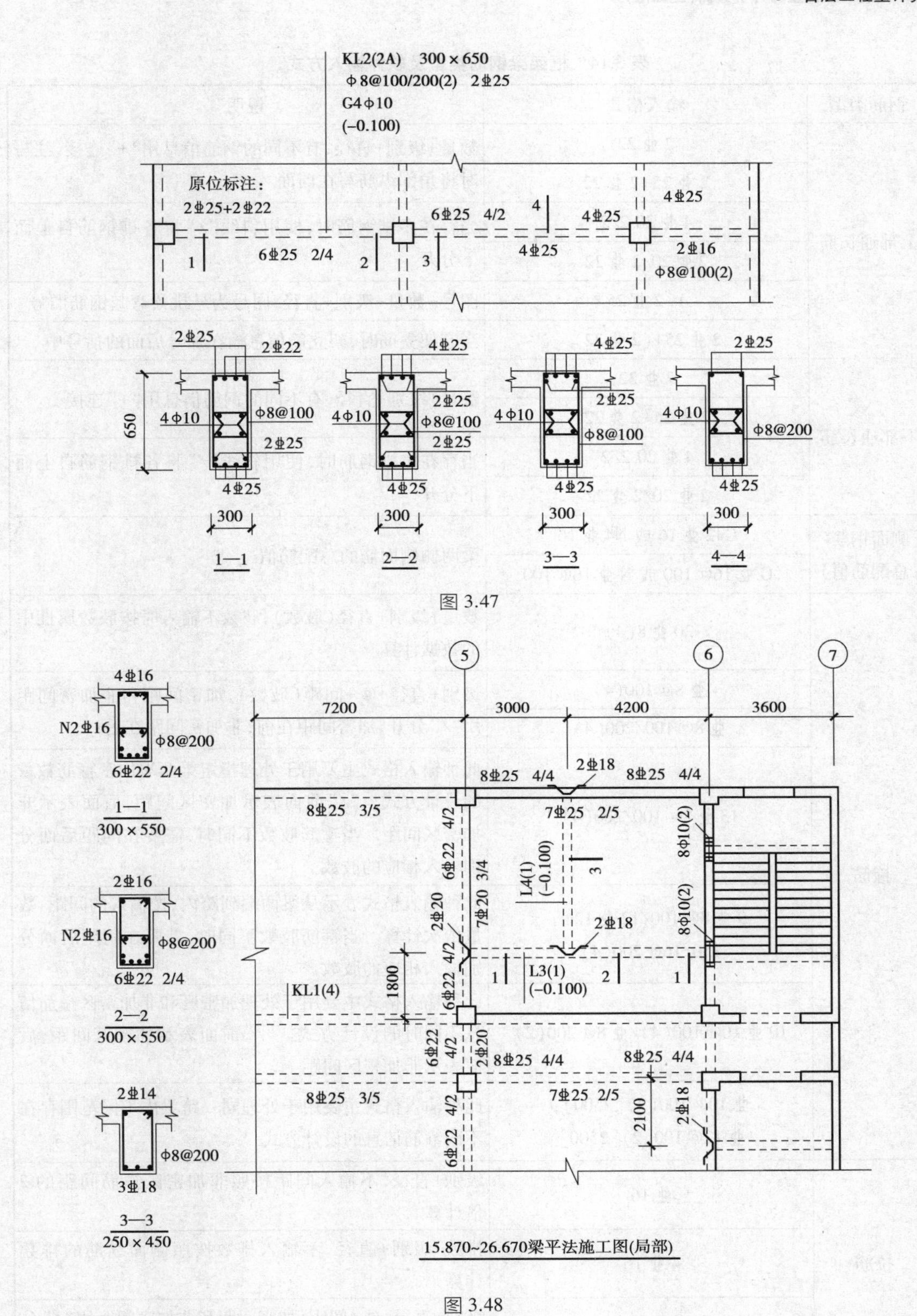

图 3.47

图 3.48

③框架梁钢筋类型及软件输入方式：以上/下部通长筋、侧面钢筋、箍筋、拉筋为例，见表3.14。

表 3.14　框架梁钢筋类型及软件输入方式

钢筋类型	输入格式	说明
上部通长筋	2 Ф 22	数量+级别+直径,有不同的钢筋信息用"+"连接,注写时将角部纵筋写在前面
	2 Ф 25+2 Ф 22	
	4 Ф 20 2/2	当存在多排钢筋时,使用斜线"/"将各排钢筋自上而下分开
	2 Ф 20/2 Ф 22	
	1-2 Ф 25	图号-数量+级别+直径,图号为悬挑梁弯起钢筋图号
	2 Ф 25+(2 Ф 22)	当有架立筋时,架立筋信息输在加号后面的括号中
下部通长筋	2 Ф 22	数量+级别+直径,有不同的钢筋信息用"+"连接
	2 Ф 25+2 Ф 22	
	4 Ф 20 2/2	当存在多排钢筋时,使用斜线"/"将各排钢筋自上而下分开
	2 Ф 20/2 Ф 22	
侧面钢筋(总配筋值)	G42 Ф 16 或 N4 Ф 16	梁两侧侧面筋的总配筋值
	G Ф 16@ 100 或 N Ф 16@ 100	
箍筋	20 Ф 8(4)	数量+级别+直径(肢数),肢数不输入时按肢数属性中的数据计算
	Ф 8@ 100(4)	级别+直径+@ +间距(肢数),加密间距和非加密间距用"/"分开,加密间距在前,非加密间距在后
	Ф 8@ 100/200(4)	
	13 Ф 8@ 100/200(4)	此种输入格式主要用于处理指定梁两端加密箍筋数量的设计方式。"/"前面表示加密区间距,后面表示非加密区间距。当箍筋肢数不同时,需要在间距后面分别输入相应的肢数
	9 Ф 8@ 100/12 Ф 12@ 150/16@ 200(4)	此种输入格式表示从梁两端到跨内,按输入的间距、数量依次计算。当箍筋肢数不同时,需要在间距后面分别输入相应的肢数
	10 Ф 10@ 100(4)/Ф 8@ 200(2)	此种输入格式主要用于处理加密区和非加密区箍筋信息不同时的设计方式。"/"前面表示加密区间距,后面表示非加密区间距
	Ф 10@ 100(2)[2500]; Ф 12@ 100(2)[2500]	此种输入格式主要用于处理同一跨梁内不同范围存在不同箍筋信息的设计方式
拉筋	Ф 16	级别+直径,不输入间距按照非加密区箍筋间距的 2 倍计算
	4 Ф 16	排数+级别+直径,不输入排数按照侧面纵筋的排数计算
	Ф 16@ 100 或 Ф 16@ 100/200	级别+直径+@ +间距,加密间距和非加密间距用"/"分开,加密间距在前,非加密间距在后

续表

钢筋类型	输入格式	说明
支座负筋	4Φ16 或Φ 2Φ22+2Φ25	数量+级别+直径,有不同的钢筋信息用“+”连接
	4Φ16 2/2 或 4Φ14/3Φ18	当存在多排钢筋时,使用斜线“/”将各排钢筋自上而下分开
	4Φ16-2500	数量+级别+直径+长度,长度表示支座筋伸入跨内的长度。此种输入格式主要用于处理支座筋指定伸入跨内长度的设计方式
	4Φ16 2/2-1500/2000	数量+级别+直径+数量/数量+长度/长度。该输入格式表示:第一排支座筋 216,伸入跨内 1 500 mm,第二排支座筋 216,伸入跨内 2 000 mm
跨中筋	4Φ16 或 2Φ22+2Φ25	数量+级别+直径,有不同的钢筋信息用“+”连接
	4Φ16 2/2 或 4Φ14/3Φ18	当存在多排钢筋时,使用斜线“/”将各排钢筋自上而下分开
	4Φ16+(2Φ18)	当有架立筋时,架立筋信息输在加号后面的括号中
	2-4Φ16	图号-数量+级别+直径,图号为悬挑梁弯起钢筋图号
下部钢筋	4Φ16 或 2Φ22+2Φ25	数量+级别+直径,有不同的钢筋信息用“+”连接
	4Φ16 2/2 或 6Φ14(-2)/4	当存在多排钢筋时,使用斜线“/”将各排钢筋自上而下分开。当有下部钢筋不全部伸入支座时,将不伸入的数量用“(-数量)”的形式来表示
次梁加筋	4	数量,表示次梁两侧共增加的箍筋数量,箍筋的信息和长度与梁一致
	4Φ16(2)	数量+级别+直径+肢数,肢数不输入时,按照梁的箍筋肢数处理
	4Φ16(2)/3Φ18(4)	数量+级别+直径+肢数/数量+级别+直径+肢数,不同位置的次梁加筋可以使用“/”隔开
吊筋	4Φ16 或 4Φ14/3Φ18	数量+级别+直径,不同位置的次梁吊筋信息可以使用“/”隔开
加腋钢筋	4Φ16 或 4Φ14+3Φ18	数量+级别+直径,有不同的钢筋信息用“+”连接
	4Φ16 2/2 或 4Φ14/3Φ18	当存在多排钢筋时,使用斜线“/”将各排钢筋自上而下分开
	4Φ16;3Φ18	数量+级别+直径;数量+级别+直径,左右端加腋钢筋信息不同时用“;”隔开。没有分号隔开时,表示左右端配筋相同

3)梁的属性定义

(1)框架梁

以 KL6(7)为例,在导航树中单击“梁”→“梁”,在构件列表中单击“新建”→“新建矩形梁”,新建矩形梁 KL6(7),根据 KL6(7)在结施-06 中的标注信息,在属性列表中输入相应的属性值,如图 3.49 所示。

属性列表 图层管理

	属性名称	属性值	附加
1	名称	KL6(7)	
2	结构类别	楼层框架梁	☐
3	跨数量	7	☐
4	截面宽度(mm)	300	☐
5	截面高度(mm)	500	☐
6	轴线距梁左边...	(150)	☐
7	箍筋	Φ10@100/200(2)	☐
8	肢数	2	
9	上部通长筋	2Φ25	☐
10	下部通长筋		☐
11	侧面构造或受...	G2Φ12	☐
12	拉筋	(Φ6)	☐
13	定额类别	单梁	☐
14	材质	商品混凝土	☐
15	混凝土强度等级	(C30)	☐
16	混凝土外加剂	(无)	
17	泵送类型	(混凝土泵)	
18	泵送高度(m)		
19	截面周长(m)	1.6	☐
20	截面面积(m²)	0.15	☐
21	起点顶标高(m)	层顶标高	☐
22	终点顶标高(m)	层顶标高	☐
23	备注		☐
24	⊞ 钢筋业务属性		
34	⊞ 土建业务属性		
39	⊞ 显示样式		

图 3.49

【注意】

①名称:根据图纸输入构件的名称 KL6(7),该名称在当前楼层的当前构件类型下唯一。

②结构类别:根据构件名称中的字母自动生成,也可根据实际情况进行选择,梁的类别下拉框选项中有 7 类,按照实际情况,此处选择“楼层框架梁”,如图 3.50 所示。

属性列表

	属性名称	属性值
1	名称	KL6(7)
2	结构类别	楼层框架梁
3	跨数量	楼层框架梁
4	截面宽度(mm)	楼层框架扁梁
5	截面高度(mm)	屋面框架梁
6	轴线距梁左边...	框支梁
7	箍筋	非框架梁
8	肢数	井字梁
9	上部通长筋	
10	下部通长筋	

图 3.50

③跨数量:梁的跨数量,直接输入。没有输入时,提取梁跨后会自动读取。

④截面宽度(mm):梁的宽度,KL6(7)的梁宽为 300,在此输入 300。

⑤截面高度(mm):梁的高度,KL6(7)的梁高为550 mm,在此输入“550”。

⑥轴线距梁左边距离(mm):按图纸输入。

⑦箍筋:KL6(7)的箍筋信息为Φ10@100/200(2)。

⑧肢数:通过单击省略号按钮选择肢数类型,KL6(7)为2肢箍。

⑨上部通长筋:根据图纸集中标注,KL6(7)的上部通长筋为2Φ25。

⑩下部通长筋:根据图纸集中标注,KL6(7)无下部通长筋。

⑪侧面构造或受扭筋(总配筋值):格式(G或N)数量+级别+直径,其中G表示构造钢筋,N表示抗扭钢筋,根据图纸集中标注,KL6(7)有构造钢筋2根+三级钢+12的直径(G2Φ12)。

⑫拉筋:当有侧面纵筋时,软件按“计算设置”中的设置自动计算拉筋信息。当构件需要特殊处理时,可根据实际情况输入。

⑬定额类别:该工程中的框架梁绝大部分按有梁板进行定额类别的确定。

⑭材质:有自拌混凝土、商品混凝土和预制混凝土3种类型,根据工程实际情况选择,该工程选用“商品混凝土”。

⑮混凝土强度等级:混凝土的抗压强度。默认取值与楼层设置里的混凝土强度等级一致,根据图纸,框架梁的混凝土强度等级为C30。

⑯混凝土外加剂:可选择减水剂、早强剂、防冻剂、缓凝剂或不添加混凝土外加剂,该工程无混凝土外加剂。

⑰泵送类型:混凝土泵、汽车泵及非泵送。该工程选择混凝土泵。

⑱泵送高度:泵送混凝土高度,根据工程实际情况输入。

⑲截面周长:软件根据所输入的宽度和高度自动计算出的数值。

⑳截面面积:软件根据所输入的宽度和高度自动计算出的数值。

㉑起点顶标高:在绘制梁的过程中,鼠标起点处梁的顶面标高,该KL6(7)的起点顶标高为层顶标高。

㉒终点顶标高:在绘制梁的过程中,鼠标终点处梁的顶面标高,该KL6(7)的起点顶标高为层顶标高。

㉓备注:该属性值仅仅是个标识,对计算不会起任何作用。

㉔钢筋业务属性:如图3.51所示。

34	⊟ 土建业务属性		
35	计算设置	按默认计算设置	
36	计算规则	按默认计算规则	
37	支模高度	按默认计算设置	☐
38	超高底面...	按默认计算设置	☐

图3.51

㉕其他钢筋:除了当前构件中已经输入的钢筋外,还有需要计算的钢筋,则可通过其他钢筋来输入。

㉖其他箍筋:除了当前构件中已经输入的箍筋外,还有需要计算的箍筋,则可通过其他箍筋来输入。

㉗保护层厚度:软件自动读取楼层设置中框架梁的保护层厚度为 20 mm,如果当前构件需要特殊处理,则可根据实际情况进行输入。

㉘汇总信息:默认为构件的类别名称。报表预览时部分报表可以该信息为准进行钢筋的分类汇总。

㉙抗震等级:用户可调整构件抗震等级,默认取值与楼层设置里的抗震等级一致,该工程抗震等级为三级抗震。

㉚锚固搭接:软件会自动读取楼层设置中的数据,当前构件需要特殊处理时,可单独进行调整,修改后只对当前构件起作用。

㉛计算设置:对钢筋计算规则进行修改,当前构件会自动读取工程设置中的计算设置信息,如果当前构件的计算方法需要特殊处理,则可针对当前构件进行设置。

㉜节点设置:对于钢筋的节点构造进行修改,当前构件的节点会自动读取节点设置中的节点,如果当前构件需要特殊处理时,可单独进行调整,修改后只对当前构件起作用。

㉝搭接设置:软件自动读取楼层设置中搭接设置的具体数值,如果当前构件有特殊要求,则可根据具体情况修改,修改后只对当前构件起作用。

㉞土建业务属性:如图 3.52 所示。

属性列表 图层管理

	属性名称	属性值	附加
25	− 钢筋业务属性		
26	其他钢筋		
27	其他箍筋		☐
28	保护层厚...	(20)	☐
29	汇总信息	(梁)	☐
30	抗震等级	(三级抗震)	☐
31	锚固搭接	按默认锚固搭接计算	
32	计算设置	按默认计算设置计算	
33	节点设置	按默认节点设置计算	
34	搭接设置	按默认搭接设置计算	

图 3.52

㉟计算设置:用户可自行设置构件土建计算信息,软件将按设置的计算方法计算。

㊱计算规则:软件内置全国各地清单及定额计算规则,同时用户可自行设置构件土建计算规则,软件将按设置的计算规则计算。

㊲支模高度:按默认计算设置。

㊳超高底面标高:按默认计算设置。

(2)非框架梁

非框架梁的属性定义同上面的框架梁。对于非框架梁,在定义时需要在属性的“结构类别”中选择相应的类别,如“非框架梁”,其他属性与框架梁的输入方式一致,如图 3.53 所示。

4)梁的做法套用

梁构件定义好后,需要进行做法套用操作。打开“定义”界面,选择“构件做法”,单击“添加清单”,添加混凝土有梁板清单项 010505001 和有梁板模板清单项 011702014;在混凝土清单项添加定额 01-5-5-1,在有梁板模板下添加定额 01-17-2-61、01-17-2-62;单击项目特征，根据工程实际情况将项目特征补充完整。

属性列表 图层管理

	属性名称	属性值	附加
1	名称	L1(1)	
2	结构类别	非框架梁	☐
3	跨数量	1	☐
4	截面宽度(mm)	300	☐
5	截面高度(mm)	550	☐
6	轴线距梁左边...	(150)	☐
7	箍筋	Φ8@200(2)	☐
8	肢数	2	
9	上部通长筋	2Φ22	☐
10	下部通长筋		☐
11	侧面构造或受...	G2Φ12	☐
12	拉筋	(Φ6)	☐
13	定额类别	单梁	☐
14	材质	商品混凝土	☐
15	混凝土强度等级	(C30)	☐
16	混凝土外加剂	(无)	
17	泵送类型	(混凝土泵)	
18	泵送高度(m)		
19	截面周长(m)	1.7	☐
20	截面面积(m²)	0.165	☐
21	起点顶标高(m)	层顶标高	☐
22	终点顶标高(m)	层顶标高	☐
23	备注		☐
24	+ 钢筋业务属性		
34	− 土建业务属性		
35	计算设置	按默认计算设置	
36	计算规则	按默认计算规则	
37	支模高度	按默认计算设置	☐
38	超高底面...	按默认计算设置	☐
39	+ 显示样式		

图 3.53

框架梁 KL6 的做法套用如图 3.54 所示。

添加清单 添加定额 删除 查询 项目特征 *fx* 换算 做法刷 做法查询 提取做法 当前构件自动套做法

	编码	类别	名称	项目特征	单位	工程量表达式	表达
1	− 010505001	项	有梁板	1.混凝土种类:预拌混凝土 2.混凝土强度等级:C30	m3	TJ	TJ<体积>
2	01-5-5-1	定	预拌混凝土(泵送) 有梁板		m3	TJ	TJ<体积>
3	− 011702006	借项	矩形梁模板	1.支撑高度:3.9m	m2	MBMJ	MBMJ<模板面
4	01-17-2-61	定	复合模板 矩形梁		m2	MBMJ	MBMJ<模板面
5	01-17-2-62	定	复合模板 梁超3.6m每增3m		m2	CGMBMJ	CGMBMJ<超高

图 3.54

非框架梁 L1 的做法套用如图 3.55 所示。

添加清单 添加定额 删除 查询 项目特征 *fx* 换算 做法刷 做法查询 提取做法 当前构件自动套做法

	编码	类别	名称	项目特征	单位	工程量表达式	表达
1	− 010505001	项	有梁板	1.混凝土种类:预拌混凝土 2.混凝土强度等级:C30	m3	TJ	TJ<体积>
2	01-5-5-1	定	预拌混凝土(泵送) 有梁板		m3	TJ	TJ<体积>
3	− 011702014	借项	有梁板模板	1.支撑高度:3.9m	m2	MBMJ	MBMJ<模板面
4	01-17-2-61	定	复合模板 矩形梁		m2	MBMJ	MBMJ<模板面
5	01-17-2-62	定	复合模板 梁超3.6m每增3m		m2	CGMBMJ	CGMBMJ<超高

图 3.55

5)梁画法讲解

梁在绘制时，要先主梁后次梁。通常，画梁时按先上后下、先左后右的顺序绘制，以保证所有的梁都能够计算。

(1)直线绘制

梁为线状构件，直线形的梁采用“直线”绘制的方法比较简单，如 KL6。在绘图界面，单击“直线”，单击梁的起点①轴与Ⓓ轴的交点，单击梁的终点⑧轴与Ⓓ轴的交点即可，如图

3.56所示。图纸中 KL2～KL10b、非框架梁 L1 都可采用直线绘制。

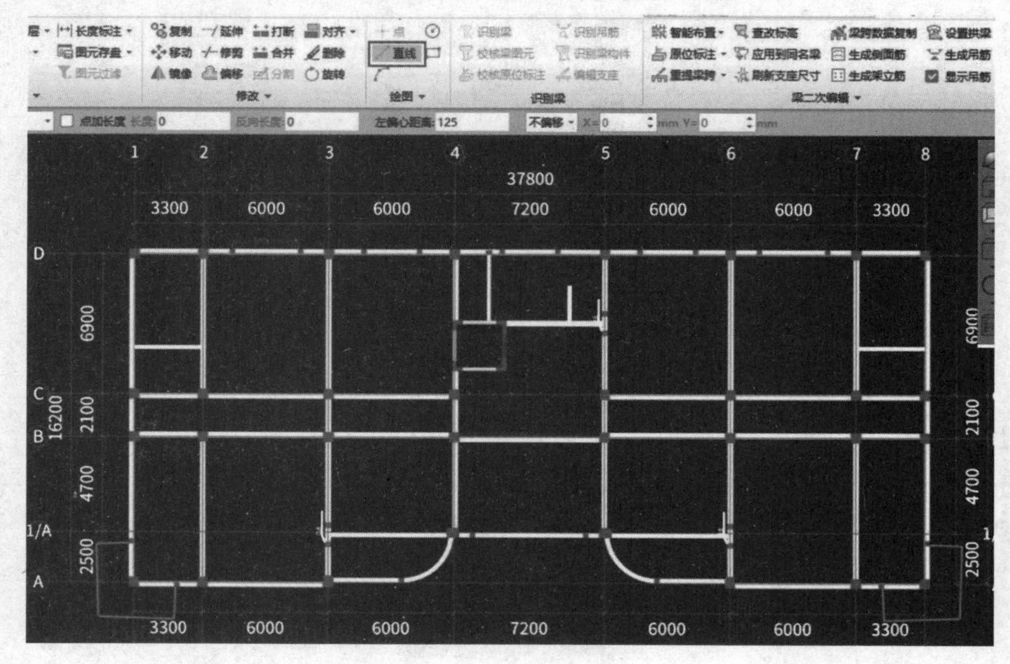

图 3.56

(2)弧形绘制

在绘制③～④轴与Ⓐ～1/A轴间的 KL1(1)时,先从③轴与Ⓐ轴交点出发,绘制一段 3 500 mm 的直线,再切换成“起点圆心终点弧”模式,如图 3.57 所示,捕捉圆心,再捕捉终点,完成 KL1 弧形段的绘制。

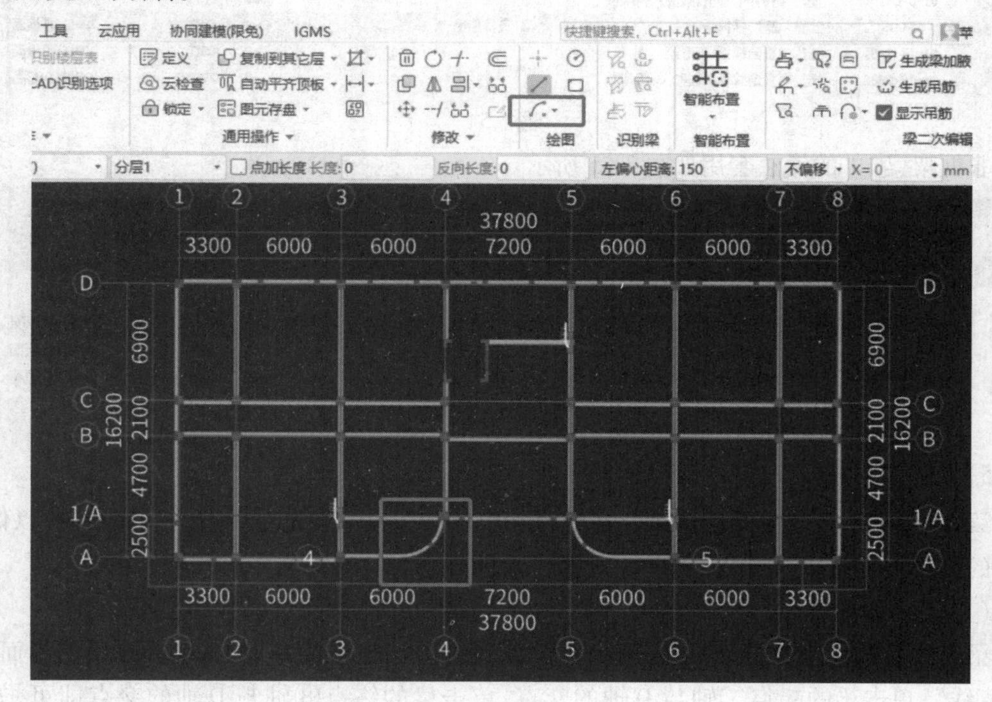

图 3.57

弧形段也可采用两点小弧的方法进行绘制，如果能准确确定弧上 3 个点，还可采用三点画弧的方式绘制。

(3)梁柱对齐

通过对照图纸发现，Ⓓ轴上①～⑧轴间的 KL6 上侧应与两端框架柱上侧平齐，因此，除了采用“Shift+左键”的方法偏移绘制之外，更推荐使用“对齐”功能。

①在轴线上绘制 KL6(7)，绘制完成后，选择建模页签下“修改”面板中的“对齐”命令，如图 3.58 所示。

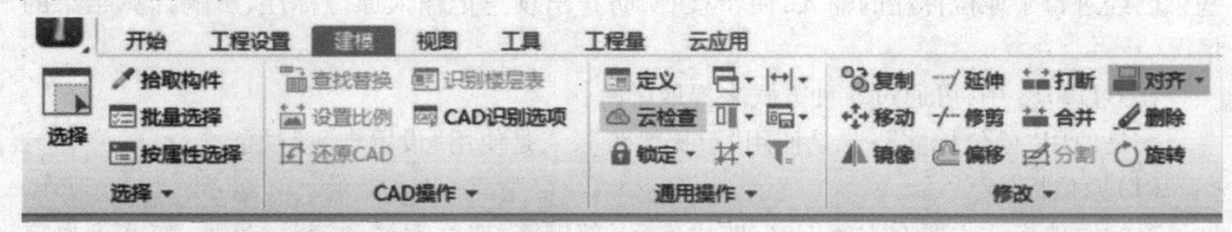

图 3.58

②根据提示，先选择柱上侧的边线，再选择梁上侧的边线，对齐后如图 3.59 所示。

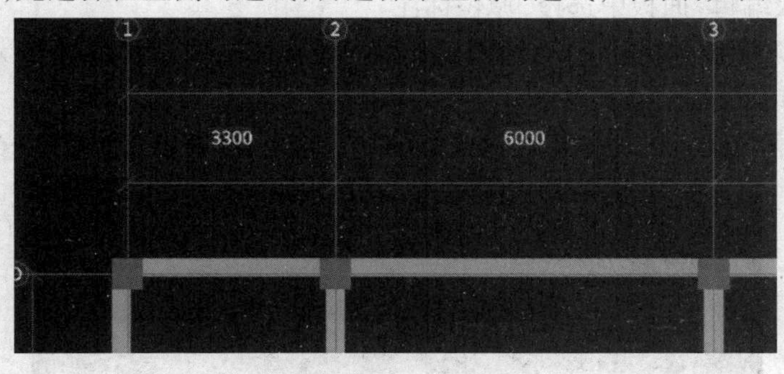

图 3.59

(4)偏移绘制

对于有些梁，如果端点不在轴线的交点或其他捕捉点上，可采用偏移绘制的方法也就是“Shift+左键”的方法捕捉轴线以外的点来绘制。

例如，绘制 L1，两个端点分别为：Ⓓ轴与④轴交点偏移 X＝2300＋200，Y＝－3250－150。Ⓓ轴与⑤轴交点偏移 X＝0，Y＝－3250－150。

将鼠标放在Ⓓ轴和④轴的交点处，同时按下“Shift”键和鼠标左键，在弹出的“输入偏移值”对话框中输入相应的数值，单击“确定”按钮，这样就选定了第 1 个端点。采用同样的方法，确定第 2 个端点来绘制 L1。

(5)镜像绘制梁图元

①～③轴上布置的 KL7～KL9 与⑥～⑧轴上的 KL7～KL9 是对称的，因此，可将①～③轴上的梁先绘制完毕，再利用“镜像”命令，将⑥～⑧轴上的梁绘制完毕。

(6)分层绘制

有时绘制楼梯梁时，可运用软件中的分层绘制功能，如图 3.60 所示。

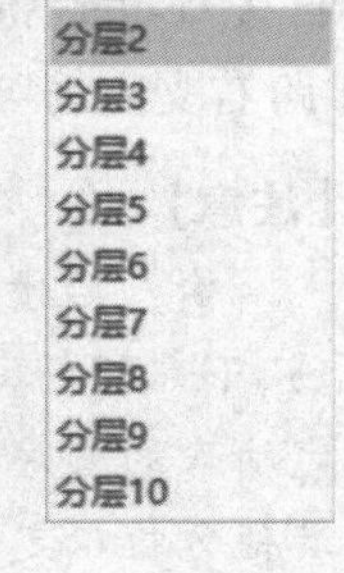

图 3.60

6)梁的二次编辑

梁绘制完毕后,只是对梁集中标注的信息进行了输入,还需输入原位标注的信息。由于梁是以柱和墙为支座的,提取梁跨和原位标注之前,需绘制好所有的支座。图中梁显示为粉色时,表示还没有进行梁跨提取和原位标注的输入,也不能正确地对梁钢筋进行计算。

对于没有原位标注的梁,可通过重提梁跨将梁的颜色变为绿色。有原位标注的梁,可通过输入原位标注将梁的颜色变为绿色。软件中用粉色和绿色对梁进行区别,目的是提醒哪些梁已经进行了原位标注的输入,便于检查,防止出现忘记输入原位标注,影响计算结果的情况。

在 GTJ2018 中,可通过 3 种方式来提取梁跨:

一是使用"原位标注";二是使用"重提梁跨",三是使用"设置支座"功能。

(1)原位标注

梁的原位标注主要有支座钢筋、跨中筋、下部钢筋、架立钢筋和箍筋,另外,变截面也需要在原位标注中输入。下面以Ⓑ轴的 KL4 为例,介绍梁的原位标注输入。

①在"梁二次编辑"面板中选择"原位标注"。

②选择要输入原位标注的 KL4,绘图区显示原位标注的输入框,下方显示平法表格。

③对应输入钢筋信息,有两种方式:

一是在绘图区域显示的原位标注输入框中进行输入,比较直观,如图 3.61 所示。

图 3.61

二是在"梁平法表格"中输入,如图 3.62 所示。

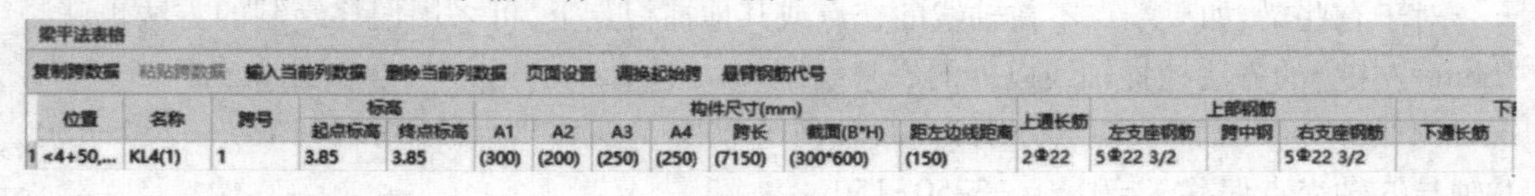

梁平法表格

复制跨数据　粘贴跨数据　输入当前列数据　删除当前列数据　页面设置　调换起始跨　悬臂钢筋代号

	位置	名称	跨号	标高		构件尺寸(mm)							上通长筋	上部钢筋			下通长筋
				起点标高	终点标高	A1	A2	A3	A4	跨长	截面(B*H)	距左边线距离		左支座钢筋	跨中钢	右支座钢筋	
1	<4+50,...	KL4(1)	1	3.85	3.85	(300)	(200)	(250)	(250)	(7150)	(300*600)	(150)	2Φ22	5Φ22 3/2		5Φ22 3/2	

图 3.62

绘图区输入:按照图纸标注中 KL4 的原位标注信息输入;"1 跨左支座筋"输入"5 Φ 223/2",按"Enter"键确定;跳到"1 跨跨中筋",此处没有原位标注信息,不用输入,可直接再按"Enter"键,跳到下一个输入框,或者用鼠标选择下一个需要输入的位置。例如,选择"1 跨右支座筋"输入框,输入"5 Φ 22 3/2",按"Enter"键,跳到"下部钢筋",输入"4 Φ 25"。

【注意】

输入后按"Enter"键跳转的方式,软件默认的跳转顺序是左支座筋、跨中筋、右支座筋、下部钢筋,然后下一跨的左支座筋、跨中筋、右支座筋、下部钢筋。如果想要自己确定输入的顺序,可用鼠标选择需要输入的位置,每次输入之后需要按"Enter"键,或单击其他方框确定。

原位标注输入后,梁平法表格如图 3.63 所示。

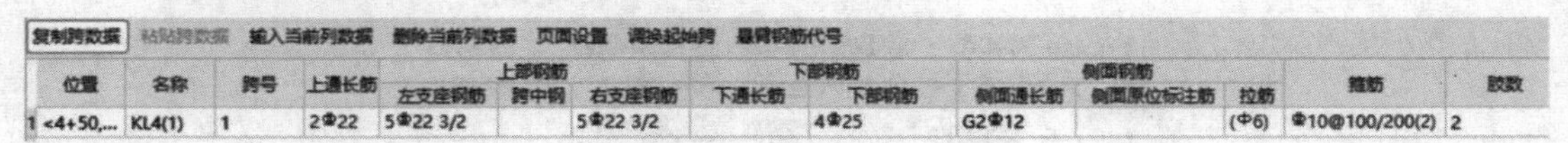

复制跨数据 粘贴跨数据 输入当前列数据 删除当前列数据 页面设置 调换起始跨 悬臂钢筋代号

	位置	名称	跨号	上通长筋	上部钢筋			下部钢筋		侧面钢筋			箍筋	肢数
					左支座钢筋	跨中钢	右支座钢筋	下通长筋	下部钢筋	侧面通长筋	侧面原位标注筋	拉筋		
1	<4+50,...	KL4(1)	1	2Ф22	5Ф22 3/2		5Ф22 3/2		4Ф25	G2Ф12		(Ф6)	Ф10@100/200(2)	2

图 3.63

【说明】

上述介绍,是按照不同的原位标注类别逐个讲解的。在实际工程绘制中,可以针对第一跨进行各类原位标注信息的输入,然后再输入下一跨;也可按照不同的钢筋类型,先输入上下部钢筋信息,再输入侧面钢筋信息等。在表格中就表现为可按行逐个输入,也可按列逐个输入。

另外,梁的原位标注表格中还有每一跨的箍筋信息的输入,默认取构件属性的信息。如果某些跨存在不同的箍筋信息,就可以在原位标注对应的跨中输入;存在有加腋筋也可在梁平法表格中输入。

采用同样的方法,可对其他位置的梁进行原位标注的输入。

(2)重提梁跨

当你遇到以下问题时,可使用“重提梁跨”功能:

①原位标注计算梁的钢筋需要重提梁跨,软件在提取了梁跨后才能识别梁的跨数、梁支座并进行计算。

②由于图纸变更或编辑梁支座信息,梁支座减少或增加,影响了梁跨数量,使用“重提梁跨”可以重新提取梁跨信息。

重提梁跨的操作步骤如下:

第一步:在“梁二次编辑”分组中选择“重提梁跨”,如图 3.64 所示。

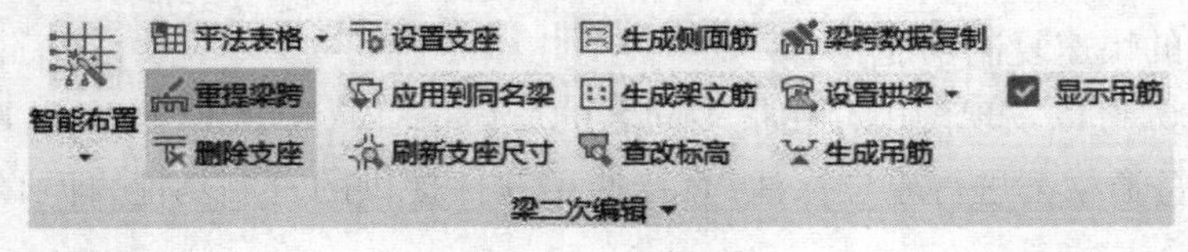

图 3.64

第二步:在绘图区域选择梁图元,出现如图 3.65 所示的提示信息,单击“确定”按钮即可。

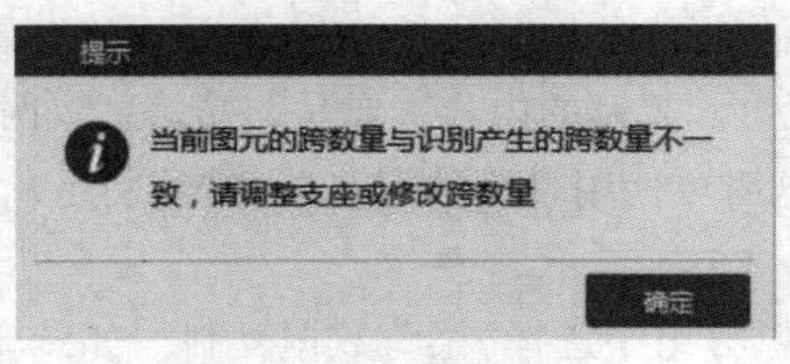

图 3.65

(3)设置支座

如果存在梁跨数与集中标注中不符的情况,则可使用此功能进行支座的设置工作。其操作步骤如下:

第一步:在“梁二次编辑”分组中选择“设置支座”,如图 3.66 所示。

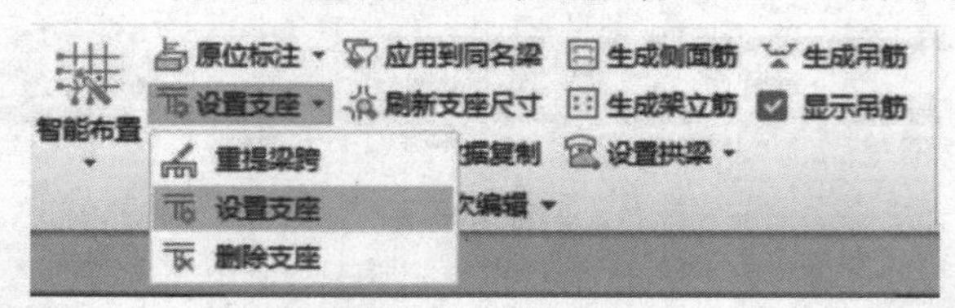

图 3.66

第二步:用鼠标左键选择需要设置支座的梁,如 KL3,如图 3.67 所示。

图 3.67

第三步:用鼠标左键选择或框选作为支座的图元;用鼠标右键确认,如图 3.68 所示。

图 3.68

第四步:当支座设置错误时,可采用“删除支座”的功能进行删除,如图 3.69 所示。

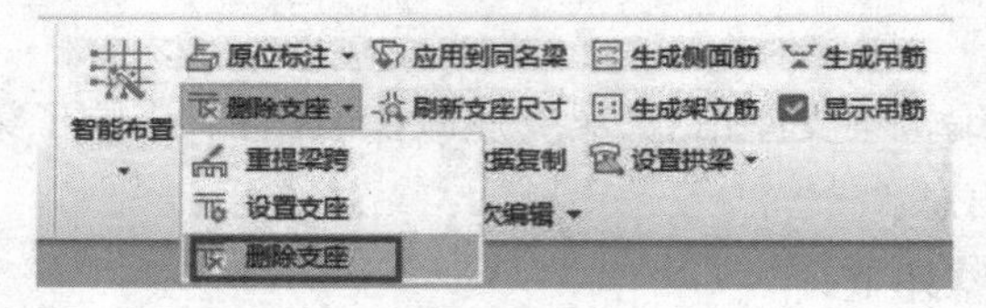

图 3.69

(4)梁标注的快速复制功能

分析结施-06,可以发现图中存在很多同名的梁(如 KL1,KL2,KL5,KL7,KL8,KL9 等)。这时,不需要对每道梁都进行原位标注,直接使用软件提供的复制功能,即可快速对梁进行原位标注。

①梁跨数据复制。工程中不同名称的梁,梁跨的原位标注信息相同,或同一道梁不同跨的原位标注信息相同,通过该功能可以将当前选中的梁跨数据复制到目标梁跨上。此功能不但可以实现把某一跨的原位标注复制到另外的跨上,还可以跨图元进行操作,即可以把当前图元的数据刷到其他图元上。复制的内容主要是钢筋信息。例如 KL3,其③~④轴的原位标注与⑤~⑥轴完全一致,这时可使用梁跨数据复制功能,将③~④轴跨的原位标注复制到⑤~⑥轴中。

第一步:在“梁二次编辑”分组中选择“梁跨数据复制”,如图 3.70 所示。

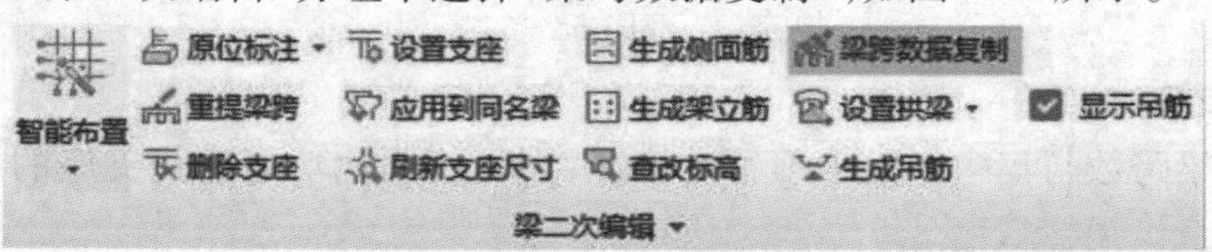

图 3.70

第二步:在绘图区域选择需要复制的梁跨,单击右键结束选择,需要复制的梁跨选中后显示为红色,如图 3.71 所示。

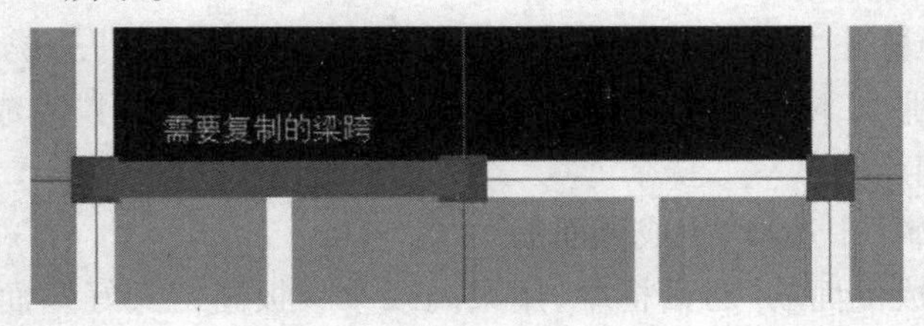

图 3.71

第三步:在绘图区域选择目标梁跨,选中的梁跨显示为黄色,单击鼠标右键完成操作,如图3.72所示。

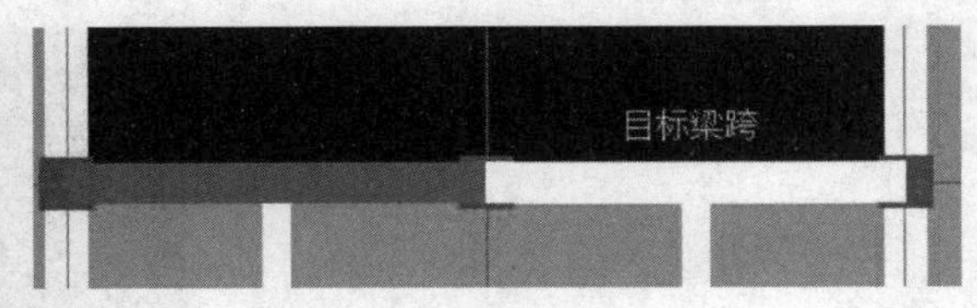

图 3.72

②应用到同名梁。当有以下情况时,可使用"应用到同名梁"功能。

如果图纸中存在多个同名称的梁,且原位标注信息完全一致,那么就可采用"应用到同名梁"功能来快速地实现原位标注的输入。如结施-06 中,有 4 道 KL5,只需对一道 KL5 进行原位标注,利用"应用到同名梁"功能,实现快速标注。

第一步:在"梁二次编辑"分组中选择"应用到同名梁",如图 3.73 所示。

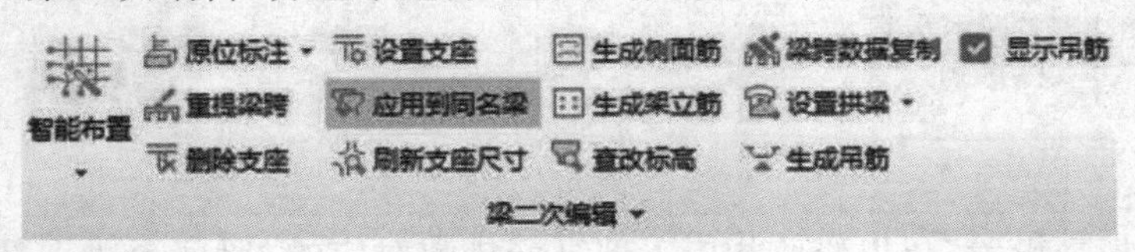

图 3.73

第二步:选择应用方法,软件提供了 3 种选择,包括同名称未提取跨梁、同名称已提取跨梁、所有同名称梁,如图 3.74 所示,根据实际情况选用即可。单击"查看应用规则",可查看应用同名梁的规则。

同名称未提取跨梁 同名称已提取跨梁 所有同名称梁 查看应用规则

图 3.74

同名称未提取跨梁,指的是未识别的梁,为浅红色,这些梁没有识别跨长和支座等信息。

同名称已提取跨梁,指的是已识别的梁,为绿色,这些梁已经识别了跨长和支座信息,但是原位标注没有输入。

所有同名称梁,指的是不考虑梁是否已经识别。

【注意】

未提取梁跨的梁,图元不能捕捉。

第三步:用鼠标左键在绘图区域选择梁图元,单击右键确定,完成操作,则软件弹出应用成功的提示,在此可看到有几道梁应用成功。

(5)配置梁侧面钢筋(拓展)

如果图纸中原位标注中标注了侧面钢筋的信息,或是结构设计总说明中标明了整个工程的侧面钢筋配筋,那么,除了在原位标注中进行输入外,还可使用"生成侧面钢筋"的功能来批量配置梁侧面钢筋。

①在"梁二次编辑"中选择"生成侧面筋"。

②在弹出的"生成侧面筋"对话框中,用梁高或梁腹板高定义好侧面钢筋,如图 3.75 所示,可利用插入行添加侧面钢筋信息,高和宽的数值要求连续。

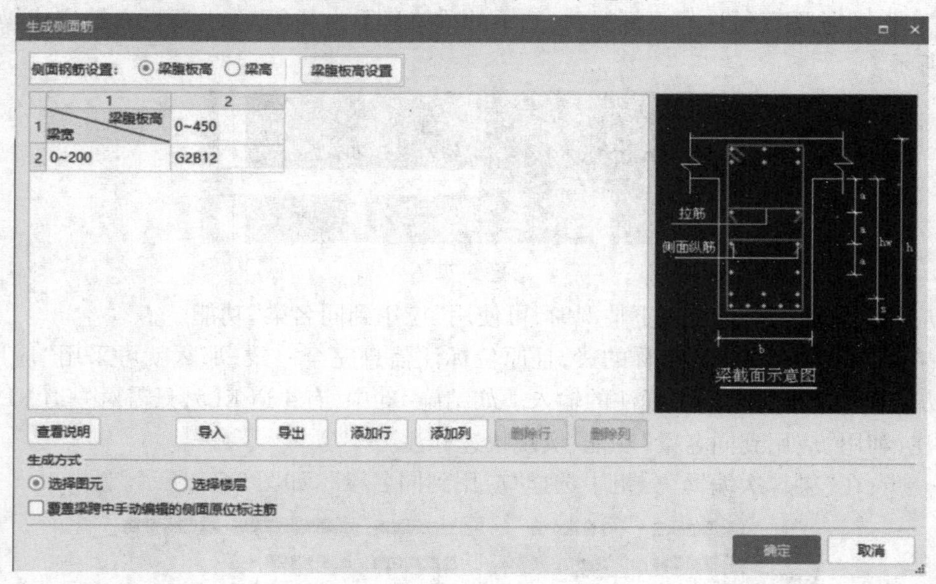

图 3.75

其中"梁腹板高设置"可以修改相应下部纵筋排数对应的"梁底至梁下部纵筋合力点距离 s"。

根据规范和平法,梁腹板高度 H_w 应取有效高度,需算至下部钢筋合力点,下部钢筋只有一排时,合力点为下部钢筋的中心点,则 H_w = 梁高-板厚-保护层-下部钢筋半径,s = 保护层+$D/2$;当下部钢筋为两排时,s 一般取 60;当不需要考虑合力点时,则 s 输入 0,表示腹板高度 H_w = 梁高-板厚;用户可根据实际情况进行修改,如图 3.76 所示。

梁腹板高设置

下部纵筋排数	梁底至梁下部纵筋合力点距离 s
1	bhc+d+D/2
2	60

bhc - 保护层; d - 箍筋直径; D - 纵筋直径

添加行 删除行 确定 取消

图 3.76

③软件生成方式支持“选择图元”和“选择楼层”。“选择楼层”在楼层中选择需要生成侧面钢筋的梁,单击鼠标右键确定。“选择楼层”则在右侧选择需要生成侧面筋的楼层,该楼层中所有的梁均生成侧面筋,如图 3.77 所示。

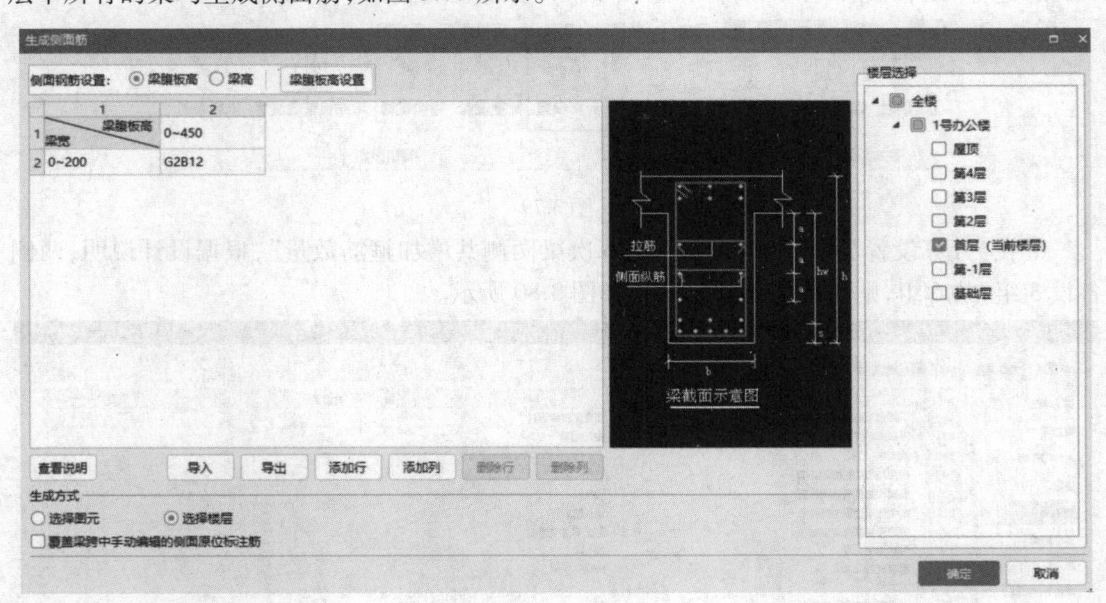

图 3.77

【说明】

生成的侧面钢筋支持显示钢筋三维。

利用此功能默认是输入原位标注侧面钢筋,遇支座断开,若要修改做法,进入“计算设置”中的“框架梁”,可选择其他做法,如图 3.78 所示。

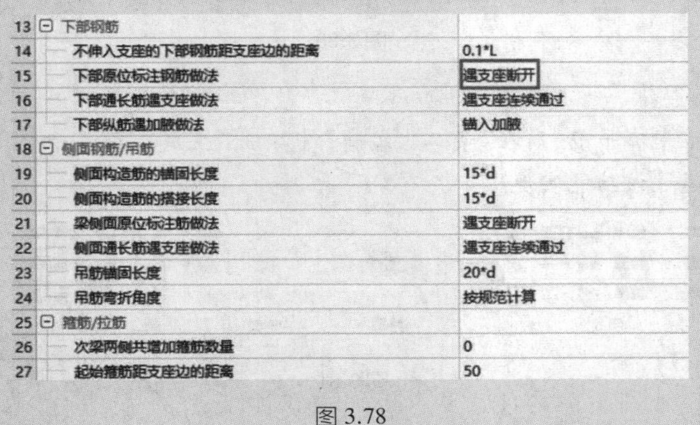

13	⊟ 下部钢筋	
14	不伸入支座的下部钢筋距支座边的距离	0.1*L
15	下部原位标注钢筋做法	遇支座断开
16	下部通长筋遇支座做法	遇支座连续通过
17	下部纵筋遇加腋做法	锚入加腋
18	⊟ 侧面钢筋/吊筋	
19	侧面构造筋的锚固长度	15*d
20	侧面构造筋的搭接长度	15*d
21	梁侧面原位标注筋做法	遇支座断开
22	侧面通长筋遇支座做法	遇支座连续通过
23	吊筋锚固长度	20*d
24	吊筋弯折角度	按规范计算
25	⊟ 箍筋/拉筋	
26	次梁两侧共增加箍筋数量	0
27	起始箍筋距支座边的距离	50

图 3.78

(6)梁的吊筋和次梁加筋

若在结构设计总说明中集中说明了吊筋和次梁加筋的布置方式,建议批量布置吊筋和次梁加筋。

由结施-01(2)“5.钢筋混凝土梁”第三条可知,在主次梁相交处,均在次梁两侧各设 3 组箍筋，且注明箍筋肢数、直径同梁箍筋，间距为 50 mm。次梁吊筋在梁配筋图中表示。梁配筋图见结施-05~08 中的说明。

①选择"工程设置"下，"钢筋设置"中的"计算设置"，如图 3.79 所示。

图 3.79

②在"计算设置"的"框架梁"部分"26.次梁两侧共增加箍筋数量"，根据设计说明，两侧各设 3 组，共 6 组，则在此输入"6"即可，如图 3.80 所示。

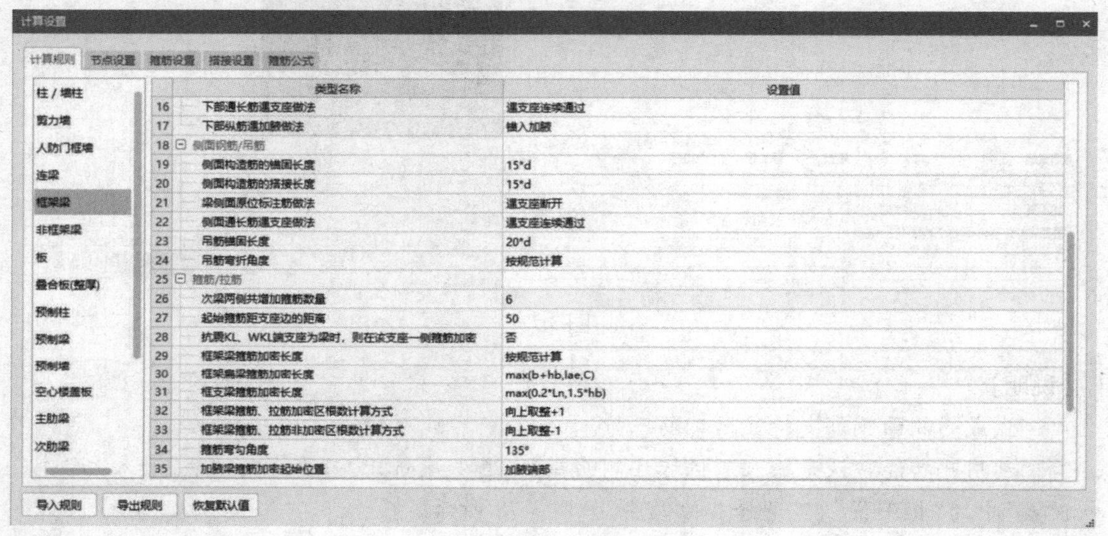

图 3.80

【说明】

①如果工程中有吊筋，则在"梁二次编辑"中单击"生成吊筋"，如图 3.81 所示。次梁加筋也可以通过该功能实现。

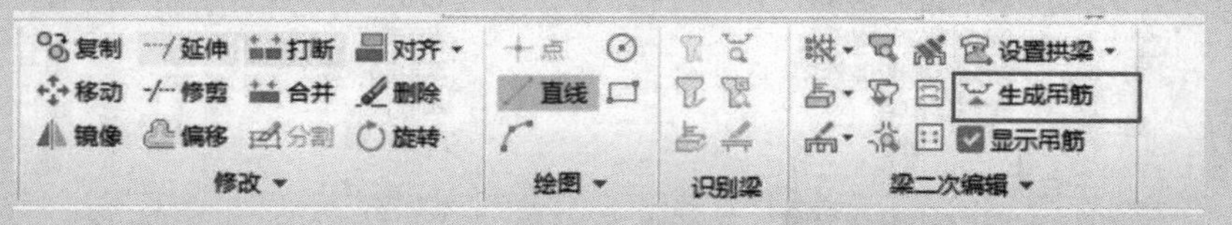

图 3.81

②在弹出的"生成吊筋"对话框中，根据图纸输入次梁加筋的钢筋信息，如图 3.82 所示。

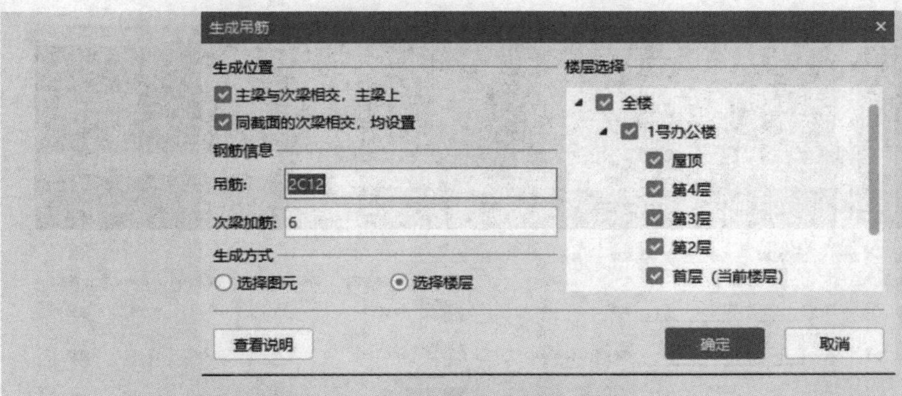

图 3.82

③设置完成后，单击“确定”按钮，然后在图中选择要生成次梁加筋的主梁和次梁，单击右键确定，即可完成吊筋的生成。

【注意】

必须在提取梁跨后，才能使用此功能自动生成；运用此功能同样可以整楼生成。

四、任务结果

1）查看钢筋工程量计算结果

前面讲述的柱和剪力墙构件，属于竖向构件。竖向构件在上下层没有绘制完全时，无法正确计算搭接和锚固，因此前述内容没有涉及构件图元钢筋计算结果的查看。对于梁这类水平构件，本层相关图元绘制完毕，就可以正确地计算钢筋量，并查看计算结果。

首先，选择“工程量”选项卡下的“汇总计算”，选择要计算的层进行钢筋量的计算，然后就可以选择计算完毕的构件进行计算结果的查看。

①通过“编辑钢筋”查看每根钢筋的详细信息：以 KL4 为例，选中 KL4，单击“钢筋计算结果”面板下的“编辑钢筋”。

钢筋显示顺序为按跨逐个显示，如图 3.83 所示的第一条计算结果中，“筋号”对应到具体钢筋；“图号”是软件对每一种钢筋形状的编号。“计算公式”和“公式描述”是对每根钢筋的计算过程进行的描述，方便查量和对量；“搭接”是指单根钢筋超过定尺长度之后所需要的接长度和接头个数。

“编辑钢筋”中的数据还可以进行编辑，用户可根据需要对钢筋的信息进行修改，然后锁定该构件。

②单击“钢筋计算结果”面板下的“查看钢筋量”，拉框选择或者点选需要查看的图元。软件可以一次性显示多个图元的计算结果，如图 3.84 所示。

图中显示构件的钢筋量，可按不同的钢筋类别和级别列出，并可对选择的多个图元的钢筋量进行合计。

首层所有梁的钢筋工程量统计可单击“查看报表”，见表 3.15（见报表中“楼层构件统计校对表”）。

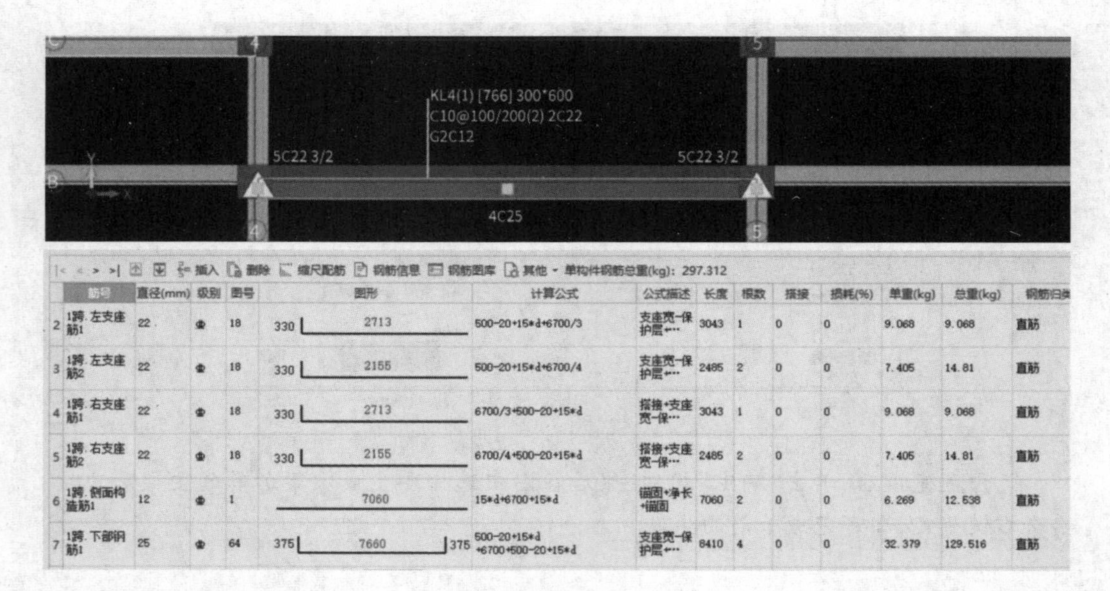

	筋号	直径(mm)	级别	图号	图形	计算公式	公式描述	长度	根数	搭接	损耗(%)	单重(kg)	总重(kg)	钢筋归类
2	1跨.左支座筋1	22	Φ	18	330 2713	500-20+15*d+6700/3	支座宽-保护层…	3043	1	0	0	9.068	9.068	直筋
3	1跨.左支座筋2	22	Φ	18	330 2155	500-20+15*d+6700/4	支座宽-保护层…	2485	2	0	0	7.405	14.81	直筋
4	1跨.右支座筋1	22	Φ	18	330 2713	6700/3+500-20+15*d	搭接+支座宽-保…	3043	1	0	0	9.068	9.068	直筋
5	1跨.右支座筋2	22	Φ	18	330 2155	6700/4+500-20+15*d	搭接+支座宽-保…	2485	2	0	0	7.405	14.81	直筋
6	1跨.侧面构造筋1	12	Φ	1	7060	15*d+6700+15*d	锚固+净长+锚固	7060	2	0	0	6.269	12.538	直筋
7	1跨.下部钢筋1	25	Φ	64	375 7660 375	500-20+15*d+6700+500-20+15*d	支座宽-保护层…	8410	4	0	0	32.379	129.516	直筋

图 3.83

查看钢筋量

导出到Excel

钢筋总重量(Kg): 297.312

	楼层名称	构件名称	钢筋总重量(kg)	HPB300		HRB400				
				6	合计	10	12	22	25	合计
1	首层	KL4(1)[766]	297.312	2.034	2.034	51.876	12.538	97.344	133.52	295.278
2		合计:	297.312	2.034	2.034	51.876	12.538	97.344	133.52	295.278

图 3.84

表 3.15 首层梁钢筋工程量

汇总信息	汇总信息钢筋总重(kg)	构件名称	构件数量	HPB300	HRB400
楼层名称:首层(绘图输入)				78.008	12 507.438
梁	12 585.446	KL1(1)[759]	1	1.8	262. 596
		KL1(1)[786]	1	1.8	262.596
		KL10(3)[760]	1	3.842	661.514
		KL10a(3)[761]	1	2.26	346.017
		KL10b(1)[762]	1	1.017	136. 623
		KL2(2)[764]	2	5.198	782.648
		KL3(3)[765]	1	4.8	639.814
		KL4(1)[766]	1	2.034	295.278
		KL5(3)[768]	4	17.176	2 771.372
		KL6(7)[771]	1	10.622	1 664.084
		KL7(3)[772]	2	9.04	1 338.956
		KL8(1)[774]	2	4.068	773.192
		KL8(1)[776]	2	3.842	745.85
		KL9(3)[778]	2	9.04	1 678.7
		L1(1)[782]	1	1.469	131.142
		TL1 [42801]	1		17.056
		合计		78.008	12 507.438

续表

汇总信息	汇总信息钢筋总重(kg)	构件名称	构件数量	HPB300	HRB400
楼层名称:屋顶(表格输入)					146.207
其他	146.207	BT1	1		69.993
		AT2	1		69.389
		放射筋	1		6.825
		合计			146.207

2)查看土建工程量计算结果

①参照 KL1 属性的定义方法,将剩余框架梁按图纸要求定义。

②用直线、三点画弧、对齐、镜像等方法按图纸要求绘制 KL1～KL10b,以及非框架梁 L1。绘制完成后,如图 3.85 所示。

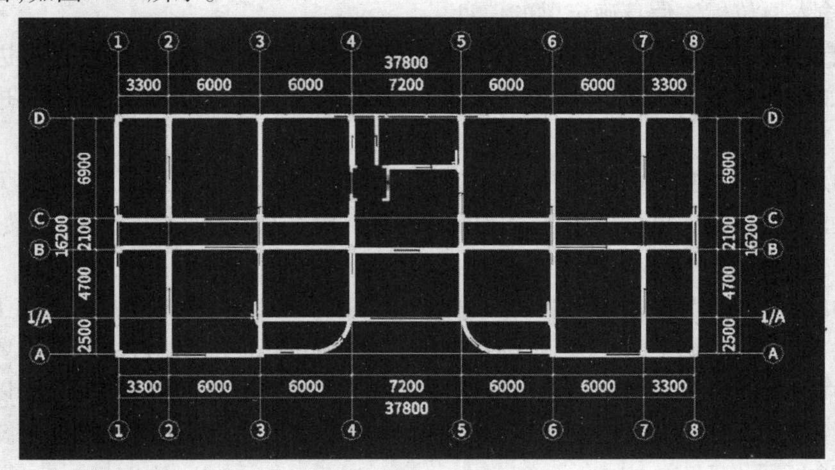

图 3.85

③汇总计算,首层梁清单定额工程量见表 3.16。

表 3.16　首层梁清单定额工程量

编码	项目名称	单位	工程量明细	
			绘图输入	表格输入
010505001001	有梁板 (1)混凝土种类:预拌混凝土 (2)混凝土强度等级:C30	m^3	32.847 9	
01-5-5-1	预拌混凝土(泵送) 有梁板	m^3	32.847 9	
011702014001	有梁板 模板 (1)支撑高度:3.9 m	m^2	5.256 8	
01-17-2-74	复合模板 有梁板	m^2	5.256 8	
01-17-2-85	复合模板 板超 3.6 m 每增 3 m	m^2	1.987	

续表

编码	项目名称	单位	工程量明细	
			绘图输入	表格输入
011702006001	矩形梁模板	m^2	289.783 4	
01-17-2-61	复合模板 矩形梁	m^2	330.737 7	
01-17-2-62	复合模板 梁 超 3.6 m 每增 3 m	m^2	111.688 1	

五、总结拓展

①梁模型的建立,一般采用“定义”→“绘制”→输入原位标注(提取梁跨)的顺序进行。梁的标注包括集中标注和原位标注。定义构件时,在属性中输入梁的集中标注信息,绘制完毕后,通过输入原位标注信息确定梁的信息。

②一般来说,一道梁绘制完毕后,如果其支座和次梁都已经确定,就可直接进行原位标注的输入;如果与其他梁相交,或者存在次梁的情况,则需要先绘制相关的梁,再进行原位标注的输入。

③梁的原位标注和平法表格的区别:选择“原位标注”时,可以在绘图区梁图元的位置输入原位标注的钢筋信息,也可以在下方显示的表格中输入原位标注信息;选择“梁平法表格”时只显示下方的表格,不显示绘图区的输入框。

④梁的绘制顺序:可以采用先横向再纵向、先框架梁再次梁的绘制顺序,以免出现遗漏。

⑤捕捉点的设置:绘图时,无论是利用点画、直线还是其他的绘制方式,都需要捕捉绘图区的点,以确定点的位置和线的端点。该软件提供了多种类型点的捕捉,用户可以在状态栏设置捕捉,绘图时可以在“捕捉工具栏”中直接选择要捕捉的点类型,方便绘制图元时选取点,如图 3.86 所示。

图 3.86

⑥设置悬挑梁的弯起钢筋:当工程中存在悬挑梁并且需要计算弯起钢筋时,在软件中可以快速地进行设置及计算。首先,进入“钢筋设置”→“节点设置”→“框架梁”,在第 29 项设置悬挑梁钢筋图号,软件默认是 2 号图号,可以单击按钮选择其他图号(软件提供了 6 种图号供选择),节点示意图中的数值可进行修改。

计算设置的修改范围是全部悬挑梁,如果修改单根悬挑梁,应选中单根梁,在平法表格“悬臂钢筋代号”中修改。

⑦如果梁在图纸上有两种截面尺寸,软件是不能定义同名称构件的,因此,在定义时需重新加下脚标定义。

问题思考

(1)梁属于线状构件,可否使用矩形绘制?如果可以,哪些情况适合用矩形绘制?

(2)智能布置梁后,若位置与图纸位置不一样,应怎样调整?

(3)如何绘制弧形梁?

3.4 首层板工程量计算

通过本节的学习,你将能够:

(1)依据定额和清单分析现浇板的工程量计算规则;

(2)分析图纸,进行正确识图,读取板的土建及钢筋信息;

(3)定义现浇板、板受力筋、板负筋及分布筋的属性;

(4)绘制首层现浇板、板受力筋、板负筋及分布筋;

(5)统计板的土建及钢筋工程量。

一、任务说明

①完成首层板的定义、做法套用及图元绘制。

②汇总计算,统计本层板的土建及钢筋工程量。

二、任务分析

①首层板在计量时的主要尺寸有哪些?从哪个图中什么位置能够找到?有多少种板?

②板的钢筋类别有哪些?如何进行定义和绘制?

③板是如何套用清单定额的?

④板的绘制方法有哪几种?

⑤各种不同名称的板如何快速套用做法?

三、任务实施

1)分析图纸

根据结施-10"一、三层顶板配筋图"定义和绘制板及板的钢筋。

进行板的图纸分析,注意以下几个要点:

①本页图纸说明、厚度说明、配筋说明。

②板的标高。

③板的分类,相同板的位置。

④板的特殊形状。

⑤受力筋、板负筋的类型,跨板受力筋的位置和钢筋布置。

分析结施09~12可以从中得到板的相关信息,包括地下室至4层的楼板,主要信息见表3.17。

表 3.17 板表

序号	类型	名称	混凝土强度等级	板厚 h(mm)	板顶标高	备注
1	普通楼板	LB-120	C30	120	层顶标高	
		LB-130	C30	130	层顶标高	
		LB-140	C30	140	层顶标高	
		LB-160	C30	160	层顶标高	
2	飘窗板	飘窗板 100	C30	100	0.6	
3	平台板	平台板 100	C30	100	层顶标高-0.1	

按结构设计说明,本工程板的配筋依据 16G10-1 第 99—103 页的要求,分析板的受力钢筋、分布筋、负筋、跨板受力筋的长度与根数的计算公式。根据结施-10,详细查看首层板及板配筋信息。在软件中,完整的板构件由现浇板、板筋(包含受力筋及负筋)组成,因此,板构件的钢筋计算包括以下两个部分:板的定义中的钢筋和绘制钢筋的布置(包括受力筋和负筋)。

2)现浇板定额、清单计算规则学习

(1)清单计算规则学习

板清单计算规则见表 3.18。

表 3.18 板清单计算规则

编码	项目名称	单位	计算规则
010505001	有梁板	m^3	按设计图示尺寸以体积计算,有梁板(包括主梁、次梁与板)按梁、板体积之和计算
011702014	有梁板模板	m^2	按模板与现浇混凝土构件的接触面积计算

(2)定额计算规则学习

板定额计算规则见表 3.19。

表 3.19 板定额计算规则

定额编号	项目名称	单位	计算规则
01-5-5-1	预拌混凝土(泵送)有梁板	m^3	板按设计图示尺寸以体积计算,不扣除单个面积≤0.3 m^2 的柱、垛及孔洞所占体积。有梁板(包括主梁、次梁与板)按梁、板体积合并计算
01-17-2-74	复合模板 有梁板	m^2	按模板与混凝土的接触面积计算,墙、板单孔面积≤0.3 m^2 的孔洞不予扣除,侧洞壁模板亦不增加;单孔面积>0.3 m^2 时,应予扣除,洞侧壁模板面积并入墙、板模板工程量以内计算

续表

定额编号	项目名称	单位	计算规则
01-17-2-85	复合模板 板超 3.6 m 每增 3 m	m^2	现浇钢筋混凝土柱、梁、墙、板支模高度均按 3.6 m(板面至上层板底之间的高度)编制。超过 3.6 m 时,超过部分再按相应超高子目执行

3)板的属性定义和绘制

(1)板的属性定义

在导航树中选择“板”→“现浇板”,在构件列表中选择“新建”→“新建现浇板”。下面以结施-10 中Ⓒ~Ⓓ轴、②~③轴所围的 LB-160 为例,新建现浇板 LB-160,根据 LB-160 图纸中的尺寸标注,在属性列表中输入相应的属性值,如图 3.87 所示。

属性列表　图层管理

	属性名称	属性值	附加
1	名称	160	
2	厚度(mm)	160	☐
3	类别	有梁板	☐
4	是否是楼板	是	☐
5	混凝土强度等级	(C30)	☐
6	混凝土外加剂	(无)	
7	泵送类型	(混凝土泵)	
8	泵送高度(m)		
9	顶标高(m)	层顶标高	☐
10	备注		☐
11	+ 钢筋业务属性		
22	+ 土建业务属性		
27	+ 显示样式		

图 3.87

【说明】

①名称:根据图纸输入构件的名称,该名称在当前楼层的当前构件类型下唯一。

②厚度(mm):现浇板的厚度。

③类别:选项为有梁板、无梁板、平板、拱板等。

④是否是楼板:主要与计算超高模板、超高体积起点判断有关。若是则表示构件可以向下找到该构件作为超高计算的判断依据;若否,则超高计算判断与该板无关。

⑤混凝土强度等级:混凝土的抗压强度。默认取值与楼层设置中的混凝土强度等级一致。

⑥混凝土外加剂:可选择减水剂、早强剂、防冻剂、缓凝剂或不添加混凝土外加剂。

⑦泵送类型:泵送、非泵送。

⑧顶标高:板顶的标高可根据实际情况进行调整。为斜板时,这里的标高值取初始设置的标高。

⑨备注:该属性值仅仅是个标识,对计算不会起任何作用。

⑩钢筋业务属性。

⑪土建业务属性。

其中钢筋业务属性,如图 3.88 所示。

11	⊟ 钢筋业务属性		
12	— 其他钢筋		
13	— 保护层厚...	(15)	☐
14	— 汇总信息	(现浇板)	☐
15	— 马凳筋参...		
16	— 马凳筋信息		☐
17	— 线形马凳...	平行横向受力筋	☐
18	— 拉筋		☐
19	— 马凳筋数...	向上取整+1	☐
20	— 拉筋数量...	向上取整+1	☐
21	— 归类名称	(160)	☐

图 3.88

【说明】

①保护层厚度:软件自动读取楼层设置中的保护层厚度,如果当前构件需要特殊处理,则可根据实际情况进行输入。

②马凳筋参数图:可编辑马凳筋类型,参见《GTJ2018 钢筋输入格式详解》"五、板"的"01 现浇板"。

③马凳筋信息:参见《GTJ2018 钢筋输入格式详解》中"五、板"的"01 现浇板"。

④线形马凳筋方向:对Ⅱ型、Ⅲ型马凳筋起作用,设置马凳筋的布置方向。

⑤拉筋:板厚方向布置拉筋时,输入拉筋信息,输入格式:"级别+直径+间距×间距"或者"数量+级别+直径"。

⑥马凳筋数量计算方式:设置马凳筋根数的计算方式,默认取"计算设置"中设置的计算方式。

⑦拉筋数量计算方式:设置拉筋根数的计算方式,默认取"计算设置"中设置的计算方式。

其中土建业务属性如图 3.89 所示。

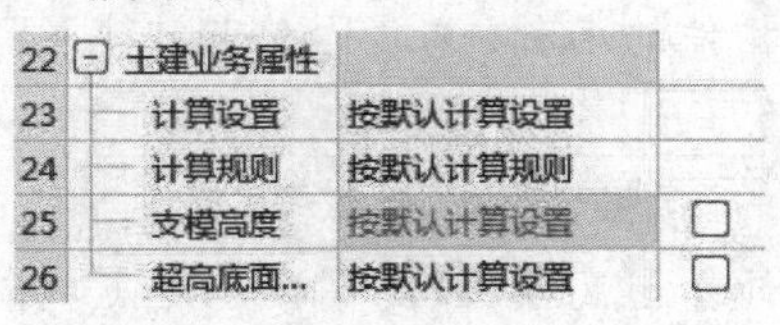

22	⊟ 土建业务属性		
23	— 计算设置	按默认计算设置	
24	— 计算规则	按默认计算规则	
25	— 支模高度	按默认计算设置	☐
26	— 超高底面...	按默认计算设置	☐

图 3.89

【说明】

①计算设置:用户可自行设置构件土建计算信息,软件将按设置的计算方法计算。

②计算规则:软件内置全国各地清单及定额计算规则,同时用户可自行设置构件土建计算规则,软件将按设置的计算规则计算。

③支模高度:支模高度根据超高底面标高计算,为只读属性。

④超高底面标高:按默认计算设置。

(2)板的做法套用

板构件定义好后,需要进行做法套用操作,打开"定义"界面,选择"构件做法",单击"添加清单”，添加混凝土有梁板清单项 010505001 和有梁板模板清单项 011702014；在有梁板混凝土下添加定额 01-5-5-1，在有梁板模板下添加定额 01-17-2-74、01-17-2-85，单击“项目特征”，根据工程实际情况将项目特征补充完整。

LB160 的做法套用如图 3.90 所示。

添加清单 添加定额 删除 查询 项目特征 fx 换算 做法刷 做法查询 提取做法 当前构件自动套做法

	编码	类别	名称	项目特征	单位	工程量表达式	表达式说明
1	⊟ 010505001	项	有梁板	1. 混凝土种类：预拌混凝土 2. 混凝土强度等级：C30	m3	TJ	TJ<体积>
2	01-5-5-1	定	预拌混凝土(泵送) 有梁板		m3	TJ	TJ<体积>
3	⊟ 011702014	借项	有梁板模板		m2	MBMJ	MBMJ<底面模板面积>
4	01-17-2-74	定	复合模板 有梁板		m2	MBMJ	MBMJ<底面模板面积>
5	01-17-2-85	定	复合模板 板超3.6m每增3m		m2	CGMBMJ	CGMBMJ<超高模板面积>

图 3.90

4) 板画法讲解

(1)“点”画法绘制板

仍以 LB-160 为例，单击“点”命令，在 LB-160 区域单击左键，即可布置 LB-160，如图 3.91 所示。

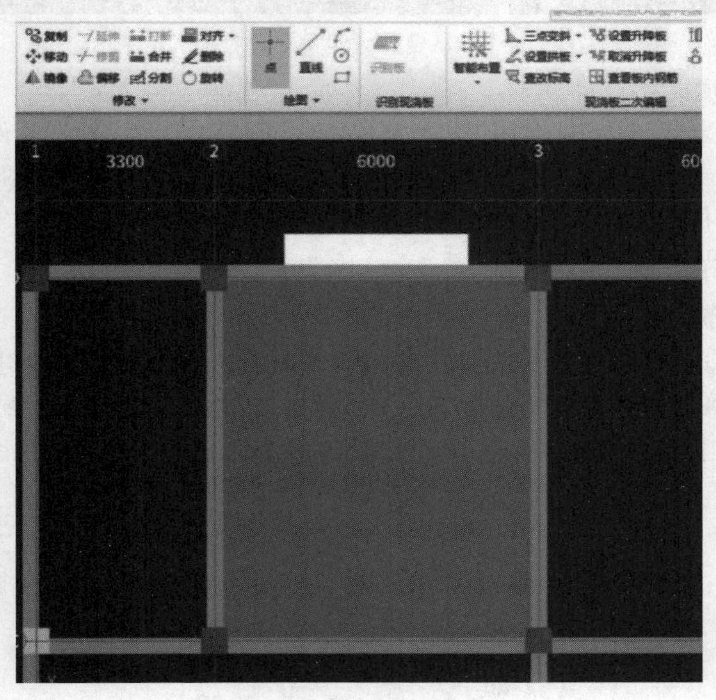

图 3.91

(2)“直线”画法绘制板

仍以 LB-160 为例，单击“直线”命令，左键分别单击 LB-160 边界区域的交点，围成一个封闭区域，即可布置 LB-160，如图 3.92 所示。

(3)“矩形”画法绘制板

如果图中没有围成封闭区域的位置，可采用“矩形”画法来绘制板。单击“矩形”命令，选择板图元的一个顶点，再选择对角的顶点，即可绘制一块矩形板。

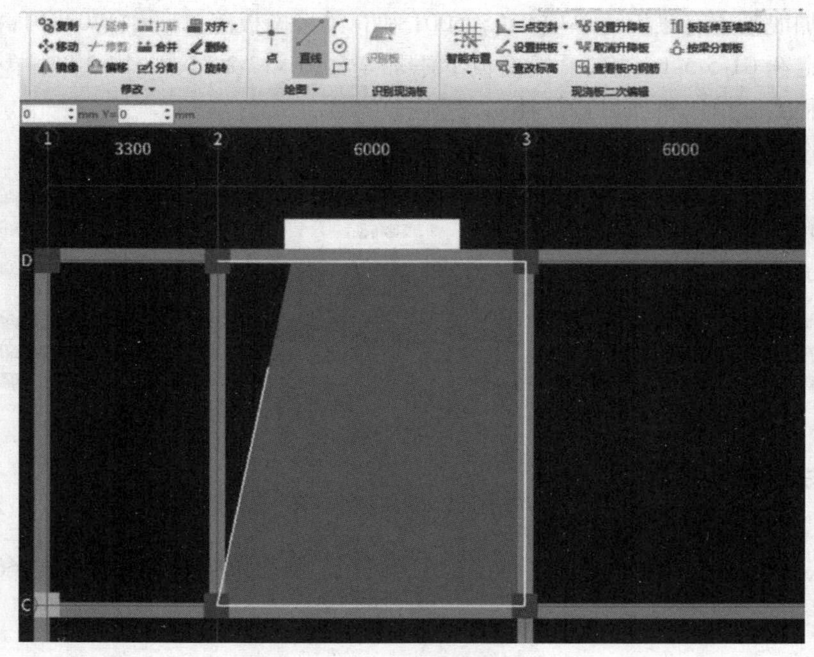

图 3.92

(4)自动生成板

当板下的梁、墙绘制完毕,且图中板类别较少时,可使用自动生成板,软件会自动根据图中梁和墙围成的封闭区域来生成整层的板。自动生成完毕之后,需要对照图板,修改软件中与图纸信息不符的部分,在软件中相应位置删除图纸中无板的地方。

5)板受力筋的属性定义和绘制

(1)板受力筋的属性定义

在导航树中选择“板”→“板受力筋”,在构件列表中选择“新建”→“新建板受力筋”,以Ⓒ~Ⓓ轴、②~③轴上的板受力筋⏀10@150为例,新建板受力筋 SLJ-⏀10@150,根据 SLJ-⏀10@150在图纸中的布置信息,在属性编辑框中输入相应的属性值,如图 3.93 所示。

属性列表　图层管理

	属性名称	属性值	附加
1	名称	SLJ-⏀10@150	
2	类别	底筋	☐
3	钢筋信息	⏀10@150	☐
4	左弯折(mm)	(0)	☐
5	右弯折(mm)	(0)	☐
6	备注		☐
7	⊟ 钢筋业务属性		
8	钢筋锚固	(35)	
9	钢筋搭接	(49)	
10	归类名称	(C10-150)	☐
11	汇总信息	(板受力筋)	☐
12	计算设置	按默认计算设置计算	
13	节点设置	按默认节点设置计算	
14	搭接设置	按默认搭接设置计算	
15	长度调整(...		☐
16	⊞ 显示样式		

图 3.93

【说明】

①名称：结施图中没有定义受力筋的名称，用户可根据实际情况输入较容易辨认的名称，这里按钢筋信息输入“SLJ-Φ 10@150”。

②类别：在软件中可以选择底筋、面筋、中间层筋和温度筋，根据图纸信息，进行正确选择，在此为底筋；也可以不选择，在后面绘制受力筋时，可重新设置钢筋类别。

③钢筋信息：按照图中钢筋信息输入“Φ 10@150”。

④左弯折和右弯折：按照实际情况输入受力筋的端部弯折长度。软件默认为“0”，表示按照计算设置中默认的“板厚-2 倍保护层厚度”来计算弯折长度。此处会关系钢筋计算结果，如果图纸中没有特殊说明，不需要修改。

⑤钢筋锚固和搭接：取楼层设置中设定的数值，可根据实际图纸情况进行修改。

(2)板受力筋的绘制

在构件列表中，选择板受力筋，单击“建模”，在板受力筋二次编辑中单击“布置受力筋”，如图 3.94 所示。

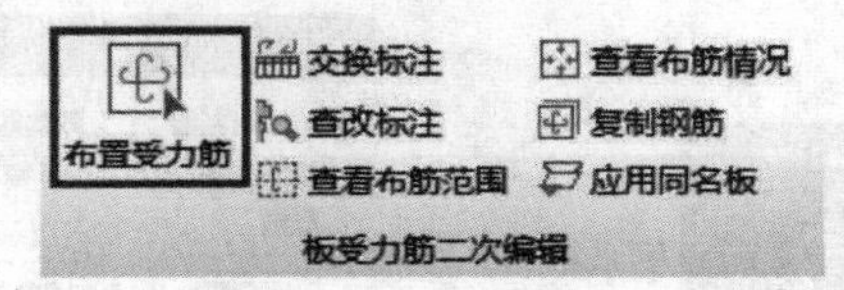

图 3.94

布置板的受力筋，按照布置范围，有“单板”“多板”“自定义”“按受力范围”布置；按照钢筋方向有“XY 方向”“水平”“垂直”布置；还有“两点”“平行边”“弧线边布置放射筋”以及“圆心布置放射筋”布置范围，如图 3.95 所示。

图 3.95

以Ⓒ~Ⓓ轴与②~③轴的 LB-160 受力筋布置为例，由施工图可知，LB-160 的板受力筋只有底筋，底筋各个方向的钢筋信息一致，都是 SLJ-Φ 10@150，这里采用“双向布置”。

①选择“单板”→“双向布置”，选择块 LB-160，弹出如图 3.96 所示的对话框。

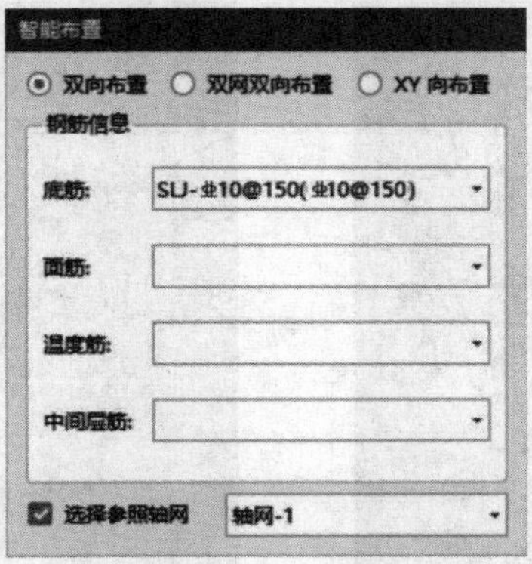

图 3.96

【说明】

①双向布置:适用于某种钢筋类别在两个方向上布置的信息是相同的情况。

②双网双向布置:适用于底筋与面筋在 X 和 Y 两个方向上钢筋信息全部相同的情况。

③XY 向布置:适用于底筋的 X、Y 方向信息不同,面筋的 X、Y 方向信息不同的情况。

④选择参照轴网:可以选择以哪个轴网的水平和竖直方向为基准,进行布置,不勾选时,以绘图区水平方向为 X 方向,竖直方向为 Y 方向。

②由于 LB-160 的板受力筋只有底筋,而且在两个方向上的布置信息是相同的,因此选择"双向布置",在"钢筋信息"中选择相应的受力筋名称 SLJ-10@ 150,单击"确定"按钮,即可布置单板的受力筋,如图 3.97 所示。

再以Ⓒ~Ⓓ轴与⑤~⑥轴的 LB-160 的受力筋布置为例,该位置的 LB-160 只有底筋,板受力筋 X、Y 方向的底筋信息不相同,则可采用"XY 向布置",如图 3.98 所示。

图 3.97

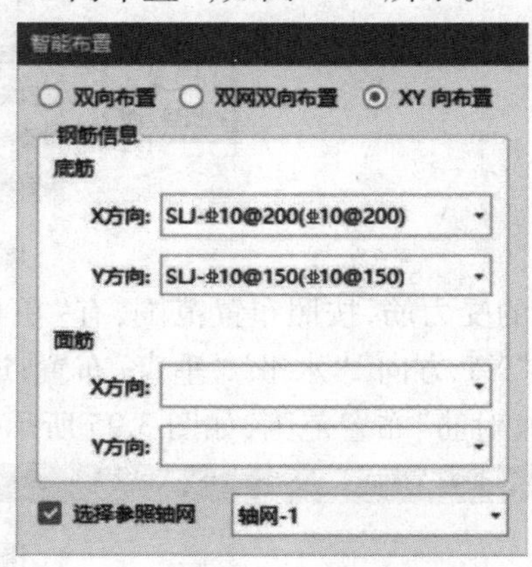

图 3.98

根据Ⓒ~Ⓓ轴与⑤~⑥轴的 LB-160 板受力筋布置图(详见结施-10),如图 3.99 所示;受力筋布置完成后如图 3.100 所示。

图 3.99

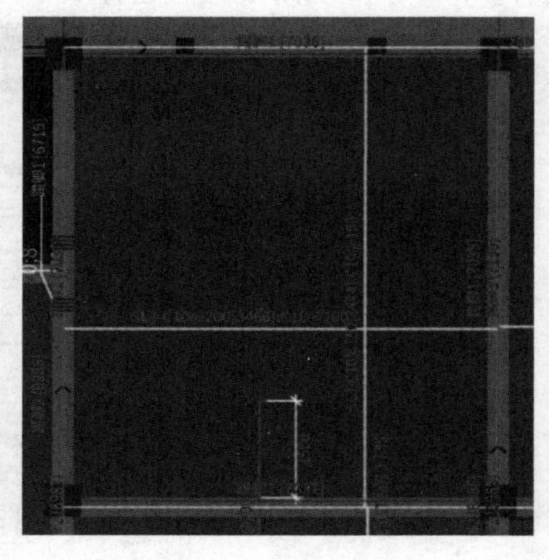

图 3.100

(3)应用同名称板

由于 LB-160 上的钢筋信息，除了Ⓒ~Ⓓ轴与⑤~⑥轴的板受力筋配筋不同外，剩余的都是相同的，因此下面使用“应用同名板”来布置其他同名板的钢筋。

①选择“建模”→“板受力筋二次编辑”→“应用同名板”命令，如图 3.101 所示。

②选择已经布置上钢筋Ⓒ~Ⓓ轴与②~③轴的 LB-160 图元，单击鼠标右键确定，则其他同名称的板都布置上了相同的钢筋信息。同时Ⓒ~Ⓓ轴与⑤~⑥轴的 LB-160 也会布置同样的板受力筋，将其对应图纸进行正确修改即可。

对于其他板的钢筋，可采用相应的布置方式进行布置。

6)跨板受力筋的定义与绘制

下面以结施-10 中的Ⓑ~Ⓒ轴、②~③轴的楼板的跨板受力筋⏀12@200 为例，介绍跨板受力筋的定义和绘制。

(1)跨板受力筋的定义

在导航树中选择“板受力筋”，在板受力筋的构件列表中，单击“新建”按钮，选择“新建跨板受力筋”，如图 3.102 所示。

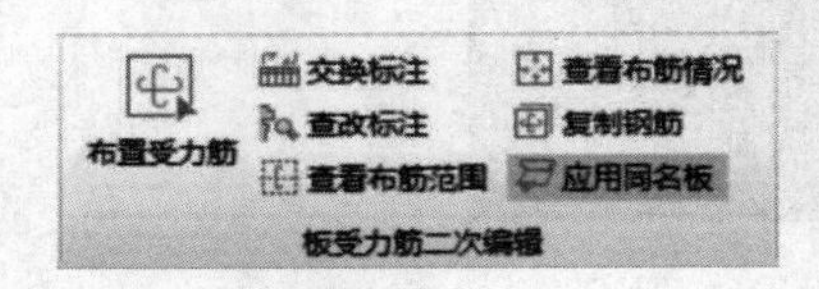

图 3.101

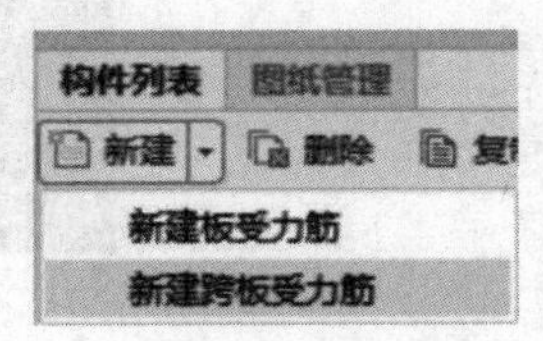

图 3.102

软件将弹出如图 3.103 所示的新建跨板受力筋界面。

属性列表　图层管理

	属性名称	属性值	附加
1	名称	KBSLJ-⏀10@200	
2	类别	面筋	☐
3	钢筋信息	⏀10@200	☐
4	左标注(mm)	800	☐
5	右标注(mm)	800	☐
6	马凳筋排数	1/1	☐
7	标注长度位置	(支座外边线)	☐
8	左弯折(mm)	(0)	☐
9	右弯折(mm)	(0)	☐
10	分布钢筋	(⏀8@200)	☐
11	备注		☐

图 3.103

左标注和右标注：左右两边伸出支座的长度，根据图纸中的标注进行输入。

马凳筋排数：根据实际情况输入。

标注长度位置：可选择支座中心线、支座内边线和支座外边线，如图 3.104 所示。根据图纸中标注的实际情况进行选择。此工程选择“支座外边线”。

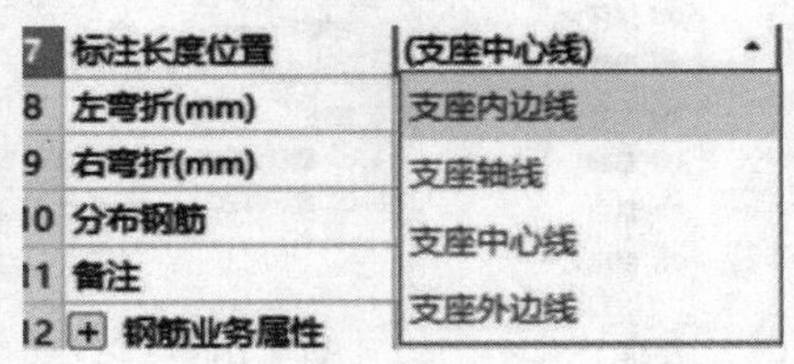

图 3.104

分布钢筋：结施-01(2)中说明，板厚小于 110 mm

时,分布钢筋直径、间距为Φ6@200,板厚120~160 mm时,分布钢筋直径、间距为Φ8@200。因此,此处输入Φ8@200。

也可在计算设置中对相应的项进行输入,这样就不用针对每一个钢筋构件进行输入了。具体参考"2.2 计算设置"中钢筋设置的部分内容。

(2)跨板受力筋的绘制

对于该位置的跨板受力筋,可采用"单板"和"垂直"布置的方式来绘制,选择"单板",再选择"垂直",单击Ⓑ~Ⓒ轴、②~③轴的楼板,即可布置垂直方向的跨板受力筋。其他位置的跨板受力筋采用同样的布置方式。

7)负筋的定义与绘制

下面以结施-10上的8号负筋为例,介绍负筋的定义和绘制,如图3.105所示。

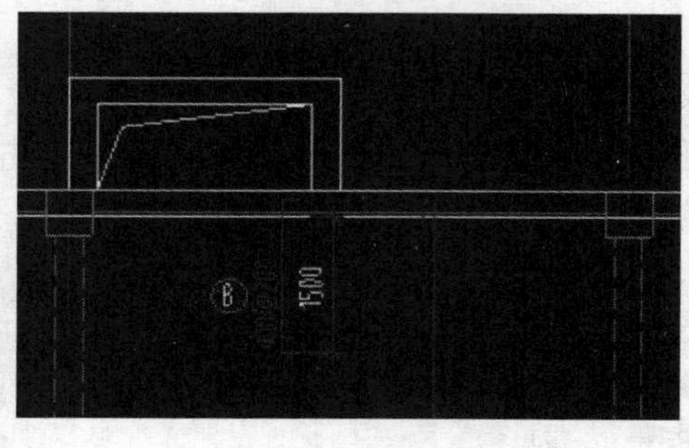

图3.105

(1)负筋的定义

进入"板"→"板负筋",在构建列表新建"板负筋"FJ-C8@200。定义板负筋属性,如图3.106所示。

对②~③轴LB-160在②轴上的10号负筋⏀12@200的定义,如图3.107所示。

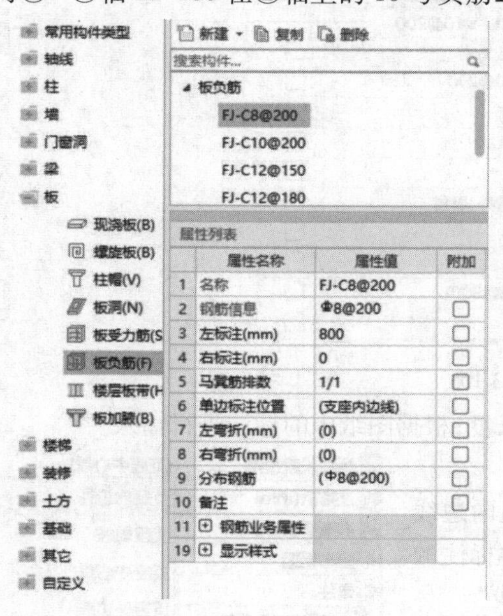

	属性名称	属性值	附加
1	名称	FJ-C8@200	
2	钢筋信息	⏀8@200	☐
3	左标注(mm)	800	☐
4	右标注(mm)	0	☐
5	马凳筋排数	1/1	☐
6	单边标注位置	(支座内边线)	☐
7	左弯折(mm)	(0)	☐
8	右弯折(mm)	(0)	☐
9	分布钢筋	(⏀8@200)	☐
10	备注		☐
11	⊕ 钢筋业务属性		
19	⊕ 显示样式		

图3.106

属性列表

	属性名称	属性值	附加
1	名称	FJ-C12@200	
2	钢筋信息	⏀12@200	☐
3	左标注(mm)	1500	☐
4	右标注(mm)	1500	☐
5	马凳筋排数	1/1	☐
6	非单边标注含...	(否)	☐
7	左弯折(mm)	(0)	☐
8	右弯折(mm)	(0)	☐
9	分布钢筋	(⏀8@200)	☐
10	备注		☐
11	⊕ 钢筋业务属性		
19	⊕ 显示样式		

图3.107

对于左右均有标注的负筋,有"非单边标注含支座宽"的属性,指左右标注的尺寸是否含支座宽度,这里根据实际图纸情况选择"否",其他内容与 8 号负筋输入方式一致。按照同样的方式定义其他的负筋。

(2)负筋的绘制

负筋定义完毕后,回到绘图区,对于②~③轴、Ⓒ~Ⓓ轴之间的 LB-160 进行负筋的布置。

①对于上侧 8 号负筋,单击"板负筋二次编辑"面板上的"布置负筋",选项栏则会出现布置方式,有"按梁布置""按圈梁布置""按连梁布置""按墙布置""按板边布置"及"画线布置",如图 3.108 所示。

图 3.108

先选择"按墙布置",再选择墙,按提示栏的提示单击墙,鼠标移动到墙图元上,则墙图元显示一道蓝线,并且显示出负筋的预览图,下侧确定方向,即可布置成功。

②对于②轴上的 10 号负筋,选择"按梁布置",再选择梁段,鼠标移动到梁图元上,则梁图元显示一道蓝线,并且显示出负筋的预览图,确定方向,即可布置成功。

本工程中的负筋都可按墙或者按梁布置,也可选择画线布置。

四、任务结果

1)板构件的任务结果

①根据上述普通楼板 LB-160 的定义方法,将本层剩下的楼板定义好。

②用点、直线、矩形等画法将①轴与⑧轴间的板绘制好,绘制完成后如图 3.109 所示。

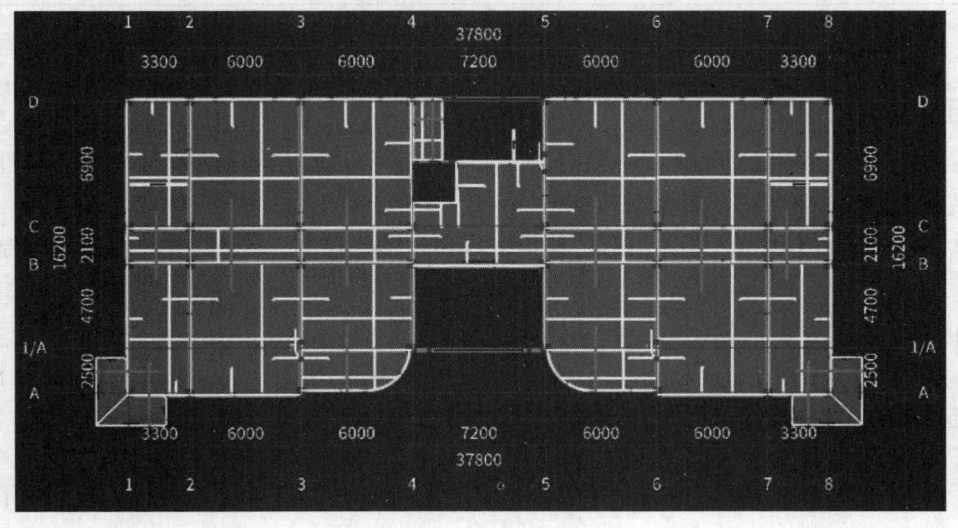

图 3.109

③汇总计算,统计本层板的工程量,见表 3.20。

表 3.20　板清单定额工程量

编码	项目名称	单位	工程量明细	
			绘图输入	表格输入
010505001001	有梁板 (1)混凝土种类:预拌混凝土 (2)混凝土强度等级:C30	m^3	79.336	
01-5-5-1	预拌混凝土(泵送) 有梁板	m^3	79.336	
011702014001	有梁板(板模板) 支撑高度:3.9 m	m^2	490.402	
01-17-2-74	复合模板 有梁板	m^2	490.402	
01-17-2-85	复合模板 板超 3.6 m 每增 3 m	m^2	490.402	

2)首层板钢筋量汇总表

首层板钢筋量汇总表,见表 3.21(见报表预览“构件汇总信息分类统计表”)。

表 3.21　首层板钢筋工程量

汇总信息	HPB300		HRB400			
	8	合计(kg)	8	10	12	合计(kg)
板负筋	331	331	82	397	1 092	1 571
板受力筋	219	219	149	3 846	1 150	5 145
合计(kg)	550	550	231	4 243	2 242	6 716

五、总结拓展

①当板顶标高与层顶标高不一致时,在绘制板后可以通过单独调整这块板的属性来调整标高。

②在④轴与⑤轴之间,左边与右边的板可以通过镜像绘制,绘制方法与柱镜像绘制方法相同。

③板属于面式构件,绘制方法和其他面式构件相似。

④在绘制跨板受力筋或负筋时,若左右标注和图纸标注正好相反,可以使用“交换标注”功能进行调整。下面以跨板受力筋为例进行说明。

a.在“板受力筋二次编辑”分组中单击“交换标注”,如图 3.110 所示。

b.在绘图区域点选需要交换标注的跨板受力筋,即可完成操作。交换前,如图 3.111 所示;交换后,如图 3.112 所示。

⑤当遇到以下问题时,可以使用“查看布筋范围”功能。

在查看工程时,板筋布置比较密集,想要查看具体某根受力筋或负筋的布置范围。其操作步骤如下:

a.在“板受力筋二次编辑”分组中单击“查看布筋范围”,如图 3.113 所示。

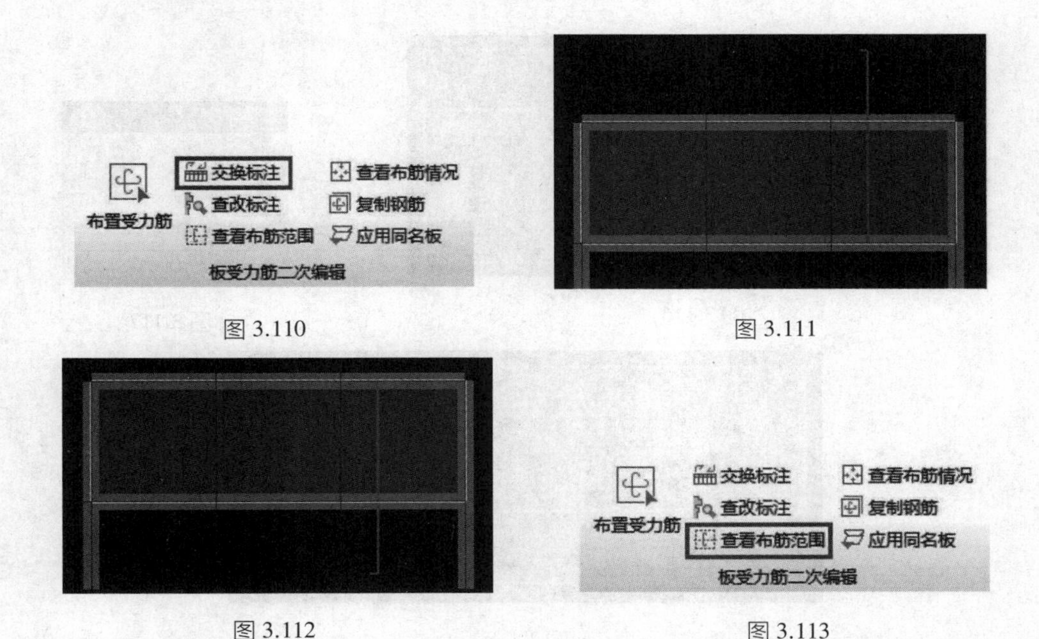

图 3.110　　图 3.111

图 3.112　　图 3.113

b.移动鼠标,当鼠标指向某根受力筋或负筋图元时,该图元所布置的范围显示为蓝色,如图 3.114 所示。

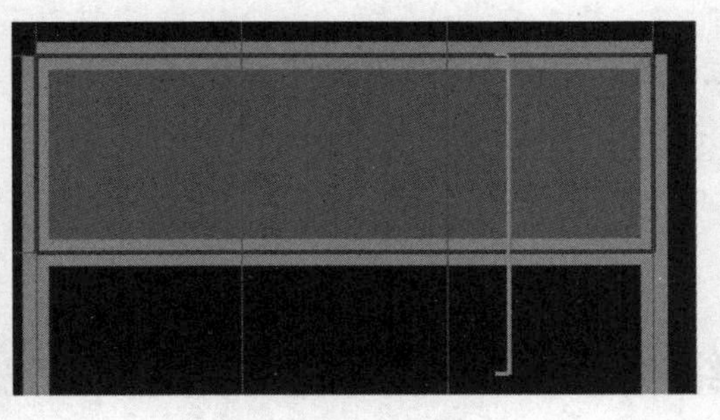

图 3.114

⑥当遇到以下问题时,可以使用"查看布筋情况"功能:查看受力筋、负筋布置的范围是否与图纸一致,检查和校验。以受力筋为例进行说明,其操作步骤如下:

a.在"板受力筋二次编辑"分组中单击"查看布筋情况",如图 3.115 所示。

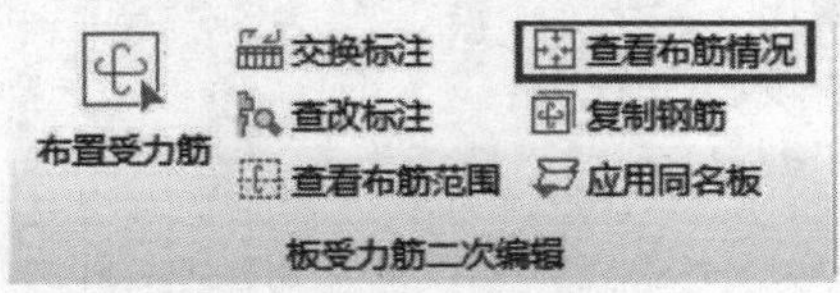

图 3.115

当前层中会显示所有底筋的布置范围及方向,如图 3.116 所示。

b.在"选择受力筋类型"中可以选择不同的钢筋类型查看其布置情况,如图 3.117 所示。例如,切换到面筋后的显示效果,如图 3.118 所示。

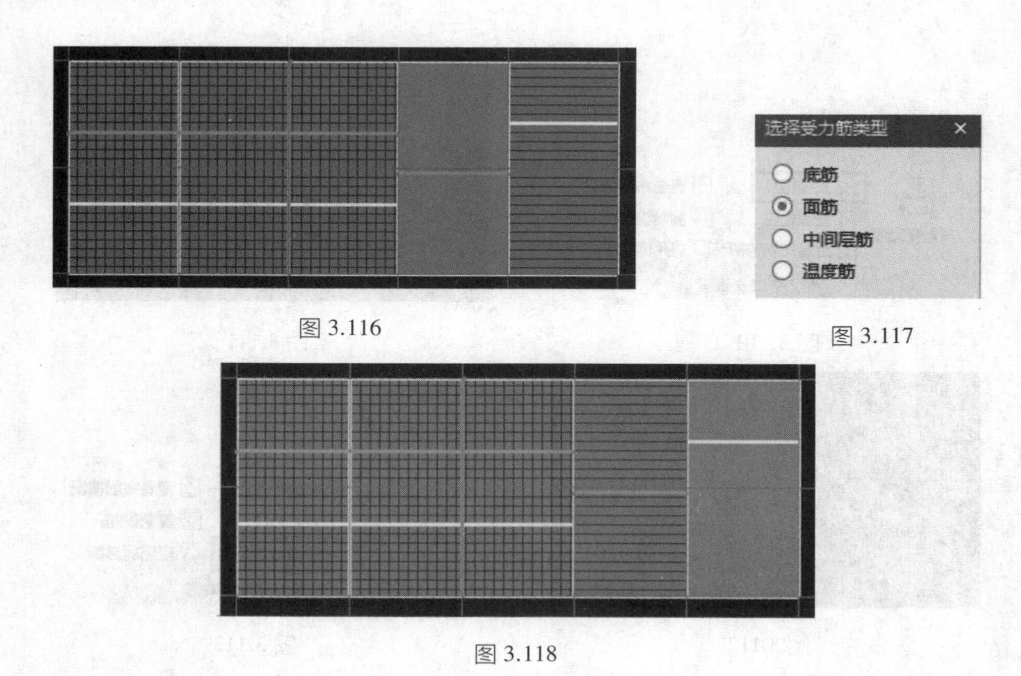

图 3.116

图 3.117

图 3.118

问题思考

(1)用点画法绘制板需要注意哪些事项？对绘制区域有什么要求？

(2)有梁板时，板与梁相交的扣减原则是什么？

3.5 首层砌体结构工程量计算

通过本节的学习，你将能够：

(1)依据定额和清单分析砌体墙的工程量计算规则；

(2)运用点加长度绘制墙图元；

(3)统计本层砌体墙的阶段性工程量；

(4)正确计算砌体加筋工程量。

一、任务说明

①完成首层砌体墙的定义、做法套用、图元绘制。

②汇总计算，统计本层砌体墙的工程量。

二、任务分析

①首层砌体墙在计量时的主要尺寸有哪些？从哪个图中什么位置能够找到？有多少种类的墙？

②砌体墙不在轴线上如何使用点加长度绘制?

③砌体墙中清单计算的厚度与定额计算的厚度不一致时该如何处理?墙的清单项目特征描述是如何影响定额匹配的?

④虚墙的作用是什么?如何绘制?

三、任务实施

1)分析图纸

分析建施-01、建施-04、建施-09、结施-01(2)可以得到砌体墙的基本信息,见表3.22。

表3.22 砌体墙表

序号	类型	砌筑砂浆	材质	墙厚(mm)	标高	备注
1	外墙	M5水泥砂浆	陶粒空心砖	250	−0.05~+3.85	梁下墙
2	内墙	M5水泥砂浆	陶粒空心砖	200	−0.05~+3.85	梁下墙

2)砌体墙清单、定额计算规则学习

(1)清单计算规则学习

砌体墙清单计算规则见表3.23。

表3.23 砌体墙清单计算规则

编码	项目名称	单位	计算规则
010401008	填充墙	m^3	按设计图示尺寸以填充墙外形体积计算

(2)定额计算规则学习

砌体墙定额计算规则见表3.24。

表3.24 砌体墙定额计算规则

编码	项目名称	单位	计算规则
01-4-2-4	加气混凝砌块水泥砂浆M5	m^3	砖及砌块墙均按设计图示尺寸以体积计算。扣除门窗、洞口、嵌入墙内的钢筋混凝土柱、梁、板、圈梁、挑梁、过梁及凹进墙内的壁龛、管槽、暖气槽、消火栓箱所占体积;不扣除梁头、板头、檩头、垫木、木楞头、沿椽木、木砖、门窗走头、砖墙内加固头砖、门窗套的体积亦不增加 凸出墙面的腰线、挑檐、压顶、窗台线、虎头砖、门窗套的体积亦不增加,凸出墙面的砖垛并入墙体体积内计算

3)砌体墙属性定义

新建砌体墙的方法参见新建剪力墙的方法,这里只是简单地介绍新建砌体墙需要注意的事项。

内/外墙标志:外墙和内墙要区别定义,因为其除了影响自身工程量外,还影响其他构件的智能布置。这里可以根据工程实际需要对标高进行定义,如图 3.119 和图 3.120 所示。本工程是按照软件默认的高度进行设置,软件会根据定额的计算规则对砌体墙和混凝土相交的地方进行自动处理。

属性列表

	属性名称	属性值	附加
1	名称	QTQ-1	
2	厚度(mm)	200	☐
3	轴线距左墙皮...	(100)	☐
4	砌体通长筋	2Φ6@600	☐
5	横向短筋		☐
6	材质	砖	☐
7	砂浆标号	(M5)	☐
8	内/外墙标志	(内墙)	☑
9	类别	一般砖墙	☐
10	起点顶标高(m)	层顶标高	☐
11	终点顶标高(m)	层顶标高	☐
12	起点底标高(m)	层底标高	☐
13	终点底标高(m)	层底标高	☐
14	备注		☐
15	⊞ 钢筋业务属性		
21	⊞ 土建业务属性		
26	⊞ 显示样式		

图 3.119

属性列表

	属性名称	属性值	附加
1	名称	QTQ-2	
2	厚度(mm)	250	☐
3	轴线距左墙皮...	(125)	☐
4	砌体通长筋	2Φ6@600	☐
5	横向短筋		☐
6	材质	砖	☐
7	砂浆标号	(M5)	☐
8	内/外墙标志	(外墙)	☑
9	类别	一般砖墙	☐
10	起点顶标高(m)	层顶标高	☐
11	终点顶标高(m)	层顶标高	☐
12	起点底标高(m)	层底标高	☐
13	终点底标高(m)	层底标高	☐
14	备注		☐
15	⊞ 钢筋业务属性		
21	⊞ 土建业务属性		
26	⊞ 显示样式		

图 3.120

4)做法套用

砌体墙做法套用,如图 3.121 所示。

图 3.121

5)画法讲解

(1)直线

直线画法跟梁构件画法是类似的,参照梁构件绘制进行操作。

(2)点加长度

在③轴与Ⓐ轴相交处到②轴与Ⓐ轴相交处的墙体,向左延伸了 1 400 mm(中心线距离),墙体总长度为 6 000 mm+1 400 mm,单击“直线”再勾选“点加长度”,在长度输入框中输入“7 400”,如图 3.121 所示。接着,在绘图区域单击③轴与Ⓐ轴的交点,然后向左找到②轴与Ⓐ轴的交点,即可实现该段墙体延伸部分的绘制。使用“对齐”命令,将墙体与柱边对齐即可。

(3)偏移绘制

用“Shift+左键”可绘制偏移位置的墙体。在直线绘制墙体的状态下,按住“Shift”键的同时单击②轴和Ⓐ轴的相交点,弹出“输入偏移量”对话框,在“X=”的地方输入“-1400”,单击“确定”按钮,然后向着Ⓐ轴的方向绘制墙体。

按照“直线”画法,将其他相似位置的砌体墙绘制完毕。

四、任务结果

汇总计算，统计首层砌体墙清单定额工程量，见表3.25。

表3.25 首层砌体墙清单定额工程量

编码	项目名称	单位	工程量明细	
			绘图输入	表格输入
010401008001	填充墙 (1)砖品种、规格、强度等级:陶粒空心砖 (2)墙体类型:外墙250 mm (3)砂浆强度等级:M5水泥砂浆	m^3	47.733	
01-4-1-8	换(陶粒空心砖墙)多孔砖墙1砖(240 mm) M5水泥砂浆	m^3	47.735	
010402008002	填充墙 (1)砖品种、规格、强度等级:陶粒空心砖 (2)墙体类型:内墙200 mm (3)砂浆强度等级:M5水泥砂浆	m^3	85.571	
01-4-2-4	换(陶粒空心砖墙)加气混凝土砌块 200 mm厚M5水泥砂浆	m^3	85.416	
010402001001	砌块墙 (1)砌块品种、规格、强度等级:陶粒空心砖 (2)墙体类型:外墙100 mm (3)砂浆强度等级:M5水泥砂浆	m^3	0.452	
01-4-2-8	混凝土小型空心砌块190 mm厚	m^3	0.739	

【说明】

因砌体墙的工程量将受到洞口面积的影响，因此，需在门窗洞口、构造柱、过梁等构件绘制完毕后，再次进行砌体墙的工程量汇总计算。

五、总结拓展

1)软件对内外墙定义的规定

该软件为方便内外墙的区分以及平整场地散水、建筑面积进行外墙外边线的智能布置，需人为进行内外墙的设置。

2)砌体加筋的定义和绘制(在完成门窗洞口、圈梁、构造柱等后进行操作)

(1)分析图纸

分析结施-01(2)结构设计总说明，可知“7.填充墙”中“(3)填充墙与柱和抗震墙及构造柱连接处应设拉结筋，做法见图八”，以及“(7)墙体加筋为Φ26@600，遇到圈梁、框架梁起步为 250 mm,遇到构造柱锚固为 200 mm,遇到门窗洞口退一个保护层(60 mm)加弯折(60 mm),遇到过梁两头也是退一个保护层(60 mm)加弯折(60 mm)”。

(2)砌体加筋的定义

下面以④轴和Ⓑ轴交点处的 L 形砌体墙位置的加筋为例,介绍砌体加筋的定义和绘制。

①在导航树中,选择“墙”→“砌体加筋”,在“新建列表”中,新建砌体加筋。

②根据砌体加筋所在的位置选择参数图形,软件中有 L 形、T 形、十字形和一字形供选择,各自适用于相应形状的砌体相交形式。例如,对于④轴和Ⓑ轴交点处的 L 形砌体墙位置的加筋,选择 L 形的砌体加筋定义和绘制。

a.选择参数化图形:选择“L-5 形”。砌体加筋参数图的选择主要看钢筋的形式,只要选择的钢筋形式与施工图中完全一致即可。

b.参数输入:Ls1 和 Ls2 指两个方向的加筋伸入砌体墙内的长度,输入“700”(图 3.101);b1 指竖向砌体墙的厚度,输入“200”;b2 指横向砌体墙的厚度,输入“200”。单击“确定”按钮,回到属性输入界面,如图 3.122 所示。

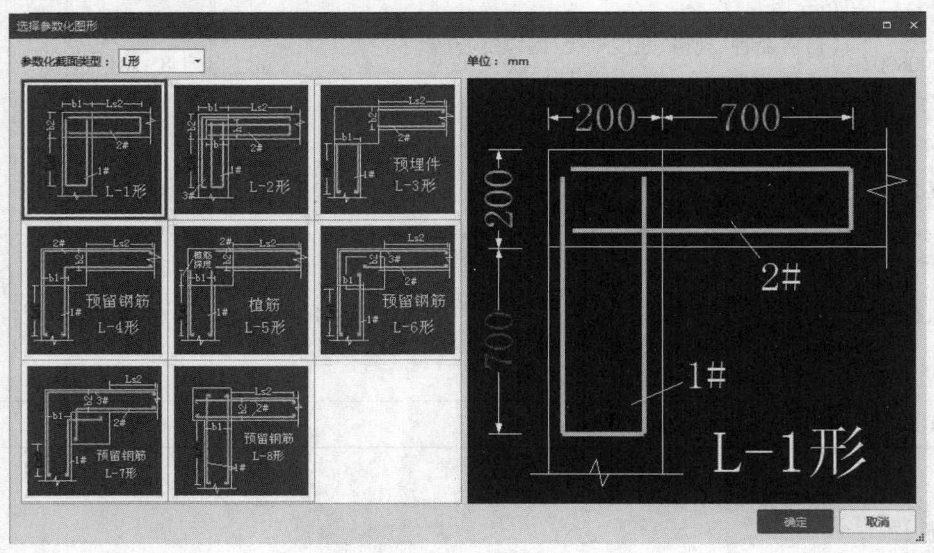

图 3.122

c.根据需要输入名称,按照总说明,每侧钢筋信息为 2 ϕ 6@ 600,1#加筋、2#加筋分别输入“2 ϕ 6@ 600”,如图 3.123 所示。

属性列表 图层管理

	属性名称	属性值	附加
1	名称	LJ-1	
2	砌体加筋形式	L-1形	☐
3	1#加筋	2ϕ6@600	☐
4	2#加筋	2ϕ6@600	☐
5	其他加筋		
6	备注		☐
7	⊟ 钢筋业务属性		
8	其他钢筋		
9	计算设置	按默认计算设置计算	
10	汇总信息	(砌体拉结筋)	☐
11	⊞ 显示样式		

图 3.123

d.结合结施-01(2)中“T.填充墙”中的墙体加筋说明,遇到圈梁、框架梁起步为 2 000 mm,遇到构造柱锚固为 200 mm,加筋伸入构造柱的锚固长度需要在计算设置中设定。因为本工程所有砌体加筋的形式和锚固长度一致,所以可以在“工程设置”选项卡中选择“钢筋设置”→“计算设置”,针对整个工程的砌体加筋进行设置,如图 3.124 所示。

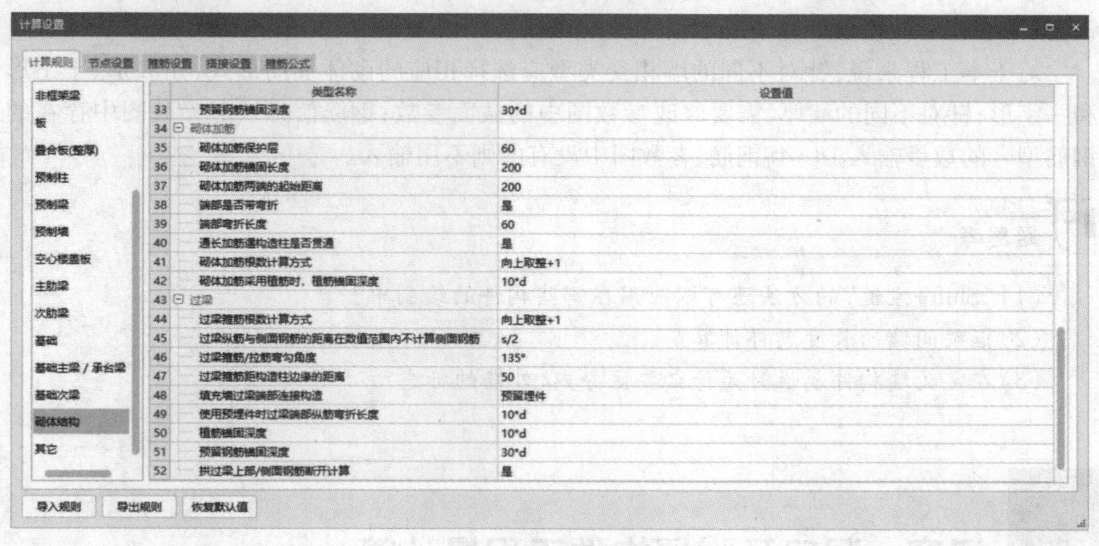

图 3.124

在砌体加筋的钢筋信息和锚固长度设置完毕后,定义构件完成。按照同样的方法可定义其他位置的砌体加筋。

(3)砌体加筋的绘制

绘图界面中,在④轴和Ⓑ轴交点处位置绘制砌体加筋,采用“点”→“旋转点”绘制的方法,选择“旋转点”,然后选择所在位置,再选择水平向原体墙的左侧端点确定方向,则绘制成功,如图 3.125 所示。

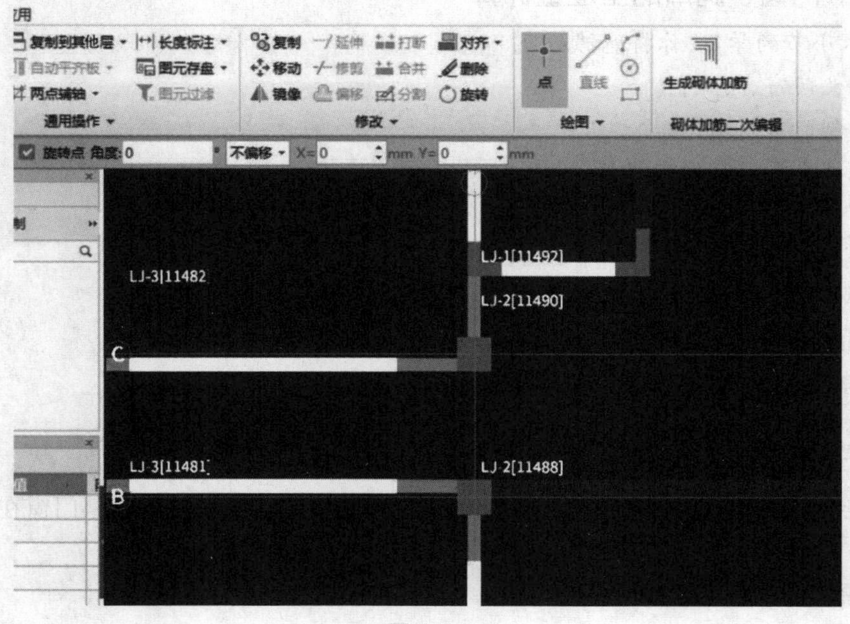

图 3.125

当所绘制的砌体加筋与墙体不对齐时,可采用“对齐”功能将其对应到所在位置。

其他位置加筋的绘制,可根据实际情况选择“点”画法或者“旋转点”画法,也可以使用“生成砌体加筋”。

砌体加筋的绘制流程如下:新建→选择参数图→输入截面参数→输入钢筋信息→计算设置(本工程一次性设置完毕就不用再设)→绘制。

对于本工程来说,针对不同的墙相交类型应选择相应的砌体加筋形式,如 L 形、十字形和一字形;针对不同的墙厚,需要修改参数图中的截面参数;钢筋信息按照参数图中存在的钢筋型号的数量输入 1#~4#钢筋,参数图中没有的则不用输入。

问题思考

(1)“Shift+左键”的方法还可以应用在哪些构件的绘制中?

(2)框架间墙的长度怎样计算?

(3)在定义墙构件属性时为什么要区分内、外墙的标志?

3.6 门窗、洞口及附属构件工程量计算

通过本节的学习,你将能够:

(1)正确计算门窗、洞口的工程量;

(2)正确计算过梁、圈梁及构造柱的工程量。

3.6.1 门窗、洞口的工程量计算

通过本小节的学习,你将能够:

(1)定义门窗、洞口;

(2)绘制门窗图元;

(3)统计本层门窗的工程量。

一、任务说明

①完成首层门窗、洞口的定义、做法套用及图元绘制。

②使用精确和智能布置绘制门窗。

③汇总计算,统计本层门窗的工程量。

二、任务分析

①首层门窗的尺寸种类有多少?影响门窗位置的离地高度如何设置?门窗在墙中是如何定位的?

②门窗的清单与定额如何匹配?

③不精确布置门窗会有可能影响哪些项目的工程量？

三、任务实施

1)分析图纸

分析建施-01、建施-03、建施-09 至建施-10，可以得到门窗的信息，见表 3.26。

表 3.26 门窗表

编码	名称	规格（洞口尺寸）(mm)		数量(樘)						备注
		宽	高	地下1层	1层	2层	3层	4层	总计	
FM甲1021	甲级防火门	1 000	2 100	2					2	甲级防火门
FM乙1121	乙级防火门	1 100	2 100	1	1				2	乙级防火门
M5021	旋转玻璃门	5 000	2 100		1				1	甲方确定
M1021	木质夹板门	1 000	2 100	18	20	20	20	20	98	甲方确定
C0924	塑钢窗	900	2 400		4	4	4	4	16	详见立面
C1524	塑钢窗	1 500	2 400		2	2	2	2	8	详见立面
C1624	塑钢窗	1 600	2 400	2	2	2	2	2	10	详见立面
C1824	塑钢窗	1 800	2 400		2	2	2	2	8	详见立面
C2424	塑钢窗	2 400	2 400		2	2	2	2	8	详见立面
PC1	飘窗(塑钢窗)	见平面	2 400		2	2	2	2	8	详见立面
C5027	塑钢窗	5 000	2 700			1	1	1	3	详见立面

2)门窗清单、定额计算规则学习

(1)清单计算规则学习

门窗清单计算规则见表 3.27。

表 3.27 门窗清单计算规则

编码	项目名称	计量单位	计算规则
010801001	木质门	(1)樘 (2)m^2	(1)以樘计量，按设计图示数量计算 (2)以 m^2 计量，按设计图示洞口尺寸以面积计算
010805002	旋转门	(1)樘 (2)m^2	
010802003	钢质防火门	(1)樘 (2)m^2	
010807001	金属(塑钢、断桥)窗	(1)樘 (2)m^2	

(2)定额计算规则学习

门窗定额计算规则见表 3.28。

表 3.28　门窗定额计算规则

编码	项目名称	单位	计算规则
01-8-1-3	成品套装木门安装 单扇门	m^2	按设计图示洞口尺寸以面积计算
01-8-5-5	全玻璃旋转门 安装	m^2	
01-8-2-9	钢制防火门	m^2	
01-8-8-5	塑钢窗安装 推拉	m^2	

3)构件的属性定义

(1)门的属性定义

在导航树中单击“门窗洞”→“门”。在构件列表中选择“新建”→“新建矩形门”,在属性编辑框中输入相应的属性值。

①洞口宽度、洞口高度:从门窗表中可以直接得到属性值。

②框厚:输入门实际的框厚尺寸,对墙面块料面积的计算有影响,本工程输入为“60”。

③立樘距离:门框中心线与墙中心线的距离,默认为“0”。如果门框中心线在墙中心线左边,该值为负,否则为正。

④框左右扣尺寸、框上下扣尺寸:如果计算规则要求门窗按框外围计算,输入框扣尺寸。

(2)门的属性值及做法套用

门的属性值及做法套用,如图 3.126、图 3.127 所示。

属性列表

	属性名称	属性值	附加
1	名称	FM乙1121	
2	洞口宽度(mm)	1100	☐
3	洞口高度(mm)	2100	☐
4	离地高度(mm)	0	☐
5	框厚(mm)	60	☐
6	立樘距离(mm)	0	☐
7	洞口面积(m²)	2.31	☐
8	框上下扣尺寸(...	0	☐
9	框左右扣尺寸(...	0	☐
10	是否随墙变斜	否	☐
11	备注		☐
12	⊞ 钢筋业务属性		
17	⊞ 土建业务属性		
19	⊞ 显示样式		

图 3.126

添加清单　添加定额　删除　查询　项目特征　fx 换算　做法刷　做法查询　提取做法　当前构件自动套做法

	编码	类别	名称	项目特征	单位	工程量表达式	表达式
1	⊟ 010802003	项	钢质防火门	1.门代号及洞口尺寸:FM乙1121 1100*2100	樘	DKMJ	DKMJ<洞口面积
2	01-8-2-9	定	钢质防火门		m2	DKMJ	DKMJ<洞口面积

图 3.127

(3)窗的属性定义

在导航树中选择“门窗洞”→“窗”,单击“定义”按钮,进入窗的定义界面,在构件列表中选择“新建”→“新建矩形窗”,新建“矩形窗 C0924”,属性定义如图 3.128 所示。

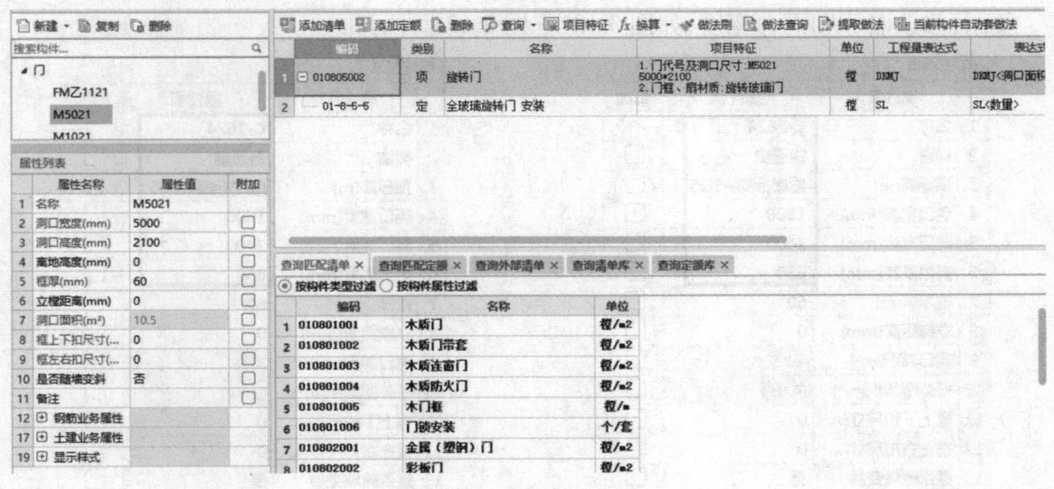

	属性名称	属性值	附加
1	名称	M5021	
2	洞口宽度(mm)	5000	☐
3	洞口高度(mm)	2100	☐
4	离地高度(mm)	0	☐
5	框厚(mm)	60	☐
6	立樘距离(mm)	0	☐
7	洞口面积(m²)	10.5	☐
8	框上下扣尺寸(...	0	☐
9	框左右扣尺寸(...	0	☐
10	是否随墙变斜	否	☐
11	备注		☐
12	⊞ 钢筋业务属性		
17	⊞ 土建业务属性		
19	⊞ 显示样式		

	编码	类别	名称	项目特征	单位	工程量表达式	表达式
1	010805002	项	旋转门	1.门代号及洞口尺寸:M5021 5000*2100 2.门框、扇材质:旋转玻璃门	樘	DKMJ	DKMJ<洞口面积
2	01-8-5-5	定	全玻璃旋转门 安装		樘	SL	SL<数量>

	编码	名称	单位
1	010801001	木质门	樘/m2
2	010801002	木质门带套	樘/m2
3	010801003	木质连窗门	樘/m2
4	010801004	木质防火门	樘/m2
5	010801005	木门框	樘/m
6	010801006	门锁安装	个/套
7	010802001	金属（塑钢）门	樘/m2
8	010802002	彩板门	樘/m2

图 3.128

窗离地高度=50 mm+600 mm=650 mm（相对结构标高-0.050 而言），如图 3.129 所示。

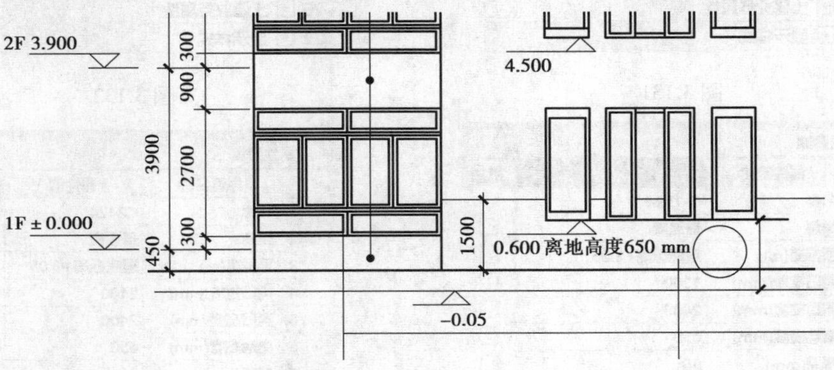

图 3.129

(4)窗的属性值及做法套用

窗的属性值及做法套用如图 3.130 所示。

	属性名称	属性值	附加
1	名称	C0924	
2	类别	普通窗	☐
3	顶标高(m)	层底标高+3.05	☐
4	洞口宽度(mm)	900	☐
5	洞口高度(mm)	2400	☐
6	离地高度(mm)	650	☐
7	框厚(mm)	60	☐
8	立樘距离(mm)	0	☐
9	洞口面积(m²)	2.16	☐
10	框上下扣尺寸(...	0	☐
11	框左右扣尺寸(...	0	☐
12	是否随墙变斜	是	☐
13	备注		☐
14	⊞ 钢筋业务属性		
19	⊞ 土建业务属性		
21	⊞ 显示样式		

	编码	类别	名称	项目特征	单位	工程量表达式	表达式
1	010807001	项	金属（塑钢、断桥）窗	1.窗代号及洞口尺寸: 2.框、扇材质:塑钢窗	m2	DKMJ	DKMJ<洞口面积
2	01-8-6-9	定	塑钢窗安装 推拉		m2	DKMJ	DKMJ<洞口面积
3	010809004	项	石材窗台板	1.材质：大理石窗台板	m2	DKKD*0.2	DKKD<洞口宽度
4	01-8-8-5	定	石材窗台板 水泥砂浆铺贴		m2	DKKD*0.2	DKKD<洞口宽度

	编码	名称	单位
1	010806001	木质窗	樘/m2
2	010806002	木飘（凸）窗	樘/m2
3	010806003	木橱窗	樘/m2
4	010806004	木纱窗	樘/m2
5	010807001	金属（塑钢、断桥）窗	樘/m2
6	010807002	金属防火窗	樘/m2
7	010807003	金属百叶窗	樘/m2
8	010807004	金属纱窗	樘/m2
9	010807005	金属格栅窗	樘/m2

图 3.130

复制:修改名称和洞口宽度,如图 3.131—图 3.134 所示。

属性列表

	属性名称	属性值	附加
1	名称	C-1824	
2	类别	普通窗	☐
3	顶标高(m)	层底标高+3.05	☐
4	洞口宽度(mm)	1800	☐
5	洞口高度(mm)	2400	☐
6	离地高度(mm)	650	☐
7	框厚(mm)	60	☐
8	立樘距离(mm)	0	☐
9	洞口面积(m²)	4.32	☐
10	框外围面积(m²)	(4.32)	☐
11	框上下扣尺寸(...	0	☐
12	框左右扣尺寸(...	0	☐
13	是否随墙变斜	是	☐
14	备注		☐
15	+ 钢筋业务属性		
20	+ 土建业务属性		
22	+ 显示样式		

图 3.131

属性列表

	属性名称	属性值	附加
1	名称	C-1624	
2	类别	普通窗	☐
3	顶标高(m)	层底标高+3.05	☐
4	洞口宽度(mm)	1600	☐
5	洞口高度(mm)	2400	☐
6	离地高度(mm)	650	☐
7	框厚(mm)	60	☐
8	立樘距离(mm)	0	☐
9	洞口面积(m²)	3.84	☐
10	框外围面积(m²)	(3.84)	☐
11	框上下扣尺寸(...	0	☐
12	框左右扣尺寸(...	0	☐
13	是否随墙变斜	是	☐
14	备注		☐
15	+ 钢筋业务属性		
20	+ 土建业务属性		
22	+ 显示样式		

图 3.132

属性列表

	属性名称	属性值	附加
1	名称	C-1524	
2	类别	普通窗	☐
3	顶标高(m)	层底标高+3.05	☐
4	洞口宽度(mm)	1500	☐
5	洞口高度(mm)	2400	☐
6	离地高度(mm)	650	☐
7	框厚(mm)	60	☐
8	立樘距离(mm)	0	☐
9	洞口面积(m²)	3.6	☐
10	框外围面积(m²)	(3.6)	☐
11	框上下扣尺寸(...	0	☐
12	框左右扣尺寸(...	0	☐
13	是否随墙变斜	是	☐
14	备注		☐
15	+ 钢筋业务属性		
20	+ 土建业务属性		
22	+ 显示样式		

图 3.133

属性列表

	属性名称	属性值	附加
1	名称	C2424	
2	类别	普通窗	☐
3	顶标高(m)	层底标高+3.05	☐
4	洞口宽度(mm)	2400	☐
5	洞口高度(mm)	2400	☐
6	离地高度(mm)	650	☐
7	框厚(mm)	60	☐
8	立樘距离(mm)	0	☐
9	洞口面积(m²)	5.76	☐
10	框外围面积(m²)	(5.76)	☐
11	框上下扣尺寸(...	0	☐
12	框左右扣尺寸(...	0	☐
13	是否随墙变斜	是	☐
14	备注	详见立面	☐
15	+ 钢筋业务属性		
20	+ 土建业务属性		
22	+ 显示样式		

图 3.134

4)做法套用

①M1021 做法套用信息如图 3.135 所示。

添加清单 添加定额 删除 查询 项目特征 fx 换算 做法刷 做法查询 提取做法 当前构件自动套做法

	编码	类别	名称	项目特征	单位	工程量表达式	表达式
1	⊟ 010801001	项	木质门	1.门代号及洞口尺寸:M1021 2.门种类:木制夹板门	m2	DKMJ	DKMJ<洞口面积
2	01-8-1-3	定	成品套装木门安装 单扇门		樘	SL	SL<数量>

图 3.135

②M5021 做法套用信息如图 3.136 所示。

添加清单　添加定额　删除　查询　项目特征　*fx* 换算　做法刷　做法查询　提取做法　当前构件自动套做法

	编码	类别	名称	项目特征	单位	工程量表达式	表达式
1	010805002	项	旋转门	1.门代号及洞口尺寸:M5021 5000*2100 2.门框、扇材质:旋转玻璃门	樘	DKMJ	DKMJ<洞口面积
2	01-8-5-5	定	全玻璃旋转门 安装		樘	SL	SL<数量>

图 3.136

③C0924 做法套用信息如图 3.137 所示。

添加清单　添加定额　删除　查询　项目特征　*fx* 换算　做法刷　做法查询　提取做法　当前构件自动套做法

	编码	类别	名称	项目特征	单位	工程量表达式	表达式
1	010807001	项	金属（塑钢、断桥）窗	1.窗代号及洞口尺寸:C0924 2.框、扇材质:塑钢窗	m2	DKMJ	DKMJ<洞口面积
2	01-8-6-9	定	塑钢窗安装 推拉		m2	DKMJ	DKMJ<洞口面积
3	010809004	项	石材窗台板	1.材质：大理石窗台板	m2	DKKD*0.2	DKKD<洞口宽度
4	01-8-8-5	定	石材窗台板 水泥砂浆铺贴		m2	DKKD*0.2	DKKD<洞口宽度

图 3.137

其他几个窗做法套用同 C0924。

5)门窗洞口的画法讲解

门窗洞构件属于墙的附属构件,也就是说门窗洞构件必须绘制在墙上。

(1)点画法

门窗最常用的是“点”绘制。对于计算来说,一段墙扣减门窗洞口面积,只要门窗绘制在墙上即可,一般对于位置要求不用很精确,所以直接采用点绘制即可。在点绘制时,软件默认开启动态输入的数值框,可直接输入一边距墙端头的距离,或通过“Tab”键切换输入框。

(2)精确布置

当门窗紧邻柱等构件布置时,考虑其上过梁与旁边的柱、墙扣减关系,需要对这些门窗精确定位。如一层平面图中的 M1,都是贴着柱边布置的。

(3)绘制门

①智能布置:墙段中点,如图 3.138 所示。

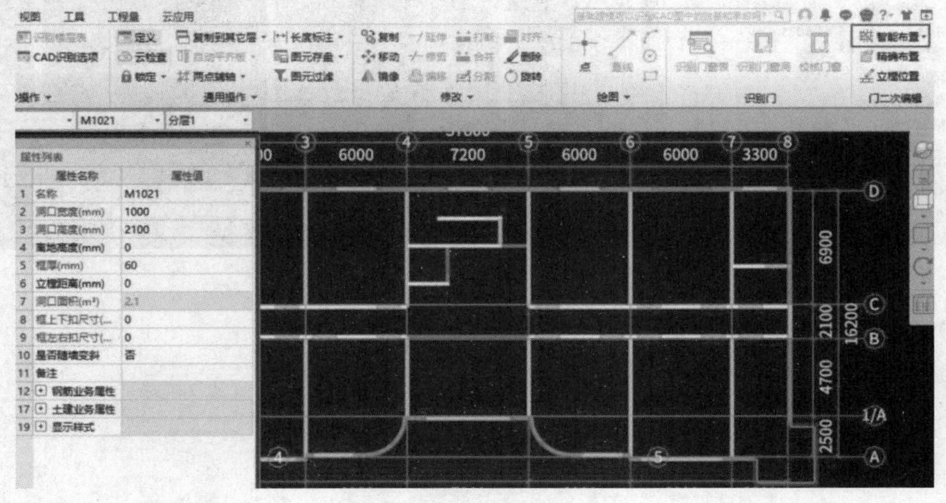

图 3.138

②精确布置:左键选择参考点——输入偏移值:600,如图 3.139 所示。

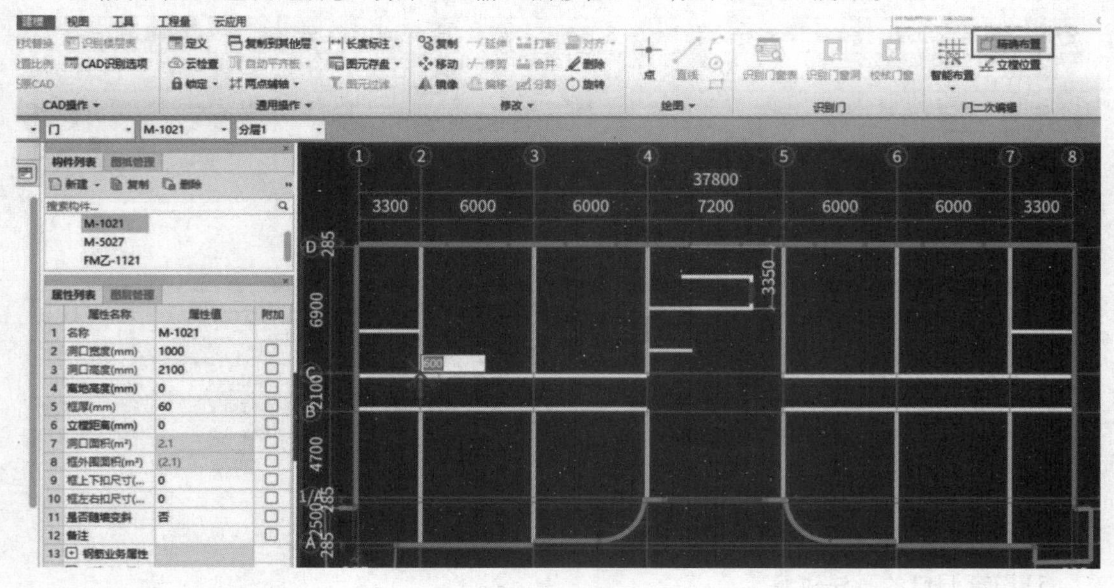

图 3.139

③绘制:"Tab"键交换左右输入框,如图 3.140 所示。

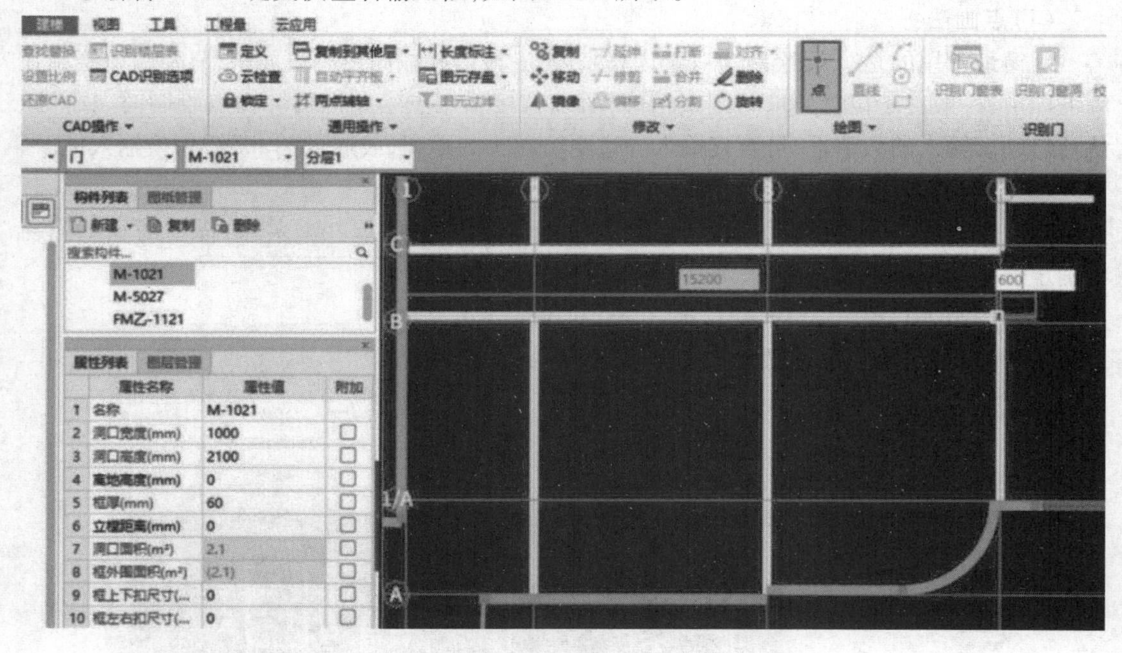

图 3.140

④复制粘贴:如图 3.141 所示。

⑤镜像:如图 3.142 所示。

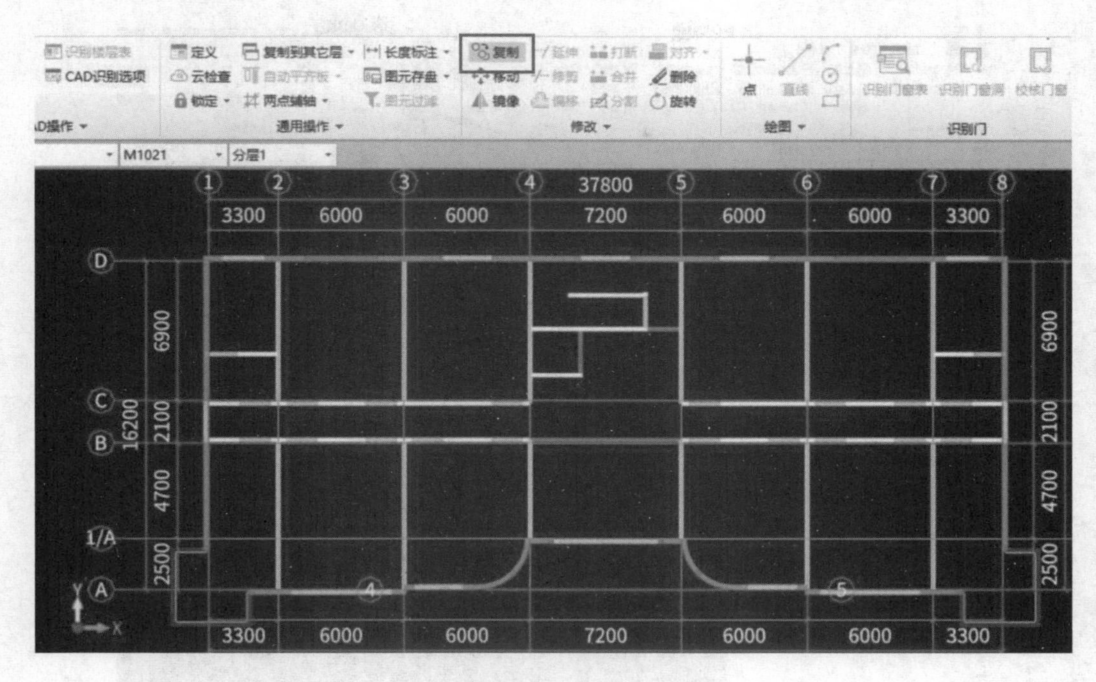

图 3.141

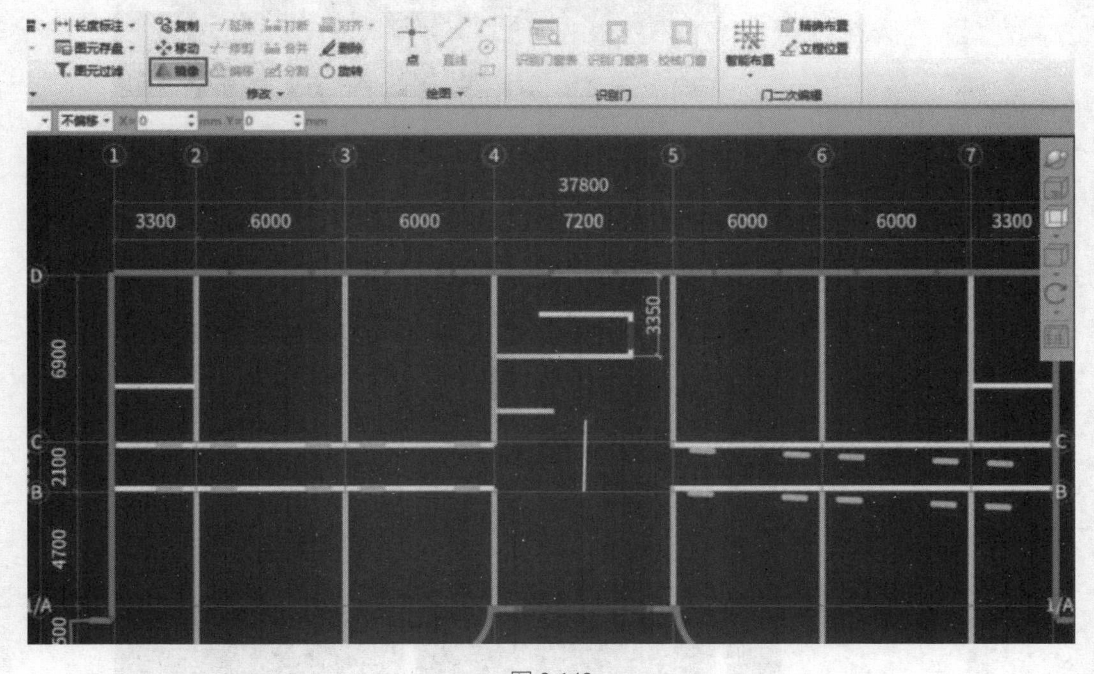

图 3.142

(4)绘制窗

①"点"绘制。若对门窗位置要求不是很精确,可直接采用"点"命令绘制即可。在使用"点"命令绘制时,如图 3.143 所示。

②精确布置:以Ⓐ、②~③轴线的 C-0924 为例,用鼠标左键单击Ⓐ轴线和②轴线交点,输入"850",然后按"Enter"键即可。其他操作方法类似,如图 3.144 所示。

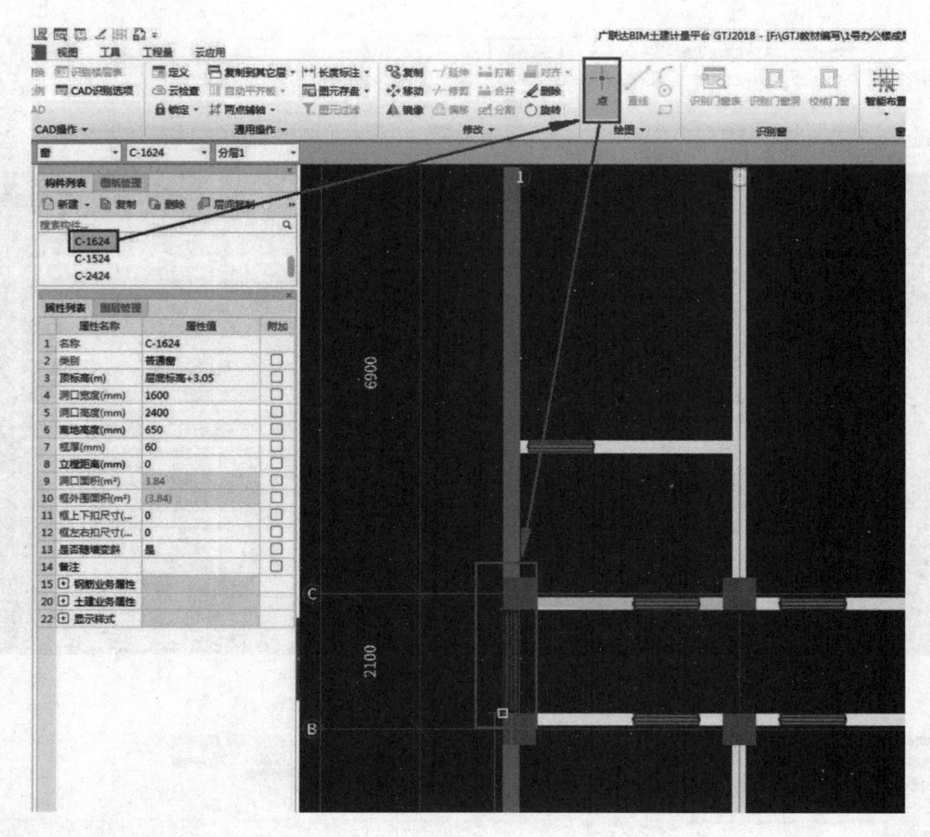

图 3.143

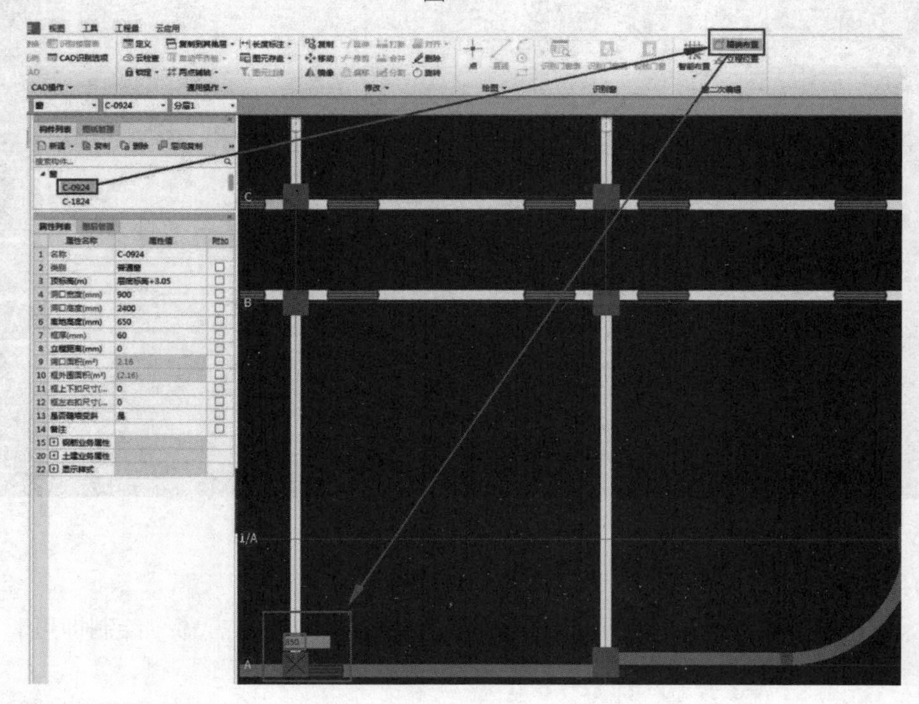

图 3.144

③长度标注:可利用"长度标注"命令,检查门窗布置的位置是否正确,如图 3.145 所示。

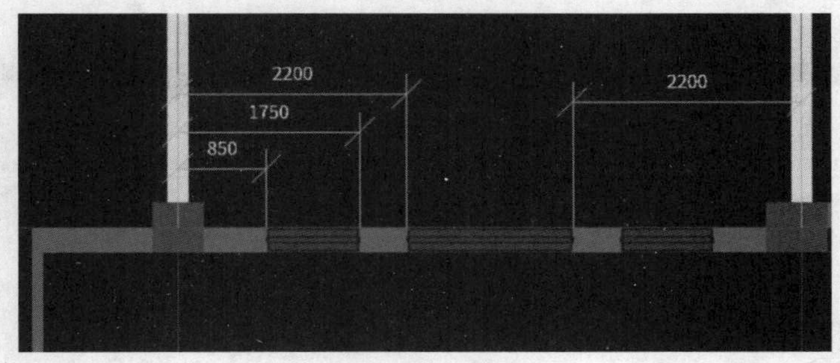

图 3.145

④镜像:可利用"镜像"命令,快速完成建模,如图 3.146 所示。

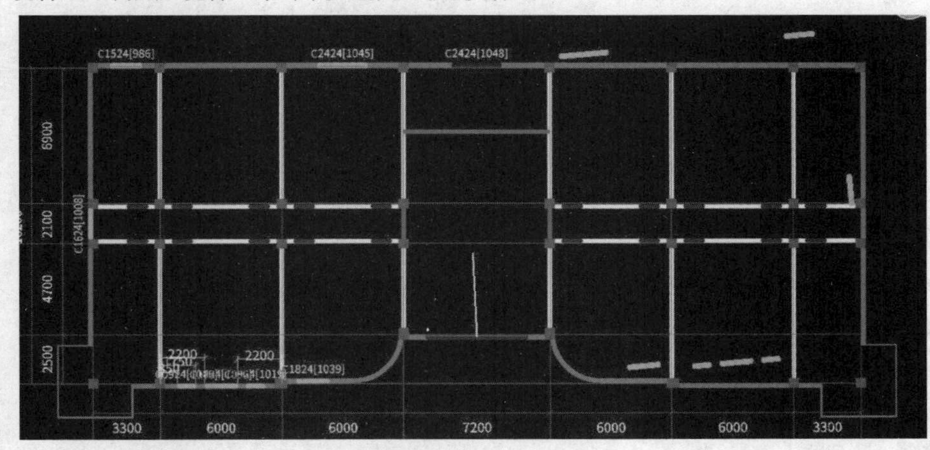

图 3.146

6)阳台处转角窗的定义和绘制

①识图:根据建施-04 和建施-12 中的①号大样图,可以查看阳台转角窗的位置及标高等信息。如顶标高:3.00 m,底标高:0.300 m,如图 3.147 所示。

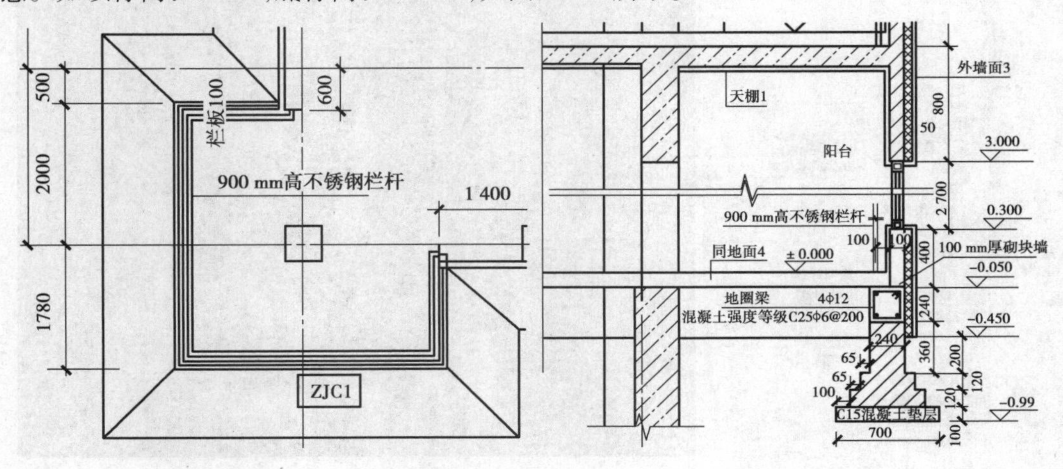

图 3.147

②转角窗的属性定义及做法套用,如图 3.148 所示(在软件中需要考虑建筑与结构标高相差 0.050)。

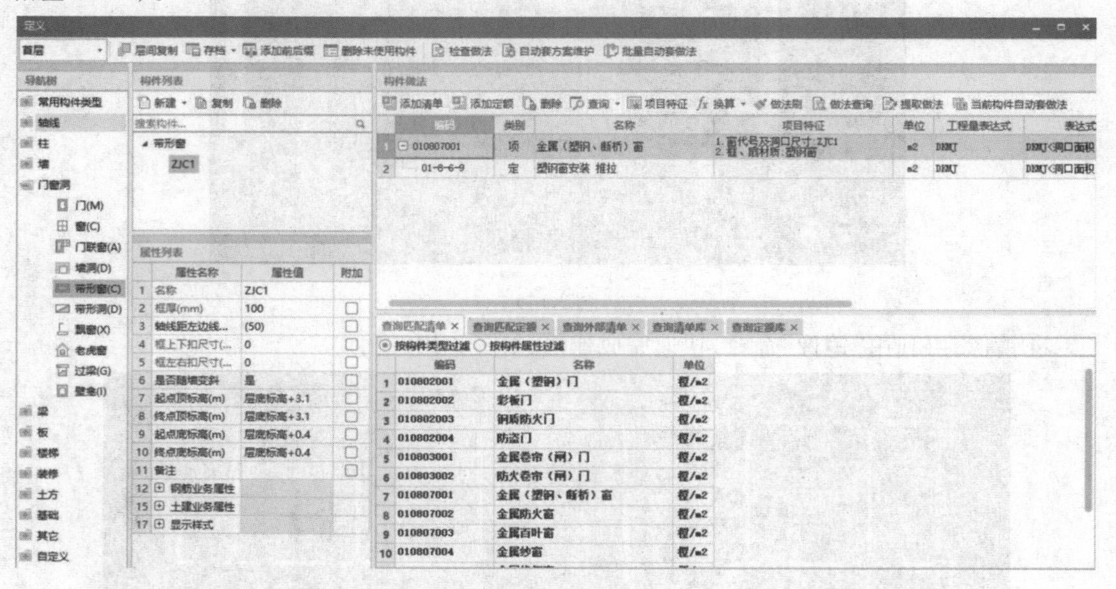

图 3.148

③绘图。选择"智能布置"→"墙",拉框选择转角窗下的墙体,如图 3.149 所示。

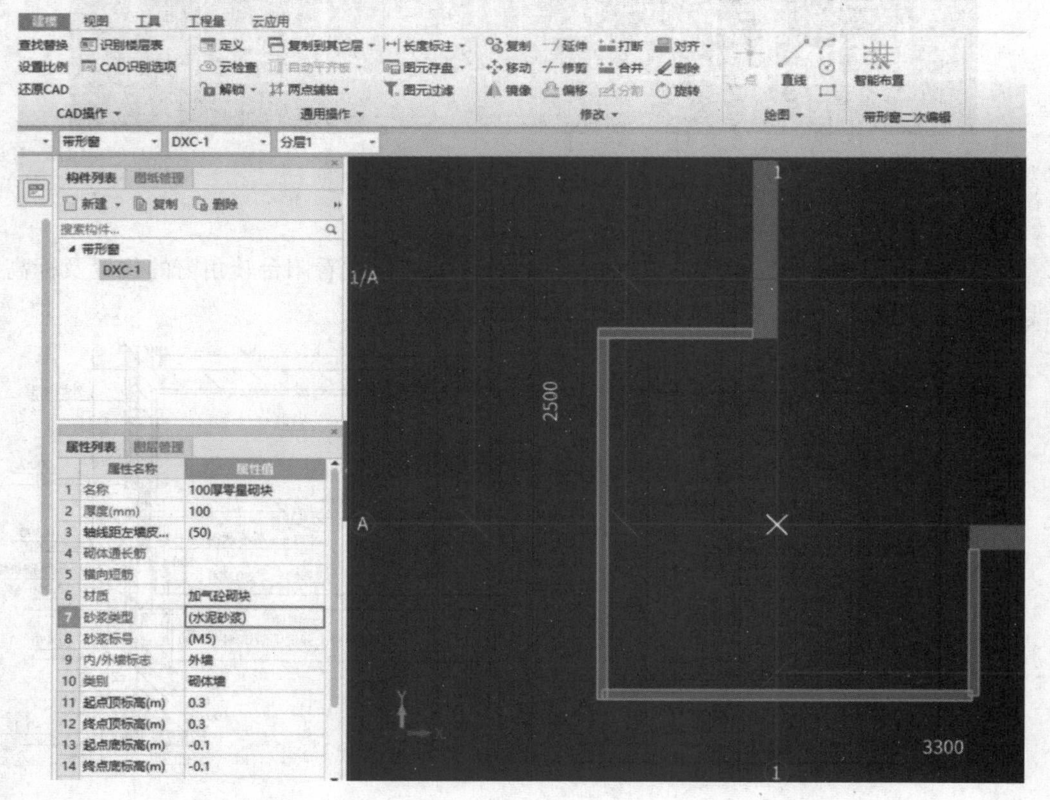

图 3.149

7）飘窗的定义和绘制

①识图。通过建施-04 和建施-12 中的②号大样图，可以查看飘窗的位置及标高等信息，如图 3.150 所示。钢筋信息见结施-10 中 1—1 详图，如图 3.151 所示。

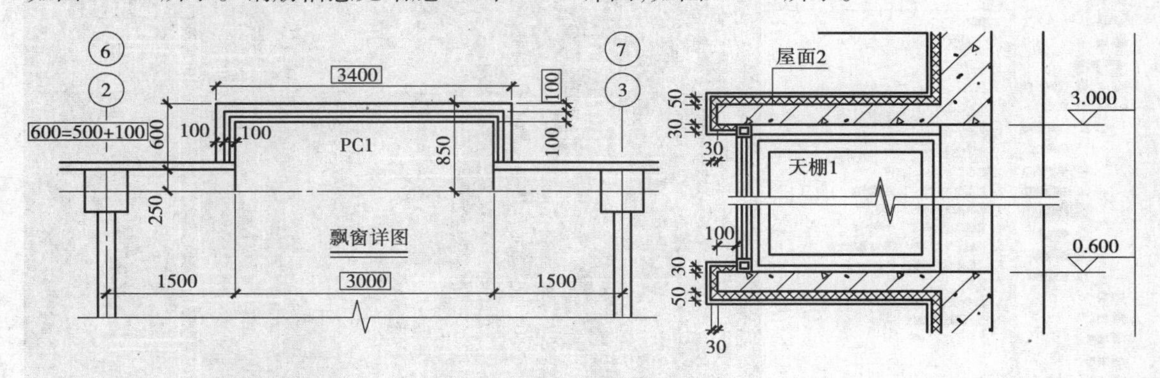

图 3.150

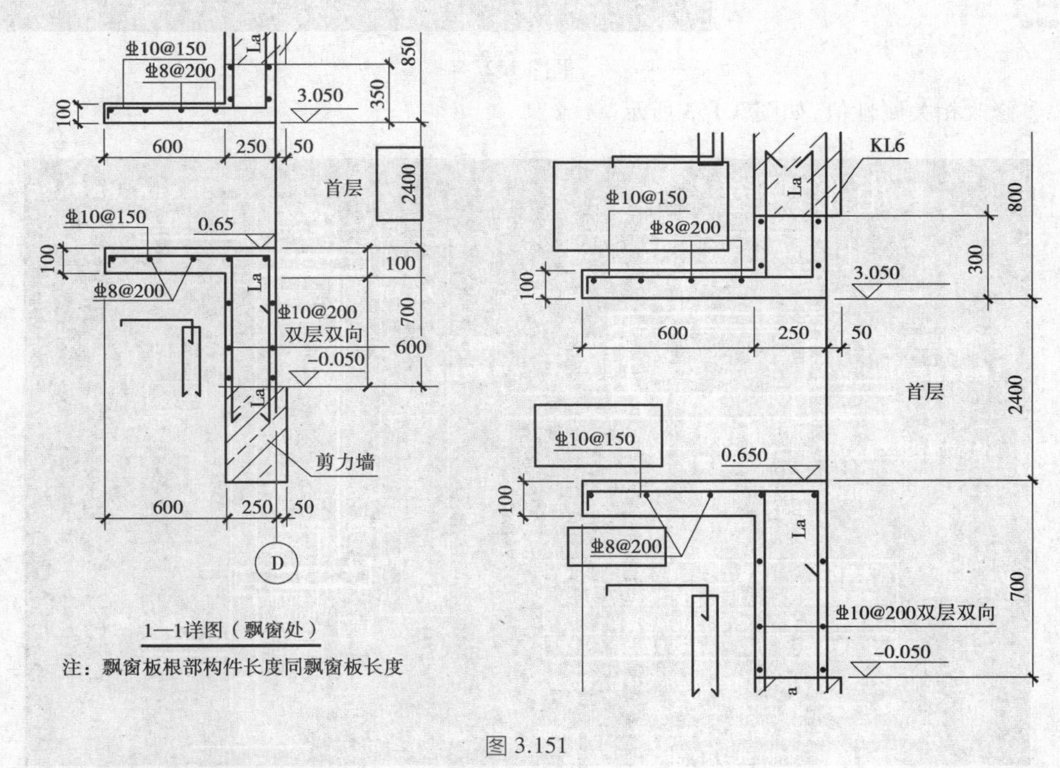

图 3.151

②定义飘窗，如图 3.152 所示。

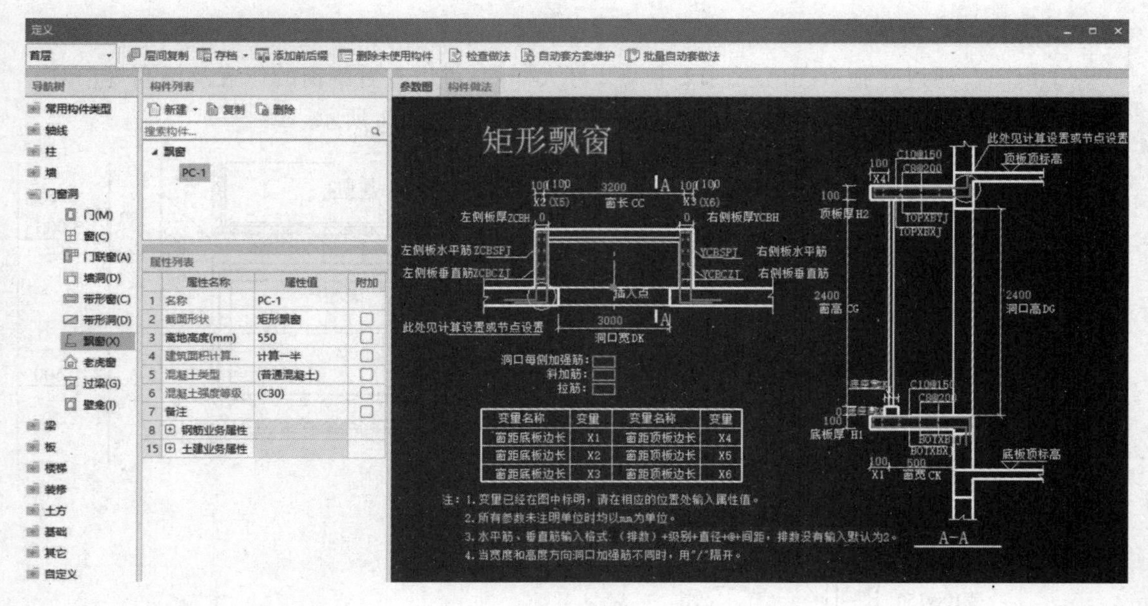

图 3.152

修改相关属性值,如图 3.153 所示。

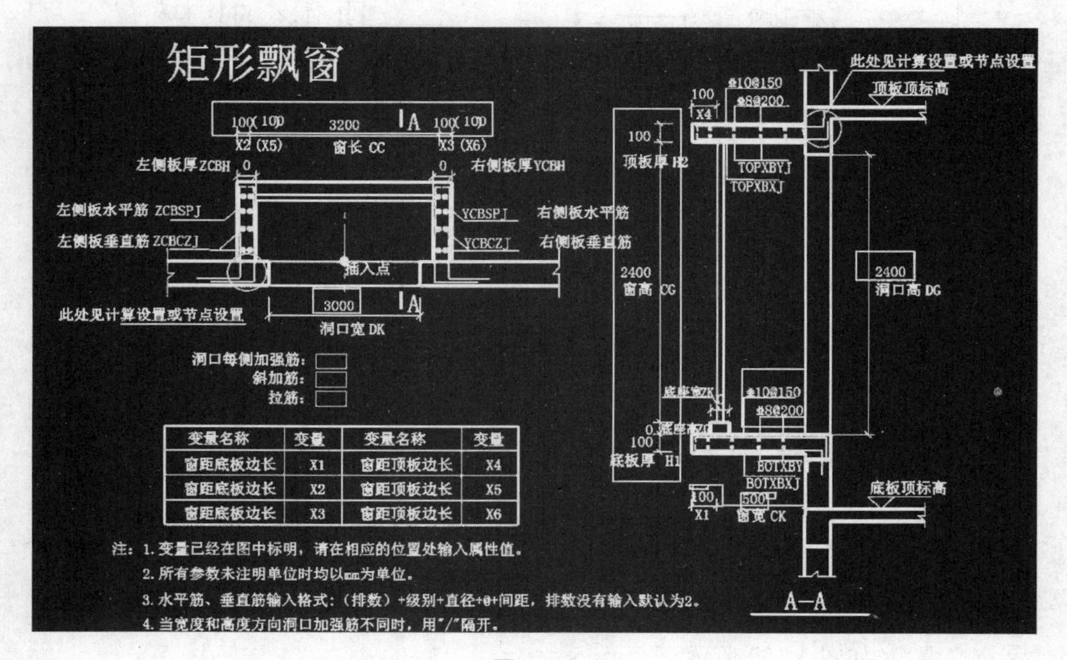

图 3.153

③做法套用如图 3.154 所示。

添加清单 添加定额 删除 查询 项目特征 换算 做法刷 做法查询 提取做法 当前构件自动套做法

	编码	类别	名称	项目特征	单位	工程量表达式	表达式说明	单价	综合单价	措施项目	专业
1	010807007	项	金属（塑钢、断桥）飘(凸)窗	1.窗代号:PC-1 2.框、扇材质:塑钢窗	m2	DKMJ	DKMJ<洞口面积>			☐	房屋建筑与装饰工程
2	01-6-6-9	定	塑钢窗安装 推拉		m2	DKMJ	DKMJ<洞口面积>	0		☐	土
3	011407002	项	天棚喷刷涂料	天棚1：涂料天棚 1.喷水性耐擦洗涂料 2.3厚1：3水泥砂浆打底扫毛或划出纹道 3.5厚1：2.5水泥砂浆找平 4.素水泥浆一道甩毛(内掺建筑胶)	m2	CNDGBDMZHXMJ	CNDGBDMZHXMJ<窗内顶板底面装修面积>			☐	房屋建筑与装饰工程
4	01-14-6-2	定	换算一仿瓷涂料天棚面 三遍		m2	CNDGBDMZHXMJ	CNDGBDMZHXMJ<窗内顶板底面装修面积>	0		☐	土
5	01-13-1-2	定	混凝土天棚 拉毛		m2	CNDGBDMZHXMJ	CNDGBDMZHXMJ<窗内顶板底面装修面积>	0		☐	土
6	01-13-1-7	定	混凝土天棚 界面砂浆		m2	CNDGBDMZHXMJ	CNDGBDMZHXMJ<窗内顶板底面装修面积>	0		☐	土
7	011407001	项	涂料墙面（飘窗底面）	外墙3：涂料墙面 1.喷HJ80-1型无机建筑涂料 2.20厚1:3水泥砂浆找平	m2	DDBCMMJ+DDBDMMJ	DDBCMMJ<底板侧面面积>+DDBDMMJ<底板底面面积>			☐	房屋建筑与装饰工程
8	01-12-1-5	定	墙面找平层 15mm厚		m2	DDBCMMJ+DDBDMMJ	DDBCMMJ<底板侧面面积>+DDBDMMJ<底板底面面积>	0		☐	土
9	01-14-6-4	定	外墙丙烯酸酯涂料 墙面 两遍		m2	DDBCMMJ+DDBDMMJ	DDBCMMJ<底板侧面面积>+DDBDMMJ<底板底面面积>	0		☐	土
10	01-12-1-6	定	墙面找平层 每增减5mm		m2	DDBCMMJ+DDBDMMJ	DDBCMMJ<底板侧面面积>+DDBDMMJ<底板底面面积>	0		☐	土
11	011001003	项	保温隔热墙面（飘窗底面）	1、50厚聚苯板保温层	m2	DDBCMMJ+DDBDMMJ	DDBCMMJ<底板侧面面积>+DDBDMMJ<底板底面面积>			☐	房屋建筑与装饰工程
12	01-10-1-18	定	换算（50厚聚苯板保温层）墙面保温 水泥珍珠岩板墙 附墙铺贴 50mm厚		m2	DDBCMMJ+DDBDMMJ	DDBCMMJ<底板侧面面积>+DDBDMMJ<底板底面面积>	0		☐	土
13	011407001	项	涂料墙面（飘窗四面侧面）	外墙涂料 1.喷HJ80-1型无机建筑涂料 2.20厚防水砂浆	m2	CWDDBDMZHXMJ+CWDGBDMZHXMJ+CWCBZHXMJ	CWDDBDMZHXMJ<窗外底板顶面装修面积>+CWDGBDMZHXMJ<窗外顶板底面装修面积>+CWCBZHXMJ<窗外侧板装修面积>			☐	房屋建筑与装饰工程
14	01-14-6-4	定	外墙丙烯酸酯涂料 墙面 两遍		m2	CWDDBDMZHXMJ+CWDGBDMZHXMJ+CWCBZHXMJ	CWDDBDMZHXMJ<窗外底板顶面装修面积>+CWDGBDMZHXMJ<窗外顶板底面装修面积>+CWCBZHXMJ<窗外侧板装修面积>	0		☐	土
15	01-9-3-11	定	墙面防水、防潮 防水砂浆		m2	CWDDBDMZHXMJ+CWDGBDMZHXMJ+CWCBZHXMJ	CWDDBDMZHXMJ<窗外底板顶面装修面积>+CWDGBDMZHXMJ<窗外顶板底面装修面积>+CWCBZHXMJ<窗外侧板装修面积>	0		☐	土
16	011001003	项	保温隔热墙面（飘窗四面侧面）	1、30厚聚苯板保温层	m2	DDBCMMJ+DDBDMMJ	DDBCMMJ<底板侧面面积>+DDBDMMJ<底板底面面积>			☐	房屋建筑与装饰工程
17	01-10-1-18	定	换算（50厚聚苯板保温层）墙面保温 水泥珍珠岩板墙 附墙铺贴 50mm厚		m2	DDBCMMJ+DDBDMMJ	DDBCMMJ<底板侧面面积>+DDBDMMJ<底板底面面积>	0		☐	土

18	01-10-1-19	定	换算（50厚聚苯板保温层）墙面保温墙面保温水泥珍珠岩板墙附墙铺贴 每增减10mm		m2	-DDBCMMJ-DDBDMMJ	-DDBCMMJ<底板侧面面积>-DDBDMMJ<底板底面面积>	0		☐	土
19	01-10-1-19	定	换算（50厚聚苯板保温层）墙面保温墙面保温水泥珍珠岩板墙附墙铺贴 每增减10mm		m2	-DDBCMMJ-DDBDMMJ	-DDBCMMJ<底板侧面面积>-DDBDMMJ<底板底面面积>	0		☐	土
20	⊟ 010902001	项	屋面卷材防水（飘窗顶板上面）	屋面1 1、满土银粉保护剂 2、防水层SBS 3、20厚防水砂浆	m2	DGBCMMJ+DGBDMMJ	DGBCMMJ<顶板侧面面积>+DGBDMMJ<顶板顶面面积>			☐	房屋建筑与装饰工程
21	01-9-3-11	定	墙面防水、防潮 防水砂浆		m2	DGBCMMJ+DGBDMMJ	DGBCMMJ<顶板侧面面积>+DGBDMMJ<顶板顶面面积>	0		☐	土
22	01-9-2-3	定	屋面防水 改性沥青卷材 冷粘		m2	DGBCMMJ+DGBDMMJ	DGBCMMJ<顶板侧面面积>+DGBDMMJ<顶板顶面面积>	0		☐	土
23	01-11-1-19	定	换算（满土银粉保护剂）楼地面刷素水泥浆		m2	DGBCMMJ+DGBDMMJ	DGBCMMJ<顶板侧面面积>+DGBDMMJ<顶板顶面面积>	0		☐	土
24	⊟ 010505003	项	平板	1.混凝土种类:预拌混凝土 2.混凝土强度等级:C30	m3	TTJ	TTJ<砼体积>			☐	房屋建筑与装饰工程
25	01-5-5-3	定	预拌混凝土(泵送）平板、弧形板		m3	TTJ	TTJ<砼体积>	0		☐	土
26	⊟ 011702016	借项	平板模板		m2	MBMJ	MBMJ<模板面积>			☑	13措施项目
27	01-17-2-77	定	复合模板 拱形板		m2	MBMJ	MBMJ<模板面积>	0		☑	土
28	⊟ 011001001	项	保温隔热屋面（飘窗顶面）	1、50厚聚苯板保温层	m2	DGBCMMJ+DGBDMMJ	DGBCMMJ<顶板侧面面积>+DGBDMMJ<顶板顶面面积>			☐	房屋建筑与装饰工程
29	01-10-1-9	定	换算（50厚聚苯板保温层）屋面保温 泡沫玻璃板 30mm厚		m2	DGBCMMJ+DGBDMMJ	DGBCMMJ<顶板侧面面积>+DGBDMMJ<顶板顶面面积>	0		☐	土
30	01-10-1-10	定	换算（50厚聚苯板保温）屋面保温 泡沫玻璃板 每增减10mm		m2	DGBCMMJ+DGBDMMJ	DGBCMMJ<顶板侧面面积>+DGBDMMJ<顶板顶面面积>	0		☐	土
31	01-10-1-10	定	换算（50厚聚苯板保温）屋面保温 泡沫玻璃板 每增减10mm		m2	DGBCMMJ+DGBDMMJ	DGBCMMJ<顶板侧面面积>+DGBDMMJ<顶板顶面面积>	0		☐	土

图 3.154

④绘图。采用精确布置方法,如图 3.155 所示。

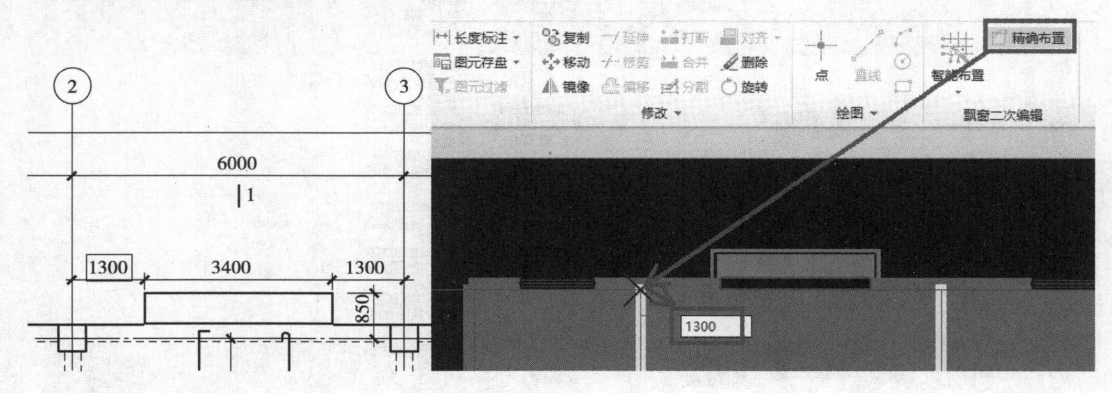

图 3.155

建施-04 中右侧飘窗操作方法相同,也可使用镜像功能完成绘制。

四、任务结果

汇总计算,首层门窗清单定额工程量,见表3.29。

表3.29 门窗清单定额工程量

<table>
<tr><th rowspan="2">编码</th><th rowspan="2">项目名称</th><th rowspan="2">单位</th><th colspan="2">工程量明细</th></tr>
<tr><th>绘图输入</th><th>表格输入</th></tr>
<tr><td>010801001001</td><td>木质门
(1)门代号及洞口尺寸:M1021
(2)门框或扇外围尺寸:1 000 mm×2 100 mm
(3)门框、扇材质:木质夹板门</td><td>m^2</td><td>42</td><td></td></tr>
<tr><td>01-8-1-3</td><td>成品套装木门安装 单扇门</td><td>樘</td><td>20</td><td></td></tr>
<tr><td>010802003001</td><td>钢制防火门
(1)门代号及洞口尺寸:FM乙1121
(2)门框或扇外围尺寸:1 100 mm×2 100 mm
(3)门框、扇材质:钢制防火门</td><td>m^2</td><td>2.31</td><td></td></tr>
<tr><td>01-8-2-9</td><td>钢制防火门</td><td>m^2</td><td>2.31</td><td></td></tr>
<tr><td>010805002001</td><td>旋转门
(1)门代号及洞口尺寸:M5021
(2)门框或扇外围尺寸:5 000 mm×2 100 mm
(3)门框、扇材质:全玻璃转门</td><td>m^2</td><td>10.5</td><td></td></tr>
<tr><td>01-8-5-5</td><td>全玻璃旋转门安装</td><td>樘</td><td>1</td><td></td></tr>
<tr><td>010807001001</td><td>金属(塑钢、断桥)窗
(1)窗代号及洞口尺寸:C0924
(2)门框或扇外围尺寸:900 mm×2 400 mm
(3)门框、扇材质:塑钢</td><td>m^2</td><td>58.08</td><td></td></tr>
<tr><td>01-8-6-9</td><td>塑钢窗安装 推拉</td><td>m^2</td><td>58.08</td><td></td></tr>
</table>

问题思考

在什么情况下需要对门、窗进行精确定位?

3.6.2 过梁、圈梁、构造柱的工程量计算

通过本小节的学习,你将能够:

(1)依据定额和清单分析过梁、圈梁、构造柱的工程量计算规则;

(2)定义过梁、圈梁、构造柱;

(3)绘制过梁、圈梁、构造柱;

(4)统计本层过梁、圈梁、构造柱的工程量。

一、任务说明

①完成首层过梁、圈梁、构造柱的定义、做法套用、图元绘制。

②汇总计算,统计首层过梁、圈梁、构造柱的工程量。

二、任务分析

①首层过梁、圈梁、构造柱的尺寸种类分别有多少?分别能够从哪个图中什么位置找到?

②过梁伸入墙长度如何计算?

③如何快速使用智能布置及自动生成过梁、构造柱?

三、任务实施

1)分析图纸

(1)圈梁

分析结施-01(2)可知,所有外墙窗下标高处增加钢筋混凝土现浇带,截面尺寸为墙厚×180 mm。

(2)过梁

分析结施-01(2)可知,过梁及尺寸配筋表,如图 3.156 所示。

过梁尺寸及配筋表

门窗洞口宽度	≤1200		>1200且≤2400		>2400且≤4000		>4000且≤5000	
断面 b×h	b×120		b×180		b×300		b×400	
配筋 / 墙厚	①	②	①	②	①	②	①	②
b≤90	2Φ10	2Φ14	2Φ12	2Φ16	2Φ14	2Φ18	2Φ16	2Φ20
90<b<240	2Φ10	3Φ12	2Φ12	3Φ14	2Φ14	3Φ16	2Φ16	3Φ20
b≥240	2Φ10	4Φ12	2Φ12	4Φ14	2Φ14	4Φ16	2Φ16	4Φ20

图 3.156

(3)构造柱

结施-01(2)中构造柱的尺寸、钢筋信息及布置位置,如图 3.157 所示。

(4)构造柱的设置:本图构造柱的位置设置见图9,构造柱的尺寸和配筋见图10。
构造柱上、下端框架梁处500 mm高度范围内,箍筋间距加密到@100。
构造柱与楼面相交处在施工楼面时应留出相应插筋,见图11。

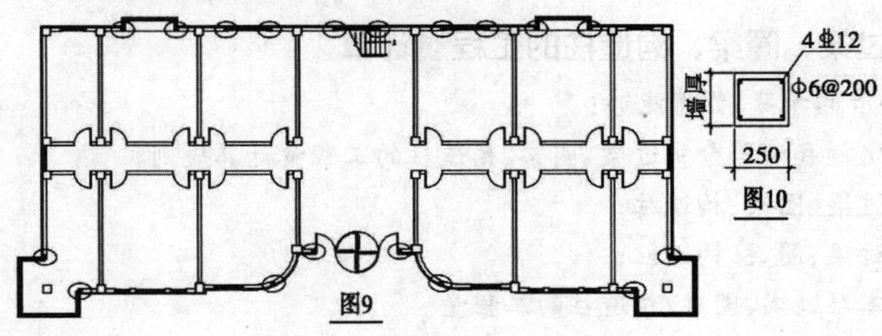

图 3.157

2)清单、定额计算规则学习

(1)清单计算规则学习

过梁、圈梁、构造柱清单计算规则见表3.30。

表3.30 过梁、圈梁、构造柱清单计算规则

编码	项目名称	单位	计算规则
010503005	过梁	m^3	按设计图示尺寸以体积计算。伸入墙内的梁头、梁垫并入梁体积内
011702009	过梁模板	m^2	按模板与现浇混凝土构件的接触面积计算
010503004	圈梁	m^3	按设计图示尺寸以体积计算。伸入墙内的梁头、梁垫并入梁体积内
011702008	圈梁模板	m^2	按模板与现浇混凝土构件的接触面积计算
010502002	构造柱	m^3	按设计图示尺寸以体积计算。柱高:构造柱按全高计算,嵌接墙体部分(马牙槎)并入柱身体积
011702003	构造柱 模板	m^2	按模板与现浇混凝土构件的接触面积计算
010507005	压顶	(1)m (2)m^3	(1)以m计量,按设计图示的中心线延长米计算 (2)以m^3计量,按设计图示尺寸以体积计算
011702025	其他现浇构件 模板	m^2	按模板与现浇混凝土构件的接触面积计算

(2)定额计算规则学习

过梁、圈梁、构造柱定额计算规则见表3.31。

表3.31 过梁、圈梁、构造柱定额计算规则

编号	项目名称	单位	计算规则
01-5-3-4	圈梁 预拌混凝土(泵送)	m^3	按设计图示尺寸以体积计算,圈梁的长度,外墙按中心线长度计算,内墙按净长线计算
01-17-2-64	圈梁 复合模板	m^2	按与混凝土接触的展开面积计算
01-5-3-5	过梁 预拌混凝土(泵送)	m^3	按设计图示尺寸以体积计算,圈梁与过梁连接时,过梁长度按门、窗洞口宽度两端共加500 mm计算
01-17-2-65	过梁 复合模板	m^2	按与混凝土接触的展开面积计算
01-5-2-2	构造柱 预拌混凝土(泵送)	m^3	按设计图示尺寸以体积计算。构造柱按净高计算,嵌接墙体部分(马牙槎)的体积并入柱身工程量内
01-17-2-55	构造柱 复合模板	m^2	按与混凝土接触的展开面积计算
01-5-7-13	零星构件 商品混凝土	m^3	按设计图示尺寸以体积计算
01-17-2-94	零星构件 复合模板	m^2	按与混凝土接触的展开面积计算

3)定义、构件做法

①圈梁属性定义及做法套用如图 3.158 所示。

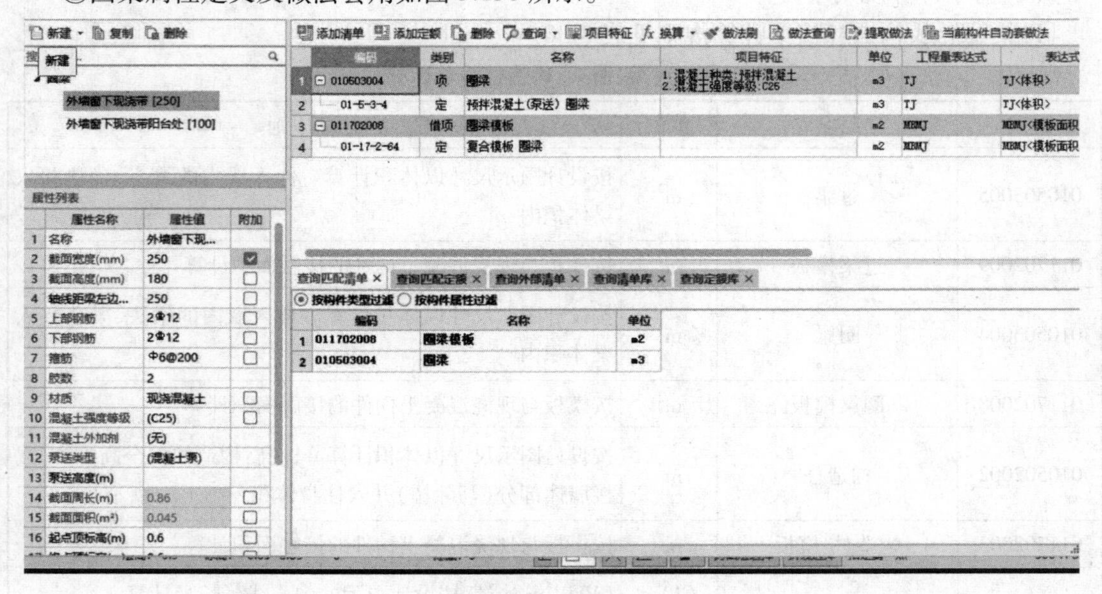

图 3.158

②过梁属性定义及做法套用。

分析首层外墙厚为 250 mm,内墙为 200 mm。分析建施-01 门窗表中门的门宽度为 5 000 mm、1 100 mm 和 1 000 mm。窗宽度为 900,1 500,1 600,1 800,2 400 mm,则可依据门窗宽度新建过梁信息,如图 3.159—图 3.162 所示。

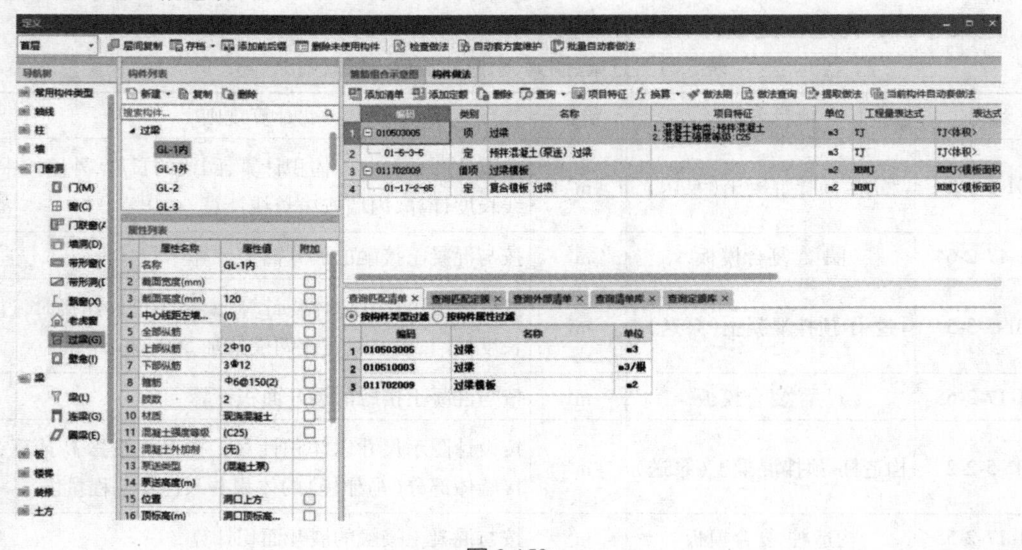

图 3.159

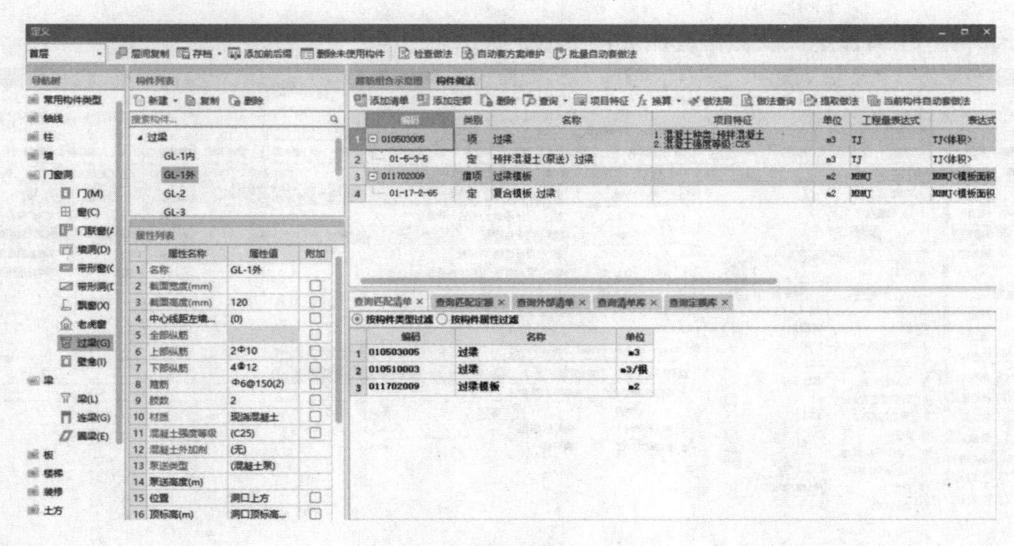

图 3.160

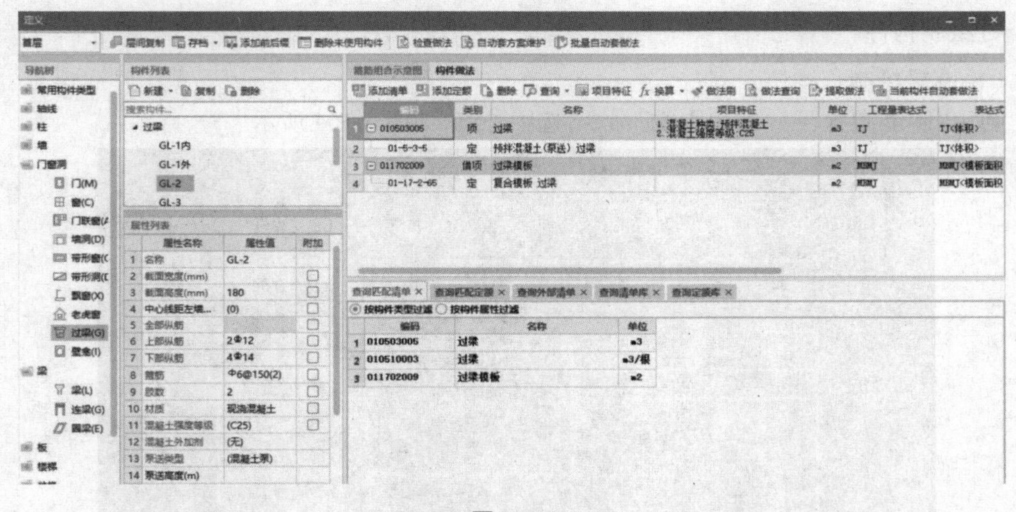

图 3.161

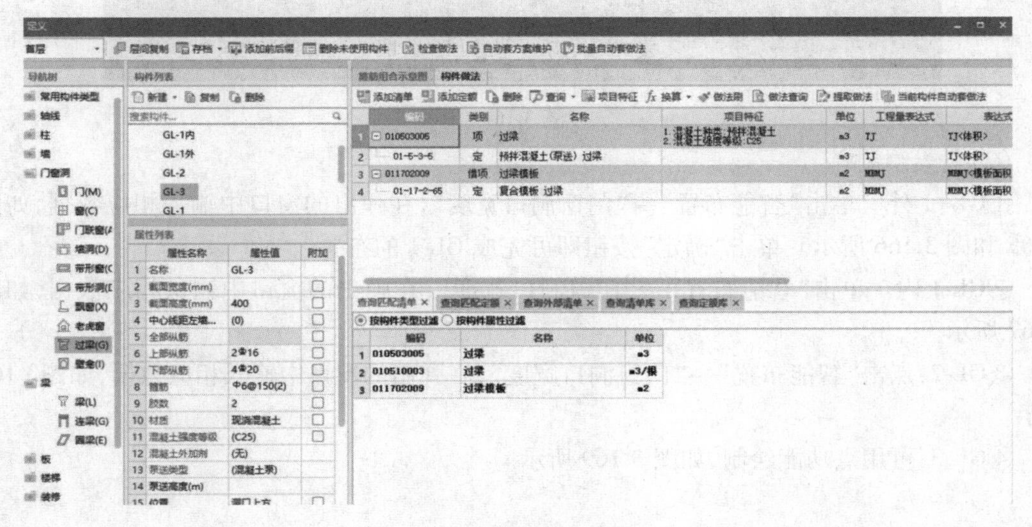

图 3.162

③构造柱属性定义及做法套用如图 3.163 所示。

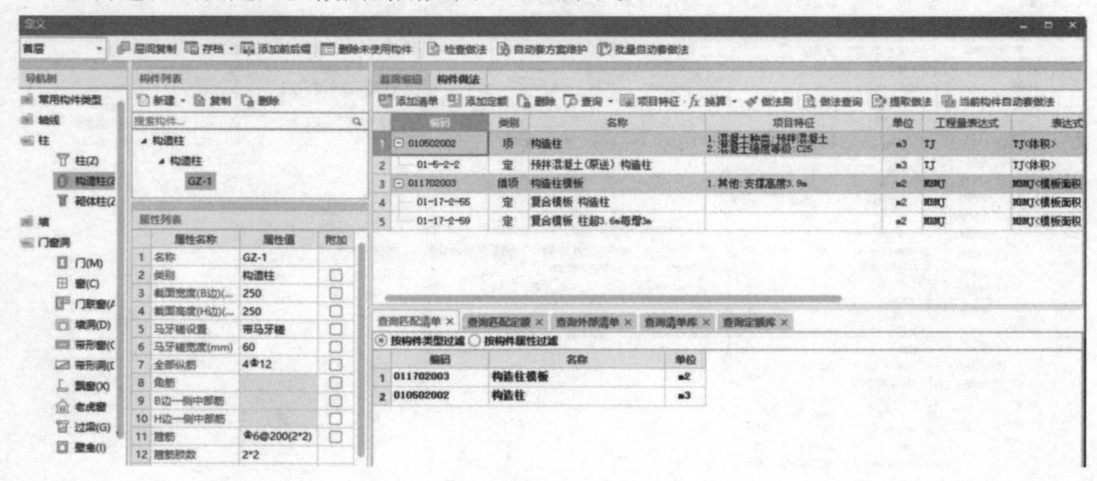

图 3.163

4)绘制构件

(1)圈梁绘制

利用“智能布置”→“墙中心线”命令,选中外墙,如图 3.164 所示。

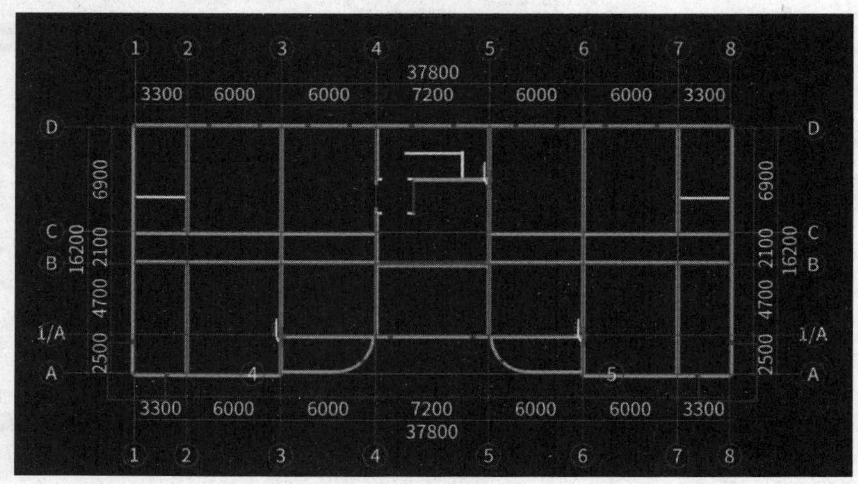

图 3.164

(2)过梁绘制

①GL-1 外。单击“智能布置”→“门窗洞口宽度”,在弹出的窗口中输入相应数据,如图 3.165 和图 3.166 所示。单击“确定”按钮即可完成 GL-1 的布置。

②GL-1 内。单击“智能布置”→“门窗洞口宽度”,在弹出的窗口中输入相应数据,如图 3.167 所示。

③GL-2:点击“智能布置”→“门窗洞口宽度”,在弹出的窗口中输入相应数据,如图3.168 所示。

④GL-3:可用点功能绘制,如图 3.169 所示。

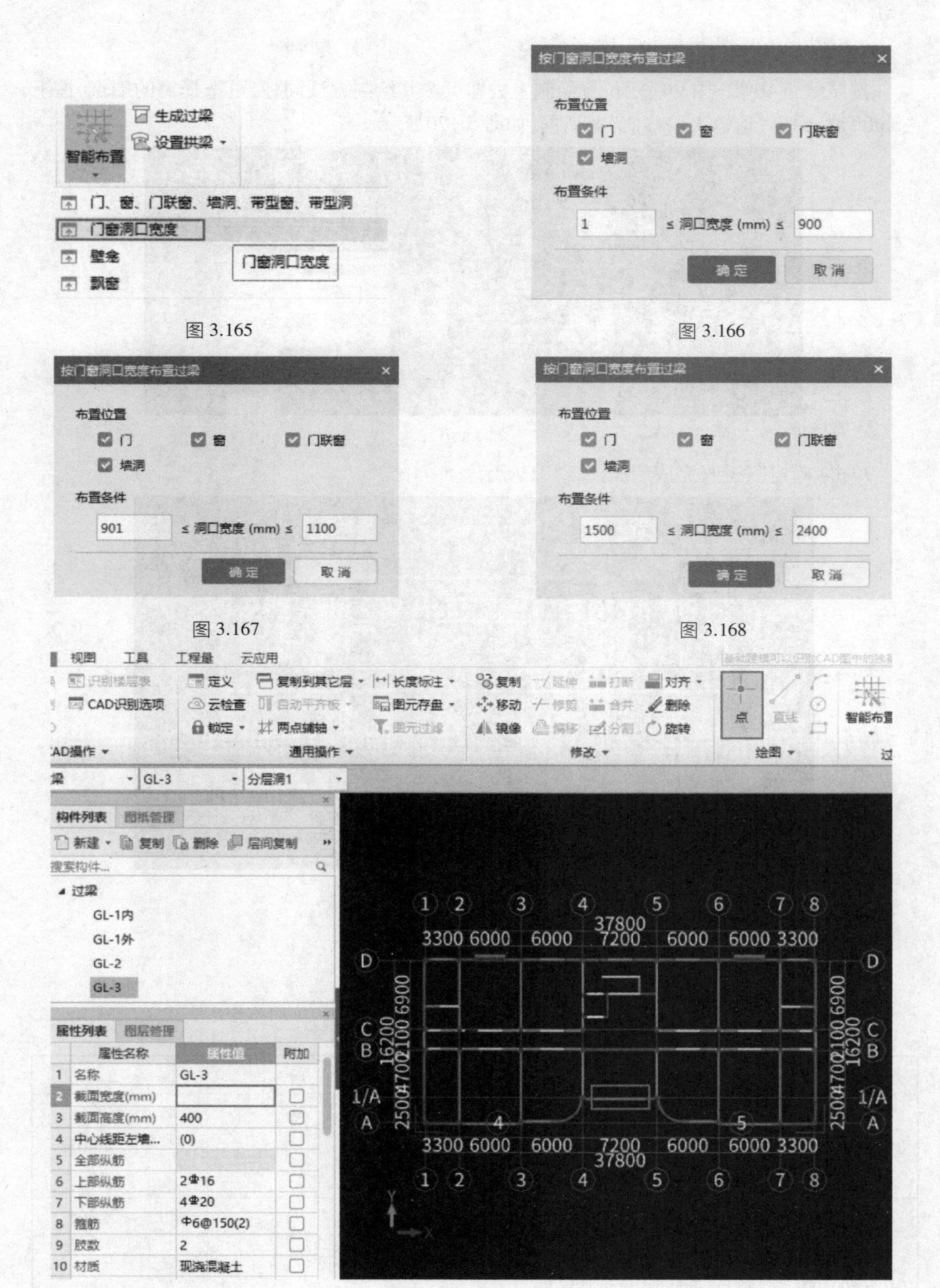

图 3.165

图 3.166

图 3.167

图 3.168

图 3.169

(3)构造柱绘制

按照结施-01(2)图 9 所示位置绘制上去即可。其绘制方法同柱,可选择窗的端点,按下"Shift"键,弹出"请输入偏移值"对话框,如图 3.170 所示。

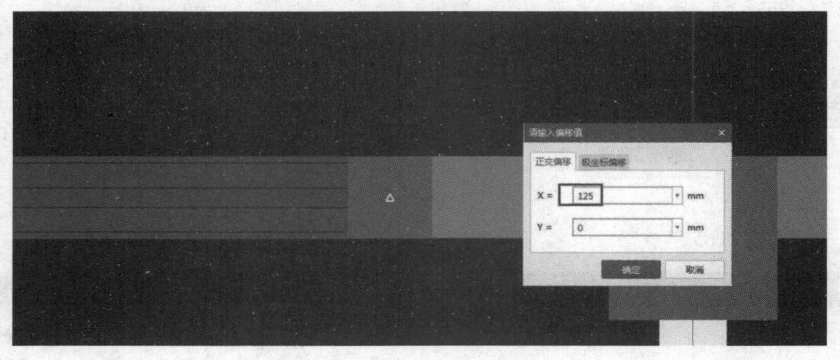

图 3.170

单击"确定"按钮,完成后如图 3.171 所示。

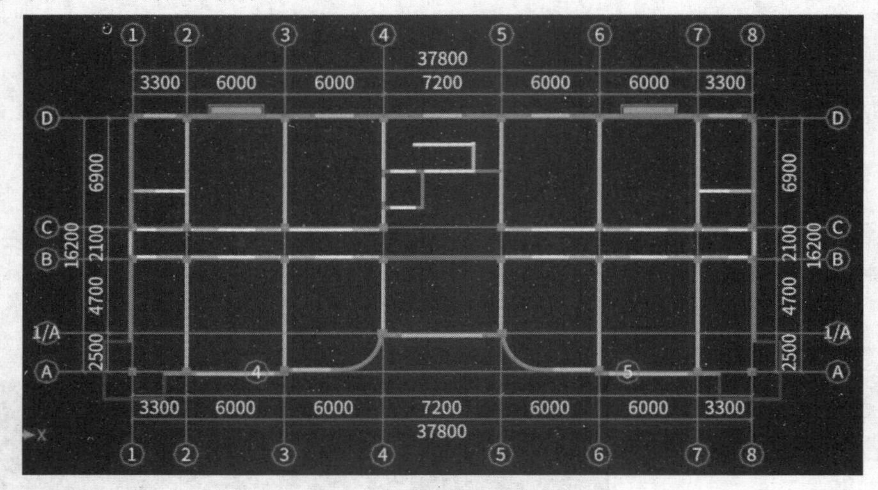

图 3.171

四、任务结果

汇总计算,统计本层过梁、圈梁、构造柱的工程量,见表 3.32。

表 3.32　过梁、圈梁、构造柱清单定额量

编码	项目名称	单位	工程量
010502002001	构造柱 (1)混凝土种类:预拌混凝土 (2)混凝土强度等级:C25	m^3	4.405
01-5-2-2	预拌混凝土(泵送) 构造柱	m^3	4.405
010503005001	过梁 (1)混凝土种类:预拌混凝土 (2)混凝土强度等级:C25	m^3	3.479

续表

编码	项目名称	单位	工程量
01-5-3-5	预拌混凝土(泵送) 过梁	m^3	3.479
010503004001	窗台下圈梁 (1)断面尺寸:250 mm×180 mm (2)混凝土种类:预拌混凝土 (3)混凝土强度等级:C25	m^3	3.826
01-5-3-4	圈梁、过梁 预拌混凝土	m^3	3.826
011702003001	构造柱模板 (1)支撑高度:3.9 m	m^2	48.932
01-17-2-55	复合模板 构造柱	m^2	48.932
01-17-2-64	复合模板 柱超 3.6 m 每增 3 m	m^2	0.203
011702009001	过梁模板	m^2	50.583
01-17-2-65	复合模板 过梁	m^2	50.583
011702008001	圈梁模板	m^2	35.240
01-17-2-64	复合模板 圈梁	m^2	35.240

五、总结拓展

圈梁的属性定义

在导航树中单击“梁”→“圈梁”,在构件列表中单击“新建”→“新建圈梁”,在属性编辑框中输入相应的属性值,绘制完圈梁后,需手动修改圈梁标高。

问题思考

(1)简述构造柱的设置位置。

(2)自动生成构造柱符合实际要求吗?如果不符合应做哪些调整?

(3)若外墙窗顶没有设置圈梁,是什么原因?

3.7 楼梯工程量计算

通过本节的学习,你将能够:

运用软件正确计算楼梯的钢筋及土建工程量。

3.7.1 楼梯的定义和绘制

通过本小节的学习,你将能够:
(1)分析整体楼梯包含的内容;
(2)定义参数化楼梯;
(3)绘制参数化楼梯;
(4)统计各层楼梯土建工程量。

一、任务说明

①使用参数化楼梯来完成楼梯定义、做法套用。
②汇总计算,统计楼梯的工程量。

二、任务分析

①楼梯由哪些构件组成?每一构件都对应有哪些工作内容?做法如何套用?
②如何正确地编辑楼梯各构件的工程量表达式?

三、任务实施

1)分析图纸

分析建施-13、结施-13及各层平面图可知,本工程有一部楼梯,即位于④~⑤轴间与Ⓒ~Ⓓ轴间的为一号楼梯。楼梯从负一层开始到第三层。

依据定额计算规则可知,楼梯按照水平投影面积计算混凝土和模板面积。通过分析图纸可知,TZ1工程量不包含在整体楼梯中,需单独计算。

从建施-13剖面图可知,楼梯栏杆为1.05 m高铁栏杆带木扶手。由平面图知,阳台栏杆为0.9 m高不锈钢栏杆。

2)定额、清单计算规则学习

(1)清单计算规则学习

楼梯清单计算规则见表3.33。

表3.33 楼梯清单计算规则

编码	项目名称	单位	计算规则
010506001	直形楼梯	(1) m^2 (2) m^3	(1)按实际图示尺寸以水平投影面积计算。不扣除宽度≤500 mm的楼梯井,伸入墙内部分不计算 (2)以 m^3 计量,按设计图示尺寸以体积计算
011702024	楼梯模板	m^2	按楼梯(包括休息平台、平台梁、斜梁和楼层板的连梁)的水平投影面积计算,不扣除宽度≤500 mm的楼梯井所占面积,楼梯踏步、踏步板、平台梁等侧面模板不另计算,伸入墙内部分亦不增加

(2)定额计算规则学习

楼梯定额计算规则见表 3.34。

表 3.34 楼梯定额计算规则

编码	项目名称	单位	计算规则
01-5-6-1	预拌混凝土(泵送) 直形楼梯、弧形楼梯	m^3	整体楼梯(包括休息平台、平台梁、斜梁及楼梯的连接梁)按设计图示尺寸以体积计算。当整体楼梯与现浇楼板无梯梁连接时,以楼梯的最后一个踏步边缘加 300 mm 为界
01-17-2-91	复合模板 整体楼梯	m^2	楼梯(包括休息平台、平台梁、斜梁及楼层板的连接的梁)按水平投影面积计算。不扣除宽度≤500 mm 的楼梯井所占面积,楼梯踏步、踏步板、平台梁等侧面模板不另计算,伸入墙内部分亦不增加。当整体楼梯与现浇楼板无梯梁连接时,以楼梯的最后一个踏步边缘加 300 mm 为界

3)楼梯定义

楼梯是按水平投影面积计算的,因此可以按照水平投影面积布置,也可绘制参数化楼梯或者组合楼梯。特别需要注意的是,如果需要计算楼梯装修的工程量,应建立参数化楼梯或者组合楼梯,在此先介绍参数化楼梯的绘制方法。

(1)新建楼梯

由图纸可知,本工程楼梯为直形双跑楼梯。在导航树中选择"楼梯"→"楼梯",在构件列表中单击"新建"→"新建参数化楼梯",如图 3.172 所示。在弹出的窗口左侧选择"标准双跑 1",同时根据图纸更改右侧窗口中的绿色数据,单击"确定"按钮即可,如图 3.173 所示。

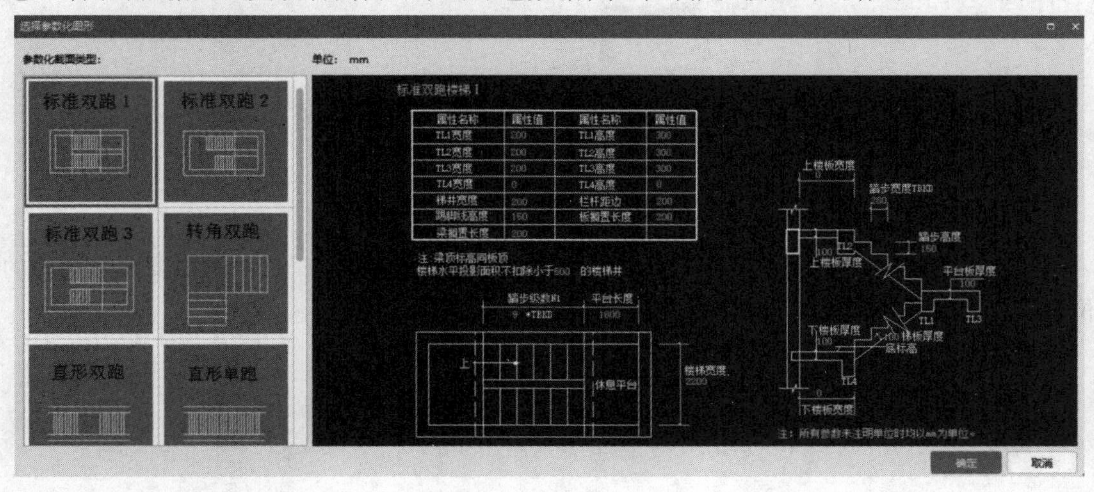

图 3.172

(2)定义属性

根据该案例,结合结施-13,进行属性的信息输入,如图 3.174 所示。

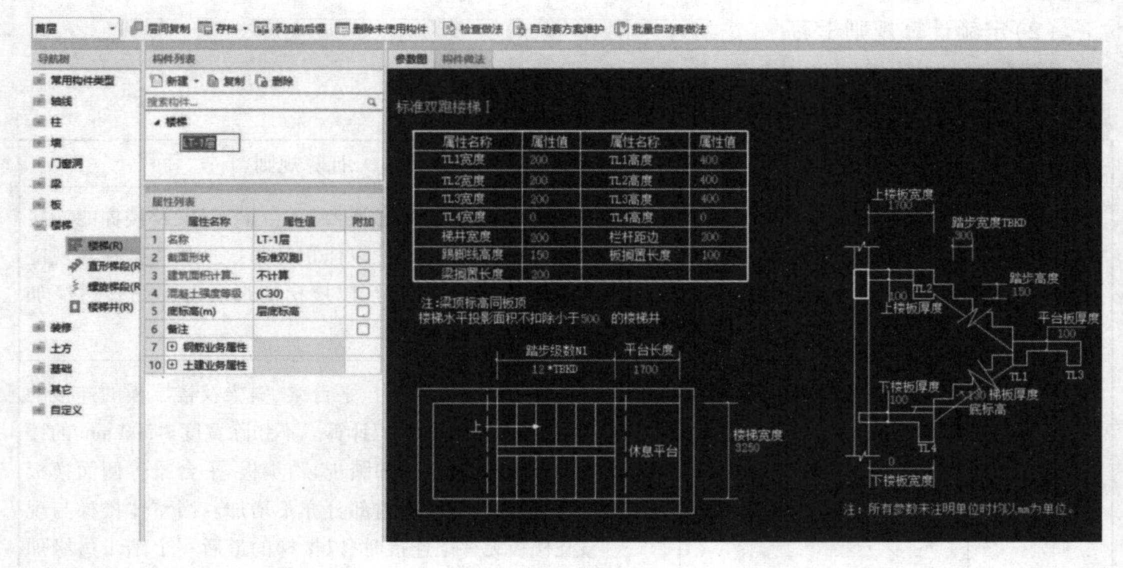

图 3.173

	属性名称	属性值
1	名称	LT-1
2	截面形状	标准双跑
3	建筑面积计算方式	不计算
4	图元形状	直形
5	材质	商品混凝土
6	混凝土强度等级	(C30)
7	混凝土外加剂	(无)
8	泵送类型	(混凝土泵)
9	泵送高度(m)	
10	底标高(m)	-0.05
11	备注	
12	+ 钢筋业务属性	
15	+ 土建业务属性	

图 3.174

4)做法套用

1 号楼梯的做法套用如图 3.175 所示。

5)楼梯画法讲解

首层楼梯绘制。楼梯可以用“点”绘制,用 F4 改变插入点,“点”绘制时需要注意楼梯的位置。绘制的楼梯图元如图 3.176 所示。

参数图 构件做法

添加清单 添加定额 删除 查询 项目特征 fx 换算 做法刷 做法查询 提取做法 当前构件自动套做法

	编码	类别	名称	项目特征	单位	工程量表达式	表达式说明
1	010506001	项	直形楼梯	1.混凝土种类:预拌混凝土 2.混凝土强度等级:C30	m2	TYMJ	TYMJ<水平投影面积>
2	01-5-6-1	定	预拌混凝土(泵送) 直形楼梯、弧形楼梯		m3	TTJ	TTJ<砼体积>
3	011702024	借项	楼梯模板		m2	MBMJ	MBMJ<模板面积>
4	01-17-2-91	定	复合模板 整体楼梯		m2	MBMJ	MBMJ<模板面积>
5	011105003	项	块料踢脚线	踢脚1:地砖踢脚(用400X100深色地砖，高度为100) 1.10厚防滑地砖踢脚，稀水泥浆擦缝 2.8厚1：2水泥砂浆(内掺建筑胶)粘结层 3.5厚1 ：3水泥砂浆打底打毛或划出纹道	m2	TJXCD+TJXCDX	TJXCD<踢脚线长度(直 +TJXCDX<踢脚线长度(>
6	01-11-5-5	定	踢脚线 粘合剂粘贴地砖		m	TJXCD+TJXCDX	TJXCD<踢脚线长度(直 +TJXCDX<踢脚线长度(>
7	01-12-1-20	定	装饰抹灰 拉毛墙面		m2	TJXMMJ+TJXCD*0.1	TJXMMJ<踢脚线面积(斜 +TJXCD<踢脚线长度(直 >*0.1
8	011102003	项	防滑地砖防水楼面(楼梯面层)	楼面2：防滑地砖防水楼面(砖果用400X400) 1.10厚防滑地砖，稀水泥浆檫缝 2.撒素水泥面(酒适量清水) 3.20厚1：2干硬性水泥砂浆粘结层 4.1.5厚聚氨酯涂膜防水层靠墙处卷边150 5.20厚1 ：3水泥砂浆找平层，四周及竖管根部位抹小八字角 6.素水泥浆一道 7.平均35厚C15细石混凝土从门口向地漏找1%坡 8.现浇混凝土楼板	m2	TYMJ	TYMJ<水平投影面积>
9	01-11-2-13	定	地砖楼地面干混砂浆铺贴 每块面积 0.1m2以内		m2	TYMJ	TYMJ<水平投影面积>
10	01-11-1-15	定	干混砂浆找平层 混凝土及硬基层上 20mm厚		m2	TYMJ	TYMJ<水平投影面积>
11	01-9-4-4	定	楼(地)面防水、防潮 聚氨酯防水涂膜 2.0mm厚		m2	TYMJ	TYMJ<水平投影面积>
12	01-11-1-17	定	预拌细石混凝土(泵送)找平层30mm厚		m2	TYMJ	TYMJ<水平投影面积>
13	01-11-1-18	定	预拌细石混凝土(泵送)找平层每增减5mm		m2	TYMJ	TYMJ<水平投影面积>
14	011407002	项	天棚喷刷涂料（楼梯底面装饰）	天棚1：涂料天棚 1.喷水性耐擦洗涂料 2.3厚1：3水泥砂浆打底扫毛或划出纹道 3.5厚1：2.5水泥砂浆找平 4.素水泥浆一道甩毛(内掺建筑胶)	m2	DBMHMJ	DBMHMJ<底部抹灰面积>
15	01-14-6-2	定	换算一仿瓷涂料 天棚面 三遍		m2	DBMHMJ	DBMHMJ<底部抹灰面积>
16	01-13-1-2	定	混凝土天棚 拉毛		m2	DBMHMJ	DBMHMJ<底部抹灰面积>
17	01-13-1-7	定	混凝土天棚 界面砂浆		m2	DBMHMJ	DBMHMJ<底部抹灰面积>
18	011503002	项	硬木扶手、栏杆、栏板	楼梯栏杆，铁栏杆带木扶手	m	LGCD	LGCD<栏杆扶手长度>
19	01-15-3-5	定	铁栏杆木扶手		m	LGCD	LGCD<栏杆扶手长度>

图 3.175

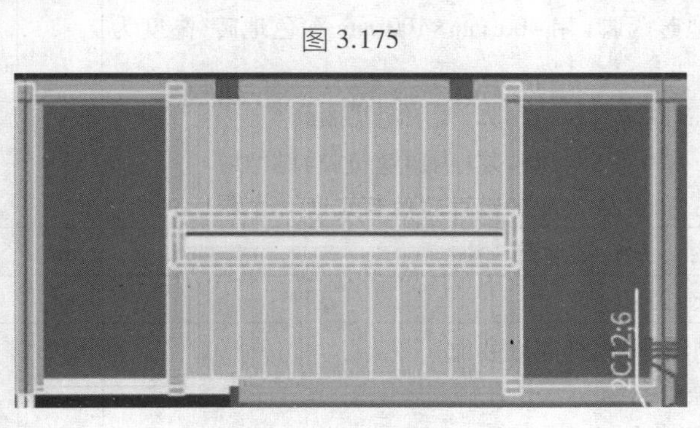

图 3.176

四、任务结果

汇总计算,统计楼梯的工程量,见表 3.35。

表 3.35　首层楼梯的工程量

编码	项目名称	单位	工程量明细	
			绘图输入	表格输入
010506001001	直形楼梯 (1)混凝土种类:预拌混凝土 (2)混凝土强度等级:C30	m^2	21.335	
01-5-6-1	预拌混凝土(泵送)直形楼梯、弧形楼梯	m^3	4.2106	
011102003003	防滑地砖防水楼面(楼梯面层) 楼面 2:防滑地砖防水楼面(砖果用 400 mm×400 mm) (1)10 mm 厚防滑地砖,稀水泥浆擦缝 (2)撒素水泥面(洒适量清水) (3)20 mm 厚 1∶2 干硬性水泥砂浆黏结层 (4)1.5 mm 厚聚氨酯涂膜防水层靠墙处卷边 150 mm (5)20 mm 厚 1∶3 水泥砂浆找平层,四周及竖管根部位抹小八字角 (6)素水泥浆一道 (7)平均 35 mm 厚 C15 细石混凝土从门口向地漏找 1%坡 (8)现浇混凝土楼板	m^2	21.335	
01-9-4-4	楼(地)面防水、防潮 聚氨酯防水涂膜 2.0 mm 厚	m^2	21.335	
01-11-1-15	干混砂浆找平层 混凝土及硬基层上 20 mm 厚	m^2	21.335	
01-11-1-17	预拌细石混凝土(泵送)找平层 30 mm 厚	m^2	21.335	
01-11-1-18	预拌细石混凝土(泵送)找平层 每增减 5 mm	m^2	21.335	
01-11-2-13	地砖楼地面干混砂浆铺贴 每块面积 0.1 mm 以内	m^2	21.335	
011105003002	块料踢脚线 踢脚 1:地砖踢脚(用 400 mm×100 mm 深色地砖,高度为 100 mm) (1)10 mm 厚防滑地砖踢脚,稀水泥浆擦缝 (2)8 mm 厚 1∶2 水泥砂浆(内掺建筑胶)黏结层 (3)5 mm 厚 1∶3 水泥砂浆打底扫毛或划出纹道	m^2	37.399 8	
01-11-5-5	踢脚线 黏合剂粘贴地砖	m	37.399 8	
01-12-1-20	装饰抹灰 拉毛墙面	m^2	5.825	
011407002002	天棚喷刷涂料(楼梯底面装饰) 天棚 1:涂料天棚 (1)喷水性耐擦洗涂料 (2)3 mm 厚 1∶3 水泥砂浆打底扫毛或划出纹道 (3)5 mm 厚 1∶2.5 水泥砂浆找平 (4)素水泥浆一道甩毛(内掺建筑胶)	m^2	26.330 7	

续表

编码	项目名称	单位	工程量明细	
			绘图输入	表格输入
01-13-1-2	混凝土天棚 拉毛	m^2	26.330 7	
01-13-1-7	混凝土天棚 界面砂浆	m^2	26.330 7	
01-14-6-2	换算——仿瓷涂料 天棚面 3 遍	m^2	26.330 7	
011503002001	硬木扶手、栏杆、栏板 楼梯栏杆,铁栏杆带木扶手	m	9.920 7	
01-15-3-5	铁栏杆木扶手	m	9.920 7	
[2292] 011702024001	楼梯模板	m^2	35.744 2	
01-17-2-91	复合模板 整体楼梯	m^2	37.021 7	

五、知识拓展

组合楼梯的绘制

组合楼梯就是将楼梯拆分为梯段、平台板、梯梁、栏杆扶手等,每个单构件都要单独定义、单独绘制,绘制方法如下。

(1)组合楼梯构件的定义

①直形梯段定义,依次单击"楼梯"→"直形梯段",单击"新建直形梯段",按照图纸信息输入相应数据,如图 3.177 所示。

属性列表 图层管理

	属性名称	属性值	附加
1	名称	AT-1	
2	梯板厚度(mm)	130	☐
3	踏步高度(mm)	150	☐
4	踏步总高(mm)	1950	☐
5	建筑面积计算...	不计算	☐
6	材质	商品混凝土	☐
7	混凝土强度等级	(C30)	☐
8	混凝土外加剂	(无)	
9	泵送类型	(混凝土泵)	
10	泵送高度(m)	1.85	
11	底标高(m)	-0.5	☐
12	类别	梯板式	☐
13	备注		☐
14	⊞ 钢筋业务属性		
17	⊞ 土建业务属性		
20	⊞ 显示样式		

图 3.177

属性列表 图层管理

	属性名称	属性值	附加
1	名称	PTB1	
2	厚度(mm)	100	☐
3	类别	有梁板	☐
4	是否是楼板	是	☐
5	混凝土强度等级	(C30)	☐
6	混凝土外加剂	(无)	
7	泵送类型	(混凝土泵)	
8	泵送高度(m)	1.95	
9	顶标高(m)	2	☐
10	备注		☐
11	⊞ 钢筋业务属性		
22	⊞ 土建业务属性		
27	⊞ 显示样式		

图 3.178

②休息平台的定义,按照新建板的方法,选择"新建现浇板",按照图纸信息输入相应数据,如图 3.178 所示。

③梯梁的定义,先按照新建梁的方法,单击"新建矩形梁",再按照图纸信息输入相应数据,如图 3.179 所示。

属性列表　图层管理

	属性名称	属性值	附加
1	名称	TL-1	
2	结构类别	非框架梁	☐
3	跨数量	1	☐
4	截面宽度(mm)	200	☐
5	截面高度(mm)	400	☐
6	轴线距梁左边...	(100)	☐
7	箍筋	Φ8@200(2)	☐
8	肢数	2	
9	上部通长筋	2Φ14	☐
10	下部通长筋	3Φ16	☐
11	侧面构造或受...		☐
12	拉筋		☐
13	定额类别	单梁	☐
14	材质	商品混凝土	☐
15	混凝土强度等级	(C30)	☐
16	混凝土外加剂	(无)	
17	泵送类型	(混凝土泵)	
18	泵送高度(m)	1.95	
19	截面周长(m)	1.2	☐
20	截面面积(m²)	0.08	☐

图 3.179

(2)做法套用

做法套用与上述楼梯做法套用相同。

(3)直形梯段画法

直形梯段建议用“矩形”绘制,绘制后若梯段方向错误,可单击“设置踏步起始边”命令,调整梯段方向。梯段绘制完毕如图 3.180 所示。通过观察图 3.180 可知,用直形梯段绘制的楼梯没有栏杆扶手,若需绘制栏杆扶手,可依次单击“其他”→“栏杆扶手”→“新建”→“新建栏杆扶手”建立栏杆扶手,可利用“智能布置”→“梯段、台阶、螺旋板”命令布置栏杆扶手。

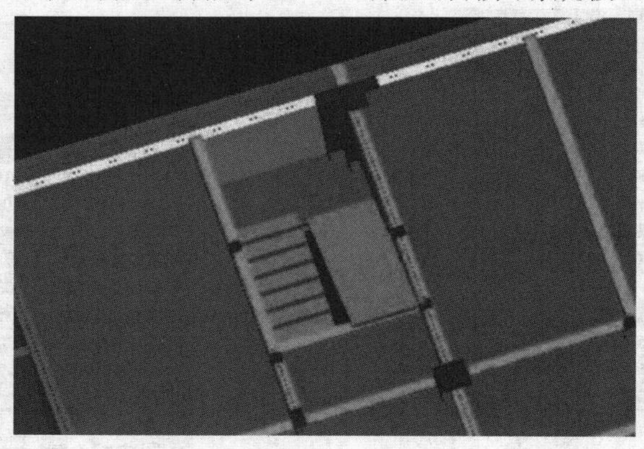

图 3.180

(4)梯梁的绘制

梯梁的绘制参考梁的部分内容。

(5)休息平台的绘制

休息平台的绘制参考板部分,休息平台上的钢筋参考板钢筋部分。

问题思考

整体楼梯的工程量中是否包含TZ?

3.7.2 表格输入法计算楼梯梯板钢筋量

通过本小节的学习,你将能够:

正确运用表格输入法计算钢筋工程量。

一、任务说明

在表格输入中运用参数输入法完成所有层楼梯的钢筋量计算。

二、任务分析

以首层一号楼梯为例,参考结施-13及建施-13图,读取梯板的相关信息,如梯板厚度、钢筋信息及楼梯具体位置。

三、任务实施

①如图3.181所示,切换到“工程量”选项卡,单击“表格输入”。

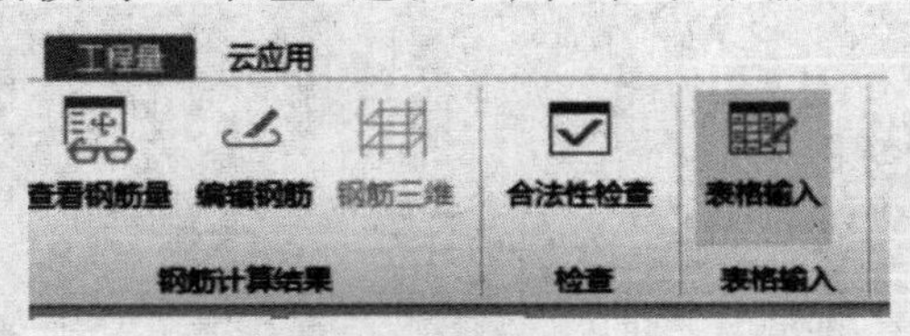

图3.181

②在“表格输入”界面选择单击“构件”,添加构件“AT1”,根据图纸信息,输入AT1的相关属性信息,如图3.182所示。

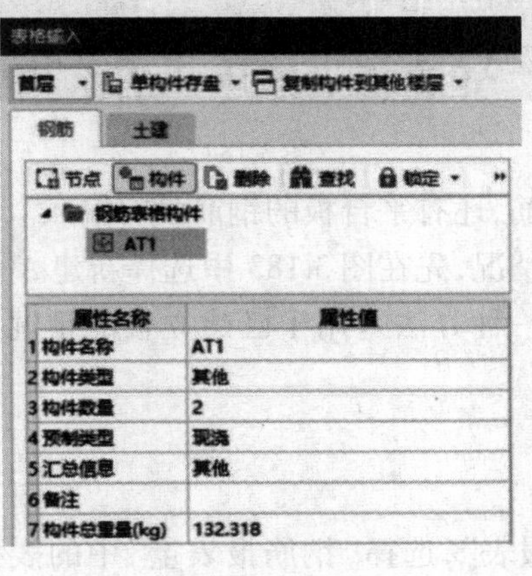

	属性名称	属性值
1	构件名称	AT1
2	构件类型	其他
3	构件数量	2
4	预制类型	现浇
5	汇总信息	其他
6	备注	
7	构件总重量(kg)	132.318

图3.182

③新建构件后,单击“参数输入”,在弹出的“图集列表”中,选择相应的楼梯类型,如图3.183所示。这里以AT型楼梯为例。

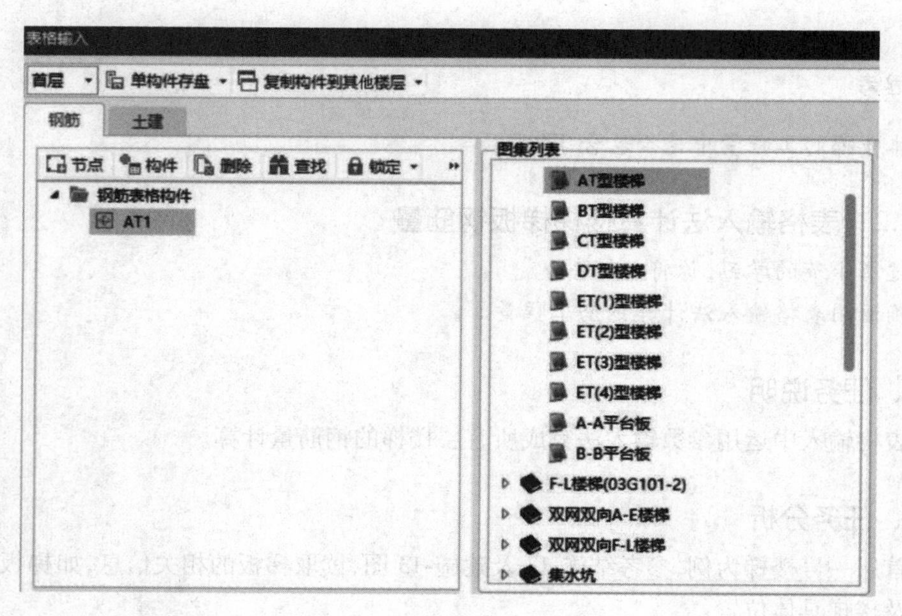

图 3.183

④在楼梯的参数图中,以首层一号楼梯为例,参考结施-13 及建施-13 图,按照图纸标注输入各个位置的钢筋信息和截面信息,如图 3.184 所示。输入完毕后,选择"计算保存"。

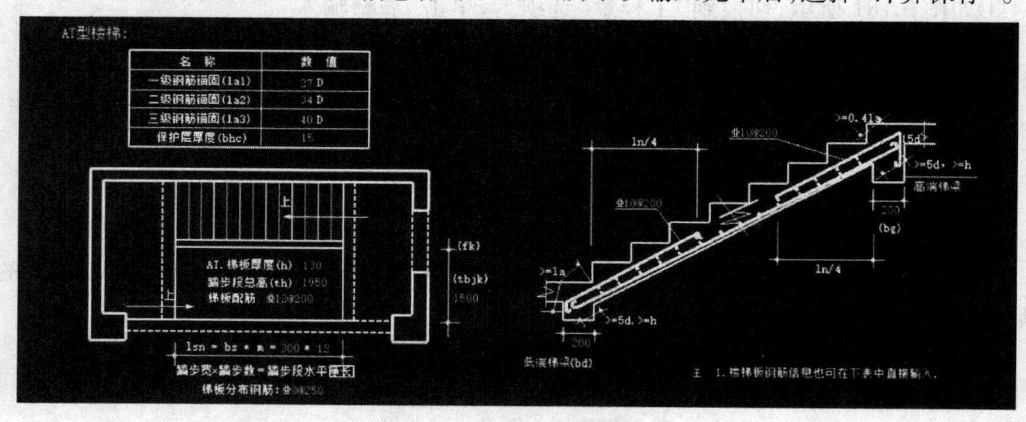

图 3.184

⑤以上建立的是梯段钢筋,还有平台板的钢筋没有输入。平台板的输入有两种方法:一种方法适用于没有建立板的情况,先在图 3.183 中选择新建 A—A 平台板或者 B—B 平台板,再输入相应的钢筋信息。另一种方法适用于已建立板的情况,按照本书 3.4 节中讲解的方法,输入相应的钢筋信息即可。

四、任务结果

单击"工程量"→"查看报表",选择"钢筋报表量"中的表格,即可查看钢筋汇总或者明细表。任务结果参考第 10 章表格输入。

问题思考

参数化楼梯中的钢筋是否包括梯梁和平台板中的钢筋?

4 第二、三层工程量计算

通过本章的学习,你将能够:
(1)掌握层间复制图元的方法;
(2)掌握修改构件图元的方法。

4.1 二层工程量计算

通过本节的学习,你将能够:
掌握层间复制图元的两种方法。

一、任务说明

①使用层间复制方法完成二层柱、梁、板、墙体、门窗的做法套用、图元绘制。
②查找首层与二层的不同部分,将不同部分进行修正。
③汇总计算,统计二层柱、梁、板、墙体、门窗的工程量。

二、任务分析

①对比二层与首层的柱、梁、板、墙体、门窗都有哪些不同?分别从名称、尺寸、位置、做法4个方面进行对比。
②"从其他层复制"命令与"复制到其他层"命令有什么不同?

三、任务实施

1)分析图纸

(1)分析框架柱

分析图纸结施-04,二层框架柱和首层框架柱相比,截面尺寸、混凝土强度等级没有差别,不同的是钢筋信息全部发生变化。

(2)分析梁

分析图纸结施-05和结施-06,二层的梁和一层的梁相比,截面尺寸、混凝土强度等级没有差别,唯一不同的是Ⓑ/④~⑤轴线处KL4发生了变化。

(3)分析板

分析图纸结施-08 和结施-09,二层的板和一层的板相比,④~⑤/Ⓐ~Ⓑ轴线增加了 130 mm 的板,⑤~⑥/Ⓒ~Ⓓ轴区域底部的 X 方向钢筋有变化。④/Ⓐ~Ⓑ范围负筋有变化。

(4)分析墙

分析图纸建施-04、建施-05,二层砌体与一层砌体基本相同。分析图纸结施-06 和结施-07,二层电梯井壁与一层电梯井壁相同。

(5)分析门窗

分析图纸建施-04、建施-05,二层门窗与一层门窗基本相同。二层在1/A轴/④~⑤轴线为 C5027。

2)画法讲解

从其他楼层复制图元。在二层,单击"从其他层复制",源楼层选择首层,图元选择柱、墙、门窗洞、梁、板,目标楼层勾选"第 2 层",单击"确定"按钮,弹出"图元复制成功"提示框,如图 4.1—图 4.3 所示。

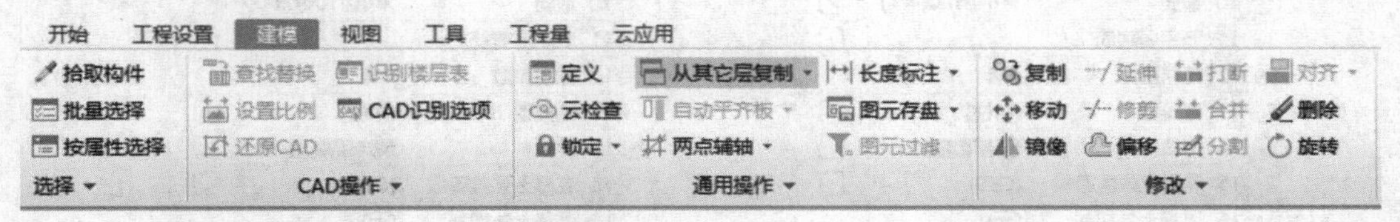

图 4.1

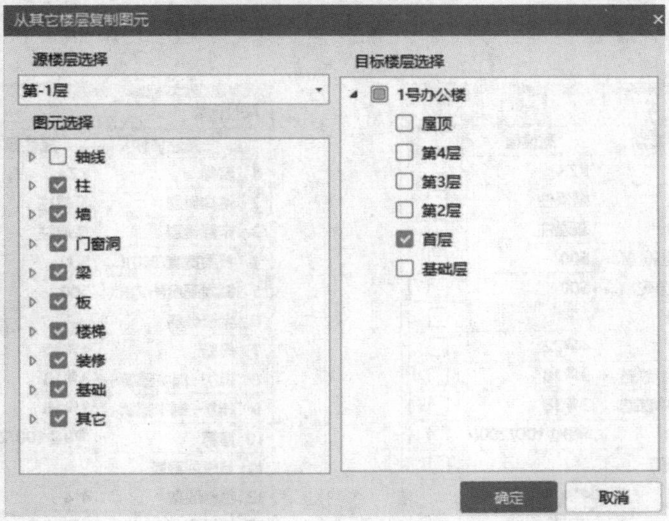

图 4.2

图 4.3

3)修改构件

复制后的构件可按照画图的顺序修改,避免漏掉构件。

二层构件的修改方法如下:

①分别修改柱的钢筋信息,如图 4.4—图 4.9 所示。

属性列表

	属性名称	属性值	附加
1	名称	KZ1	
2	结构类别	框架柱	☐
3	定额类别	普通柱	☐
4	截面宽度(B边)(...	500	☐
5	截面高度(H边)(...	500	☐
6	全部纵筋		☐
7	角筋	4⌀22	☐
8	B边一侧中部筋	3⌀16	☐
9	H边一侧中部筋	3⌀16	☐
10	箍筋	⌀8@100(4*4)	☐
11	节点区箍筋		☐
12	箍筋胶数	4*4	
13	柱类型	(中柱)	☐
14	材质	现浇混凝土	☐
15	混凝土强度等级	(C30)	☐
16	混凝土外加剂	(无)	
17	泵送类型	(混凝土泵)	

图 4.4

属性列表

	属性名称	属性值	附加
1	名称	KZ2	
2	结构类别	框架柱	☐
3	定额类别	普通柱	☐
4	截面宽度(B边)(...	500	☐
5	截面高度(H边)(...	500	☐
6	全部纵筋		☐
7	角筋	4⌀22	☐
8	B边一侧中部筋	3⌀16	☐
9	H边一侧中部筋	3⌀16	☐
10	箍筋	⌀8@100/200(4	☐
11	节点区箍筋		☐
12	箍筋胶数	4*4	
13	柱类型	(中柱)	☐
14	材质	现浇混凝土	☐
15	混凝土强度等级	(C30)	☐
16	混凝土外加剂	(无)	
17	泵送类型	(混凝土泵)	

图 4.5

属性列表

	属性名称	属性值	附加
1	名称	KZ3	
2	结构类别	框架柱	☐
3	定额类别	普通柱	☐
4	截面宽度(B边)(...	500	☐
5	截面高度(H边)(...	500	☐
6	全部纵筋		☐
7	角筋	4⌀22	☐
8	B边一侧中部筋	3⌀18	☐
9	H边一侧中部筋	3⌀18	☐
10	箍筋	⌀8@100/200(4	☐
11	节点区箍筋		☐
12	箍筋胶数	4*4	
13	柱类型	(中柱)	☐
14	材质	现浇混凝土	☐
15	混凝土强度等级	(C30)	☐
16	混凝土外加剂	(无)	
17	泵送类型	(混凝土泵)	

图 4.6

属性列表

	属性名称	属性值	附加
1	名称	KZ4	
2	结构类别	框架柱	☐
3	定额类别	普通柱	☐
4	截面宽度(B边)(...	500	☐
5	截面高度(H边)(...	500	☐
6	全部纵筋		☐
7	角筋	4⌀25	☐
8	B边一侧中部筋	3⌀18	☐
9	H边一侧中部筋	3⌀18	☐
10	箍筋	⌀8@100/200(4	☐
11	节点区箍筋		☐
12	箍筋胶数	4*4	
13	柱类型	(中柱)	☐
14	材质	现浇混凝土	☐
15	混凝土强度等级	(C30)	☐
16	混凝土外加剂	(无)	
17	泵送类型	(混凝土泵)	

图 4.7

属性列表

	属性名称	属性值	附加
1	名称	KZ5	
2	结构类别	框架柱	☐
3	定额类别	普通柱	☐
4	截面宽度(B边)(...	600	☐
5	截面高度(H边)(...	500	☐
6	全部纵筋		☐
7	角筋	4Φ25	☐
8	B边一侧中部筋	4Φ18	☐
9	H边一侧中部筋	3Φ18	☐
10	箍筋	Φ8@100/200(5	☐
11	节点区箍筋		☐
12	箍筋胶数	5*4	
13	柱类型	(中柱)	☐
14	材质	现浇混凝土	☐
15	混凝土强度等级	(C30)	☐
16	混凝土外加剂	(无)	
17	泵送类型	(混凝土泵)	

图 4.8

属性列表

	属性名称	属性值	附加
1	名称	KZ6	
2	结构类别	框架柱	☐
3	定额类别	普通柱	☐
4	截面宽度(B边)(...	500	☐
5	截面高度(H边)(...	600	☐
6	全部纵筋		☐
7	角筋	4Φ25	☐
8	B边一侧中部筋	3Φ18	☐
9	H边一侧中部筋	4Φ18	☐
10	箍筋	Φ8@100/200(4	☐
11	节点区箍筋		☐
12	箍筋胶数	4*5	
13	柱类型	(中柱)	☐
14	材质	现浇混凝土	☐
15	混凝土强度等级	(C30)	☐
16	混凝土外加剂	(无)	
17	泵送类型	(混凝土泵)	

图 4.9

②修改梁的信息。单击原位标注，选中 KL4，按图分别修改左右支座钢筋和跨中钢筋，如图 4.10 和图 4.11 所示。

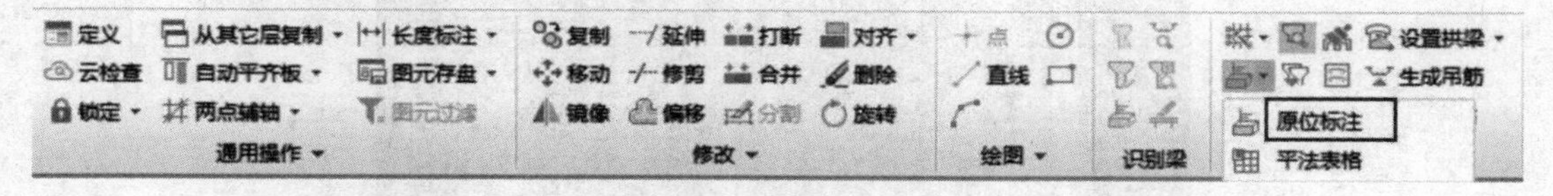

图 4.10

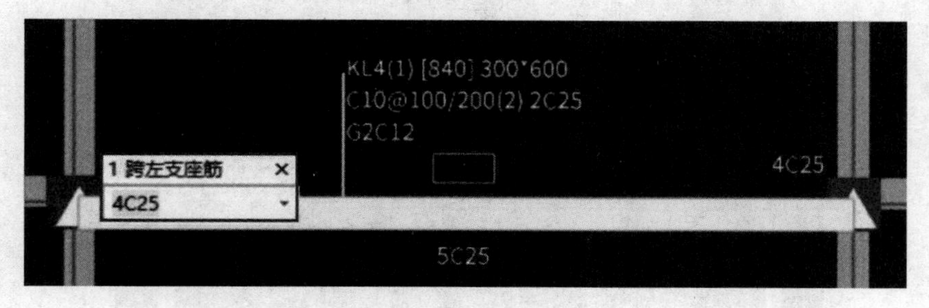

图 4.11

③修改板的信息。

第一步："点"绘制④~⑤/Ⓐ~Ⓑ轴区域 130 mm 板。

第二步：绘制板受力筋，单板→X、Y 方向，如图 4.12 所示。

第三步：修改负筋信息，选中④/Ⓐ~Ⓑ轴线负筋，修改右标注长度为 1 200 mm，按"Enter"键，如图 4.13 所示。

其他几个位置的修改方法相同。

④修改门窗的信息。选中 M5021，删除，C5027 用点绘制在相同位置即可，如图 4.14 所示。

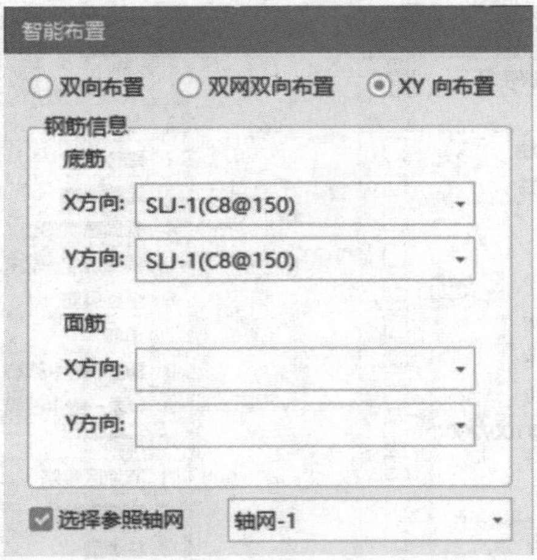

智能布置

○ 双向布置　○ 双网双向布置　◉ XY 向布置

钢筋信息

底筋

X方向: SLJ-1(C8@150)

Y方向: SLJ-1(C8@150)

面筋

X方向:

Y方向:

☑ 选择参照轴网　轴网-1

图 4.12

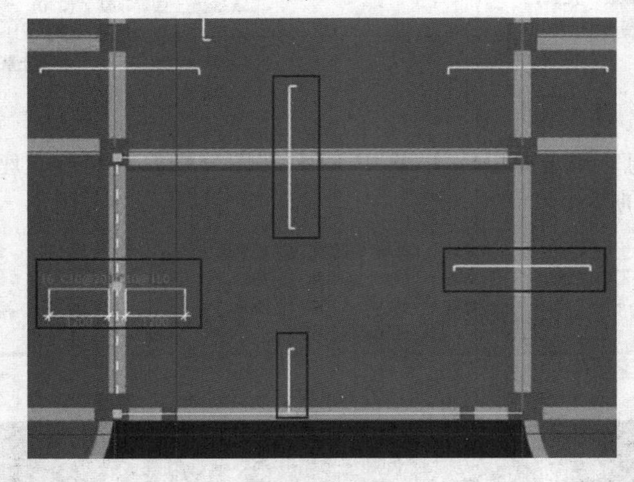

图 4.13

图 4.14

四、任务结果

汇总计算，统计本层工程量，见表4.1。

表4.1 二层清单工程量汇总表

编码	项目名称	单位	工程量明细	
			绘图输入	表格输入
010401008001	填充墙 (1)砖品种、规格、强度等级:陶粒空心砖 (2)墙体类型:外墙 250 mm (3)砂浆强度等级、配合比:水泥 M5.0	m^3	41.961 9	
010401008002	填充墙 (1)砖品种、规格、强度等级:陶粒空心砖 (2)墙体类型:内墙 200 mm (3)砂浆强度等级、配合比:水泥 M5.0	m^3	71.106 3	
010502001001	矩形柱 (1)混凝土种类:预拌混凝土 (2)混凝土强度等级:C30	m^3	29.736	
010502002001	构造柱 (1)混凝土种类:预拌混凝土 (2)混凝土强度等级:C25	m^3	3.974 4	
010503004001	圈梁 (1)混凝土种类:预拌混凝土 (2)混凝土强度等级:C25	m^3	3.857 4	
010503005001	过梁 (1)混凝土种类:预拌混凝土 (2)混凝土强度等级:C25	m^3	2.054 2	
010504001001	直形墙 (1)混凝土种类:预拌混凝土 (2)混凝土强度等级:C30	m^3	6.178 4	
010505001001	有梁板 (1)混凝土种类:预拌混凝土 (2)混凝土强度等级:C30	m^3	112.192 5	
010505003001	平板 (1)混凝土种类:预拌混凝土 (2)混凝土强度等级:C30	m^3	0.816	

续表

编码	项目名称	单位	工程量明细	
			绘图输入	表格输入
010505008001	雨篷、悬挑板、阳台板 (1)混凝土种类:预拌混凝土 (2)混凝土强度等级:C25 (3)部位:飘窗板	m^3	1.568 8	
010506001001	直形楼梯 (1)混凝土种类:预拌混凝土 (2)混凝土强度等级:C30	m^2	22.838 7	
010801001001	木质门 (1)门代号及洞口尺寸:M1021 (2)门种类:木制夹板门	m^2	46.2	
010807001001	金属(塑钢、断桥)窗 (1)窗代号及洞口尺寸:ZJC1 (2)框、扇材质:塑钢窗	m^2	57.168 2	
010807001002	金属(塑钢、断桥)窗 (1)窗代号及洞口尺寸: (2)框、扇材质:塑钢窗	m^2	71.58	
010807007001	金属(塑钢、断桥)飘(凸)窗 (1)窗代号:PC-1 (2)框、扇材质:塑钢窗	m^2	14.4	
010809004001	石材窗台板 (1)材质:大理石窗台板	m^2	5.84	
010902001002	屋面卷材防水(飘窗顶板上面) 屋面 1 (1)满土银粉保护剂 (2)防水层 SBS (3)20 mm 厚防水砂浆	m^2	5	
010902004001	屋面排水管 直径 100 mmPVC 排水管	m	17.911 5	
011001001002	保温隔热屋面(飘窗顶面) (1)50 mm 厚聚苯板保温层	m^2	5	
011001003001	保温隔热墙面 (1)50 mm 厚聚苯板保温层 (2)刷一道 YJ-302 型混凝土界面处理剂	m^2	324.792	
011001003002	保温隔热墙面(飘窗底面) (1)50 mm 厚聚苯板保温层	m^2	5	

续表

编码	项目名称	单位	工程量明细	
			绘图输入	表格输入
011001003003	保温隔热墙面(飘窗四面侧面) (1)30 mm 厚聚苯板保温层	m^2	5	
011101001001	水泥砂浆楼地面 楼面 4:水泥楼面 (1)20 mm 厚 1:2.5 水泥砂浆压实赶光 (2)50 mm 厚 CL7.5 轻集料混凝土 (3)钢筋混凝土楼板	m^2	64.812 8	
011102001001	大理石楼面(800 mm×800 mm) 楼面 3:大理石楼面(大理石尺寸 800 mm×800 mm) (1)铺 20 mm 厚大理石板,稀水泥擦缝 (2)撒素水泥面(洒适量清水) (3)30 mm 厚 1:3 干硬性水泥砂浆黏结层 (4)40 mm 厚 1:1.6 水泥粗砂焦渣垫层 (5)钢筋混凝土楼板	m^2	108.515	
011102003001	块料楼地面 楼面 1:地砖楼面 (1)10 mm 厚高级地砖,稀水泥浆擦缝 (2)6 mm 厚建筑胶水泥砂浆黏结层 (3)素水泥抹一道(内掺建筑胶) (4)20 mm 厚 1:3 水泥砂浆找平层 (5)素水泥浆一道(内掺建筑胶) (6)钢筋混凝土楼板	m^2	323.409 4	
011102003002	防滑地砖防水楼面 楼面 2:防滑地砖防水楼面(砖果用 400 mm×400 mm) (1)10 mm 厚防滑地砖,稀水泥浆擦缝 (2)撒素水泥面(洒适量清水) (3)20 mm 厚 1:2 干硬性水泥砂浆黏结层 (4)1.5 mm 厚聚氨酯涂膜防水层靠墙处卷边 150 mm (5)20 mm 厚 1:3 水泥砂浆找平层,四周及竖管根部位抹小八字角 (6)素水泥浆一道 (7)平均 35 mm 厚 C15 细石混凝土从门口向地漏找 1%坡 (8)现浇混凝土楼板	m^2	61.499 9	

续表

编码	项目名称	单位	工程量明细	
			绘图输入	表格输入
011102003003	防滑地砖防水楼面(楼梯面层) 楼面 2:防滑地砖防水楼面(砖果用 400 mm×400 mm) (1)10 mm 厚防滑地砖,稀水泥浆擦缝 (2)撒素水泥面(洒适量清水) (3)20 mm 厚 1∶2 干硬性水泥砂浆黏结层 (4)1.5 mm 厚聚氨酯涂膜防水层靠墙处卷边 150 mm (5)20 mm 厚 1∶3 水泥砂浆找平层,四周及竖管根部位抹小八字角 (6)素水泥浆一道 (7)平均 35 mm 厚 C15 细石混凝土从门口向地漏找 1%坡 (8)现浇混凝土楼板	m^2	22.838 7	
011105001001	水泥砂浆踢脚线 踢脚 3:水泥踢脚(高 100 mm) (1)6 mm 厚 1∶2.5 水泥砂浆罩面压实赶光 (2)素水泥浆一道 (3)6 mm 厚 1∶3 水泥砂浆打底扫毛或划出纹道	m^2	5.352	
011105002001	大理石踢脚板 踢脚 2:大理石踢脚(用 800 mm×100 mm 深色大理石,高度为 100 mm) (1)15 mm 厚大理石踢脚板,稀水泥浆擦缝 (2)10 mm 厚 1∶2 水泥砂浆(内掺建筑胶)黏结层 (3)界面剂一道甩毛(甩前先将墙面用水湿润)	m^2	12.504	
011105003001	地砖踢脚 踢脚 1:地砖踢脚(用 400 mm×100 mm 深色地砖,高度为 100 mm) (1)10 mm 厚防滑地砖踢脚,稀水泥浆擦缝 (2)8 mm 厚 1∶2 水泥砂浆(内掺建筑胶)黏结层 (3)5 mm 厚 1∶3 水泥砂浆打底扫毛或划出纹道	m^2	20.628 1	
011105003002	块料踢脚线 踢脚 1:地砖踢脚(用 400 mm×100 mm 深色地砖,高度为 100 mm) (1)10 mm 厚防滑地砖踢脚,稀水泥浆擦缝 (2)8 mm 厚 1∶2 水泥砂浆(内掺建筑胶)黏结层 (3)5 mm 厚 1∶3 水泥砂浆打底扫毛或划出纹道	m^2	36.079	

续表

编码	项目名称	单位	工程量明细	
			绘图输入	表格输入
011204003002	瓷砖墙面 200 mm×300 mm 内墙面 2:瓷砖墙面(面层用 200 mm×300 mm 高级面砖) (1)白水泥擦缝 (2)5 mm 厚釉面砖面层(粘前先将釉面砖浸水 2 h 以上) (3)5 mm 厚 1∶2 建筑水泥砂浆黏结层 (4)素水泥浆一道 (5)9 mm 厚 1∶3 水泥砂浆打底压实抹平 (6)素水泥浆一道甩毛	m^2	121.643	
011204003004	面砖外墙 外墙 1:面砖外墙 (1)10 mm 厚面砖,在砖粘贴面上随粘随刷一遍 YJ-302混凝土界面处理剂,1∶1 水泥砂浆勾缝 (2)6 mm 厚 1∶0.2∶2.5 水泥石灰膏砂浆(内掺建筑胶) (3)刷素水泥浆一道(内掺水重 5%的建筑胶)	m^2	301.614 3	
011301001001	天棚抹灰	m^2	19.586 4	
011302001001	铝合金条板吊顶 吊顶 1: 铝合金条板吊顶:燃烧性能为 A 级 (1)1.0 mm 厚铝合金条板,离缝安装带插缝板 (2)U 型轻钢次龙骨 B45×48,中距<1 500 mm (3)U 型轻钢主龙骨 B38×12,中距≤1 500 mm,与钢筋吊杆固定 (4)Φ6 钢筋吊杆,中距横向<1 500 mm,纵向<1 200 mm (5)现浇混凝土板底预留Φ10 钢筋吊环,双向中距≤1 500 mm	m^2	159.44	
011407001002	涂料墙面 外墙 3:涂料墙面 (1)喷 HJ80-1 型无机建筑涂料 (2)6 mm 厚 1∶2.5 水泥砂浆找平 (3)12 mm 厚 1∶3 水泥砂浆打底扫毛或划出纹道 (4)刷素水泥浆一道(内掺水重 5%的建筑胶)	m^2	16.052 4	
011407001003	涂料墙面(飘窗底面) 外墙 3:涂料墙面 (1)喷 HJ80-1 型无机建筑涂料 (2)20 mm 厚 1∶3 水泥砂浆找平	m^2	5	

续表

编码	项目名称	单位	工程量明细	
			绘图输入	表格输入
011407001004	涂料墙面(飘窗四面侧面) 外墙涂料 (1)喷 HJ80-1 型无机建筑涂料 (2)20 mm 厚防水砂浆	m^2	1.76	
011407002001	天棚喷刷涂料 天棚 1:涂料天棚 (1)喷水性耐擦洗涂料 (2)3 mm 厚 1∶3 水泥砂浆打底扫毛或划出纹道 (3)5 mm 厚 1∶2.5 水泥砂浆找平 (4)素水泥浆一道甩毛(内掺建筑胶)	m^2	402.621 2	
011407002002	天棚喷刷涂料(楼梯底面装饰) 天棚 1:涂料天棚 (1)喷水性耐擦洗涂料 (2)3 mm 厚 1∶3 水泥砂浆打底扫毛或划出纹道 (3)5 mm 厚 1∶2.5 水泥砂浆找平 (4)素水泥浆一道甩毛(内掺建筑胶)	m^2	26.389 6	
011503001001	金属扶手、栏杆、栏板 (1)扶手材料种类、规格:不锈钢栏杆 (2)栏杆材料种类、规格:直径 50 mm	m	19.558	
011503002001	硬木扶手、栏杆、栏板 楼梯栏杆:铁栏杆带木扶手	m	9.249 8	
011701001001	综合脚手架 (1)建筑结构形式:框架结构 (2)檐口高度:14.85 m	m^2	649.923	
011702011001	直形墙模板 (1)其他:支撑高度 3.6 m	m^2	2.244	
011702013001	短肢剪力墙、电梯井壁模板 (1)其他:支撑高度 3.6 m	m^2	26.245	
011702014001	有梁板模板 (1)支撑高度:3.6 m	m^2	5.223 5	
011702023001	雨篷、悬挑板、阳台板模板 (1)构件类型:飘窗板 (2)板厚度:100 mm	m^2	31.646 4	
011702002001	矩形柱模板 (1)其他:支撑高度 3.6 m	m^2	216.619 2	

续表

编码	项目名称	单位	工程量明细	
			绘图输入	表格输入
011702003001	构造柱模板 (1)其他:支撑高度 3.6 m	m^2	44.651 8	
011702006001	矩形梁模板 (1)支撑高度:3.6 m	m^2	291.264 5	
011702008001	圈梁模板	m^2	38.158 9	
011702009001	过梁模板	m^2	38.544 7	
011702011001	直形墙模板	m^2	33.204	
011702014002	有梁板模板	m^2	490.402 2	
011702016001	平板模板	m^2	10	
011702024001	楼梯模板	m^2	37.389 5	

五、总结拓展

“复制到其他层”和“从其他层复制”,两种层间复制方法有什么区别?

“从其他层复制”构件图元:将其他楼层的构件图元复制到目标层,只能选择构件来控制复制范围。

选定图元“复制到其他层”:将选中的图元复制到目标层,可通过选择图元来控制复制范围。

问题思考

“建模”页签下的层间复制功能与“构件列表”中的层间复制功能有何区别?

4.2 三层工程量计算

通过本节的学习,你将能够:

掌握图元存盘和图元提取两种方法。

一、任务说明

①使用层间复制方法完成三层柱、梁、板、墙体、门窗的做法套用、图元绘制。

②查找首层与二层、三层的不同部分,将不同部分进行修正。

③汇总计算,统计三层柱、梁、板、墙体、门窗的工程量。

二、任务分析

①对比三层与首层、二层的柱、梁、板、墙体、门窗都有哪些不同？从名称、尺寸、位置、做法 4 个方面进行对比。

②从其他楼层复制构件图元与复制选定图元到其他楼层有什么不同？

三、任务实施

1)分析图纸

(1)分析框架柱

分析图纸结施-04,三层框架柱和二层框架柱相比,截面尺寸、混凝土强度等级相同,与钢筋信息一样,只有标高不一样。

(2)分析梁

分析图纸结施-06,首层梁和三层梁信息一样。

(3)分析板

分析图纸结施-10,首层板和三层板信息一样。

(4)分析墙

分析图纸建施-05,三层砌体与二层砌体基本相同。

(5)分析门窗

分析图纸建施-05,三层门窗与二层门窗基本相同。

2)画法讲解

(1)从其他楼层复制图元

在三层中,选择“从其他层复制”,源楼层选择二层,图元选择柱、墙、楼梯、门窗洞,目标楼 3 层勾选“第 3 层”,单击“确定”按钮,弹出“图元复制成功”提示框,如图 4.15 所示。

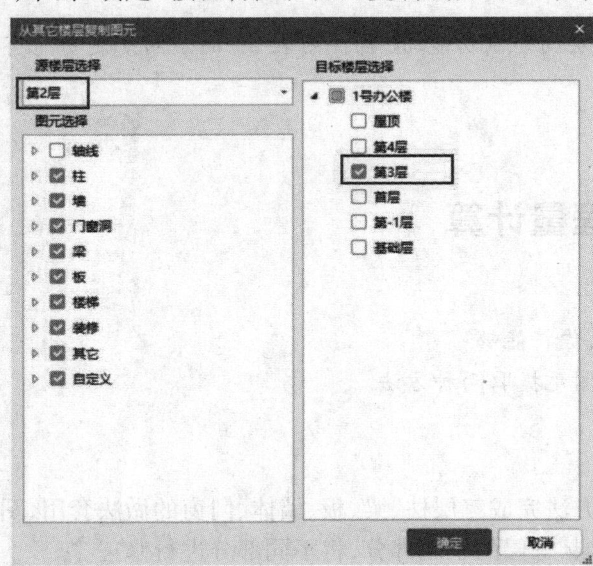

图 4.15

(2)继续从其他楼层复制图元

在三层中,选择"从其他层复制",源楼层选择首层,图元选择梁、板,目标楼层勾选"第3层",单击"确定"按钮,弹出"图元复制成功"提示框,如图4.16所示。即完成了二层和三层的全部图元绘制。

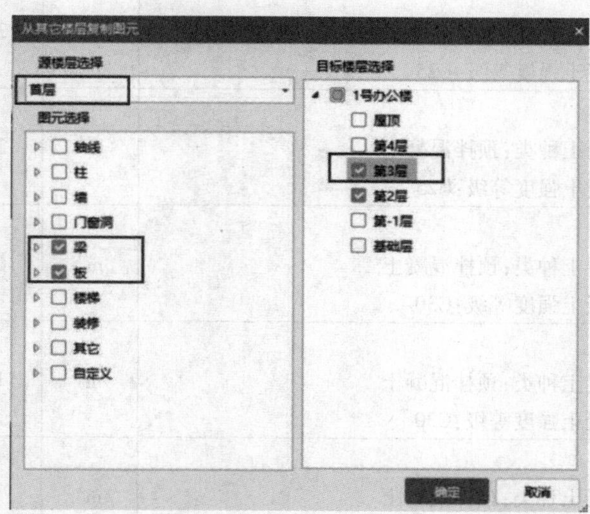

图4.16

最后,可以进行梯梁顶标高平台板顶标高、楼梯参数等的修改。

四、任务结果

汇总计算,统计本层工程量,见表4.2。

表4.2 三层清单工程量汇总表

编码	项目名称	单位	工程量明细	
			绘图输入	表格输入
010401008001	填充墙 (1)砖品种、规格、强度等级:陶粒空心砖 (2)墙体类型:外墙 250 mm (3)砂浆强度等级、配合比:水泥 M5.0	m^3	41.961 9	
010401008002	填充墙 (1)砖品种、规格、强度等级:陶粒空心砖 (2)墙体类型:内墙 200 mm (3)砂浆强度等级、配合比:水泥 M5.0	m^3	71.106 3	
010502001001	矩形柱 (1)混凝土种类:预拌混凝土 (2)混凝土强度等级:C30	m^3	29.736	
010502002001	构造柱 (1)混凝土种类:预拌混凝土 (2)混凝土强度等级:C25	m^3	3.974 4	

续表

编码	项目名称	单位	工程量明细	
			绘图输入	表格输入
010503004001	圈梁 (1)混凝土种类:预拌混凝土 (2)混凝土强度等级:C25	m^3	3.857 4	
010503005001	过梁 (1)混凝土种类:预拌混凝土 (2)混凝土强度等级:C25	m^3	2.054 2	
010504001001	直形墙 (1)混凝土种类:预拌混凝土 (2)混凝土强度等级:C30	m^3	6.178 4	
010505001001	有梁板 (1)混凝土种类:预拌混凝土 (2)混凝土强度等级:C30	m^3	112.192 5	
010505003001	平板 (1)混凝土种类:预拌混凝土 (2)混凝土强度等级:C30	m^3	0.816	
010505008001	雨篷、悬挑板、阳台板 (1)混凝土种类:预拌混凝土 (2)混凝土强度等级:C25 (3)部位:飘窗板	m^3	1.568 8	
010506001001	直形楼梯 (1)混凝土种类:预拌混凝土 (2)混凝土强度等级:C30	m^2	22.838 7	
010801001001	木质门 (1)门代号及洞口尺寸: (2)门种类:木制夹板门	m^2	46.2	
010807001001	金属(塑钢、断桥)窗 (1)窗代号及洞口尺寸:ZJC1 (2)框、扇材质:塑钢窗	m^2	57.168 2	
010807001002	金属(塑钢、断桥)窗 (1)窗代号及洞口尺寸: (2)框、扇材质:塑钢窗	m^2	71.58	
010807007001	金属(塑钢、断桥)飘(凸)窗 (1)窗代号:PC-1 (2)框、扇材质:塑钢窗	m^2	14.4	
010809004001	石材窗台板 (1)材质:大理石窗台板	m^2	5.84	

续表

编码	项目名称	单位	工程量明细	
			绘图输入	表格输入
010902001002	屋面卷材防水(飘窗顶板上面) 屋面1 (1)满土银粉保护剂 (2)防水层SBS (3)20 mm厚防水砂浆	m^2	5	
010902004001	屋面排水管 直径100 mmPVC排水管	m	17.911 5	
011001001002	保温隔热屋面(飘窗顶面) (1)50 mm厚聚苯板保温层	m^2	5	
011001003001	保温隔热墙面 (1)50 mm厚聚苯板保温层 (2)刷一道YJ-302型混凝土界面处理剂	m^2	324.792	
011001003002	保温隔热墙面(飘窗底面) (1)50 mm厚聚苯板保温层	m^2	5	
011001003003	保温隔热墙面(飘窗四面侧面) (1)30 mm厚聚苯板保温层	m^2	5	
011101001001	水泥砂浆楼地面 楼面4:水泥楼面 (1)20 mm厚1∶2.5水泥砂浆压实赶光 (2)50 mm厚CL7.5轻集料混凝土 (3)钢筋混凝土楼板	m^2	64.812 8	
011102001001	大理石楼面(800 mm×800 mm) 楼面3:大理石楼面(大理石尺寸800 mm×800 mm) (1)铺20 mm厚大理石板,稀水泥浆擦缝 (2)撒素水泥面(洒适量清水) (3)30 mm厚1∶3干硬性水泥砂浆黏结层 (4)40 mm厚1∶1.6水泥粗砂焦渣垫层 (5)钢筋混凝土楼板	m^2	108.515	
011102003001	块料楼地面 楼面1:地砖楼面 (1)10 mm厚高级地砖,稀水泥浆擦缝 (2)6 mm厚建筑胶水泥砂浆黏结层 (3)素水泥抹一道(内掺建筑胶) (4)20 mm厚1∶3水泥砂浆找平层 (5)素水泥浆一道(内掺建筑胶) (6)钢筋混凝土楼板	m^2	323.409 4	

续表

编码	项目名称	单位	工程量明细	
			绘图输入	表格输入
011102003002	防滑地砖防水楼面 楼面 2:防滑地砖防水楼面(砖采用 400 mm×400 mm) (1)10 mm 厚防滑地砖,稀水泥浆擦缝 (2)撒素水泥面(洒适量清水) (3)20 mm 厚 1:2 干硬性水泥砂浆黏结层 (4)1.5 mm 厚聚氨酯涂膜防水层靠墙处卷边 150 mm (5)20 mm 厚 1:3 水泥砂浆找平层,四周及竖管根部位抹小八字角 (6)素水泥浆一道 (7)平均 35 mm 厚 C15 细石混凝土从门口向地漏找 1%坡 (8)现浇混凝土楼板	m^2	61.499 9	
011102003003	防滑地砖防水楼面(楼梯面层) 楼面 2:防滑地砖防水楼面(砖采用 400 mm×400 mm) (1)10 mm 厚防滑地砖,稀水泥浆擦缝 (2)撒素水泥面(洒适量清水) (3)20 mm 厚 1:2 干硬性水泥砂浆黏结层 (4)1.5 mm 厚聚氨酯涂膜防水层靠墙处卷边 150 mm (5)20 mm 厚 1:3 水泥砂浆找平层,四周及竖管根部位抹小八字角 (6)素水泥浆一道 (7)平均 35 mm 厚 C15 细石混凝土从门口向地漏找 1%坡 (8)现浇混凝土楼板	m^2	22.838 7	
011105001001	水泥砂浆踢脚线 踢脚 3:水泥踢脚(高 100 mm) (1)6 mm 厚 1:2.5 水泥砂浆罩面压实赶光 (2)素水泥浆一道 (3)6 mm 厚 1:3 水泥砂浆打底扫毛或划出纹道	m^2	5.352	
011105002001	大理石踢脚 踢脚 2:大理石踢脚(用 800 mm×100 mm 深色大理石,高度为 100 mm) (1)15 mm 厚大理石踢脚板,稀水泥浆擦缝 (2)10 mm 厚 1:2 水泥砂浆(内掺建筑胶)黏结层 (3)界面剂一道甩毛(甩前先将墙面用水湿润)	m^2	12.504	

续表

编码	项目名称	单位	工程量明细	
			绘图输入	表格输入
011105003001	地砖踢脚 踢脚 1:地砖踢脚(用 400 mm×100 mm 深色地砖,高度为 100 mm) (1)10 mm 厚防滑地砖踢脚,稀水泥浆擦缝 (2)8 mm 厚 1∶2 水泥砂浆(内掺建筑胶)黏结层 (3)5 mm 厚 1∶3 水泥砂浆打底扫毛或划出纹道	m^2	20.628 1	
011105003002	块料踢脚线 踢脚 1:地砖踢脚(用 400 mm×100 mm 深色地砖,高度为 100 mm) (1)10 mm 厚防滑地砖踢脚,稀水泥浆擦缝 (2)8 mm 厚 1∶2 水泥砂浆(内掺建筑胶)黏结层 (3)5 mm 厚 1∶3 水泥砂浆打底扫毛或划出纹道	m^2	36.079	
011204003002	瓷砖墙面 200 mm×300 mm 内墙面 2:瓷砖墙面(面层用 200 mm×300 mm 高级面砖) (1)白水泥擦缝 (2)5 mm 厚釉面砖面层(粘前先将釉面砖浸水 2 h 以上) (3)5 mm 厚 1∶2 建筑水泥砂浆黏结层 (4)素水泥浆一道 (5)9 mm 厚 1∶3 水泥砂浆打底压实抹平 (6)素水泥浆一道甩毛	m^2	121.643	
011204003004	面砖外墙 外墙 1:面砖外墙 (1)10 mm 厚面砖,在砖粘贴面上随粘随刷一遍 YJ-302混凝土界面处理剂 1∶1 水泥砂浆勾缝 (2)6 mm 厚 1∶0.2∶2.5 水泥石灰膏砂浆(内掺建筑胶) (3)刷素水泥浆一道(内掺水重 5%的建筑胶)	m^2	301.614 3	
011301001001	天棚抹灰	m^2	19.5864	
011302001001	铝合金条板吊顶 吊顶 1:铝合金条板吊顶,燃烧性能为 A 级 (1)1.0 mm 厚铝合金条板,离缝安装带插缝板 (2)U 型轻钢次龙骨 B45×48,中距<1 500 mm (3)U 型轻钢主龙骨 B38×12,中距≤1 500 mm,与钢筋吊杆固定 (4)Φ 6 钢筋吊杆,中距横向<1 500 mm,纵向<1 200 mm (5)现浇混凝土板底预留Φ 10 钢筋吊环,双向中距≤1 500 mm	m^2	159.44	

续表

<table>
<tr><th rowspan="2">编码</th><th rowspan="2">项目名称</th><th rowspan="2">单位</th><th colspan="2">工程量明细</th></tr>
<tr><th>绘图输入</th><th>表格输入</th></tr>
<tr><td>011407001002</td><td>涂料墙面
外墙 3:涂料墙面
(1)喷 HJ80-1 型无机建筑涂料
(2)6 mm 厚 1∶2.5 水泥砂浆找平
(3)12 mm 厚 1∶3 水泥砂浆打底扫毛或划出纹道
(4)刷素水泥浆一道(内掺水重 5%的建筑胶)</td><td>m^2</td><td>16.052 4</td><td></td></tr>
<tr><td>011407001003</td><td>涂料墙面(飘窗底面)
外墙 3:涂料墙面
(1)喷 HJ80-1 型无机建筑涂料
(2)20 mm 厚 1∶3 水泥砂浆找平</td><td>m^2</td><td>5</td><td></td></tr>
<tr><td>011407001004</td><td>涂料墙面(飘窗四面侧面)
外墙涂料
(1)喷 HJ80-1 型无机建筑涂料
(2)20 mm 厚防水砂浆</td><td>m^2</td><td>1.76</td><td></td></tr>
<tr><td>011407002001</td><td>天棚喷刷涂料
天棚 1:涂料天棚
(1)喷水性耐擦洗涂料
(2)3 mm 厚 1∶3 水泥砂浆打底扫毛或划出纹道
(3)5 mm 厚 1∶2.5 水泥砂浆找平
(4)素水泥浆一道甩毛(内掺建筑胶)</td><td>m^2</td><td>402.621 2</td><td></td></tr>
<tr><td>011407002002</td><td>天棚喷刷涂料(楼梯底面装饰)
天棚 1:涂料天棚
(1)喷水性耐擦洗涂料
(2)3 mm 厚 1∶3 水泥砂浆打底扫毛或划出纹道
(3)5 mm 厚 1∶2.5 水泥砂浆找平
(4)素水泥浆一道甩毛(内掺建筑胶)</td><td>m^2</td><td>26.389 6</td><td></td></tr>
<tr><td>011503001001</td><td>金属扶手、栏杆、栏板
(1)扶手材料种类、规格:不锈钢栏杆
(2)栏杆材料种类、规格:直径 50 mm</td><td>m</td><td>19.558</td><td></td></tr>
<tr><td>011503002001</td><td>硬木扶手、栏杆、栏板
楼梯栏杆,铁栏杆带木扶手</td><td>m</td><td>9.249 8</td><td></td></tr>
<tr><td>011701001001</td><td>综合脚手架
(1)建筑结构形式:框架结构
(2)檐口高度:14.85 m</td><td>m^2</td><td>649.923</td><td></td></tr>
<tr><td>011702011001</td><td>直形墙模板
(1)其他:支撑高度 3.6 m</td><td>m^2</td><td>2.244</td><td></td></tr>
</table>

续表

编码	项目名称	单位	工程量明细	
			绘图输入	表格输入
011702013001	短肢剪力墙、电梯井壁模板 (1)其他:支撑高度 3.6 m	m^2	26.245	
011702014001	有梁板模板 (1)支撑高度:3.6 m	m^2	5.223 5	
011702023001	雨篷、悬挑板、阳台板模板 (1)构件类型:飘窗板 (2)板厚度:100 mm	m^2	31.646 4	
011702002001	矩形柱模板 (1)其他:支撑高度 3.9 m	m^2	216.619 2	
011702003001	构造柱模板 (1)其他:支撑高度 3.6 m	m^2	44.651 8	
011702006001	矩形梁模板 (1)支撑高度:3.6 m	m^2	291.264 5	
011702008001	圈梁模板	m^2	38.158 9	
011702009001	过梁模板	m^2	38.544 7	
011702011001	直形墙模板	m^2	33.204	
011702014002	有梁板模板	m^2	490.402 2	
011702016001	平板模板	m^2	10	
011702024001	楼梯模板	m^2	37.389 5	

五、总结拓展

图元存盘及图元提取的使用方法和层间复制功能都能满足快速完成绘图的要求。请自行对比使用方法。

问题思考

分析在图元存盘及图元提取操作时,选择基准点有何用途?

5 四层、屋面层工程量计算

通过本章的学习,你将能够:
(1)掌握批量选择构件图元的方法;
(2)批量删除的方法;
(3)掌握女儿墙、压顶、屋面的定义和绘制方法;
(4)统计四层、屋面层构件图元的工程量。

5.1 四层工程量计算

通过本节的学习,你将能够:
(1)巩固层间复制的方法;
(2)调整四层构件属性及图元绘制;
(3)掌握屋面框架梁的定义和绘制。

一、任务说明

①使用层间复制方法完成四层柱、墙体、门窗的做法套用、图元绘制。
②查找四层与三层的不同部分,将不同部分进行修正。
③四层梁和板与其他层信息不一致,需重新定义和绘制。
④汇总计算,统计四层柱、梁、板、墙体、门窗的工程量。

二、任务分析

①对比三层与四层的柱、墙体、门窗都有哪些不同?从名称、尺寸、位置、做法4个方面进行对比。
②从其他楼层复制构件图元与复制选定图元到其他楼层有什么不同?

三、任务实施

1)分析图纸

(1)分析柱

分析图纸结施-04,三层和四层的框架柱信息是一样的,但四层无梯柱,且暗柱信息不同。

(2)分析墙

分析图纸建施-06、建施-07,三层砌体与四层砌体基本相同。分析结施-04,四层剪力墙信息不同。

(3)分析门窗

分析图纸建施-06、建施-07,三层门窗与四层门窗基本相同,但门窗离地高度有变化。

(4)分析楼梯

分析结施-13,四层无楼梯。

2)画法讲解

(1)从其他楼层复制图元

在四层,选择"从其他楼层复制图元",源楼层选择第3层,图元选择柱、墙、门窗洞,目标楼层选择"第4层",单击"确定"按钮,如图5.1所示。

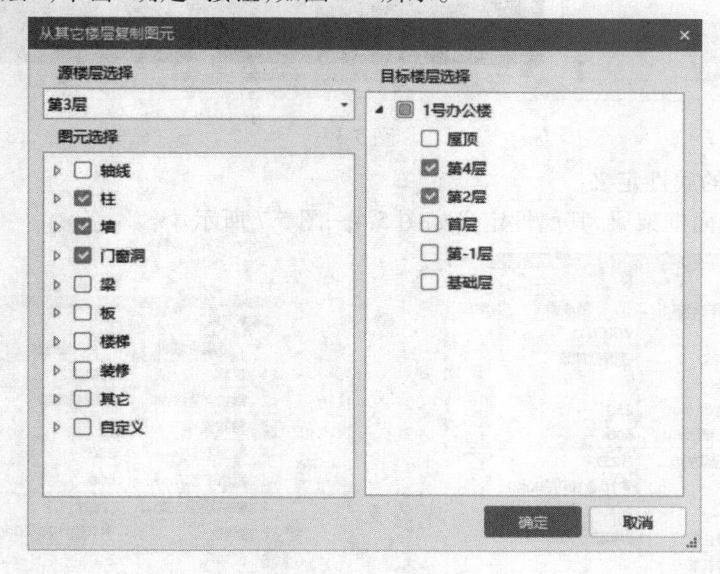

图5.1

将三层柱复制到第四层,其中GBZ1和GBZ2信息修改如图5.2和图5.3所示。

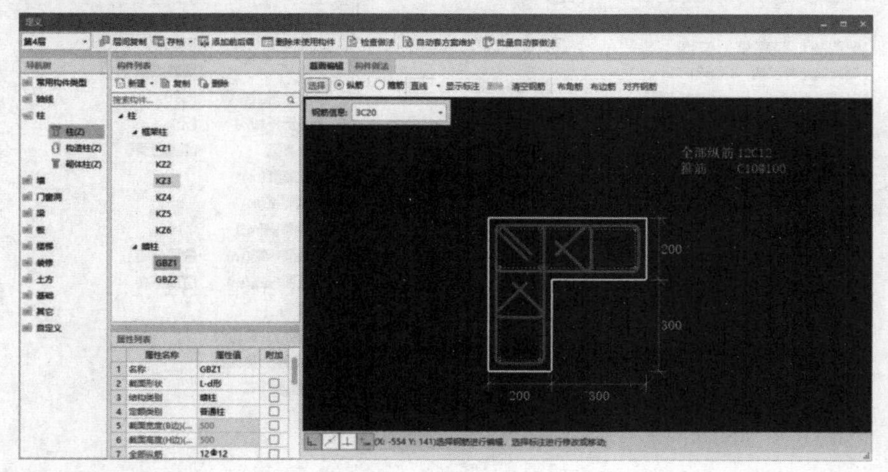

图5.2

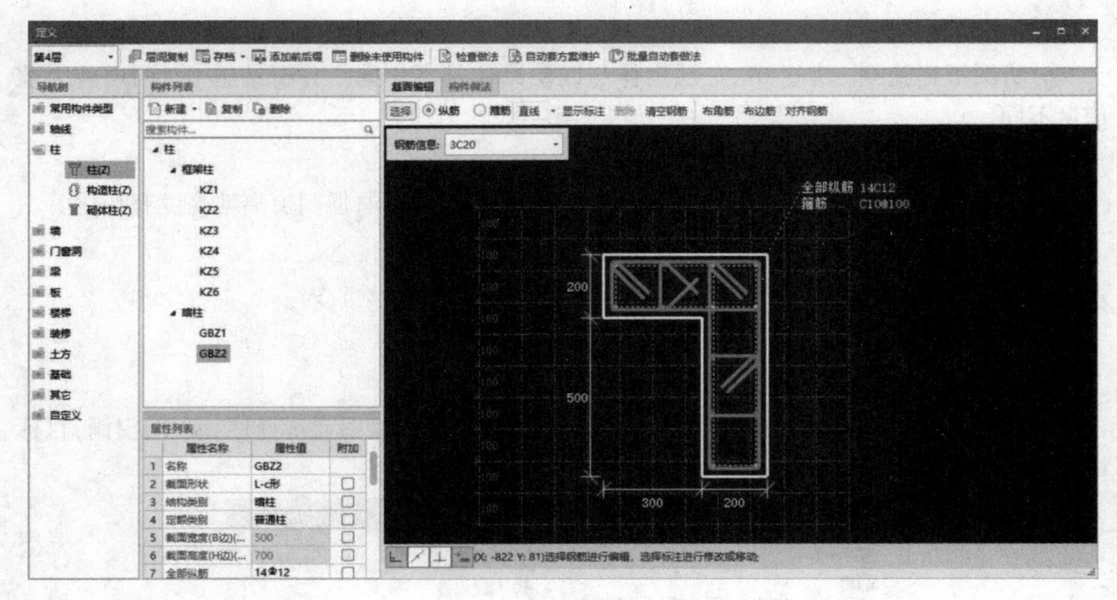

图 5.3

(2)四层梁的属性定义

四层梁为屋面框架梁,其属性定义如图 5.4—图 5.7 所示。

属性列表

	属性名称	属性值	附加
1	名称	WKL1(1)	
2	结构类别	屋面框架梁	☐
3	跨数量	1	☐
4	截面宽度(mm)	250	☐
5	截面高度(mm)	600	☐
6	轴线距梁左边...	(125)	☐
7	箍筋	Φ10@100/200(2)	☐
8	肢数	2	
9	上部通长筋	2Φ25	☐
10	下部通长筋		☐
11	侧面构造或受...	N2Φ16	☐
12	拉筋	(ф6)	☐
13	定额类别	板底梁	☐
14	材质	现浇混凝土	☐
15	混凝土强度等级	(C30)	☐
16	混凝土外加剂	(无)	
17	泵送类型	(混凝土泵)	
18	泵送高度(m)		
19	截面周长(m)	1.7	☐
20	截面面积(m²)	0.15	☐
21	起点顶标高(m)	层顶标高	☐
22	终点顶标高(m)	层顶标高	☐
23	备注		☐
24	⊞ 钢筋业务属性		
34	⊞ 土建业务属性		
39	⊞ 显示样式		

图 5.4

属性列表

	属性名称	属性值	附加
1	名称	WKL2(2)	
2	结构类别	屋面框架梁	☐
3	跨数量	2	☐
4	截面宽度(mm)	300	☐
5	截面高度(mm)	600	☐
6	轴线距梁左边...	(150)	☐
7	箍筋	Φ10@100/200(2)	☐
8	肢数	2	
9	上部通长筋	2Φ25	☐
10	下部通长筋		☐
11	侧面构造或受...	G2Φ12	☐
12	拉筋	(ф6)	☐
13	定额类别	板底梁	☐
14	材质	现浇混凝土	☐
15	混凝土强度等级	(C30)	☐
16	混凝土外加剂	(无)	
17	泵送类型	(混凝土泵)	
18	泵送高度(m)		
19	截面周长(m)	1.8	☐
20	截面面积(m²)	0.18	☐
21	起点顶标高(m)	层顶标高	☐
22	终点顶标高(m)	层顶标高	☐
23	备注		☐
24	⊞ 钢筋业务属性		
34	⊞ 土建业务属性		
39	⊞ 显示样式		

图 5.5

属性列表

	属性名称	属性值	附加
1	名称	L1(1)	
2	结构类别	非框架梁	☐
3	跨数量	1	☐
4	截面宽度(mm)	300	☐
5	截面高度(mm)	550	☐
6	轴线距梁左边...	(150)	☐
7	箍筋	Φ8@200(2)	☐
8	肢数	2	
9	上部通长筋	2Φ22	☐
10	下部通长筋		☐
11	侧面构造或受...	G2Φ12	☐
12	拉筋	(Φ6)	☐
13	定额类别	板底梁	☐
14	材质	现浇混凝土	☐
15	混凝土强度等级	(C30)	☐
16	混凝土外加剂	(无)	
17	泵送类型	(混凝土泵)	
18	泵送高度(m)		
19	截面周长(m)	1.7	☐
20	截面面积(m²)	0.165	☐
21	起点顶标高(m)	层顶标高	☐
22	终点顶标高(m)	层顶标高	☐
23	备注		☐
24	⊕ 钢筋业务属性		
34	⊕ 土建业务属性		
39	⊕ 显示样式		

图 5.6

属性列表

	属性名称	属性值	附加
1	名称	WKL10(3)	
2	结构类别	屋面框架梁	☐
3	跨数量	3	☐
4	截面宽度(mm)	300	☐
5	截面高度(mm)	600	☐
6	轴线距梁左边...	(150)	☐
7	箍筋	Φ10@100/200(2)	☐
8	肢数	2	
9	上部通长筋	2Φ25	☐
10	下部通长筋		☐
11	侧面构造或受...	G2Φ12	☐
12	拉筋	(Φ6)	☐
13	定额类别	板底梁	☐
14	材质	现浇混凝土	☐
15	混凝土强度等级	(C30)	☐
16	混凝土外加剂	(无)	
17	泵送类型	(混凝土泵)	
18	泵送高度(m)		
19	截面周长(m)	1.8	☐
20	截面面积(m²)	0.18	☐
21	起点顶标高(m)	层顶标高	☐
22	终点顶标高(m)	层顶标高	☐
23	备注		☐
24	⊕ 钢筋业务属性		
34	⊕ 土建业务属性		
39	⊕ 显示样式		

图 5.7

四层梁的绘制方法同首层梁。板和板钢筋绘制方法同首层。用层间复制的方法，把第 3 层的墙、门窗洞口复制到第 4 层。

所有构件要添加清单和定额，方法同首层。

特别注意，与其他层不同的是，顶层柱要判断边角柱。在“柱二次编辑”面板中单击“判别边角柱”按钮，则软件自动判别边角柱，如图 5.8 所示。

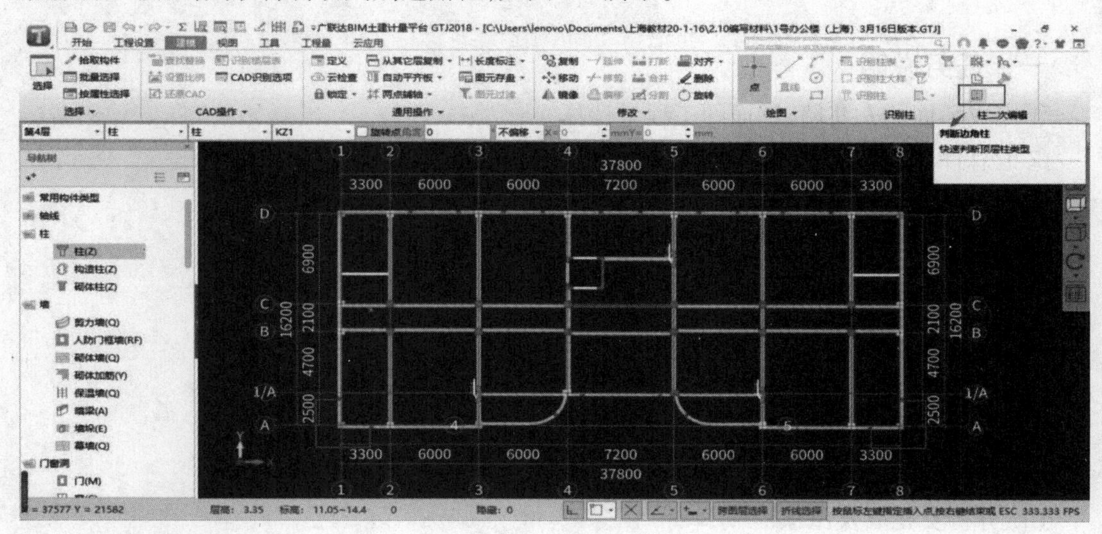

图 5.8

四、总结拓展

下面简单介绍几种在绘图界面查看工程量的方式。

①单击“查看工程量”,选中要查看的构件图元,弹出“查看构件图元工程量”对话框,可以查看做法工程量、清单工程量和定额工程量。

②按“F3”键批量选择构件图元,然后单击“查看工程量”,可以查看做法工程量、清单工程量和定额工程量。

③单击“查看计算式”,选择单一图元,弹出“查看构件图元工程量计算式”,可以查看此图元的详细计算式,还可利用“查看三维扣减图”查看详细工程量计算式。

问题思考

如何使用“判断边角柱”的命令?

5.2 女儿墙、压顶、屋面的工程量计算

通过本节的学习,你将能够:

(1)确定女儿墙高度、厚度,确定屋面防水的上卷高度;

(2)矩形绘制屋面图元,点绘制屋面图元;

(3)图元的拉伸;

(4)统计本层女儿墙、女儿墙压顶、屋面的工程量。

一、任务说明

①完成屋面的女儿墙、屋面的工程量计算。

②汇总计算,统计屋面的工程量。

二、任务分析

①从哪张图中能够找到屋面做法?屋面做法与哪些清单、定额相关?

②从哪张图中能够找到女儿墙的尺寸?

三、任务实施

1)分析图纸

(1)分析女儿墙及压顶

分析图纸建施-12、建施-08,女儿墙的构造参见建施-08 节点 1,女儿墙墙厚 240 mm(以建施-08 平面图为准)。女儿墙墙身为砖墙,压顶材质为混凝土,宽 300 mm,高 60 mm。

(2)分析屋面

分析图纸建施-02,可知本层的屋面做法为屋面1,防水的上卷高度设计为250 mm(以建施-12大样图为准)。

2)清单、定额计算规则学习

(1)清单计算规则学习

女儿墙、屋面清单计算规则见表5.1。

表5.1 女儿墙、屋面清单计算规则

编码	项目名称	单位	计算规则
010401004	多孔砖墙	m^3	按设计图示尺寸以体积计算 扣除门窗、洞口、嵌入墙内的钢筋混凝土柱、梁、圈梁、挑梁、过梁及凹进墙内的壁龛、管槽、暖气槽、消火栓箱所占体积;不扣除梁头、板头、檩头、垫木、木楞头、沿缘木、木砖、门窗走头、砖墙内加固钢筋、木筋、铁件、钢管及单个面积≤0.3 m^2 的孔洞所占的体积。凸出墙面的腰线、挑檐、压顶、窗台线、虎头砖、门窗套的体积亦不增加。凸出墙面的砖垛并入墙体体积内计算 (1)墙长度:外墙按中心线、内墙按净长计算 (2)墙高度: ①外墙:斜(坡)屋面无檐口天棚者算至屋面板底;有屋架且室内外均有天棚者算至屋架下弦底,另加200 mm;无天棚者算至屋架下弦底,另加300 mm,出檐宽度超过600 mm时,按实砌高度计算;与钢筋混凝土楼板隔层者算至板顶。平屋顶算至钢筋混凝土板底 ②内墙:位于屋架下弦者,算至屋架下弦底;无屋架者算至天棚底,另加100 mm;有钢筋混凝土楼板隔层者算至楼板顶;有框架梁时算至梁底 ③女儿墙:从屋面板上表面算至女儿墙顶面(如有混凝土压顶时算至压顶下表面) ④内、外山墙:按其平均高度计算 (3)框架间墙:不分内外墙按墙体净尺寸以体积计算 (4)围墙:高度算至压顶上表面(如有混凝土压顶时算至压顶下表面),围墙柱并入围墙体积内
010507005	扶手、压顶	(1)m (2)m^3	(1)以m计量,按设计图示的中心线延长米计算 (2)以立方米计量,按设计图示尺寸以体积计算
011702025	压顶模板 (其他现浇构件)	m^2	按模板与现浇混凝土构件的接触面积计算

续表

编码	项目名称	单位	计算规则
010902001	屋面卷材防水	m^2	按设计图示尺寸以面积计算 (1)斜屋顶(不包括平屋顶找坡)按斜面积计算,平屋顶按水平投影面积计算 (2)不扣除房上烟囱、风帽底座、风道、屋面小气窗和斜沟所占面积 (3)屋面的女儿墙、伸缩缝和天窗等处的弯起部分,并入屋面工程量内
011001001	保温隔热屋面	m^2	按设计图示尺寸以面积计算。扣除面积大于 0.3 m^2 的孔洞所占的面积
011101006	平面砂浆找平层 (屋面水泥砂浆找平层)	m^2	按设计图示尺寸以面积计算
011101006	平面砂浆找平层 (40 mm 厚 1∶0.2∶3.5 水泥粉煤灰页岩陶粒找 2%坡)	m^2	按设计图示尺寸以面积计算
011204003	面砖外墙(外墙 1)	m^2	按设计图示尺寸以面积计算

(2)定额计算规则学习

女儿墙、屋面定额计算规则见表 5.2。

表 5.2　女儿墙、屋面定额计算规则

编码	项目名称	单位	计算规则
01-4-1-8	多孔砖墙 1 砖(240 mm)	m^3	按设计图示尺寸以体积计算 (1)扣除门窗、洞口、嵌入墙内的钢筋混凝土柱、梁、板、圈梁、挑梁、过梁及凹进墙内的壁龛、管槽、暖气槽、消火栓箱所占体积;不扣除梁头、板头、檩头、垫木、木楞头、沿椽木、木砖、门窗走头、砖墙内加固钢筋、木筋、铁件、钢管及单个面积≤0.3 m^2 的孔洞所占的体积。凸出墙面的腰线、挑檐、压顶、窗台线、虎头砖、门窗套的体积亦不增加。凸出墙面的砖垛并入墙体体积内计算 (2)墙长度:外墙按中心线、内墙按净长计算 (3)墙高度: ①外墙:斜(坡)屋面无檐口天棚者算至屋面板底;有屋架且室内外均有天棚者算至屋架下弦底,另加 200 mm;无天棚者算至屋架下弦底,另加 300 mm,出檐宽度超过 600 mm 时,按实砌高度计算;有钢筋混凝土楼板隔层者算至板顶。平屋顶算至钢筋混凝土板底 ②内墙:位于屋架下弦者,算至屋架下弦底;无屋架者算至天棚底,另加 100 mm;有钢筋混凝土楼板隔层者算至楼板底;有框架梁时算至梁底

续表

编码	项目名称	单位	计算规则
			③女儿墙:从屋面板上表面算至女儿墙顶面(如有混凝土压顶时算至压顶下表面) ④内、外山墙:按其平均高度计算
01-5-7-8	预拌混凝土(非泵送)扶手、压顶	m^3	按设计图示以体积计算
01-17-2-100	复合模板扶手压顶	m^2	按模板与混凝土的接触面积计算
01-9-2-3	屋面防水改性沥青卷材冷粘	m^2	屋面防水按设计图示尺寸以面积计算。不扣除房上烟囱、风帽底座、风道、屋面小气窗和斜沟所占面积,屋面的女儿墙、伸缩缝和天窗等处的弯起部分按图示尺寸并入屋面工程量计算。卷材、涂膜屋面中弯起部分按设计规定计算;设计无规定时,伸缩缝、女儿墙、天窗应弯起部分按 500 mm 计算
01-11-1-19	换算(满土银粉保护剂)楼地面刷素水泥浆		
01-10-1-8	屋面保温聚氨酯硬泡不上人屋面	m^2	屋面保温隔热层按设计图示尺以面积计算,扣除单个面积>0.3 m^2 孔洞所占的面积
01-11-1-14	干混砂浆找平层填充保温材料上 20 mm 厚	m^2	整体面层及找平层按图示尺寸以面积计算,扣除凸出地面的构筑物、设备基础、地沟等所占面积,不扣除间壁墙及≤0.3 m^2 柱、垛及孔洞所占面积,门洞、空圈、暖气包槽、壁龛的开口部分不增加面积
01-11-1-14	换算(40 mm 厚 1∶0.2∶3.5 水泥粉煤灰页岩陶)干混砂浆找平层填充保温材料 20 mm 厚		
01-11-1-16	换算(40 mm 厚 1∶0.2∶3.5 水泥粉煤灰页岩陶)干混砂浆找平层 每增减 5 mm		
01-12-4-13	面砖稀缝墙面黏合剂粘贴每块面积 0.01 m^2以内	m^2	外墙抹灰面按垂直投影面积计算,扣除外墙裙、门窗洞口和单个面积>0.3 m^2 孔洞所占面积,不扣除≤0.3 m^2 的孔洞所占面积,门窗洞口及孔洞侧壁面积亦不增加。附墙柱、梁、垛侧面抹灰面积并入相应墙面、墙裙工程量内计算
01-12-1-7	墙柱面刷素水泥浆	m^2	

3)属性定义

(1)女儿墙的属性定义

女儿墙的属性定义同墙,在新建墙体时,名称命名为“女儿墙”,其属性定义如图 5.9 所示,注意大样中砂浆为混合砂浆。

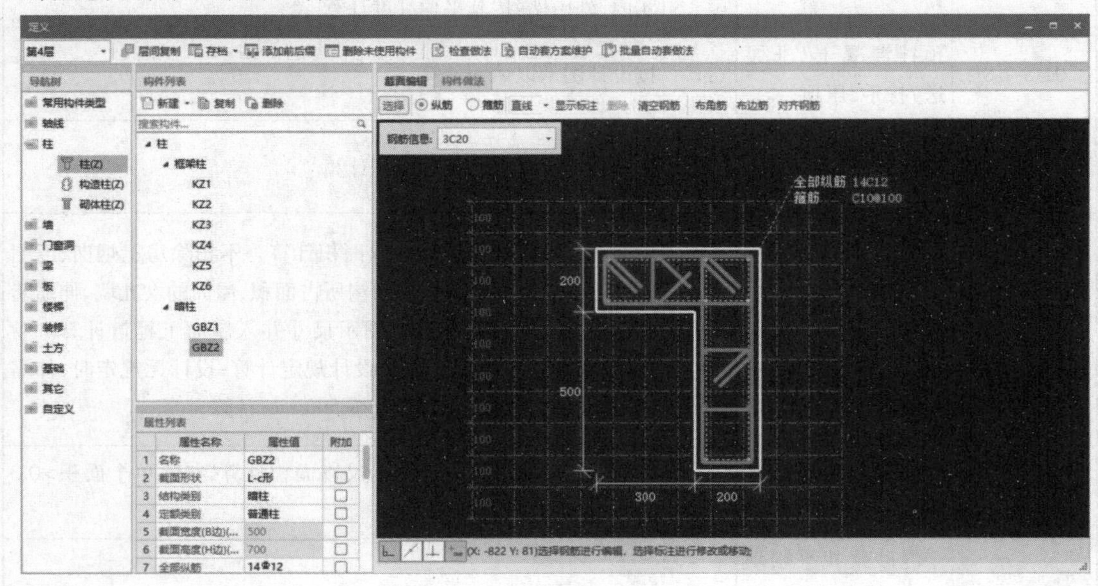

图 5.9

(2)屋面的属性定义

在导航树中选择“其他”→“屋面”,在构件列表中选择“新建”→“新建屋面”,在属性编辑框中输入相应的属性值,如图 5.10 所示。

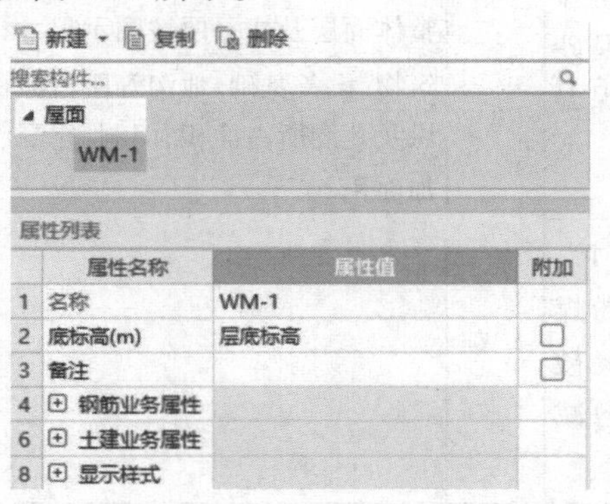

图 5.10

(3)女儿墙压顶的属性定义

在导航树中选择“其他”→“压顶”,在构件列表中选择“新建”→“新建压顶”,修改名称为“YD1”,修改其属性信息,并在截面编辑图中编辑相应的钢筋信息,如图 5.11 所示。

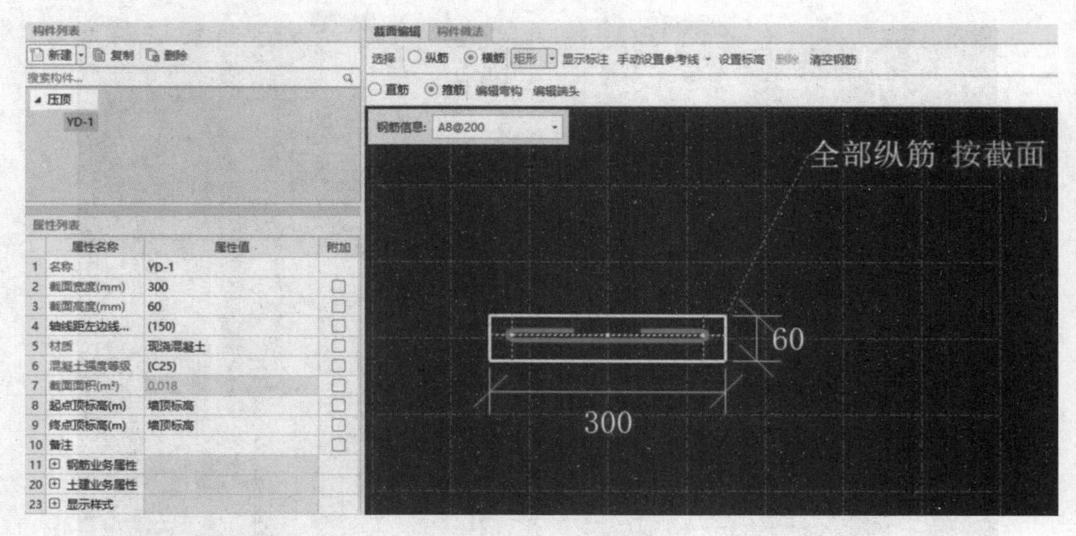

图 5.11

4) 做法套用

①女儿墙的做法套用,如图 5.12 所示。

	编码	类别	名称	项目特征	单位	工程量表达式	表达式说明
1	⊟ 010401004	项	多孔砖墙	1.砖品种、规格、强度等级:多孔砖 2.墙体类型:女儿墙240mm 3.砂浆强度等级、配合比:水泥M5.0	m3	TJ	TJ<体积>
2	01-4-1-8	定	多孔砖墙 1砖(240mm)		m3	TJ	TJ<体积>

图 5.12

②女儿墙的压顶做法套用,如图 5.13 所示。

	编码	类别	名称	项目特征	单位	工程量表达式	表达式说明	单价	综合单价	措施项目
1	⊟ 010507005	项	扶手、压顶	1.断面尺寸:300*60 2.混凝土种类:预拌混凝土 3.混凝土强度等级:C25	m	CD	CD<长度>			☐
2	01-5-7-8	定	预拌混凝土(非泵送) 扶手、压顶		m3	TJ	TJ<体积>	0		☐
3	⊟ 011702034	借项	压顶模板		m3	TJ	TJ<体积>			☑
4	01-17-2-100	定	复合模板 扶手压顶		m2	MBMJ	MBMJ<模板面积>	0		☑

图 5.13

5) 画法讲解

(1) 直线绘制女儿墙

采用直线绘制女儿墙,因画时是居中于轴线绘制的,女儿墙图元绘制完成后要对其进行偏移、延伸,把第四层的梁复制到本层,作为对齐的参照线,使女儿墙各段墙体封闭,然后删除梁。绘制好的图元如图 5.14 所示。

将楼层切换到第四层,选中电梯井周边的剪力墙和暗柱复制到屋面层。修改剪力墙顶标高,如图 5.15 所示。

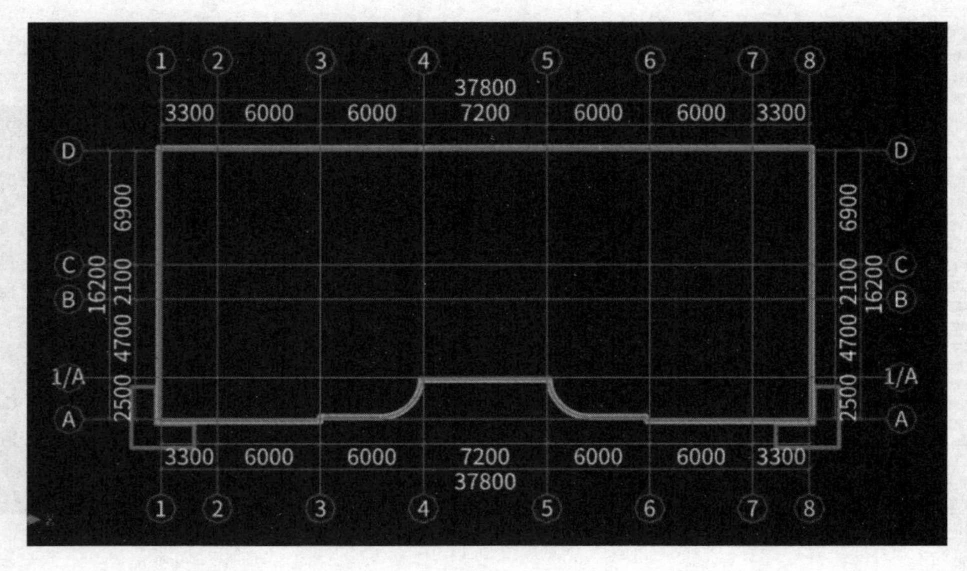

图 5.14

在导航树中找到“其他”→“栏板”,新建栏板,修改名称为“上人口”,其属性值如图 5.16 所示。

属性列表

	属性名称	属性值	附加
1	名称	Q-4	
2	厚度(mm)	200	☑
3	轴线距左墙皮...	(100)	☐
4	水平分布钢筋	(2)⌀10@200	☐
5	垂直分布钢筋	(2)⌀10@200	☐
6	拉筋	⌀8@600*600	☐
7	材质	现浇混凝土	☐
8	混凝土强度等级	(C30)	☐
9	混凝土外加剂	(无)	
10	泵送类型	(混凝土泵)	
11	泵送高度(m)		
12	内/外墙标志	(外墙)	☑
13	类别	混凝土墙	☐
14	起点顶标高(m)	层顶标高	☐
15	终点顶标高(m)	层顶标高	☐
16	起点底标高(m)	层底标高	☐
17	终点底标高(m)	层底标高	☐
18	备注		☐
19	⊞ 钢筋业务属性		
32	⊞ 土建业务属性		

图 5.15

属性列表

	属性名称	属性值	附加
1	名称	上人口	
2	截面宽度(mm)	80	☐
3	截面高度(mm)	600	☐
4	轴线距左边线...	(40)	☐
5	水平钢筋	(2)⌀6@200	☐
6	垂直钢筋	(1)⌀10@200	☐
7	拉筋		☐
8	材质	现浇混凝土	☐
9	混凝土强度等级	(C25)	☐
10	截面面积(m^2)	0.048	☐
11	起点底标高(m)	层底标高	☐
12	终点底标高(m)	层底标高	☐
13	备注		☐
14	⊞ 钢筋业务属性		
24	⊞ 土建业务属性		
27	⊞ 显示样式		

图 5.16

采用直线功能绘制屋面上人口,如图 5.17 所示。

(2)绘制女儿墙压顶

用“智能布置”功能,选择“墙中心线”,批量选中所有女儿墙,单击鼠标右键即可完成压顶的绘制,如图 5.18 所示。

(3)绘制屋面

采用“点”功能绘制屋面,如图 5.19 所示。

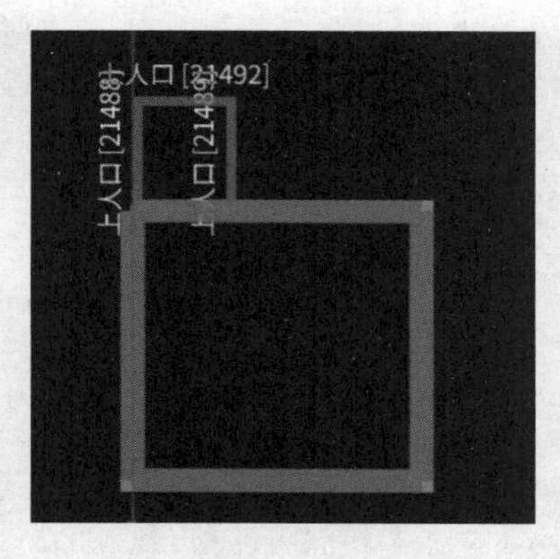

图 5.17

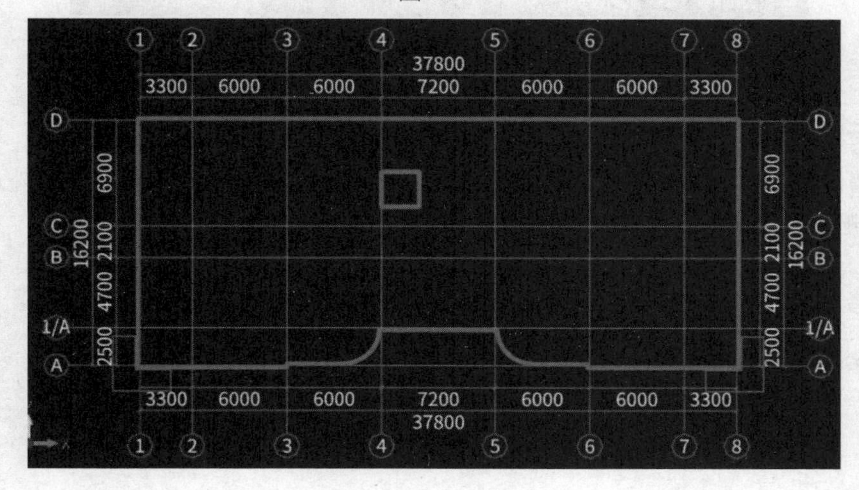

图 5.18

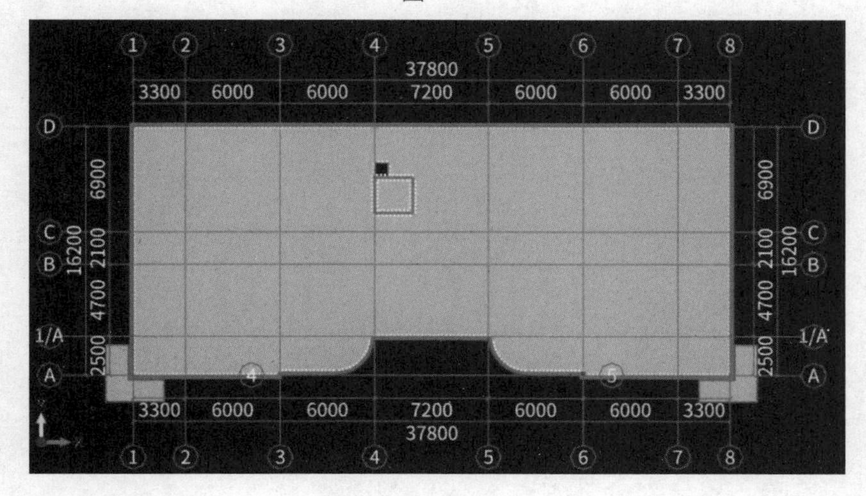

图 5.19

选中屋面,单击鼠标右键,“设置防水卷边”,输入“250”,单击“确定”按钮,如图 5.20 所示。

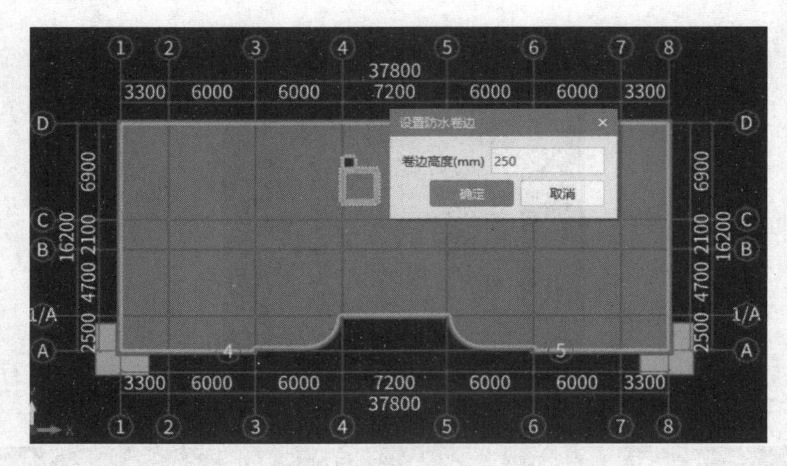

图 5.20

四、总结拓展

女儿墙位置外边线同其他楼层外墙外边线,在绘制女儿墙时,可先参照柱的外边线进行绘制,然后删除柱即可。

问题思考

构造柱的绘制可参考哪些方法?

6 地下一层工程量计算

通过本章的学习，你将能够：
(1)分析地下层要计算哪些构件；
(2)各构件需要计算哪些工程量；
(3)地下层构件与其他层构件定义与绘制的区别；
(4)计算并统计地下一层工程量。

6.1 地下一层柱的工程量计算

通过本节的学习，你将能够：
(1)分析本层归类到剪力墙的构件；
(2)统计本层柱的工程量。

一、任务说明

①完成地下一层柱的构件定义、做法套用及绘制。
②汇总计算，统计地下一层柱的工程量。

二、任务分析

①地下一层有哪些需要计算的构件工程量？
②地下一层中有哪些柱构件不需要绘制？

三、任务实施

1)图纸分析

①分析图纸结施-04，可以从柱表中得到地下室和首层柱信息相同。本层包括矩形框架柱及暗柱。

②YBZ1 和 YBZ2 包含在剪力墙里面，算量时属于剪力墙内部构件，归到剪力墙里面，所以 YBZ1 和 YBZ2 的混凝土量与模板工程量归属到剪力墙中。

柱突出墙且柱与墙标号相同时，柱体积并入墙体积，且柱体积工程量为零。

2)定义与绘制

从首层复制柱到-1 层,如图 6.1 所示,并在地下一层删除构造柱和梯柱。

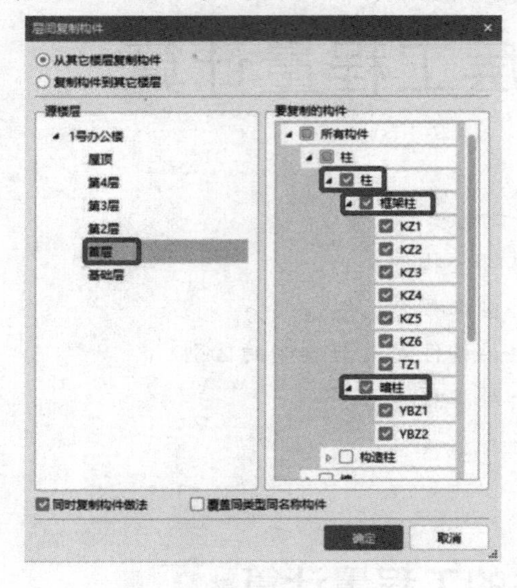

图 6.1

3)做法套用

地下一层框架柱的做法参考一层框架柱的做法。

在复制构件时,将左下角的"同时复制构件做法"选中,则将一层的柱做法同时复制到了地下一层。暗柱的做法套用,如图 6.2 所示。

	编码	类别	名称	项目特征	单位	工程量表达式	表达式说明
1	010504001	项	直形墙	1. 混凝土种类:预拌混凝土 2. 混凝土强度等级:C30	m3	TJ	TJ<体积>
2	01-5-4-1	定	预拌混凝土(泵送) 直形墙、电梯井壁		m3	TJ	TJ<体积>
3	011702013	借项	短肢剪力墙、电梯井壁模板	1. 其他:支撑高度3.9m	m2	MBMJ	MBMJ<模板面积>
4	01-17-2-69	定	复合模板 直形墙、电梯井壁		m2	MBMJ	MBMJ<模板面积>
5	01-17-2-73	定	复合模板 墙超3.6m每增3m		m2	CGMBMJ	CGMBMJ<超高模板面积>

图 6.2

四、任务结果

汇总计算,统计本层柱的工程量,见表 6.1。

表 6.1　地下一层柱清单定额工程量

编码	项目名称	单位	工程量
010502001001	矩形柱 (1)混凝土种类:预拌混凝土 (2)混凝土强度等级:C30	m^3	32.214
01-5-2-1	预拌混凝土(泵送) 矩形柱	m^3	32.214

续表

编码	项目名称	单位	工程量
010504001001	直形墙 (1)混凝土种类:预拌混凝土 (2)混凝土强度等级:C30	m^3	2.808
01-5-4-1	预拌混凝土(泵送) 直形墙、电梯井壁	m^3	2.808
011702013001	短肢剪力墙、电梯井壁模板 (1)其他:支撑高度 3.9 m	m^2	28.525
01-17-2-69	复合模板 直形墙、电梯井壁	m^2	29.026
01-17-2-73	复合模板 墙超 3.6 m 每增 3 m	m^2	1.696
011702002001	矩形柱模板 (1)其他:支撑高度 3.9 m	m^2	155.296 2
01-17-2-53	复合模板 矩形柱	m^2	163.505 6
01-17-2-59	复合模板 柱超 3.6 m 每增 3 m	m^2	7.379 2

五、总结拓展

在新建异形柱时,绘制异形柱需一次围成封闭区域。围成封闭区域后不能在该网格上绘制任何图形。

问题思考

图元存盘及图元提取如何使用？它们有什么优点？

6.2 地下一层剪力墙的工程量计算

通过本节学习,你将能够:
分析本层归类到剪力墙的构件。

一、任务说明

①完成地下一层剪力墙的构件定义及做法套用。
②绘制剪力墙图元。
③汇总计算,统计地下一层剪力墙的工程量。

二、任务分析

①地下一层剪力墙和首层有什么不同?

②地下一层中有哪些剪力墙构件不需要绘制?

三、任务实施

1)图纸分析

①分析图纸结施-02,可以得到地下一层剪力墙信息。

②分析连梁:连梁是剪力墙的一部分。在结施-02 中,剪力墙顶部有暗梁。

2)清单、定额计算规则的学习

(1)清单计算规则学习

混凝土墙清单计算规则见表 6.2。

表 6.2 混凝土墙清单计算规则

编码	项目名称	单位	计算规则
010504001	直形墙	m^3	按设计图示尺寸以体积计算,扣除门窗洞口及单个面积>0.3 m^2 的孔洞所占体积,墙垛及突出墙面部分并入墙体体积内计算
010504002	弧形墙		
010504003	短肢剪力墙		
010504004	挡土墙		

(2)定额计算规则学习

混凝土墙定额计算规则见表 6.3。

表 6.3 混凝土墙定额计算规则

编码	项目名称	单位	计算规则
01-5-4-4	预拌混凝土(泵送)地下室墙、挡土墙	m^3	混凝土工程量除另有规定者外,均按设计图示尺寸以体积计算。不扣除构件内钢筋、预埋铁件、预埋螺栓及墙、板中单个面积≤0.30 m^2 孔洞所占体积,型钢组合混凝土构件中的型钢骨架所占体积按(密度)7 850 kg/m^3 扣除 墙按设计图示尺寸以体积计算,扣除门窗洞口及单个面积>0.3 m^2 孔洞所占体积,墙垛及突出部分并入墙体积内计算
01-5-4-2	预拌混凝土(泵送)弧形墙		
01-5-4-1	预拌混凝土(泵送)直形墙、电梯井壁		

在结施-05 中,Ⓓ轴线的剪力墙上有 LL1(1),连梁下方有墙洞,可参照首层的做法。

3)属性定义

(1)剪力墙的属性定义

①分析图纸结施-02,可知 Q1 和 Q2 的相关信息如图 6.3—图 6.5 所示。

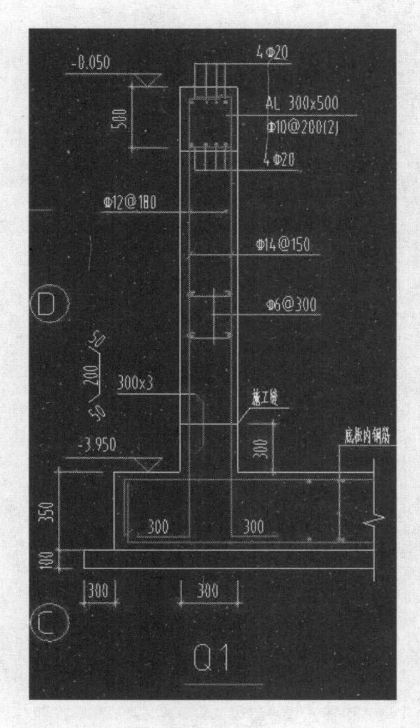

图 6.3

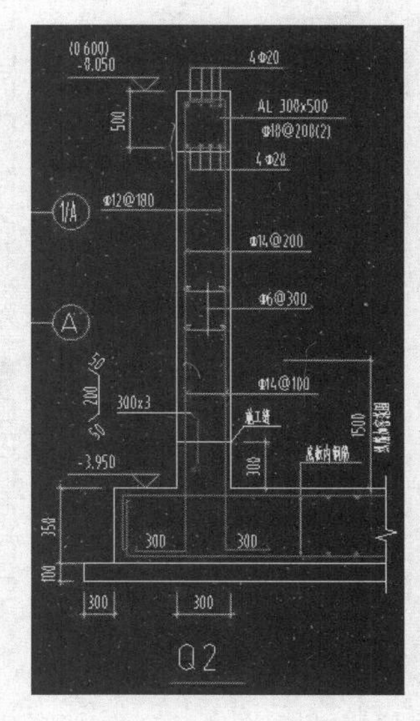

图 6.4

5.凡地下室外墙、水池池壁均在迎水面的砼保护层内增加为Φ4@150的单层双向钢筋网片其钢筋网片保护层厚度为25mm，详图四。墙板中拉筋间距宜为板筋间距的倍数。

图 6.5

②新建外墙。在导航树中选择“墙”→“剪力墙”，在构件列表中单击“新建”→“新建外墙”，进入墙的定义界面，如图6.6—图6.10所示。

属性列表

	属性名称	属性值	附加
1	名称	Q-1	
2	厚度(mm)	300	☐
3	轴线距左墙皮...	(150)	☐
4	水平分布钢筋	(2)⌀12@180	☐
5	垂直分布钢筋	(2)⌀14@150	☐
6	拉筋	⌀6@300*300	☐
7	材质	现浇混凝土	☐
8	混凝土强度等级	(C30)	☐
9	混凝土外加剂	(无)	
10	泵送类型	(混凝土泵)	
11	泵送高度(m)		
12	内/外墙标志	(外墙)	☑
13	类别	混凝土墙	☐
14	起点顶标高(m)	层顶标高	☐
15	终点顶标高(m)	层顶标高	☐
16	起点底标高(m)	层底标高	☐
17	终点底标高(m)	层底标高	☐
18	备注		☐

图 6.6

属性列表

	属性名称	属性值	附加
1	名称	Q-2	
2	厚度(mm)	300	☐
3	轴线距左墙皮...	(150)	☐
4	水平分布钢筋	(2)⌀12@180	☐
5	垂直分布钢筋	(2)⌀14@200	☐
6	拉筋	⌀6@300*300	☐
7	材质	现浇混凝土	☐
8	混凝土强度等级	(C30)	☐
9	混凝土外加剂	(无)	
10	泵送类型	(混凝土泵)	
11	泵送高度(m)		
12	内/外墙标志	(外墙)	☑
13	类别	混凝土墙	☐
14	起点顶标高(m)	层顶标高	☐
15	终点顶标高(m)	层顶标高	☐
16	起点底标高(m)	层底标高	☐
17	终点底标高(m)	层底标高	☐
18	备注		☐

图 6.7

属性列表

	属性名称	属性值	附加
1	名称	Q-1（弧形）	
2	厚度(mm)	300	☐
3	轴线距左墙皮...	(150)	☐
4	水平分布钢筋	(2)Φ12@180	☐
5	垂直分布钢筋	(2)Φ14@150	☐
6	拉筋	Φ6@300*300	☐
7	材质	现浇混凝土	☐
8	混凝土强度等级	(C30)	☐
9	混凝土外加剂	(无)	
10	泵送类型	(混凝土泵)	
11	泵送高度(m)		
12	内/外墙标志	(外墙)	☑
13	类别	混凝土墙	☐
14	起点顶标高(m)	层顶标高	☐
15	终点顶标高(m)	层顶标高	☐
16	起点底标高(m)	层底标高	☐
17	终点底标高(m)	层底标高	☐
18	备注		☐

图 6.8

	属性名称	属性值	附加
1	名称	钢筋网	
2	厚度(mm)	35	☐
3	轴线距左墙皮...	(17.5)	☐
4	水平分布钢筋	(2)φ4@150	☐
5	垂直分布钢筋	(2)φ4@150	☐
6	拉筋		☐
7	材质	现浇混凝土	☐
8	混凝土强度等级	(C30)	☐
9	混凝土外加剂	(无)	
10	泵送类型	(混凝土泵)	
11	泵送高度(m)		
12	内/外墙标志	(外墙)	☑
13	类别	混凝土墙	☐
14	起点顶标高(m)	层顶标高	☐
15	终点顶标高(m)	层顶标高	☐
16	起点底标高(m)	层底标高	☐
17	终点底标高(m)	层底标高	☐
18	备注		☐

图 6.9

属性列表

	属性名称	属性值	附加
1	名称	LL1(1)	
2	截面宽度(mm)	200	☐
3	截面高度(mm)	1000	☐
4	轴线距梁左边...	(100)	☐
5	全部纵筋		☐
6	上部纵筋	4Φ22	☐
7	下部纵筋	4Φ22	☐
8	箍筋	Φ10@100(2)	☐
9	胶数	2	
10	拉筋	(φ6)	☐
11	侧面纵筋(总配...	GΦ12@200	☐
12	材质	现浇混凝土	☐
13	混凝土强度等级	(C30)	☐
14	混凝土外加剂	(无)	
15	泵送类型	(混凝土泵)	
16	泵送高度(m)		
17	截面周长(m)	2.4	☐
18	截面面积(m²)	0.2	☐
19	起点顶标高(m)	层顶标高	☐
20	终点顶标高(m)	[illegible]	☐

图 6.10

属性列表

	属性名称	属性值	附加
1	名称	LL2(1)	
2	截面宽度(mm)	300	☐
3	截面高度(mm)	1050	☐
4	轴线距梁左边...	(150)	☐
5	全部纵筋		☐
6	上部纵筋	2Φ20	☐
7	下部纵筋	2Φ20	☐
8	箍筋	Φ10@100/200	☐
9	胶数	2	
10	拉筋	(φ6)	☐
11	侧面纵筋(总配...	GΦ12@200	☐
12	材质	现浇混凝土	☐
13	混凝土强度等级	(C30)	☐
14	混凝土外加剂	(无)	
15	泵送类型	(混凝土泵)	
16	泵送高度(m)		
17	截面周长(m)	2.7	☐
18	截面面积(m²)	0.315	☐
19	起点顶标高(m)	层顶标高	☐
20	终点顶标高(m)	[illegible]	☐

图 6.11

采用直线及三点画弧绘制。其绘制方法同首层。

(2)连梁的属性定义

连梁信息在结施-05 中,其属性信息如图 6.10 和图 6.11 所示。

(3)暗梁的属性定义

暗梁信息在结施-02 中,在导航树中选择“墙”→“暗梁”,其属性定义如图 6.12 所示。

	属性名称	属性值	附加
1	名称	AL-1	
2	类别	暗梁	☐
3	截面宽度(mm)	300	☐
4	截面高度(mm)	500	☐
5	轴线距梁左边...	(150)	☐
6	上部钢筋	4⌀20	☐
7	下部钢筋	4⌀20	☐
8	箍筋	⌀10@200(2)	☐
9	侧面纵筋(总配...		☐
10	肢数	2	
11	拉筋		☐
12	材质	现浇混凝土	☐
13	混凝土强度等级	(C30)	☐
14	混凝土外加剂	(无)	
15	泵送类型	(混凝土泵)	
16	泵送高度(m)		
17	终点为顶层暗梁	否	
18	起点为顶层暗梁	否	
19	起点顶标高(m)	层顶标高	☐
20	终点顶标高(m)	层顶标高	☐

图 6.12

4) 做法套用

外墙做法套用如图 6.13—图 6.16 所示。

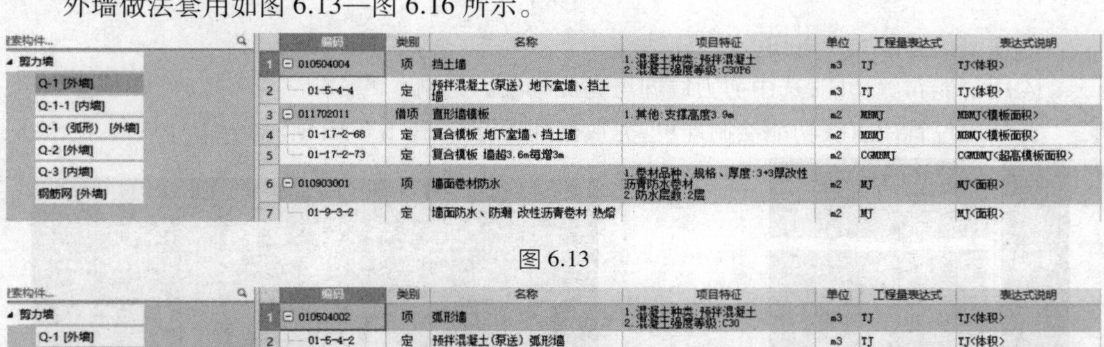

搜索构件...
剪力墙
Q-1 [外墙]
Q-1-1 [内墙]
Q-1 (弧形) [外墙]
Q-2 [外墙]
Q-3 [内墙]
钢筋网 [外墙]

	编码	类别	名称	项目特征	单位	工程量表达式	表达式说明
1	010504004	项	挡土墙	1.混凝土种类:预拌混凝土 2.混凝土强度等级:C30P6	m3	TJ	TJ<体积>
2	01-5-4-4	定	预拌混凝土(泵送) 地下室墙、挡土墙		m3	TJ	TJ<体积>
3	011702011	借项	直形墙模板	1.其他:支撑高度3.9m	m2	MBMJ	MBMJ<模板面积>
4	01-17-2-68	定	复合模板 地下室墙、挡土墙		m2	MBMJ	MBMJ<模板面积>
5	01-17-2-73	定	复合模板 墙超3.6m每增3m		m2	CGMBMJ	CGMBMJ<超高模板面积>
6	010903001	项	墙面卷材防水	1.卷材品种、规格、厚度:3+3厚改性沥青防水卷材 2.防水层数:2层	m2	MJ	MJ<面积>
7	01-9-3-2	定	墙面防水、防潮 改性沥青卷材 热熔		m2	MJ	MJ<面积>

图 6.13

搜索构件...
剪力墙
Q-1 [外墙]
Q-1-1 [内墙]
Q-1 (弧形) [外墙]
Q-2 [外墙]

	编码	类别	名称	项目特征	单位	工程量表达式	表达式说明
1	010504002	项	弧形墙	1.混凝土种类:预拌混凝土 2.混凝土强度等级:C30	m3	TJ	TJ<体积>
2	01-5-4-2	定	预拌混凝土(泵送) 弧形墙		m3	TJ	TJ<体积>
3	011702012	借项	弧形墙模板	1.其他:支撑高度3.9m	m2	MBMJ	MBMJ<模板面积>
4	01-17-2-71	定	复合模板 弧形墙		m2	MBMJ	MBMJ<模板面积>
5	01-17-2-73	定	复合模板 墙超3.6m每增3m		m2	CGMBMJ	CGMBMJ<超高模板面积>

图 6.14

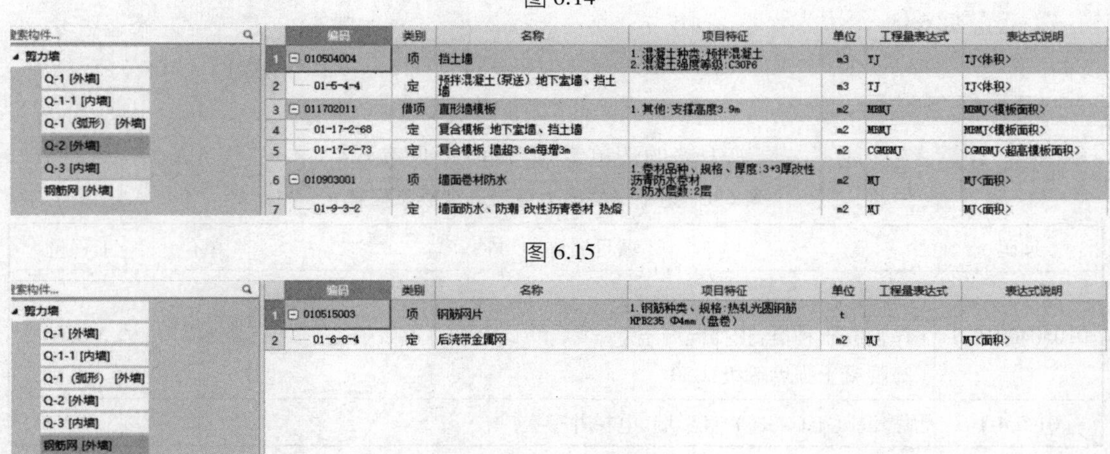

搜索构件...
剪力墙
Q-1 [外墙]
Q-1-1 [内墙]
Q-1 (弧形) [外墙]
Q-2 [外墙]
Q-3 [内墙]
钢筋网 [外墙]

	编码	类别	名称	项目特征	单位	工程量表达式	表达式说明
1	010504004	项	挡土墙	1.混凝土种类:预拌混凝土 2.混凝土强度等级:C30P6	m3	TJ	TJ<体积>
2	01-5-4-4	定	预拌混凝土(泵送) 地下室墙、挡土墙		m3	TJ	TJ<体积>
3	011702011	借项	直形墙模板	1.其他:支撑高度3.9m	m2	MBMJ	MBMJ<模板面积>
4	01-17-2-68	定	复合模板 地下室墙、挡土墙		m2	MBMJ	MBMJ<模板面积>
5	01-17-2-73	定	复合模板 墙超3.6m每增3m		m2	CGMBMJ	CGMBMJ<超高模板面积>
6	010903001	项	墙面卷材防水	1.卷材品种、规格、厚度:3+3厚改性沥青防水卷材 2.防水层数:2层	m2	MJ	MJ<面积>
7	01-9-3-2	定	墙面防水、防潮 改性沥青卷材 热熔		m2	MJ	MJ<面积>

图 6.15

搜索构件...
剪力墙
Q-1 [外墙]
Q-1-1 [内墙]
Q-1 (弧形) [外墙]
Q-2 [外墙]
Q-3 [内墙]
钢筋网 [外墙]

	编码	类别	名称	项目特征	单位	工程量表达式	表达式说明
1	010515003	项	钢筋网片	1.钢筋种类、规格:热轧光圆钢筋HPB235 Φ4mm(盘卷)	t		
2	01-6-6-4	定	后浇带金属网		m2	MJ	MJ<面积>

图 6.16

5)画法讲解

①Q1,Q2 用直线功能绘制即可,绘制方法同首层。Q1(弧形)可采用弧形绘制,绘制方法同首层。

②偏移,方法同首层。完成后如图 6.17 所示。

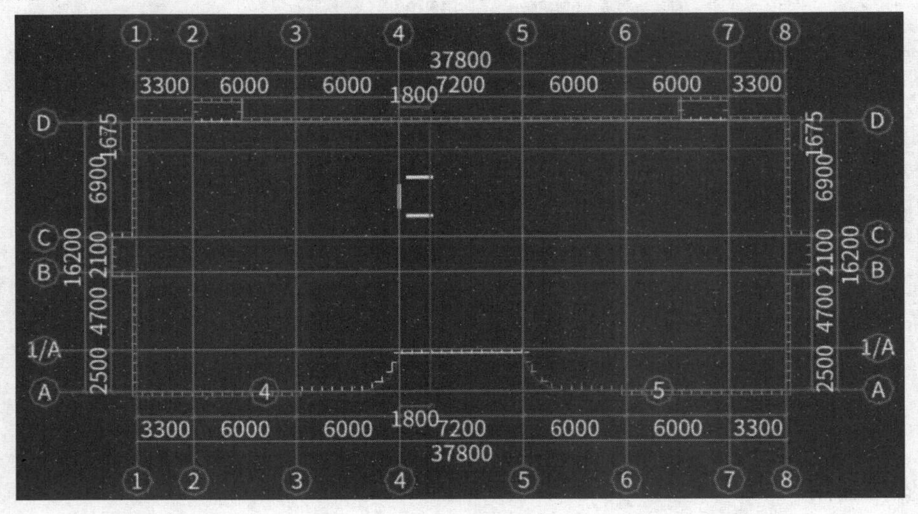

图 6.17

③连梁的画法参考首层。

④用智能布置功能,选中剪力墙即可完成暗梁的绘制。

在相应位置用直线功能绘制即可,完成后如图 6.18 和图 6.19 所示。

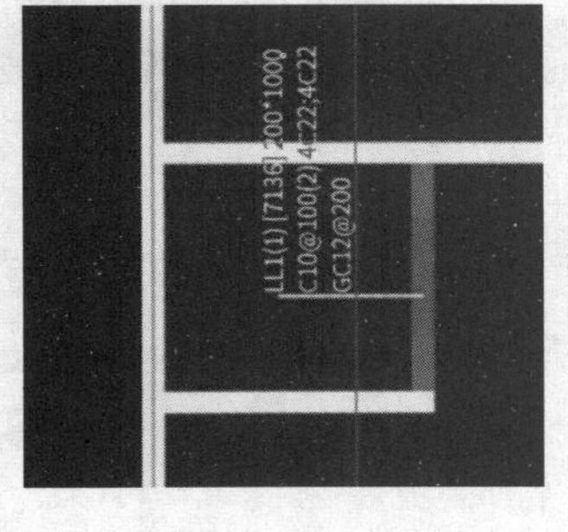

图 6.18

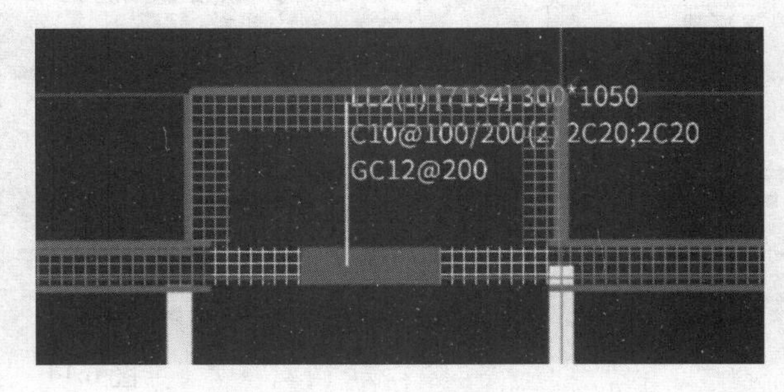

图 6.19

四、任务结果

汇总计算,统计地下一层剪力墙的清单定额工程量,见表 6.4。

表 6.4　地下一层剪力墙清单定额工程量

编码	项目名称	单位	工程量
010504001001	直形墙 (1)混凝土种类:预拌混凝土 (2)混凝土强度等级:C30	m^3	3.666
01-5-4-1	预拌混凝土(泵送) 直形墙、电梯井壁	m^3	3.590 4

续表

编码	项目名称	单位	工程量
010504002001	弧形墙 (1)混凝土种类:预拌混凝土 (2)混凝土强度等级:C30	m^3	8.051 8
01-5-4-2	预拌混凝土(泵送) 弧形墙	m^3	7.932 2
010504004001	挡土墙 (1)混凝土种类:预拌混凝土 (2)混凝土强度等级:C30	m^3	125.349 8
01-5-4-4	预拌混凝土(泵送) 地下室墙、挡土墙	m^3	123.690 3
010504004002	挡土墙 (1)混凝土种类:预拌混凝土 (2)混凝土强度等级:C30	m^3	5.122 5
01-5-4-4	预拌混凝土(泵送) 地下室墙、挡土墙	m^3	5.006 6
010903001001	墙面卷材防水 (1)卷材品种、规格、厚度:3 mm+3 mm 厚改性沥青防水卷材 (2)防水层数:2 层	m^2	417.394 2
01-9-3-2	墙面防水、防潮 改性沥青卷材 热熔	m^2	406.460 7
011702011002	直形墙模板 (1)其他:支撑高度 3.9 m	m^2	36.024
01-17-2-69	复合模板 直形墙、电梯井壁	m^2	36.024
01-17-2-73	复合模板 墙超 3.6 m 每增 3 m	m^2	2.324
011702011003	直形墙模板 (1)其他:支撑高度 3.9 m	m^2	457.724 3
01-17-2-68	复合模板 地下室墙、挡土墙	m^2	457.7243
01-17-2-73	复合模板 墙超 3.6 m 每增 3 m	m^2	46.865 7
011702012001	弧形墙模板 (1)其他:支撑高度 3.9 m	m^2	24.231 4
01-17-2-71	复合模板 弧形墙	m^2	24.231 4
01-17-2-73	复合模板 墙超 3.6 m 每增 3 m	m^2	1.153 8

五、总结拓展

地下一层剪力墙的中心线和轴线位置不重合,如果每段墙体都采用“修改轴线距边的距离”比较麻烦。而图纸中显示剪力墙的外边线和柱的外边线平齐,因此,可先在轴线上绘制剪力墙,然后使用“单对齐”功能将墙的外边线和柱的外边线对齐。

问题思考

结合软件,分析剪力墙钢筋的锚固方式是怎样的?

6.3 地下一层梁、板、填充墙的工程量计算

通过本节的学习,你将能够:
统计地下一层梁、板及填充墙的工程量。

一、任务说明

①完成地下一层梁、板及填充墙的构件定义、做法套用及绘制。
②汇总计算,统计地下一层梁、板及填充墙的工程量。

二、任务分析

地下一层梁、板及砌体墙和首层有什么不同?

三、任务实施

①分析图纸结施-05 可得出梁的信息。
②分析图纸结施-09 可得出板的信息。
③分析图纸建施-03 可得出填充墙的信息。

地下一层梁、板及砌体墙的属性定义与做法套用等操作同首层梁、板及填充墙的操作方法。

四、任务结果

汇总计算,统计地下一层梁、板及填充墙的清单定额工程量,见表 6.5。

表 6.5　地下一层梁、板及填充墙清单定额量

编码	项目名称	单位	工程量
010401008001	填充墙 (1)砖品种、规格、强度等级:陶粒空心砖 (2)墙体类型:内墙 200 mm (3)砂浆强度等级、配合比:水泥 M5.0	m^3	87.773 4
01-4-2-4	换(陶粒空心砖砌块)砂加气混凝土砌块 200 mm 厚	m^3	87.170 6

续表

编码	项目名称	单位	工程量
010401008002	填充墙 (1)砖品种、规格、强度等级:陶粒空心砖 (2)墙体类型:外墙 250 mm (3)砂浆强度等级、配合比:水泥 M5.0	m^3	0.823 2
01-4-1-8	换(250 mm 厚陶粒空心砖)多孔砖墙 1 砖(240 mm)	m^3	0.823 2
010505001001	有梁板 (1)混凝土种类:预拌混凝土 (2)混凝土强度等级:C30	m^3	103.340 3
01-5-5-1	预拌混凝土(泵送) 有梁板	m^3	103.340 3
011702014001	有梁板模板 (1)支撑高度:3.9 m	m^2	6.381 8
01-17-2-74	复合模板 有梁板	m^2	6.574 8
01-17-2-85	复合模板板 超 3.6 m 每增 3 m	m^2	1.85

五、总结拓展

结合清单定额规范,套取相应的定额子目时注意超高部分量的提取。

问题思考

如何计算框架间墙的长度?

6.4 地下一层门洞口、圈梁(过梁)、构造柱的工程量计算

通过本节的学习,你将能够:
统计地下一层门洞口、圈梁、构造柱工程量。

一、任务说明

①完成地下一层门洞口、圈梁(过梁)、构造柱的构件定义及做法套用、绘制。
②汇总计算,统计地下一层门洞口、圈梁(过梁)、构造柱的工程量。

二、任务分析

地下一层门洞口、圈梁(过梁)、构造柱和首层有什么不同?

三、任务实施

1)图纸分析

分析图纸建施-03,可得到地下一层门窗洞口信息。

2)门洞定义及做法套用

门洞口的属性定义及做法套用同首层。

四、任务结果

汇总计算,统计本层门洞口、圈梁的工程量,见表 6.6。

表 6.6　地下一层门洞口、圈梁的清单定额量

编码	项目名称	单位	工程量
010503004001	圈梁 (1)混凝土种类:预拌混凝土 (2)混凝土强度等级:C25	m^3	1.261 6
01-5-3-4	预拌混凝土(泵送) 圈梁	m^3	1.261 6
010503005001	过梁 (1)混凝土种类:预拌混凝土 (2)混凝土强度等级:C25	m^3	0.924 9
01-5-3-5	预拌混凝土(泵送) 过梁	m^3	0.924 9
010801001001	木质门 (1)门代号及洞口尺寸:M1021 (2)门种类:木制夹板门	m^2	37.8
01-8-1-3	成品套装木门安装 单扇门	樘	18
010802003002	钢质防火门 (1)门代号及洞口尺寸:FM 乙 1121 1 100 mm×2 100 mm (2)门框、扇材质:钢制乙级防火门	樘	2.31
01-8-2-9	钢质防火门	m^2	2.31
010802003003	钢质防火门 (1)门代号及洞口尺寸:FM 甲 1 000 mm×2 100 mm (2)门框、扇材质:甲级钢质防火门	樘	4.2
01-8-2-9	钢质防火门	m^2	4.2
011702008001	圈梁模板	m^2	10.512 2
01-17-2-64	复合模板 圈梁	m^2	10.512 2
011702009001	过梁模板	m^2	14.114 4
01-17-2-65	复合模板 过梁	m^2	14.114 4

五、总结拓展

在负一层,地圈梁的工程量极易遗漏,并且本套图纸地圈梁的配筋信息出现在建施,而非结施。

问题思考

门窗洞口与墙体间的相互扣减关系是怎样的?

7 基础层工程量计算

通过本章的学习,你将能够:
(1)分析基础层需要计算的内容;
(2)定义独立基础、垫层、基础梁、土方等构件;
(3)统计基础层工程量。

7.1 独立基础、止水板、垫层的定义与绘制

通过本节的学习,你将能够:
(1)依据定额、清单分析独立基础、止水板、垫层的计算规则,确定计算内容;
(2)定义独立基础、止水板、垫层;
(3)绘制独立基础、止水板、垫层;
(4)统计独立基础、止水板、垫层工程量。

一、任务说明

①完成独立基础、止水板、垫层的构件定义、做法套用及绘制。
②汇总计算,统计独立基础、止水板、垫层的工程量。

二、任务分析

①基础层都有哪些需要计算的构件工程量?
②独立基础、止水板、垫层如何定义和绘制?

三、任务实施

1)分析图纸

①由结施-03可知,本工程为独立基础,混凝土强度等级为C30,独立基础顶标高为止水板顶标高(-3.95 m)。

②由结施-03可知,基础部分的止水板的厚度为350 mm,止水板采用筏板基础进行处理。

③由结施-03可知,本工程基础垫层为100 mm厚的混凝土,顶标高为基础底标高,出边

距离为 100 mm。

2）清单、定额计算规则学习

（1）清单计算规则学习

独立基础、垫层、止水板清单计算规则见表 7.1。

表 7.1 独立基础、垫层、止水板清单计算规则

编码	项目名称	单位	计算规则
010501003	独立基础	m^3	按设计图示尺寸以体积计算，不扣除伸入承台基础的桩头所占体积
010501001	垫层		
010501004	满堂基础		

（2）定额计算规则学习

独立基础、垫层、止水板定额计算规则见表 7.2。

表 7.2 独立基础、垫层、止水板定额计算规则

编码	项目名称	单位	计算规则
01-5-1-3	预拌混凝土（泵送）独立基础、杯形基础	m^3	按设计图示尺寸以体积计算，不扣除伸入承台基础的桩头所占体积
01-17-2-42	复合模板 独立基础	m^2	按模板与混凝土的接触面积计算，扣除后浇带所占面积
01-5-1-1	预拌混凝土（泵送）垫层	m^3	按设计图示尺寸以体积计算，基础垫层不扣除伸入承台基础的桩头所占体积。满堂基础局部加深，其加深部分按图示尺寸以体积计算，并入垫层工程量内 地面垫层按室内墙间净面积乘以设计厚度以体积计算。应扣除凸出地面的构筑物、设备基础、地沟等所占体积，不扣除柱、垛、间壁墙、附墙烟囱及面积≤0.3 m^2 的孔洞所占体积
01-17-2-39	复合模板 垫层	m^2	按模板与混凝土的接触面积计算，扣除后浇带所占面积
01-5-1-4	预拌混凝土（泵送）满堂基础、地下室底板	m^3	按设计图示尺寸以体积计算，不扣除伸入承台基础的桩头所占体积
01-17-2-46	复合模板 无梁满堂基础	m^2	按模板与混凝土的接触面积计算，扣除后浇带所占面积

3）构件属性定义

（1）独立基础属性定义

单击导航树中的“基础”→“独立基础”，选择“新建”→“新建独立基础”，用鼠标右键单击“新建矩形独立基础单元”，如图 7.1 所示。其属性定义如图 7.2—图 7.14 所示。

墙
门窗洞
梁
板
楼梯
装修
土方
基础
- 基础梁(F)
- 筏板基础(M)
- 筏板主筋(R)
- 筏板负筋(X)
- 基础板带(W)
- 集水坑(K)
- 柱墩(Y)
- 独立基础(D)
- 条形基础(T)
- 桩承台(V)
- 桩(U)
- 垫层(X)
- 地沟(G)
- 砖胎膜

新建 · 复制 · 删除

搜索构件...

- 独立基础
  - JC-1
    - (底) JC-1-1
  - JC-2
    - (底) JC-2-1
  - JC-3
    - (底) JC-3-1
  - JC-4
    - (底) JC-4-1
  - JC-4'

属性列表

	属性名称	属性值
1	名称	JC-1
2	长度(mm)	2000
3	宽度(mm)	2000
4	高度(mm)	500
5	顶标高(m)	-3.95
6	底标高(m)	-4.45
7	备注	
8	⊞ 钢筋业务属性	

图 7.1

- 独立基础
  - JC-1
    - (底) JC-1-1
  - JC-2
    - (底) JC-2-1

属性列表

	属性名称	属性值	附加
1	名称	JC-1-1	
2	截面长度(mm)	2000	☐
3	截面宽度(mm)	2000	☐
4	高度(mm)	500	☐
5	横向受力筋	⌀12@150	☐
6	纵向受力筋	⌀12@150	☐
7	短向加强筋		☐
8	顶部柱间配筋		☐
9	材质	现浇混凝土	☐
10	混凝土强度等级	(C30)	☐
11	混凝土外加剂	(无)	
12	泵送类型	混凝土泵	
13	相对底标高(m)	(0)	☐
14	截面面积(m^2)	4	☐
15	备注		☐

图 7.2

属性列表

	属性名称	属性值	附加
1	名称	JC-2	
2	长度(mm)	3000	☐
3	宽度(mm)	3000	☐
4	高度(mm)	600	☐
5	顶标高(m)	层底标高+0.6	☐
6	底标高(m)	层底标高	☐
7	备注		☐
8	⊞ 钢筋业务属性		
15	⊞ 土建业务属性		
18	⊞ 显示样式		
21	⊞ JC-2-1		

图 7.3

属性列表

	属性名称	属性值	附加
1	名称	JC-2-1	
2	截面长度(mm)	3000	☐
3	截面宽度(mm)	3000	☐
4	高度(mm)	600	☐
5	横向受力筋	⌀14@150	☐
6	纵向受力筋	⌀14@150	☐
7	短向加强筋		☐
8	顶部柱间配筋		☐
9	材质	现浇混凝土	☐
10	混凝土强度等级	(C30)	☐
11	混凝土外加剂	(无)	
12	泵送类型	(混凝土泵)	
13	相对底标高(m)	(0)	☐
14	截面面积(m^2)	9	☐
15	备注		☐
16	⊞ 钢筋业务属性		
20	⊞ 显示样式		

图 7.4

属性列表

	属性名称	属性值	附加
1	名称	JC-3	
2	长度(mm)	3000	☐
3	宽度(mm)	3000	☐
4	高度(mm)	600	☐
5	顶标高(m)	层底标高+0.6	☐
6	底标高(m)	层底标高	☐
7	备注		☐
8	⊞ 钢筋业务属性		
15	⊞ 土建业务属性		
18	⊞ 显示样式		
21	⊞ JC-3-1		

图 7.5

属性列表

	属性名称	属性值	附加
1	名称	JC-3-1	
2	截面长度(mm)	3000	☐
3	截面宽度(mm)	3000	☐
4	高度(mm)	600	☐
5	横向受力筋	⌀14@150	☐
6	纵向受力筋	⌀14@150	☐
7	短向加强筋		☐
8	顶部柱间配筋		☐
9	材质	现浇混凝土	☐
10	混凝土强度等级	(C30)	☐
11	混凝土外加剂	(无)	
12	泵送类型	(混凝土泵)	
13	相对底标高(m)	(0)	☐
14	截面面积(m^2)	9	☐
15	备注		☐
16	⊞ 钢筋业务属性		
20	⊞ 显示样式		

图 7.6

属性列表

	属性名称	属性值	附加
1	名称	JC-4	
2	长度(mm)	5000	☐
3	宽度(mm)	3000	☐
4	高度(mm)	600	☐
5	顶标高(m)	层底标高+0.6	☐
6	底标高(m)	层底标高	☐
7	备注		☐
8	⊞ 钢筋业务属性		
15	⊞ 土建业务属性		
18	⊞ 显示样式		
21	⊞ JC-4-1		

图 7.7

属性列表

	属性名称	属性值	附加
1	名称	JC-4-1	
2	截面长度(mm)	5000	☐
3	截面宽度(mm)	3000	☐
4	高度(mm)	600	☐
5	横向受力筋	⌀14@150/⌀1	☐
6	纵向受力筋	⌀12@150/⌀1	☐
7	短向加强筋		☐
8	顶部柱间配筋		☐
9	材质	现浇混凝土	☐
10	混凝土强度等级	(C30)	☐
11	混凝土外加剂	(无)	
12	泵送类型	(混凝土泵)	
13	相对底标高(m)	(0)	☐
14	截面面积(m^2)	15	☐
15	备注		☐
16	⊞ 钢筋业务属性		
20	⊞ 显示样式		

图 7.8

属性列表

	属性名称	属性值	附加
1	名称	JC-4'	
2	长度(mm)	4600	☐
3	宽度(mm)	3000	☐
4	高度(mm)	500	☐
5	顶标高(m)	层底标高+0.5	☐
6	底标高(m)	层底标高	☐
7	备注		☐
8	⊞ 钢筋业务属性		
15	⊞ 土建业务属性		
18	⊞ 显示样式		
21	⊞ JC-4'-1		

图 7.9

属性列表

	属性名称	属性值	附加
1	名称	JC-4'-1	
2	截面长度(mm)	4600	☐
3	截面宽度(mm)	3000	☐
4	高度(mm)	500	☐
5	横向受力筋	⏀14@150/⏀12	☐
6	纵向受力筋	⏀12@150/⏀12	☐
7	短向加强筋		☐
8	顶部柱间配筋		☐
9	材质	现浇混凝土	☐
10	混凝土强度等级	(C30)	☐
11	混凝土外加剂	(无)	
12	泵送类型	(混凝土泵)	
13	相对底标高(m)	(0)	☐
14	截面面积(m^2)	13.8	☐
15	备注		☐
16	⊞ 钢筋业务属性		
20	⊞ 显示样式		

图 7.10

属性列表

	属性名称	属性值	附加
1	名称	JC-5	
2	长度(mm)	3100	☐
3	宽度(mm)	3000	☐
4	高度(mm)	600	☐
5	顶标高(m)	层底标高+0.6	☐
6	底标高(m)	层底标高	☐
7	备注		☐
8	⊞ 钢筋业务属性		
15	⊞ 土建业务属性		
18	⊞ 显示样式		
21	⊞ JC-5-1		

图 7.11

属性列表

	属性名称	属性值	附加
1	名称	JC-5-1	
2	截面长度(mm)	3100	☐
3	截面宽度(mm)	3000	☐
4	高度(mm)	600	☐
5	横向受力筋	⏀14@150	☐
6	纵向受力筋	⏀14@150	☐
7	短向加强筋		☐
8	顶部柱间配筋		☐
9	材质	现浇混凝土	☐
10	混凝土强度等级	(C30)	☐
11	混凝土外加剂	(无)	
12	泵送类型	(混凝土泵)	
13	相对底标高(m)	(0)	☐
14	截面面积(m^2)	9.3	☐
15	备注		☐
16	⊞ 钢筋业务属性		
20	⊞ 显示样式		

图 7.12

	属性名称	属性值	附加
1	名称	JC-6	
2	长度(mm)	3100	☐
3	宽度(mm)	3000	☐
4	高度(mm)	600	☐
5	顶标高(m)	层底标高+0.6	☐
6	底标高(m)	层底标高	☐
7	备注		☐
8	⊞ 钢筋业务属性		
15	⊞ 土建业务属性		
18	⊞ 显示样式		
21	⊞ JC-6-1		

图 7.13

	属性名称	属性值	附加
1	名称	JC-6-1	
2	截面长度(mm)	3100	☐
3	截面宽度(mm)	3000	☐
4	高度(mm)	600	☐
5	横向受力筋	⌀14@150	☐
6	纵向受力筋	⌀14@150	☐
7	短向加强筋		☐
8	顶部柱间配筋		☐
9	材质	现浇混凝土	☐
10	混凝土强度等级	(C30)	☐
11	混凝土外加剂	(无)	
12	泵送类型	(混凝土泵)	
13	相对底标高(m)	(0)	☐
14	截面面积(m²)	9.3	☐
15	备注		☐
16	⊞ 钢筋业务属性		
20	⊞ 显示样式		

图 7.14

同样地,其他几个基础的属性定义如下:

JC-7 新建矩形独立基础单元,其属性定义如图 7.15 和图 7.16 所示。

	属性名称	属性值	附加
1	名称	JC-7	
2	长度(mm)	4600	☐
3	宽度(mm)	3800	☐
4	高度(mm)	600	☐
5	顶标高(m)	-5.7	☐
6	底标高(m)	-6.3	☐
7	备注		☐
8	⊞ 钢筋业务属性		
15	⊞ 土建业务属性		
18	⊞ 显示样式		
21	⊞ JC-7-1		

图 7.15

	属性名称	属性值	附加
1	名称	JC-7-1	
2	截面长度(mm)	4600	☐
3	截面宽度(mm)	3800	☐
4	高度(mm)	600	☐
5	横向受力筋	⌀14@150/⌀12	☐
6	纵向受力筋	⌀14@150/⌀12	☐
7	短向加强筋		☐
8	顶部柱间配筋		☐
9	材质	现浇混凝土	☐
10	混凝土强度等级	(C30)	☐
11	混凝土外加剂	(无)	
12	泵送类型	(混凝土泵)	
13	相对底标高(m)	(0)	☐
14	截面面积(m²)	17.48	☐
15	备注		☐
16	⊞ 钢筋业务属性		
20	⊞ 显示样式		

图 7.16

(2)止水板属性定义

单击导航树中的"基础"→"筏板基础",选择"新建"→"新建筏板基础",修改其名称为止水板,其属性如图 7.17 所示。

(3)垫层属性定义

单击导航树中的"基础"→"垫层",选择"新建"→"新建面式垫层",垫层的属性定义,如图 7.18 所示。

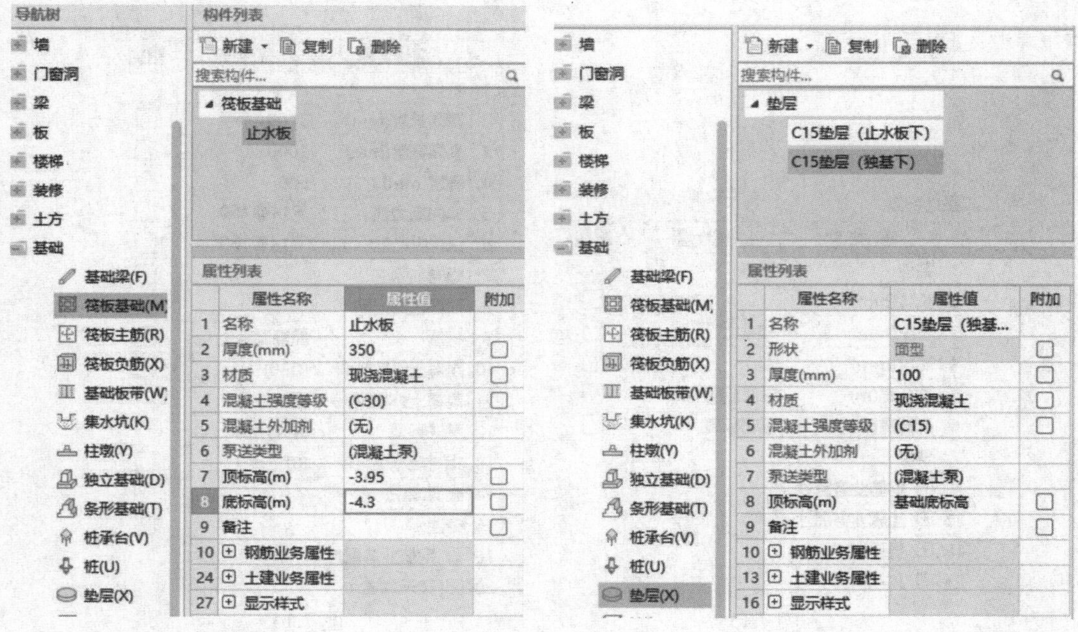

图 7.17　　　　图 7.18

4)做法套用

(1)独立基础

独立基础的做法套用如图 7.19 所示。

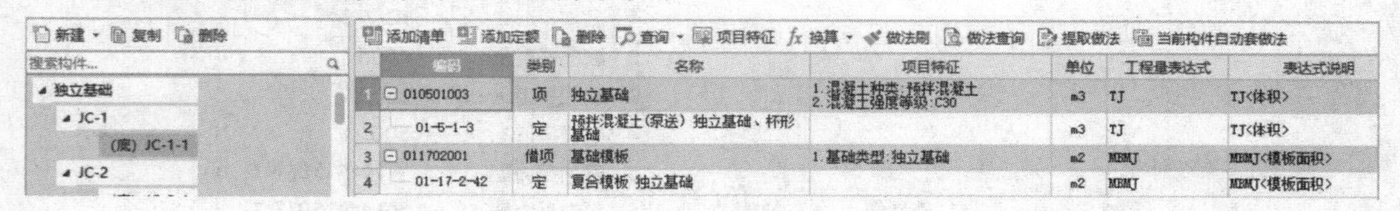

图 7.19

其他独立基础清单的做法套用相同。可采用“做法刷”功能完成做法套用,如图 7.20 所示。

(2)止水板

止水板的做法套用如图 7.21 所示。

(3)垫层

垫层的做法套用如图 7.22 和图 7.23 所示。

5)画法讲解

(1)独立基础

独立基础在绘制前,需按照上述方法先建好独立基础,然后在其后建好独立基础单元,选择用参数化独立基础设置方法,选独立基础,按图纸要求修改尺寸,最后以“点”或者“智能布置-柱”命令布置独立基础。

(2)筏板基础

①止水板用“矩形”命令绘制,用鼠标左键单击①/Ⓓ轴线交点,再次单击⑧/Ⓐ轴线交点即可完成,如图 7.24 所示。

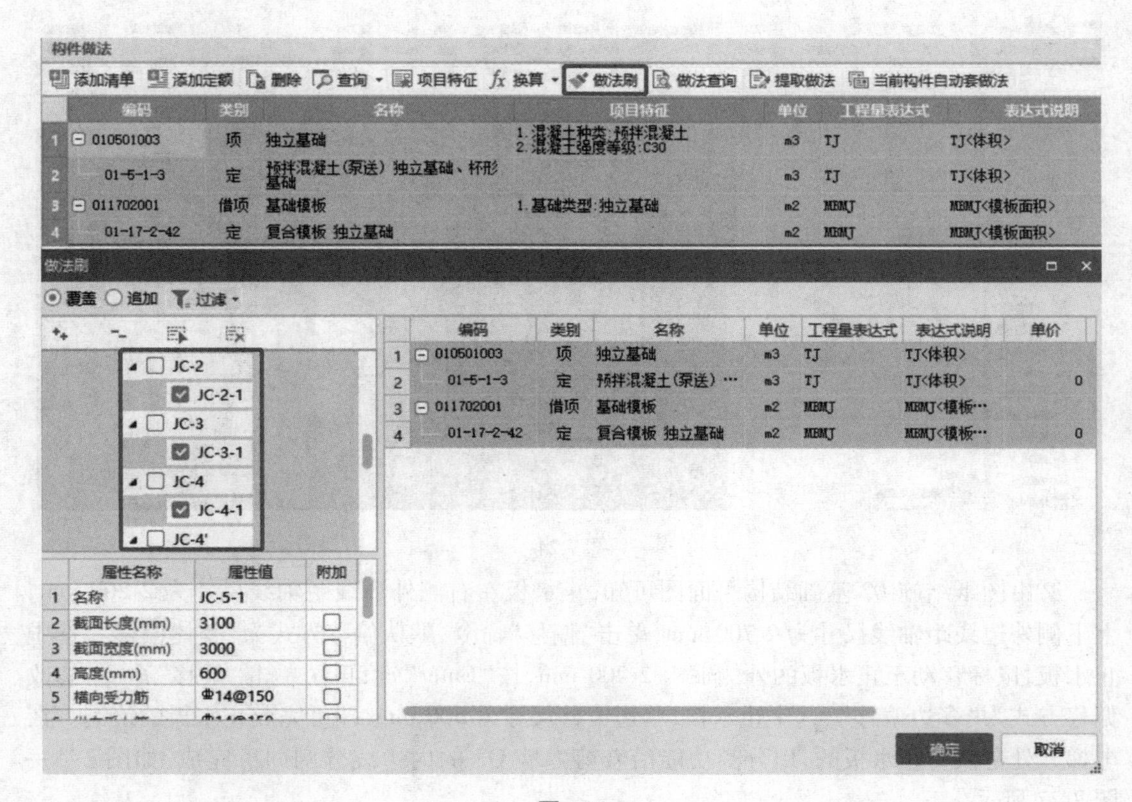

构件做法

添加清单 添加定额 删除 查询 项目特征 换算 做法刷 做法查询 提取做法 当前构件自动套做法

	编码	类别	名称	项目特征	单位	工程量表达式	表达式说明
1	010501003	项	独立基础	1. 混凝土种类:预拌混凝土 2. 混凝土强度等级:C30	m3	TJ	TJ<体积>
2	01-5-1-3	定	预拌混凝土(泵送) 独立基础、杯形基础		m3	TJ	TJ<体积>
3	011702001	借项	基础模板	1. 基础类型:独立基础	m2	MBMJ	MBMJ<模板面积>
4	01-17-2-42	定	复合模板 独立基础		m2	MBMJ	MBMJ<模板面积>

做法刷

覆盖 追加 过滤

JC-2
JC-2-1
JC-3
JC-3-1
JC-4
JC-4-1
JC-4'

	编码	类别	名称	单位	工程量表达式	表达式说明	单价
1	010501003	项	独立基础	m3	TJ	TJ<体积>	
2	01-5-1-3	定	预拌混凝土(泵送)…	m3	TJ	TJ<体积>	0
3	011702001	借项	基础模板	m2	MBMJ	MBMJ<模板…	
4	01-17-2-42	定	复合模板 独立基础	m2	MBMJ	MBMJ<模板…	0

	属性名称	属性值	附加
1	名称	JC-5-1	
2	截面长度(mm)	3100	
3	截面宽度(mm)	3000	
4	高度(mm)	600	
5	横向受力筋	⌀14@150	

确定 取消

图 7.20

添加清单 添加定额 删除 查询 项目特征 换算 做法刷 做法查询 提取做法 当前构件自动套做法

	编码	类别	名称	项目特征	单位	工程量表达式	表达式说明
1	010501004	项	满堂基础	1. 混凝土种类:预拌混凝土 2. 混凝土强度等级:C30	m3	TJ	TJ<体积>
2	01-5-1-4	定	预拌混凝土(泵送) 满堂基础、地下室底板		m3	TJ	TJ<体积>
3	011702001	借项	基础模板	1. 基础类型:止水带,350mm厚	m2	MBMJ	MBMJ<模板面积>
4	01-17-2-46	定	复合模板 无梁满堂基础		m2	MBMJ	MBMJ<模板面积>

图 7.21

新建 复制 删除

搜索构件...

垫层
C15垫层(止水板下)
C15垫层(独基下)

添加清单 添加定额 删除 查询 项目特征 换算 做法刷 做法查询 提取做法 当前构件自动套做法

	编码	类别	名称	项目特征	单位	工程量表达式	表达式说明
1	010501001	项	垫层	1. 混凝土种类:预拌混凝土 2. 混凝土强度等级:C15	m3	TJ	TJ<体积>
2	01-5-1-1	定	预拌混凝土(泵送) 垫层		m3	TJ	TJ<体积>
3	041102001	借项	垫层模板	1. 构件类型:垫层	m2	MBMJ	MBMJ<模板面积>
4	01-17-2-39	定	复合模板 垫层		m2	MBMJ	MBMJ<模板面积>

图 7.22

新建 复制 删除

搜索构件...

垫层
C15垫层(止水板下)
C15垫层(独基下)

属性列表

添加清单 添加定额 删除 查询 项目特征 换算 做法刷 做法查询 提取做法 当前构件自动套做法

	编码	类别	名称	项目特征	单位	工程量表达式	表达式说明
1	010501001	项	垫层	1. 混凝土种类:预拌混凝土 2. 混凝土强度等级:C15	m3	TJ	TJ<体积>
2	01-5-1-1	定	预拌混凝土(泵送) 垫层		m3	TJ	TJ<体积>
3	041102001	借项	垫层模板	1. 构件类型:垫层	m2	MBMJ	MBMJ<模板面积>
4	01-17-2-39	定	复合模板 垫层		m2	MBMJ	MBMJ<模板面积>
5	010904001	项	三元乙丙防水卷材	1. 卷材品种、规格、厚度:三元乙丙防水卷材 2. 部位:止水板底	m2	DBMJ	DBMJ<底部面积>
6	01-9-4-1	定	楼(地)面防水、防潮 三元乙丙橡胶卷材		m2	DBMJ	DBMJ<底部面积>

图 7.23

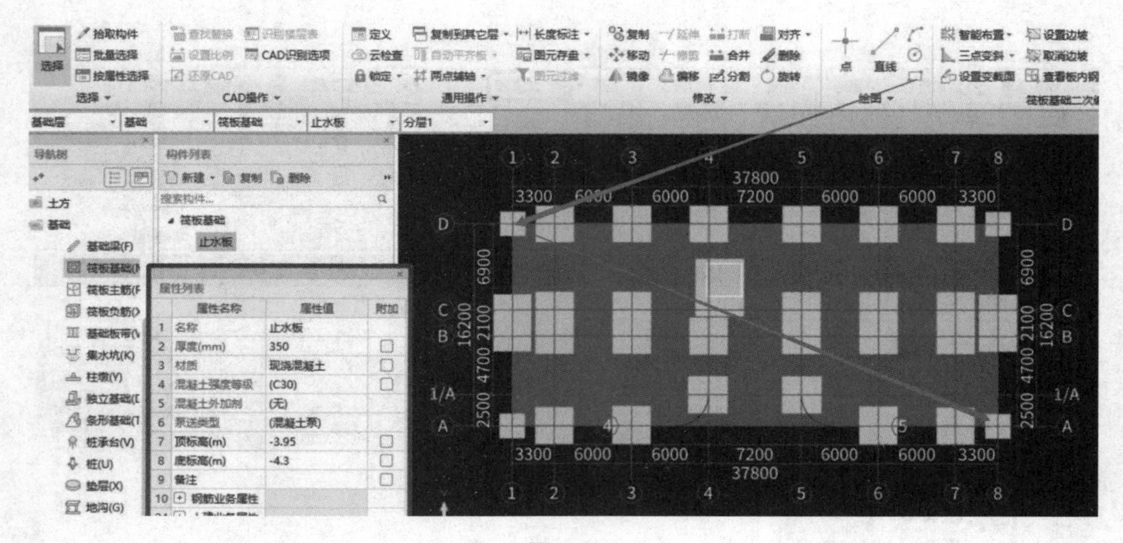

图 7.24

②由图纸结施-02 基础结构平面图可知,止水板左右侧外边线距轴线尺寸为 2 200 mm,上下侧外边线距轴线尺寸为 2 700 mm,单击“偏移”命令,默认偏移方式为“整体偏移”,选中止水板,鼠标移动至止水板的外侧输入 2 200 mm,按“Enter”键;再次单击“偏移”命令,修改偏移方式为“多边偏移”,选中止水板,单边偏移尺寸为 500 mm,即可完成止水板的绘制。在电梯井处是没有止水板的,用分割功能沿着剪力墙 Q3 的内边线分割即可完成,如图7.25—图 7.27 所示。

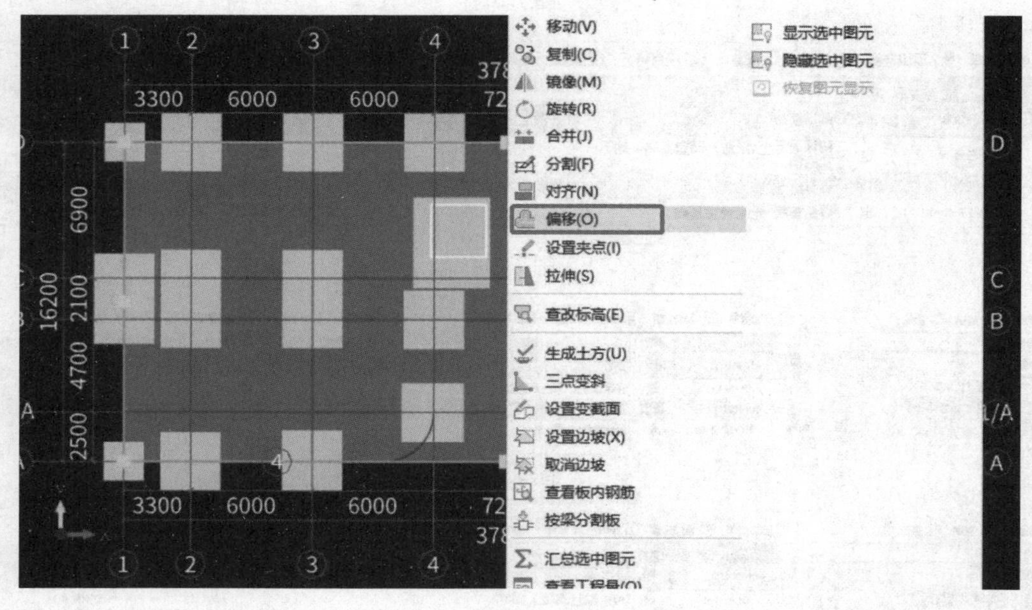

图 7.25

止水板内钢筋操作方法同板钢筋类似。新建筏板主筋,修改钢筋信息如图 7.28 和图 7.29所示。鼠标左键单击止水板即可完成钢筋布置。

③垫层是在独立基础下方,属于点式构件,选择“智能布置”→“独立基础”,在弹出的对话框中输入出边距离“100”,单击“确定”按钮,框选独立基础,垫层就布置好了。

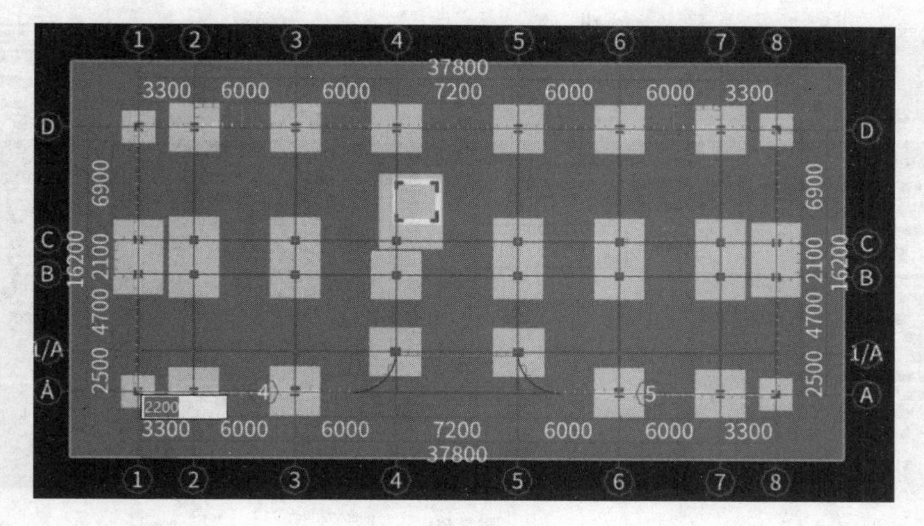

图 7.26

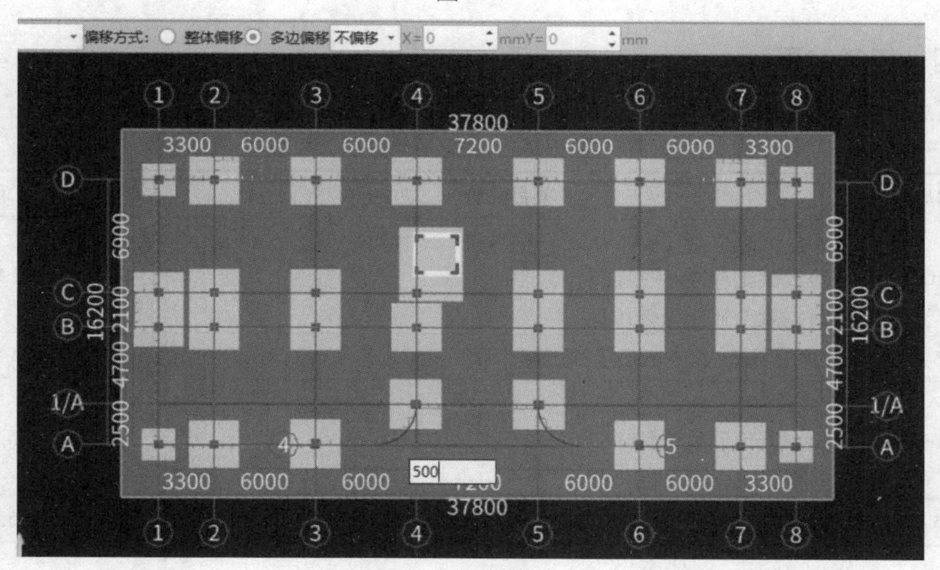

图 7.27

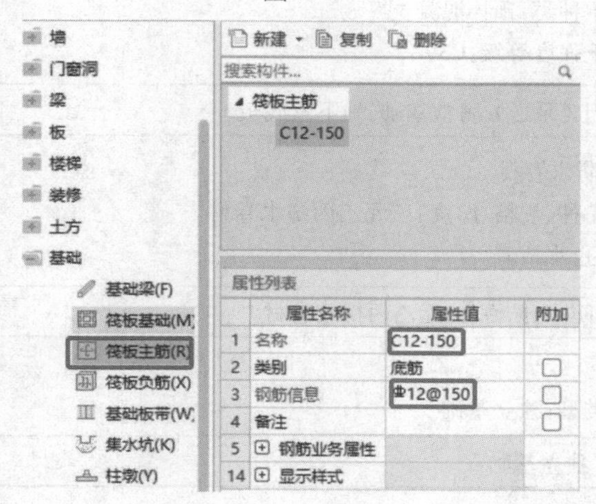

图 7.28

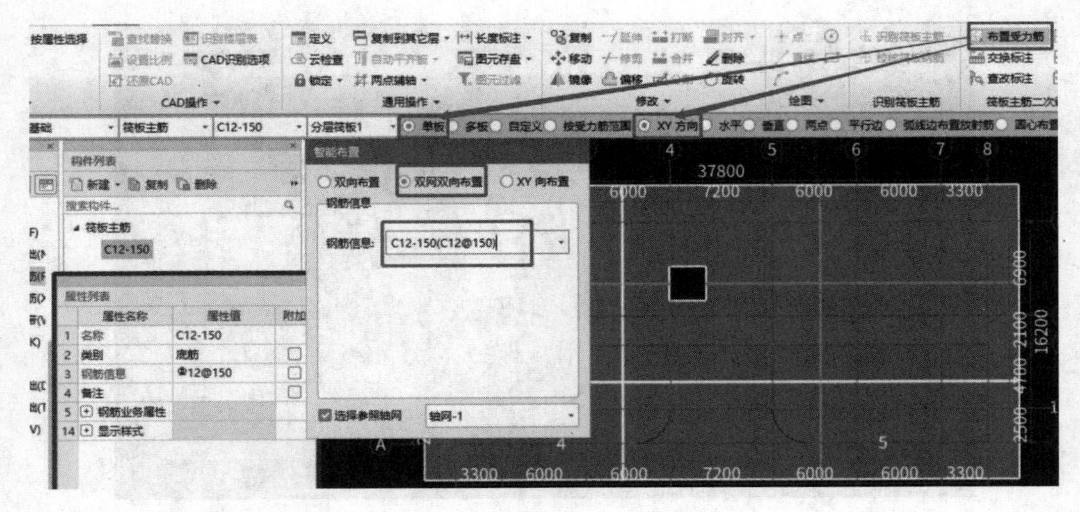

图 7.29

四、任务结果

汇总计算,统计筏板基础、垫层的清单定额工程量,见表 7.3。

表 7.3 筏板基础、垫层清单定额工程量

编码	项目名称	单位	工程量
010501001005	垫层 (1)混凝土种类:预拌混凝土 (2)混凝土强度等级:C15	m^3	104.853 5
01-5-1-1	预拌混凝土(泵送) 垫层	m^3	104.853 5
010501003001	独立基础 (1)混凝土种类:预拌混凝土 (2)混凝土强度等级:C30	m^3	65.328
01-5-1-3	预拌混凝土(泵送) 独立基础、杯形基础	m^3	65.328
010501004001	满堂基础 (1)混凝土种类:预拌混凝土 (2)混凝土强度等级:C30	m^3	316.757
01-5-1-4	预拌混凝土(泵送) 满堂基础、地下室底板	m^3	316.757
010904001002	三元乙丙防水卷材 (1)卷材品种、规格、厚度:三元乙丙防水卷材 (2)部位:止水板底	m^2	658.947 2
01-9-4-1	楼(地)面防水、防潮 三元乙丙橡胶卷材	m^2	658.947 2
011702001001	基础模板 (1)基础类型:独立基础	m^2	78.64
01-17-2-42	复合模板 独立基础	m^2	78.64

续表

编码	项目名称	单位	工程量
011702001002	基础模板 (1)基础类型:止水带,350 mm 厚	m^2	48.23
01-17-2-46	复合模板 无梁满堂基础	m^2	48.23
041102001001	垫层模板 (1)构件类型:垫层	m^2	15.78
01-17-2-39	复合模板 垫层	m^2	15.78

五、总结拓展

建模四棱台独立基础

图纸中的基础形式为单阶矩形基础,常见的基础形式还包括坡型基础。如图纸为坡型基础,软件提供了多种参数图供选择,如图 7.30 所示,选择“新建参数化独立基础单元”后,再选择参数化图,输入相应数据,用“点”画或者“智能布置-柱”命令布置图元,如图 7.31 所示。

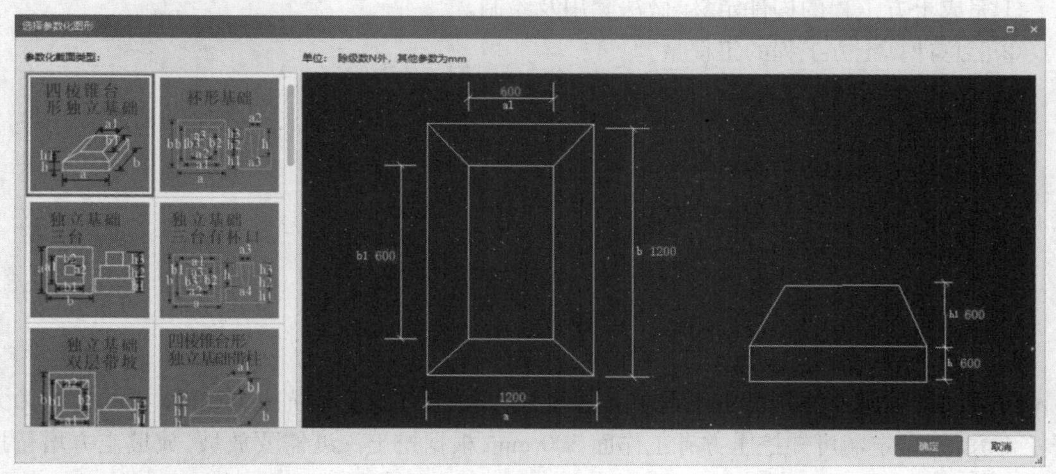

图 7.30

图 7.31

问题思考

(1)窗台下基础部分需要绘制哪些构件?如何定义?

(2)面式垫层如何绘制?

7.2 土方工程量计算

通过本节的学习,你将能够:

(1)依据清单、定额分析挖土方的计算规则;

(2)定义基坑土方和大开挖土方;

(3)统计挖土方的工程量。

一、任务说明

①完成土方工程的构件定义、做法套用及绘制。

②汇总计算土方工程的工程量。

二、任务分析

①哪些地方需要挖土方?

②基础回填土方应如何进行计算?

三、任务实施

1)分析图纸

分析图纸结施-02 可知,本工程独立基础 JC-7 的土方属于基坑土方,止水板的土方为大开挖土方,依据定额可知挖土方有工作面 300 mm,根据挖土深度需要放坡,放坡土方增量按照定额规定计算。

2)清单、定额计算规则学习

(1)清单计算规则学习

土方清单计算规则见表 7.4。

表 7.4　土方清单计算规则

编码	项目名称	单位	计算规则
010101002	挖一般土方	m^3	按设计图示尺寸以体积计算
010101004	挖基坑土方	m^3	按设计图示尺寸以基础垫层底面积乘以挖土深度计算

续表

编码	项目名称	单位	计算规则
010103001	回填方	m^3	按设计图示尺寸以体积计算 (1)场地回填:回填面积乘以平均回填厚度 (2)室内回填:主墙间面积乘以回填厚度,不扣除间隔墙 (3)基础回填:按挖方清单项目工程量减去自然地坪以下埋设的基础体积(包括基础垫层及其他构筑物)

(2)定额计算规则学习

土方定额计算规则见表7.5。

表7.5　土方定额计算规则

<table>
<tr><th>编码</th><th>项目名称</th><th>单位</th><th>计算规则</th></tr>
<tr><td>01-1-1-10</td><td>机械挖土方 埋深5.0 m以内</td><td>m^3</td><td>一般土方按设计图示尺寸,以基础垫层底面积(包括工作面宽度和放坡宽度的面积)乘以挖土深度以体积计算</td></tr>
<tr><td>01-1-1-20</td><td>机械挖基坑 埋深3.5 m以内</td><td>m^3</td><td>基坑土方按设计图示尺寸,以基础垫层底面积(包括工作面宽度和放坡宽度的面积)乘以挖土深度以体积计算</td></tr>
<tr><td>01-1-2-2</td><td>人工回填土 夯填</td><td>m^3</td><td>(1)基础回填:按挖方体积减去设计室外地坪以下埋设的基础体积(包括基础垫层及其他构筑物)
(2)室内(房心)回填:按主墙间净面积乘以回填厚度计算,不扣除间隔墙
(3)场区(含地下室顶板以上)回填:按回填面积乘以平均回填厚度计算
(4)管道沟槽回填:按挖方体积减去管道基础和下表管道折合回填体积计算
管道折合回填体积表(单位:m^3/m)
<table>
<tr><td rowspan="2">管道</td><td colspan="6">公称直径(mm以内)</td></tr>
<tr><td>500</td><td>600</td><td>800</td><td>1 000</td><td>1 200</td><td>1 500</td></tr>
<tr><td>混凝土及钢筋混凝土管道</td><td>—</td><td>0.33</td><td>0.60</td><td>0.92</td><td>1.15</td><td>1.45</td></tr>
<tr><td>其他材质管道</td><td>—</td><td>0.22</td><td>0.46</td><td>0.74</td><td>—</td><td>—</td></tr>
</table>
</td></tr>
</table>

3) 土方属性定义和绘制

(1)基坑土方绘制

用反建构件法,在垫层界面单击“生成土方”,如图7.32所示。选择JC-7下方的垫层,单击右键,即可完成基坑土方的定义和绘制。

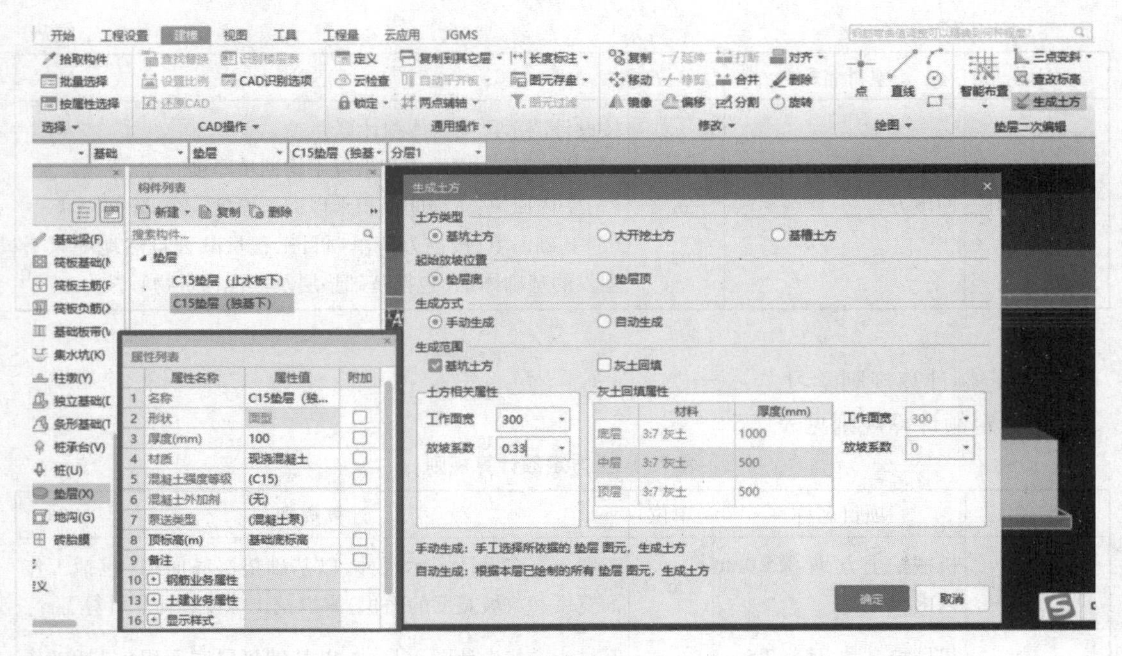

图 7.32

(2)挖一般土方绘制

选择止水板下方的垫层,单击右键,即可完成基坑土方的定义和绘制,如图 7.33 所示。

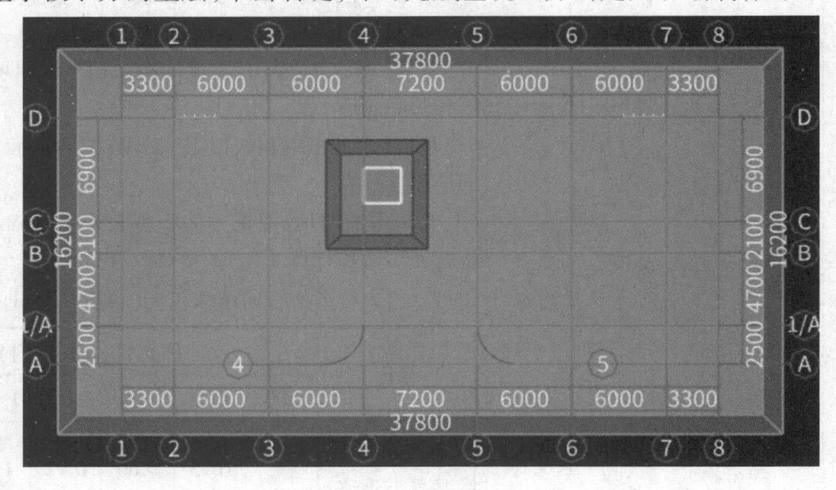

图 7.33

4)土方做法套用

大开挖、基坑土方做法套用,如图 7.34 和图 7.35 所示。

	编码	类别	名称	项目特征	单位	工程量表达式	表达式说明
1	010101002	项	挖一般土方	1. 土壤类别:综合考虑 2. 挖土深度:4.2m	m3	TFTJ	TFTJ<土方体积>
2	01-1-1-10	定	机械挖土方 埋深5.0m以内		m3	TFTJ	TFTJ<土方体积>

图 7.34

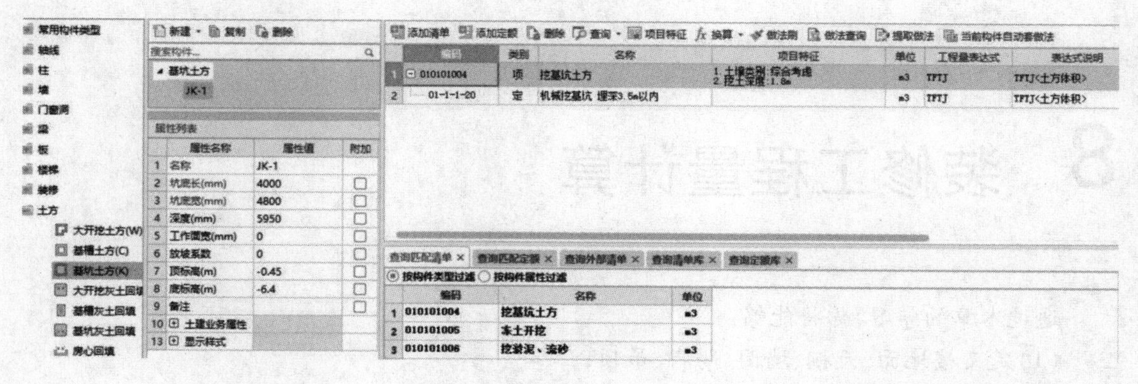

图 7.35

四、任务结果

汇总计算,统计土方工程量,见表 7.6。

表 7.6 土方清单定额工程量

编码	项目名称	单位	工程量
010101002001	挖一般土方 (1)土壤类别:综合考虑 (2)挖土深度:4.2 m	m^3	3 943.164
01-1-1-10	机械挖土方 埋深 5.0 m 以内	m^3	4 457.123 7
010101004001	挖基坑土方 (1)土壤类别:综合考虑 (2)挖土深度:1.8 m	m^3	34.56
01-1-1-20	机械挖基坑 埋深 3.5 m 以内	m^3	62.856

五、总结拓展

土方的定义和绘制可采用自动生成功能实现,也可手动绘制。

问题思考

(1)大开挖土方如何定义与绘制?

(2)土方回填的智能布置如何完成?

8 装修工程量计算

通过本章的学习,你将能够:

(1)定义楼地面、天棚、墙面、踢脚、吊顶;

(2)在房间中添加依附构件;

(3)统计各层的装修工程量。

8.1 首层装修工程量计算

通过本节的学习,你将能够:

(1)定义房间;

(2)分类统计首层装修工程量。

一、任务说明

①根据工程材料做法表(表8.1)完成全楼装修工程的楼地面、天棚、墙面、踢脚、吊顶的构件定义及做法套用。

②建立首层房间单元,添加依附构件并绘制。

③汇总计算,统计首层装修工程的工程量。

二、任务分析

①楼地面、天棚、墙面、踢脚、吊顶的构件做法在图中什么位置可以找到?

②各装修做法套用清单和定额时,如何正确地编辑工程量表达式?

③装修工程中如何用虚墙分割空间?

④外墙保温如何定义、套用做法? 地下与地上一样吗?

三、任务实施

1)分析图纸

分析建施-01的室内装修做法表,首层有6种装修类型的房间:大堂、办公室1、办公室2、楼梯间、走廊、卫生间;装修做法有楼面1、楼面2、楼面3、楼面4、踢脚1、踢脚2、踢脚3、内墙1、内墙2、天棚1、吊顶1、吊顶2。

2)清单、定额计算规则学习

(1)清单计算规则学习

装饰装修清单计算规则见表8.1。

表8.1 装饰装修清单计算规则

编码	项目名称	单位	计算规则
011102003	块料楼地面	m^2	按设计图示尺寸以面积计算,门洞、空圈、暖气包槽、壁龛的开口部分并入相应的工程量内
011102001	石材楼地面	m^2	按设计图示尺寸以面积计算,门洞、空圈、暖气包槽、壁龛的开口部分并入相应的工程量内
011101001	水泥砂浆楼地面	m^2	按设计图示尺寸以面积计算,扣除凸出地面构筑物、设备基础、室内铁道、地沟等所占面积,不扣除间壁墙及≤0.3 m^2柱、垛、附墙烟囱及孔洞所占面积。门洞、空圈、暖气包槽、壁龛的开口部分不增加面积
011105003	地块踢脚线	(1)m^2 (2)m	(1)以m^2计量,按设计图示长度乘高度以面积计算 (2)以m计量,按延长米计算
011105002	石材踢脚线	(1)m^2 (2)m	(1)以m^2计量,按设计图示长度乘高度以面积计算 (2)以m计量,按延长米计算
011105001	水泥砂浆踢脚线	(1)m^2 (2)m	(1)以m^2计量,按设计图示长度乘高度以面积计算 (2)以m计量,按延长米计算
011204001	石材墙面	m^2	按镶贴表面积计算
011001003	保温隔热墙面	m^2	按设计图示尺寸以面积计算,扣除门窗洞口以及面积>0.3 m^2的梁、孔洞所占面积;门窗洞口侧面以及与墙相连的柱,并入保温墙体工程量内
011407001	墙面喷刷涂料	m^2	按设计图示尺寸以面积计算
011204003	块料墙面200 mm×300 mm	m^2	按镶贴表面积计算
011407002	天棚喷刷涂料	m^2	按设计图示尺寸以面积计算
011302001	吊顶天棚	m^2	按设计图示尺寸以水平投影面积计算。天棚面中的灯槽及跌级、锯齿形、吊挂式、藻井式天棚面积不展开计算 不扣除间壁墙、检查口、附墙烟囱、柱垛和管道所占面积,扣除单个>0.3 m^2的孔洞、独立柱及与天棚相连的窗帘盒所占的面积

(2)定额计算规则学习

①楼地面装修定额计算规则(以楼面1为例),见表8.2,其余楼地面装修定额套用方法参考楼面1,见表8.3。

表 8.2　楼面 1 装修定额计算规则

编码	项目名称	单位	计算规则
01-11-2-14	地砖楼地面干混砂浆铺贴 每块面积 0.36 m^2 以内	m^2	按设计图示尺寸以面积计算。门洞、空圈、暖气包槽、壁龛的开口部分并入相应工程量内
01-11-1-15	干混砂浆找平层 混凝土及硬基层上 20 mm 厚	m^2	按设计图示尺寸以面积计算。扣除凸出地面构筑物、设备基础、室内铁道、地沟等所占面积，不扣除间壁墙及≤0.3 m^2 柱、垛及孔洞所占面积。门洞、空圈、暖气包槽、壁龛的开口部分不增加面积

表 8.3　楼地面装修定额计算规则

构造层次	编码	项目名称	单位	计算规则
面层	01-11-2-13	地砖楼地面干混砂浆铺贴 每块面积 0.1 m^2 以内	m^2	按设计图示尺寸以面积计算，门洞、空圈、暖气包槽、壁龛的开口部分并入相应的工程量内
	01-11-2-1	石材楼地面干混砂浆铺贴 每块面积 0.64 m^2 以内	m^2	按设计图示尺寸以面积计算，门洞、空圈、暖气包槽、壁龛的开口部分并入相应的工程量内
	01-11-1-1	干混砂浆楼地面	m^2	按设计图示尺寸以面积计算，扣除凸出地面的构筑物、设备基础、地沟等所占面积，不扣除间壁墙及面积在 0.3 m^2 以内柱、垛及孔洞所占面积，门洞、空圈、暖气包槽、壁龛的开口部分不增加面积
找平层	01-11-1-15	干混砂浆找平层 混凝土及硬基层上 20 mm 厚	m^2	按设计图示尺寸以面积计算，扣除凸出地面的构筑物、设备基础、地沟等所占面积，不扣除间壁墙及面积在 0.3 m^2 以内柱、垛及孔洞所占面积，门洞、空圈、暖气包槽、壁龛的开口部分不增加面积
	01-11-1-17	预拌细石混凝土（泵送）找平层 30 mm 厚	m^2	
	01-11-1-18	预拌细石混凝土（泵送）找平层每增减 5 mm	m^2	
	01-11-1-16	干混砂浆找平层 每增减 5 mm	m^2	
防水层	01-9-4-4	楼（地）面防水、防潮 聚氨酯防水涂膜 2.0 mm 厚	m^2	按设计图示尺寸以面积计算。按主墙间净面积计算扣除凸出地面的构筑物，设备基础等所占的面积，不扣除间壁墙及单个面积在 0.3 m^2 以内的柱、垛及孔洞所占面积；平立面交接处，上翻高度在 300 mm 以内时，按展开面积并入地面工程量内计算，上翻高度大于 300 mm 时，按墙面防水层计算

续表

构造层次	编码	项目名称	单位	计算规则
垫层	01-4-4-2	1∶1.6 水泥粗砂焦渣垫层	m^3	按室内主墙间净面积乘以设计厚度以体积计算,应扣除凸出地面的构筑物、设备基础、地沟等所占体积,不扣除柱、垛、间壁墙、附墙烟囱及面积在 0.3 m^2 以内孔洞所占体积
	01-5-1-1	CL7.5 轻集料混凝土垫层	m^3	按室内主墙间净面积乘以设计厚度以体积计算,应扣除凸出地面的构筑物、设备基础、地沟等所占体积,不扣除柱、垛、间壁墙、附墙烟囱及面积在 0.3 m^2 以内孔洞所占体积

工程做法如图 8.1 所示。

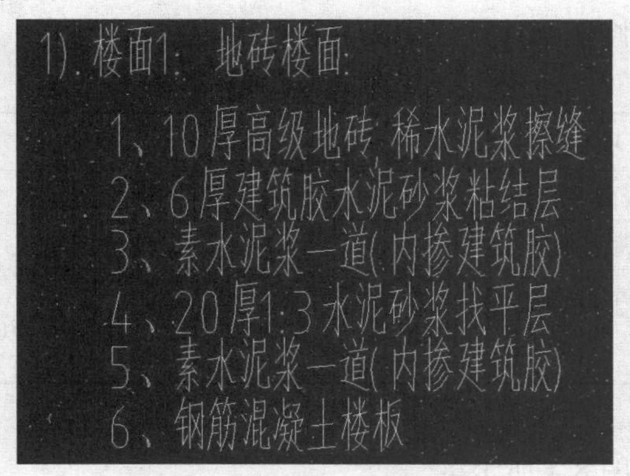

图 8.1

②踢脚定额计算规则(以踢脚 1 为例),见表 8.4,其余楼踢脚板装修定额套用方法参考踢脚 1,见表 8.5。

表 8.4 踢脚 1 定额计算规则

编码	项目名称	单位	计算规则
01-11-5-5	换算(踢脚线高度与定额默认 120 mm 不同,进行材料换算)踢脚线 黏合剂粘贴地砖	m	按设计图示长度计算,卷材踢脚线如与楼地面面层整体铺贴者,并入相应楼地面工程量内
01-12-1-20	装饰抹灰拉毛墙面	m^2	按设计图示尺寸以面积计算

表 8.5 踢脚定额计算规则

编码	项目名称	单位	计算规则
01-11-5-3	踢脚线 黏合剂粘贴石材	m	按设计图示长度计算,卷材踢脚线如与楼地面面层整体铺贴者,并入相应楼地面工程量内
01-12-1-13	墙柱面界面砂浆 砌块面	m^2	按设计图示尺寸以面积计算

续表

编码	项目名称	单位	计算规则
01-11-5-1	踢脚线 干混砂浆	m	按设计图示长度计算，卷材踢脚线如与楼地面面层整体铺贴，并入相应楼地面工程量内
01-12-1-20	装饰抹灰 拉毛墙面	m^2	按设计图示尺寸以面积计算

工程做法如图 8.2 所示。

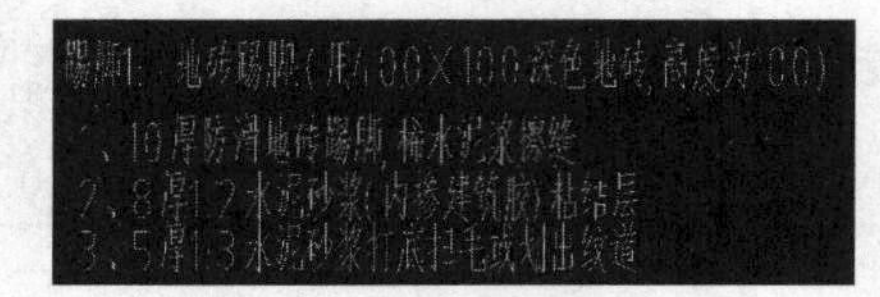

图 8.2

③内墙面、独立柱装修定额计算规则见表 8.6。

表 8.6 内墙面 1 定额计算规则

编码	项目名称	单位	计算规则
01-14-5-21	乳胶漆 室内墙面 两遍	m^2	按设计图示尺寸以面积计算
01-14-5-21	刮腻子 墙面 满刮两遍	m^2	按设计图示尺寸以面积计算
01-12-4-11	面砖稀缝墙面干混砂浆铺贴 每块面积 0.01 m^2 以内	m^2	按设计图示饰面以面积计算

工程做法，如图 8.3、图 8.4 所示。

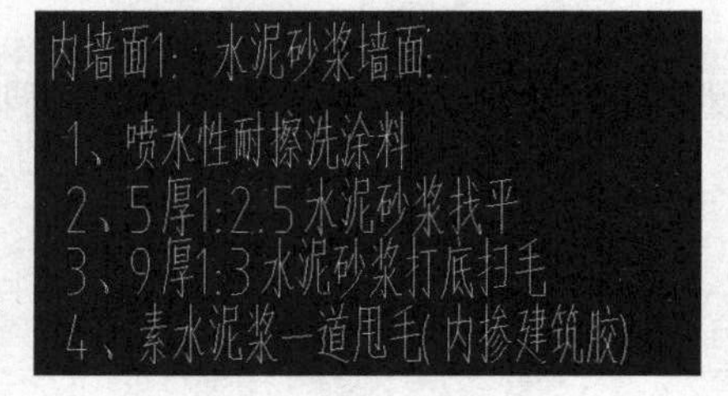

图 8.3

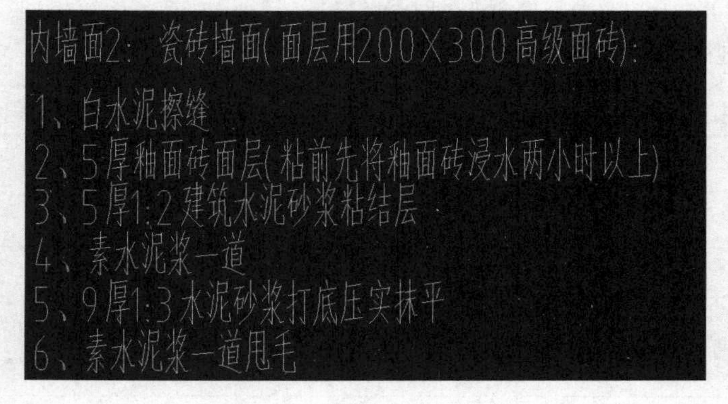

图 8.4

④天棚、吊顶定额计算规则(以天棚1、吊顶1为例),其余楼天棚、吊顶装修定额套用方法参考天棚1、吊顶1,见表8.7。

表8.7 天棚、吊顶定额计算规则

编码	项目名称	单位	计算规则
01-14-6-2	换算——仿瓷涂料 天棚面三遍	m^2	按设计图示尺寸以水平投影面积计算。不扣除间壁墙、垛、柱、检查口和管道所占的面积;带梁天棚的梁两侧抹灰面积及檐口天棚的抹灰面积并入天棚抹灰工程量计算
01-13-1-2	混凝土天棚 拉毛	m^2	按设计图示尺寸以水平投影面积计算。不扣除间壁墙、垛、柱、检查口和管道所占的面积;带梁天棚的梁两侧抹灰面积及檐口天棚的抹灰面积并入天棚抹灰工程量计算
01-13-1-7	混凝土天棚 界面砂浆	m^2	
01-13-2-4	U型轻钢天棚龙骨450 mm×450 mm平面	m^2	按主墙间水平投影面积计算。不扣除间壁墙、垛、柱、检查口和管道所占的面积,扣除单个>0.3 m^2的孔洞、独立柱及与天棚相连的窗帘盒所占面积,斜面龙骨按斜面计算
01-13-2-41	吊顶天棚 面层 铝合金条板开缝	m^2	按设计图示尺寸以展开面积计算。不扣除间壁墙、垛、柱、检查口和管道所占的面积,扣除单个>0.3 m^2的孔洞、独立柱及与天棚相连的窗帘盒所占面积
01-13-2-11	T型铝合金天棚龙骨600 mm×600 mm内 平面	m^2	按主墙间水平投影面积计算。不扣除间壁墙、垛、柱、检查口和管道所占的面积,扣除单个>0.3 m^2的孔洞、独立柱及与天棚相连的窗帘盒所占面积,斜面龙骨按斜面计算
01-13-2-33	吊顶天棚 面层 矿棉板	m^2	按设计图示尺寸以展开面积计算。不扣除间壁墙、垛、柱、检查口和管道所占的面积,扣除单个>0.3 m^2的孔洞、独立柱及与天棚相连的窗帘盒所占面积

工程做法,如图8.5、图8.6所示。

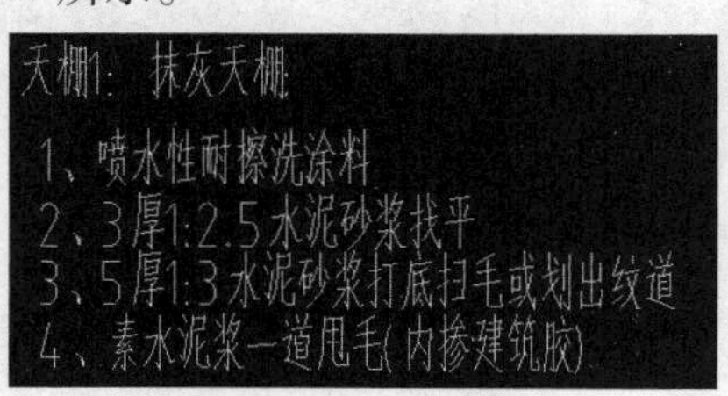

图8.5

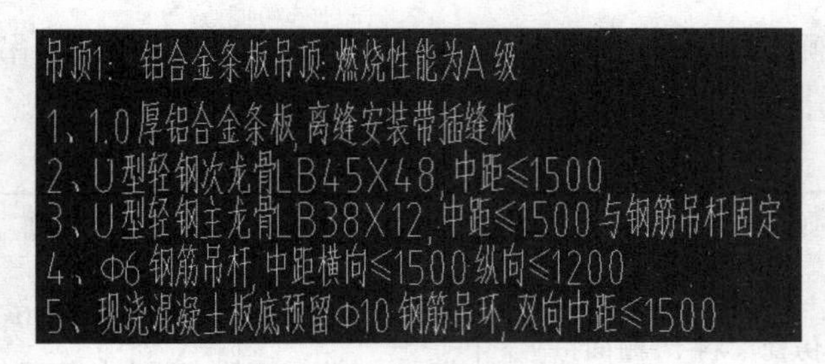

图 8.6

3)装修构件的属性定义及做法套用

(1)楼地面的属性定义

单击导航树中的“装修”→“楼地面”，在构件列表中选择“新建”→“新建楼地面”，在属性编辑框中输入相应的属性值，如有房间需要计算防水，要在“是否计算防水”选择“是”，如图 8.7—图 8.10 所示。

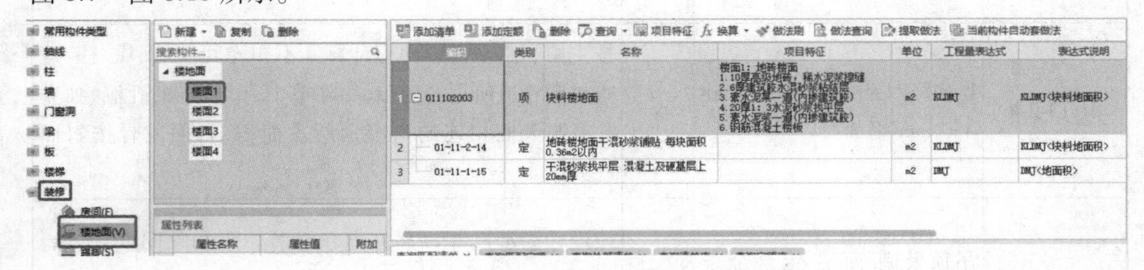

图 8.7

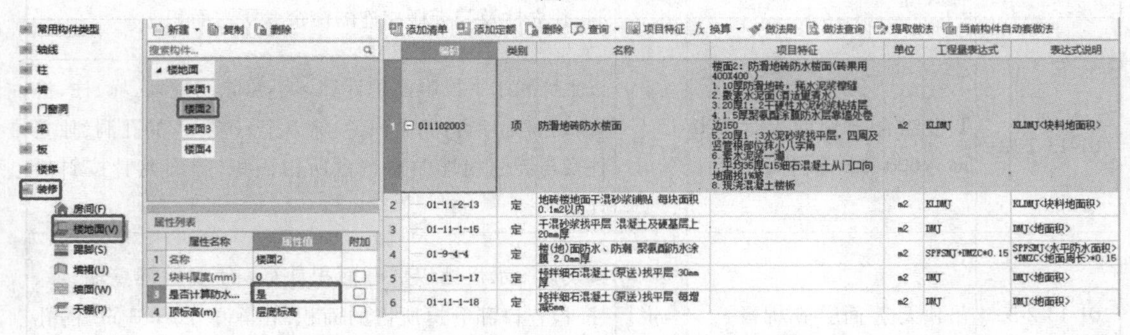

图 8.8

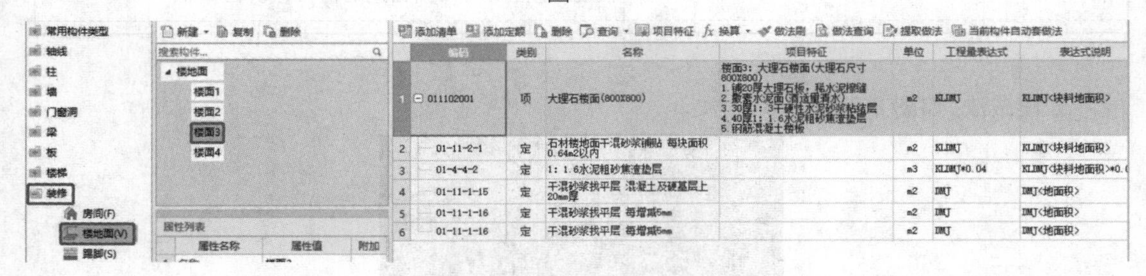

图 8.9

(2)踢脚的属性定义

新建踢脚构件的属性定义，如图 8.11—图 8.13 所示。

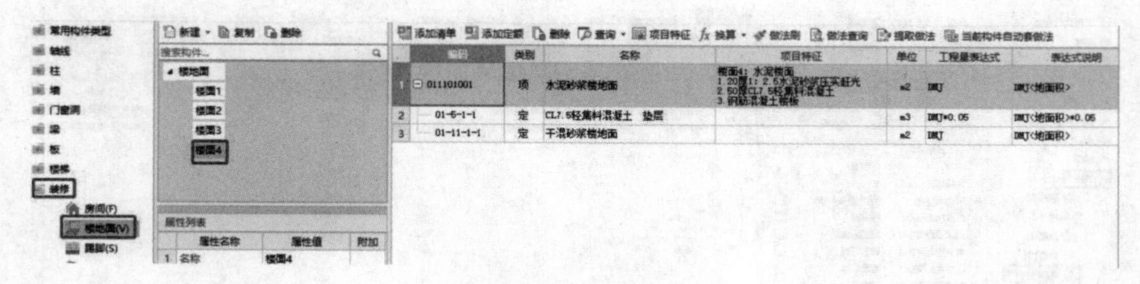

图 8.10

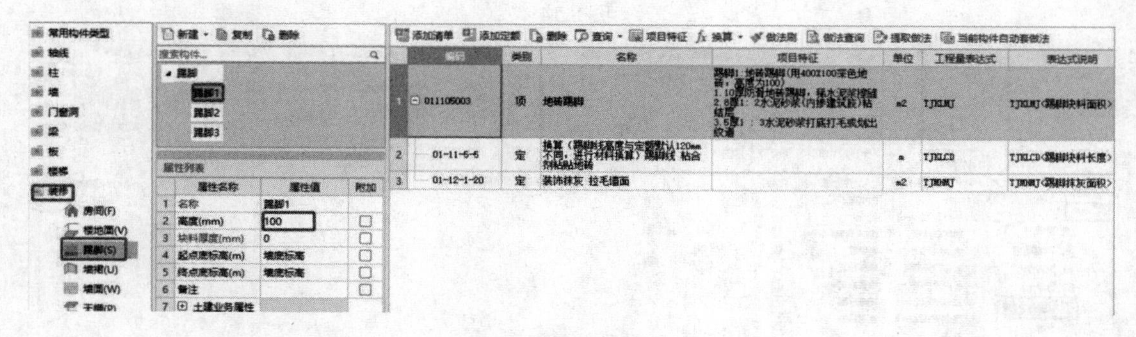

图 8.11

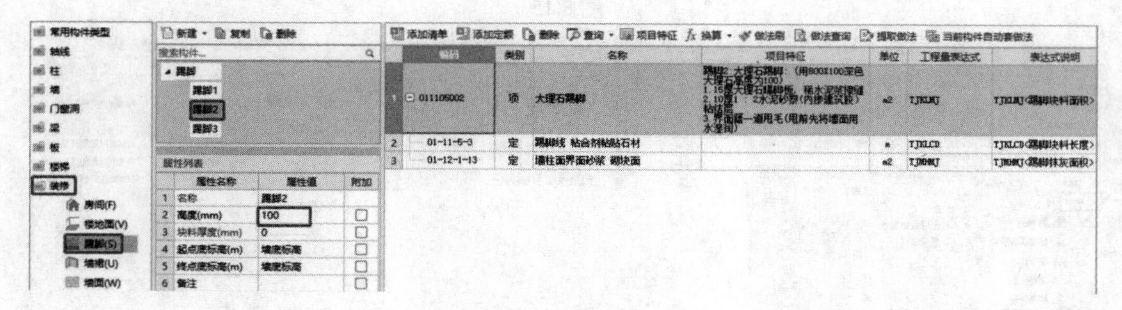

图 8.12

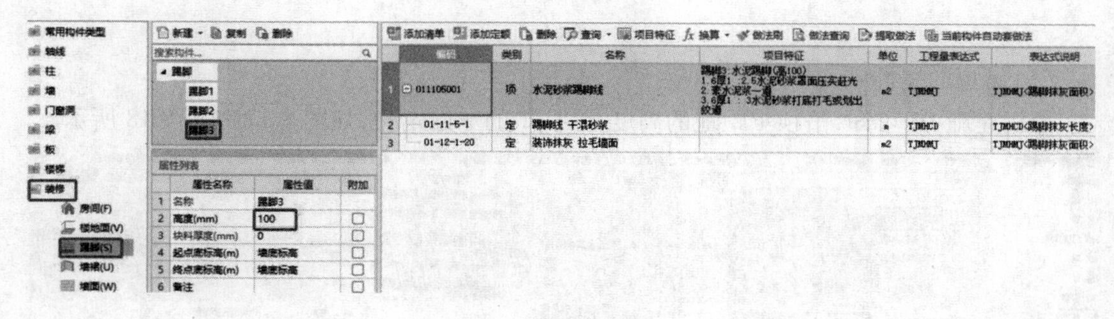

图 8.13

(3)内墙面的属性定义

新建内墙面构件的属性定义,如图 8.14 和图 8.15 所示。

(4)天棚的属性定义

天棚构件的属性定义,如图 8.16 所示。

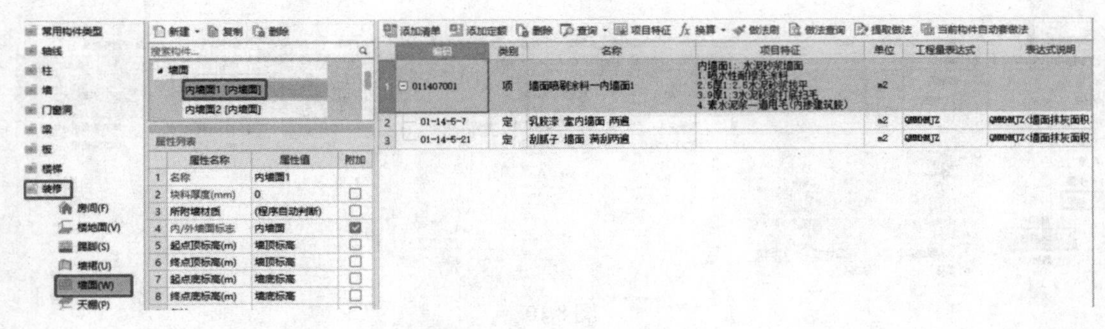

图 8.14

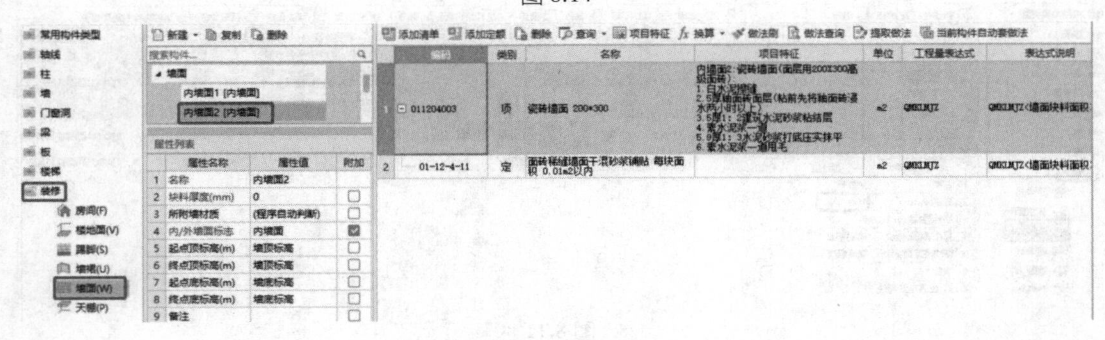

图 8.15

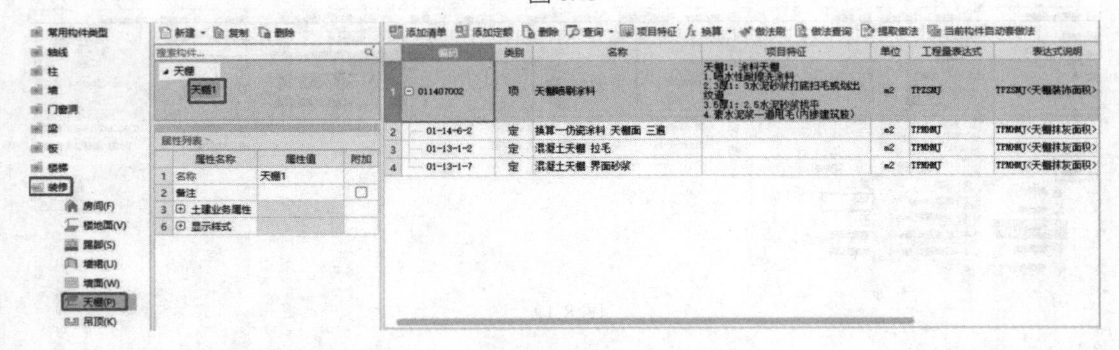

图 8.16

(5)吊顶的属性定义

分析建施-01 可知,吊顶 1 距地的高度,吊顶 1 的属性定义,如图 8.17 和图 8.18 所示。

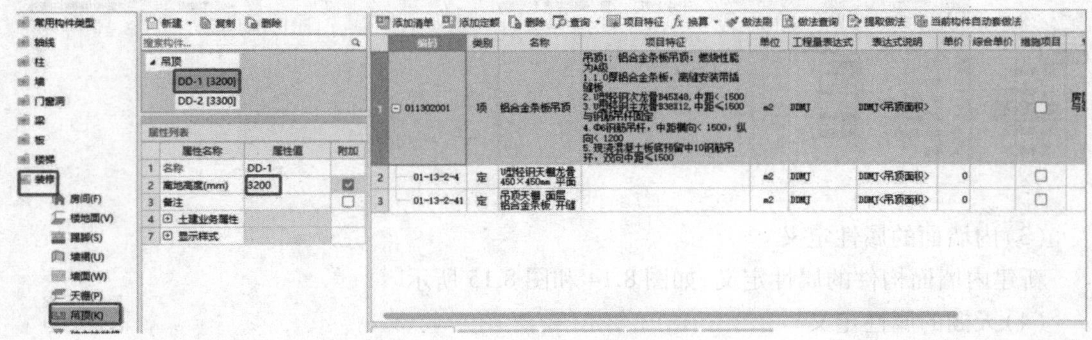

图 8.17

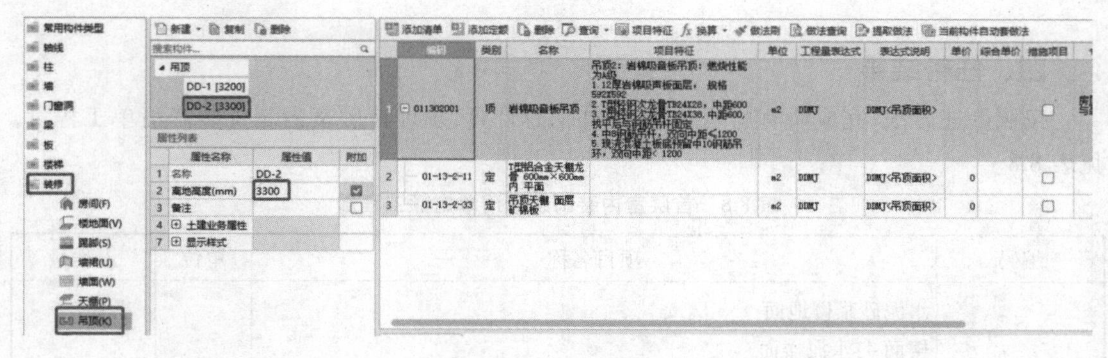

图 8.18

(6)房间的属性定义

通过"添加依附构件",建立房间中的装修构件。构件名称下"楼面 1"可以切换成"楼面 2"或是"楼面 3",其他的依附构件也是同理进行操作,如图 8.19 所示。

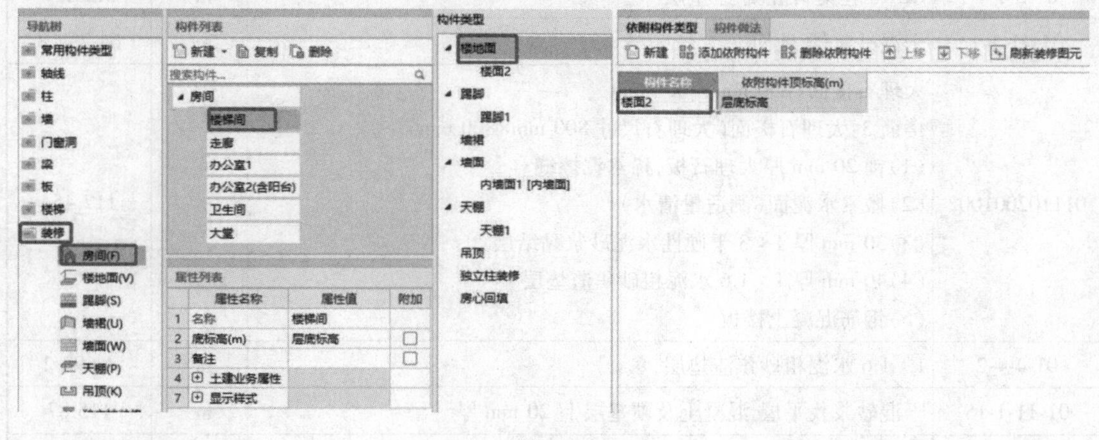

图 8.19

4)房间的绘制

"点"命令。按照建施-04 中房间的名称,选择软件中建立好的房间,在需要布置装修的房间单击一下,房间中的装修即自动布置上去。绘制好的房间,用三维查看效果。为保证大厅的"点"功能绘制,可在④~⑤/Ⓑ轴线补画一道虚墙,如图 8.20 所示。

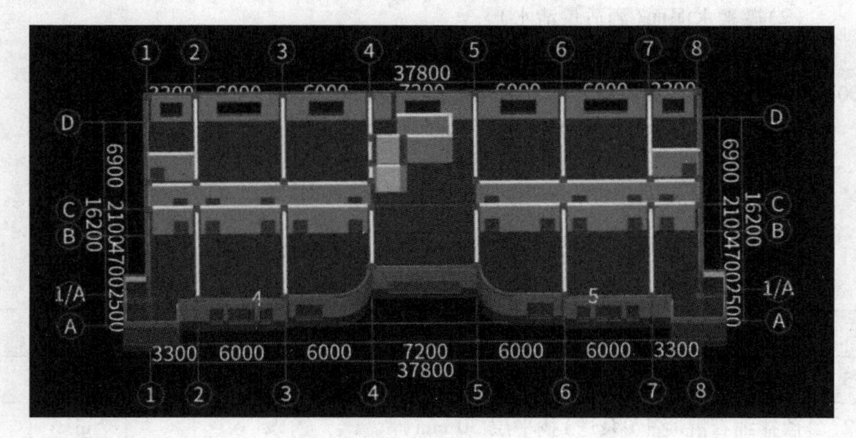

图 8.20

四、任务结果

按照上述方法,完成所有房间的建立,并汇总计算,统计首层室内装饰装修清单工程量,见表 8.8。

表 8.8　首层室内装饰装修清单定额工程量

编码	项目名称	单位	工程量
011101001002	水泥砂浆楼地面 楼面 4:水泥楼面 (1)20 mm 厚 1∶2.5 水泥砂浆压实赶光 (2)50 mm 厚 CL7.5 轻集料混凝土 (3)钢筋混凝土楼板	m^2	64.797 8
01-5-1-1	CL7.5 轻集料混凝土 垫层	m^3	3.239 9
01-11-1-1	干混砂浆楼 地面	m^2	64.797 8
011102001002	大理石楼面(800 mm×800 mm) 楼面 3:大理石楼面(大理石尺寸 800 mm×800 mm) (1)铺 20 mm 厚大理石板,稀水泥擦缝 (2)撒素水泥面(洒适量清水) (3)30 mm 厚 1∶3 干硬性水泥砂浆黏结层 (4)40 mm 厚 1∶1.6 水泥粗砂焦渣垫层 (5)钢筋混凝土楼板	m^2	117.454
01-4-4-2	1∶1.6 水泥粗砂焦渣垫层	m^3	4.698 2
01-11-1-15	干混砂浆找平层 混凝土及硬基层上 20 mm 厚	m^2	115.87
01-11-1-16	干混砂浆找平层 每增减 5 mm	m^2	231.74
01-11-2-1	石材楼地面干混砂浆铺贴 每块面积 0.64 m^2 以内	m^2	117.454
011102003004	防滑地砖防水楼面 楼面 2:防滑地砖防水楼面(砖采用 400 mm×400 mm) (1)10 mm 厚防滑地砖,稀水泥浆擦缝 (2)撒素水泥面(洒适量清水) (3)20 mm 厚 1∶2 干硬性水泥砂浆黏结层 (4)1.5 mm 厚聚氨酯涂膜防水层靠墙处卷边 150 mm (5)20 mm 厚 1∶3 水泥砂浆找平层,四周及竖管根部位抹小八字角 (6)素水泥浆一道 (7)平均 35 mm 厚 C15 细石混凝土从门口向地漏找 1%坡 (8)现浇混凝土楼板	m^2	65.0789
01-9-4-4	楼(地)面防水、防潮 聚氨酯防水涂膜 2.0 mm 厚	m^2	10.725
01-11-1-15	干混砂浆找平层 混凝土及硬基层上 20 mm 厚	m^2	65.02
01-11-1-17	预拌细石混凝土(泵送)找平层 30 mm 厚	m^2	65.02

续表

编码	项目名称	单位	工程量
01-11-1-18	预拌细石混凝土(泵送)找平层 每增减 5 mm	m^2	65.02
01-11-2-13	地砖楼地面干混砂浆铺贴 每块面积 0.1 m^2 以内	m^2	65.0789
011102003005	块料楼地面 楼面 1:地砖楼面 (1)10 mm 厚高级地砖,稀水泥浆擦缝 (2)6 mm 厚建筑胶水泥砂浆黏结层 (3)素水泥抹一道(内掺建筑胶) (4)20 mm 厚 1∶3 水泥砂浆找平层 (5)素水泥浆一道(内掺建筑胶) (6)钢筋混凝土楼板	m^2	323.269 4
01-11-1-15	干混砂浆找平层 混凝土及硬基层上 20 mm 厚	m^2	323.692 2
01-11-2-14	地砖楼地面干混砂浆铺贴 每块面积 0.36 m^2 以内	m^2	323.2694
011105001001	水泥砂浆踢脚线 踢脚 3:水泥踢脚(高 100 mm) (1)6 mm 厚 1∶2.5 水泥砂浆罩面压实赶光 (2)素水泥浆一道 (3)6 mm 厚 1∶3 水泥砂浆打底扫毛或划出纹道	m^2	5.352
01-11-5-1	踢脚线 干混砂浆	m	53.52
01-12-1-20	装饰抹灰 拉毛墙面	m^2	5.352
011105002001	大理石踢脚 踢脚 2:大理石踢脚(用 800 mm×100 mm 深色大理石,高度为 100 mm) (1)15 mm 厚大理石踢脚板,稀水泥浆擦缝 (2)10 mm 厚 1∶2 水泥砂浆(内掺建筑胶)黏结层 (3)界面剂一道甩毛(甩前先将墙面用水湿润)	m^2	6.262
01-11-5-3	踢脚线黏合剂粘贴石材	m	62.62
01-12-1-13	墙柱面界面砂浆砌块面	m^2	6.262
011105003002	地砖踢脚 踢脚 1:地砖踢脚(用 400 mm×100 mm 深色地砖,高度为 100 mm) (1)10 mm 厚防滑地砖踢脚,稀水泥浆擦缝 (2)8 mm 厚 1∶2 水泥砂浆(内掺建筑胶)黏结层 (3)5 mm 厚 1∶3 水泥砂浆打底扫毛或划出纹道	m^2	21.983 1
01-11-5-5	换算(踢脚线高度与定额默认 120 mm 不同,进行材料换算)踢脚线 黏合剂粘贴地砖	m	219.830 4
01-12-1-20	装饰抹灰 拉毛墙面	m^2	21.983 1

续表

编码	项目名称	单位	工程量
011204003004	瓷砖墙面 200 mm×300 mm 内墙面 2:瓷砖墙面(面层用 200 mm×300 mm 高级面砖) (1)白水泥擦缝 (2)5 mm 厚釉面砖面层(粘前先将釉面砖浸水 2 h 以上) (3)5 mm 厚 1∶2 建筑水泥砂浆黏结层 (4)素水泥浆一道 (5)9 mm 厚 1∶3 水泥砂浆打底压实抹平 (6)素水泥浆一道甩毛	m^2	157.446
01-12-4-11	面砖稀缝墙面干混砂浆铺贴 每块面积 0.01 m^2 以内	m^2	157.446
011302001001	岩棉吸音板吊顶 吊顶 2:岩棉吸音板吊顶 燃烧性能为 A 级 (1)12 mm 厚岩棉吸声板面层,规格 592 mm×592 mm (2)T 型轻钢次龙骨 TB24×28,中距 600 mm (3)T 型轻钢次龙骨 TB24×38,中距 600 mm,找平后与钢筋吊杆固定 (4)Φ8 钢筋吊杆,双向中距≤1 200 mm (5)现浇混凝土板底预留Φ10 钢筋吊环,双向中距<1 200 mm	m^2	42.525
01-13-2-11	T 型铝合金天棚龙骨 600 mm×600 mm 内 平面	m^2	42.525
01-13-2-33	吊顶天棚 面层 矿棉板	m^2	42.525
011302001002	铝合金条板吊顶 吊顶 1:铝合金条板吊顶 燃烧性能为 A 级 (1)1.0 mm 厚铝合金条板,离缝安装带插缝板 (2)U 型轻钢次龙骨 B45×48,中距<1 500 mm (3)U 型轻钢主龙骨 B38×12,中距≤1 500 mm,与钢筋吊杆固定 (4)Φ6 钢筋吊杆,中距横向<1 500 mm,纵向<1 200 mm (5)现浇混凝土板底预留Φ10 钢筋吊环,双向中距≤1 500 mm	m^2	439.622 2
01-13-2-4	U 型轻钢天棚龙骨 450×450 mm 平面	m^2	439.622 2
01-13-2-41	吊顶天棚 面层 铝合金条板 开缝	m^2	439.622 2
011407002001	天棚喷刷涂料 天棚 1:涂料天棚 (1)喷水性耐擦洗涂料 (2)3 mm 厚 1∶3 水泥砂浆打底扫毛或划出纹道 (3)5 mm 厚 1∶2.5 水泥砂浆找平 (4)素水泥浆一道甩毛(内掺建筑胶)	m^2	68.881 8
01-13-1-2	混凝土天棚 拉毛	m^2	69.121 8
01-13-1-7	混凝土天棚 界面砂浆	m^2	69.121 8
01-14-6-2	换算——仿瓷涂料 天棚面 三遍	m^2	69.1218

五、总结拓展

在绘制房间图元时,要保证房间是封闭的,如不封闭,可使用虚墙将房间封闭。

问题思考

(1)虚墙是否计算内墙面工程量?

(2)虚墙是否影响楼面的面积?

8.2 其他层装修工程量计算

通过本小节的学习,你将能够:

(1)分析软件在计算装修时的计算思路;

(2)计算各层装修工程量。

其他楼层装修方法同首层,也可考虑从首层复制图元。

一、任务说明

完成各楼层工程装修的工程量。

二、任务分析

①其他楼层与首层做法有何不同?

②装修工程量的计算与主体构件的工程量计算有何不同?

三、任务实施

1)分析图纸

分析图纸建施-01 中室内装修做法表可知,地下一层除地面外,所用的装修做法和首层装修做法基本相同,地面做法为地面 1、地面 2、地面 3。二层至四层装修做法基本和首层的装修做法相同,可以把首层构件复制到其他楼层,然后重新组合房间即可。

2)清单、定额计算规则学习

(1)清单计算规则学习

其他层装修清单计算规则见表 8.9。

表 8.9　其他层装修清单计算规则

编码	项目名称	单位	计算规则
011102001	石材楼地面	m^2	按设计图示尺寸以面积计算。门洞、空圈、暖气包槽、壁龛的开口部分并入相应的工程量内
010501001	垫层	m^3	按设计图示尺寸以体积计算
010404001	垫层 3：7 灰土垫层	m^3	按设计图示尺寸以体积计算
011102003	块料楼地面	m^2	按设计图示尺寸以面积计算。门洞、空圈、暖气包槽、壁龛的开口部分并入相应的工程量内
010904001	楼(地)面卷材防水	m^2	按设计图示尺寸以面积计算 (1)楼(地)面防水:按主墙间净面积计算,扣除凸出地面构筑物、设备基础等所占面积,不扣除间壁墙及单个面积≤0.3 m^2柱、垛、烟囱及孔洞所占面积 (2)楼(地)面防水翻边高度≤300 mm 算作地面防水,翻边高度>300 mm 按墙面防水计算
011101001	水泥砂浆地面	m^2	按设计图示尺寸以面积计算。扣除凸出地面构筑物、设备基础、室内铁道、地沟等所占面积,不扣除间壁墙及<0.3 m^2柱、垛、附墙烟囱及孔洞所占面积。门洞、空圈、暖气包槽、壁龛的开口部分不增加面积

(2)定额计算规则学习

其他层装修定额计算规则,以地面 4 层为例,见表 8.10。

表 8.10　其他层装修定额计算规则

编码	项目名称	单位	计算规则
01-11-1-9	混凝土面层加浆随捣随光	m^2	按设计图示尺寸以面积计算,扣除凸出地面的构筑物、设备基础、地沟等所占面积,不扣除间壁墙及面积在 0.3 m^2 以内柱、垛及孔洞所占面积,门洞、空圈、暖气包槽、壁龛开口部分不增加面积
01-5-1-1	预拌混凝土(泵送)垫层	m^3	按室内墙间净面积乘设计厚度以体积计算,应扣除凸出地面的构筑物、设备基础、地沟等所占体积,不扣除柱、垛、间壁墙、附墙烟囱及面积在 0.3 m^2 以内孔洞所占体积
01-11-2-1	大理石地面干混砂浆铺贴 800 mm×800 mm	m^2	按设计图示尺寸以面积计算,门洞、空圈、暖气包槽、壁龛开口部分并入相应的工程量内
01-4-4-1	换算(3：7 灰土垫层)砂垫层	m^3	按室内主墙间净面积乘设计厚度以体积计算,应扣除凸出地面的构筑物、设备基础、地沟等所占体积,不扣除柱、垛、间壁墙、附墙烟囱及面积在 0.3 m^2 以内孔洞所占体积

续表

编码	项目名称	单位	计算规则
01-11-2-18	防滑地砖地面黏合剂粘贴 300 mm×300 mm	m^2	按设计图示尺寸以面积计算,门洞、空圈、暖气包槽、壁龛开口部分并入相应的工程量内
01-11-1-17	预拌细石混凝土(泵送)找平层 30 mm 厚	m^2	按设计图示尺寸以面积计算,扣除凸出地面的构筑物、设备基础、地沟等所占面积,不扣除间壁墙及面积在 0.3 m^2 以内柱、垛及孔洞所占面积,门洞、空圈、暖气包槽、壁龛开口部分不增加面积
01-9-4-3	楼(地)面防水、防潮 改性沥青卷材 冷粘	m^2	按设计图示尺寸以面积计算。 (1)楼(地)面防水:按主墙间净面积计算,扣除凸出地面构筑物、设备基础等所占面积,不扣除间壁墙及单个面积≤0.3 m^2柱、垛、烟囱及孔洞所占面积 (2)平立面交接处,上翻高度≤300 mm 时,按展开高度并入地面工程量内,上翻高度>300 mm 时,按墙面防水层计算
01-11-1-18	预拌细石混凝土(泵送)找平层 每增减 5 mm	m^2	按设计图示尺寸以面积计算,扣除凸出地面的构筑物、设备基础、地沟等所占面积,不扣除间壁墙及面积在 0.3 m^2 以内柱、垛及孔洞所占面积,门洞、空圈、暖气包槽、壁龛开口部分不增加面积
01-11-1-15	干混砂浆找平层混凝土及硬基层上 20 mm 厚	m^2	

工程做法,如图 8.21

地面4:水泥地面
1、20厚1:2.5水泥砂浆抹面压实赶光
2、素水泥浆一道(内掺建筑胶)
3、50厚C10混凝土
5、150厚5-32卵石灌M2.5混合砂浆,平板振捣器振捣密实
5、素土夯实,压实系数0.95

图 8.21

四、任务结果

汇总计算,统计-1 层的装修工程量,见表 8.11。

表 8.11 -1 层室内装饰装修清单定额工程量

编码	项目名称	单位	工程量
010404001002	垫层 3∶7 灰土垫层 150 mm 厚 3∶7 灰土垫层	m^3	58.779
01-4-4-1	换算(3∶7 灰土垫层)砂垫层	m^3	58.779
010501001003	垫层 50 mm 厚 C10 素混凝土	m^3	7.692 5

续表

编码	项目名称	单位	工程量
01-5-1-1	预拌混凝土(泵送) 垫层	m^3	7.692 5
010501001004	垫层 150 mm 厚 5-32 卵石灌 M2.5 混合砂浆 150 mm 厚 5-32 卵石灌 M2.5 混合砂浆,平板振捣器振捣密实	m^3	23.077 5
01-5-1-1	换算(150 mm 厚 5-32 卵石灌 M2.5 混合砂浆)预拌混凝土(泵送)垫层	m^3	23.077 5
010501001005	垫层 100 mm 厚 C10 素混凝土	m^3	32.801
01-5-1-1	预拌混凝土(泵送) 垫层	m^3	32.801
010904001002	楼(地)面卷材防水 3 mm 厚高聚物改性沥青涂膜防水层,四周上卷 150 mm	m^2	65.98
01-9-4-3	楼(地)面防水、防潮 改性沥青卷材 冷粘	m^2	65.98
01-11-1-17	预拌细石混凝土(泵送)找平层 30 mm 厚	m^2	63.85
01-11-1-18	预拌细石混凝土(泵送)找平层 每增减 5 mm	m^2	63.85
011101001001	水泥地面 地面 4:水泥地面 (1)20 mm 厚 1∶2.5 水泥砂浆抹面压实赶光 (2)素水泥浆一道(内掺建筑胶)	m^2	38.64
01-11-1-9	混凝土面层加浆随捣随光	m^2	38.64
011102001001	大理石地面 800 mm×800 mm 地面 1:大理石地面 (1)20 mm 厚大理石板,稀水泥擦缝 (2)撒素水泥面(洒适量清水) (3)30 mm 厚 1∶3 干硬性水泥砂浆黏结层	m^2	327.29
01-11-2-1	大理石地面干混砂浆铺贴 800 mm×800 mm	m^2	327.29
011102003002	防滑地砖地面 300 mm×300 mm 地面 2:防滑地砖地面 (1)2.5 mm 厚防滑地砖,建筑胶黏剂粘铺,稀水泥浆碱擦缝 (2)素水泥浆一道(内掺建筑胶) (3)30 mm 厚 C15 细石混凝土随打随抹	m^2	63.937
01-11-1-17	预拌细石混凝土(泵送) 找平层 30 mm 厚	m^2	63.85
01-11-2-18	防滑地砖地面黏合剂粘贴 300 mm×300 mm	m^2	63.937
011102003003	地砖地面 600 mm×600 mm 地面 3:地砖地面 (1)10 mm 厚高级地砖,建筑胶黏剂粘铺,稀水泥浆碱擦缝 (2)20 mm 厚 1∶2 干硬性水泥砂浆黏结层 (3)素水泥结合层一道	m^2	116.087
01-11-1-15	干混砂浆找平层 混凝土及硬基层上 20 mm 厚	m^2	115.21

续表

编码	项目名称	单位	工程量
01-11-2-18	地砖楼地面 黏合剂粘贴每块面积 0.36 m^2 以内	m^2	116.087
011105001001	水泥砂浆踢脚线 踢脚 3:水泥踢脚(高 100 mm) (1)6 mm 厚 1∶2.5 水泥砂浆罩面压实赶光 (2)素水泥浆一道 (3)6 mm 厚 1∶3 水泥砂浆打底扫毛或划出纹道	m^2	6.136
01-11-5-1	踢脚线 干混砂浆	m	61.36
01-12-1-20	装饰抹灰 拉毛墙面	m^2	6.136
011105002001	大理石踢脚 踢脚 2:大理石踢脚(用 800 mm×100 mm 深色大理石,高度为 100 mm) (1)15 mm 厚大理石踢脚板,稀水泥浆擦缝 (2)10 mm 厚 1∶2 水泥砂浆(内掺建筑胶)黏结层 (3)界面剂一道甩毛(甩前先将墙面用水湿润)	m^2	7.966
01-11-5-3	踢脚线黏合剂粘贴石材	m	79.66
01-12-1-13	墙柱面界面砂浆 砌块面	m^2	7.966
011105003002	地砖踢脚 踢脚 1:地砖踢脚(用 400 mm×100 mm 深色地砖,高度为 100 mm) (1)10 mm 厚防滑地砖踢脚,稀水泥浆擦缝 (2)8 mm 厚 1∶2 水泥砂浆(内掺建筑胶)黏结层 (3)5 mm 厚 1∶3 水泥砂浆打底扫毛或划出纹道	m^2	19.860 2
01-11-5-5	换算(踢脚线高度与定额默认 120 mm 不同,进行材料换算)踢脚线黏合剂粘贴地砖	m	198.601 8
01-12-1-20	装饰抹灰拉毛墙面	m^2	19.860 2
011204001002	石材墙面内墙裙 普通大理石板墙裙 (1)稀水泥浆擦缝 (2)贴 10 mm 厚大理石板,正、背面及四周满刷防污剂 (3)素水泥浆一道 (4)6 mm 厚 1∶0.5∶2.5 水泥石灰膏砂浆罩面 (5)8 mm 厚 1∶3 水泥砂浆打底扫毛或划出纹道 (6)素水泥浆一道甩毛(内掺建筑胶)	m^2	84.312
01-12-1-7	墙柱面刷素水泥浆	m^2	82.8
01-12-1-20	装饰抹灰 拉毛墙面	m^2	82.8
01-12-4-2	石材墙面 干混砂浆铺贴	m^2	84.312

续表

编码	项目名称	单位	工程量
011204003004	瓷砖墙面 200 mm×300 mm 内墙面 2:瓷砖墙面(面层用 200 mm×300 mm 高级面砖) (1)白水泥擦缝 (2)5 mm 厚釉面砖面层(粘前先将釉面砖浸水 2 h 以上) (3)5 mm 厚 1∶2 建筑水泥砂浆黏结层 (4)素水泥浆一道 (5)9 mm 厚 1∶3 水泥砂浆打底压实抹平 (6)素水泥浆一道甩毛	m^2	76.872
01-12-4-11	面砖稀缝墙面干混砂浆铺贴 每块面积 0.01 m^2 以内	m^2	76.872
011302001001	岩棉吸音板吊顶 吊顶 2:岩棉吸音板吊顶,燃烧性能为 A 级 (1)12 mm 厚岩棉吸声板面层,规格 592 mm×592 mm (2)T 型轻钢次龙骨 TB24×28,中距 600 mm (3)T 型轻钢次龙骨 TB24×38,中距 600 mm,找平后与钢筋吊杆固定 (4)Φ8 钢筋吊杆,双向中距≤1 200 mm (5)现浇混凝土板底预留Φ10 钢筋吊环,双向中距<1 200 mm	m^2	41.54
01-13-2-11	T 型铝合金天棚龙骨 600 mm×600 mm 内 平面	m^2	41.54
01-13-2-33	吊顶天棚 面层 矿棉板	m^2	41.54
011302001002	铝合金条板吊顶 吊顶 1:铝合金条板吊顶,燃烧性能为 A 级 (1)1.0 mm 厚铝合金条板,离缝安装带插缝板 (2)U 型轻钢次龙骨 B45×48,中距<1 500 mm (3)U 型轻钢主龙骨 B38×12,中距≤1 500 mm 与钢筋吊杆固定 (4)Φ6 钢筋吊杆,中距横向<1 500 mm,纵向<1 200 mm (5)现浇混凝土板底预留Φ10 钢筋吊环,双向中距≤1 500 mm	m^2	435.725 1
01-13-2-4	U 型轻钢天棚龙骨 450 mm×450 mm 平面	m^2	435.725 1
01-13-2-41	吊顶天棚 面层 铝合金条板 开缝	m^2	435.725 1
011407002003	天棚喷刷涂料 天棚 1:涂料天棚 (1)喷水性耐擦洗涂料 (2)3 mm 厚 1∶3 水泥砂浆打底扫毛或划出纹道 (3)5 mm 厚 1∶2.5 水泥砂浆找平 (4)素水泥浆一道甩毛(内掺建筑胶)	m^2	38.49
01-14-6-2	换算——仿瓷涂料 天棚面 三遍	m^2	38.57

8.3 外墙及保温层计算

一、任务说明

完成各楼层外墙及保温层的工程量。

二、任务分析

①地上外墙与地下部分保温层的做法有何不同?

②保温层增加后是否会影响外墙装修的工程量计算?

三、任务实施

1)分析图纸

分析图纸建施-01 中"(六)墙体设计"可知,外墙外侧做 50 mm 厚的保温。

2)清单、定额计算规则学习

(1)清单计算规则学习

外墙及保温层清单计算规则见表 8.12。

表 8.12 外墙及保温层清单计算规则

编码	项目名称	单位	计算规则
011204003	块料墙面(外墙 1)	m^2	按镶贴表面积计算
011204001	石材墙面(外墙 2)	m^2	按镶贴表面积计算
011407001	墙面喷刷涂料(外墙 3)	m^2	按设计图示尺寸以面积计算
011001003	保温隔热墙面	m^2	按设计图示尺寸以面积计算,扣除门窗洞口以及面积大于 0.3 m^2 梁、孔洞所占面积,门窗洞口侧壁以及与墙相连的柱,并入保温墙体工程量内

(2)定额计算规则学习

外墙及保温层定额计算规则见表 8.13。

表 8.13 外墙及保温层定额计算规则

编码	项目名称	单位	计算规则
01-12-4-13	面砖稀缝墙面黏合剂粘贴每块面积 0.01 m^2 以内	m^2	按设计图示饰面面积计算

续表

编码	项目名称	单位	计算规则
01-12-1-7	墙柱面刷素水泥浆	m^2	按垂直投影面积计算,扣除外墙裙、门窗洞口和单个大于 0.3 m^2 孔洞所占面积;不扣除≤0.3 m^2 的孔洞所占面积,门窗洞口及洞口侧壁面积亦不增加,附墙柱、梁、垛侧面抹灰面积并入相应墙面墙裙工程量内计算
01-10-1-18	换算(50 mm 厚聚苯板保温层)墙面保温 水泥珍珠岩板墙 附墙铺贴 50 mm 厚	m^2	按设计图示尺寸以面积计算,扣除门窗洞口及单个面积大于 0.30 m^2 梁、孔洞所占面积。门窗洞口侧壁以及与墙相连的柱,并入保温墙体工程量内。墙体及混凝土板下铺贴隔热层,不扣除木框架及木龙骨的体积。其中外墙按隔热层中心线长度计算,内墙按隔热层净长度计算
01-12-4-5	背栓干挂石材 外墙面密缝	m^2	按设计图示饰面面积计算
01-10-1-16	换算(35 mm 厚聚苯板)墙面保温 高强珍珠岩保温层 35 mm 厚	m^2	按设计图示尺寸以面积计算,扣除门窗、洞口及单个面积大于 0.30 m^2 梁、孔洞所占面积。门窗洞口侧壁以及与墙相连的柱,并入保温墙体工程量内。墙体及混凝土板下铺贴隔热层,不扣除木框架及木龙骨的体积。其中外墙按隔热层中心线长度计算,内墙按隔热层净长度计算
01-12-1-7	墙柱面刷素水泥浆	m^2	按垂直投影面积计算,扣除外墙裙、门窗洞口及单个大于 0.3 m^2 孔洞所占面积;不扣除≤0.3 m^2 的孔洞所占面积,门窗洞口及洞口侧壁面积亦不增加,附墙柱、梁、垛侧面抹灰面积并入相应墙面墙裙工程量内计算
01-12-1-5	墙面找平层 15 mm 厚	m^2	
01-14-6-4	外墙丙烯酸酯涂料 墙面两遍	m^2	

新建外墙面,注意标高的设置,如图 8.22—图 8.24 所示。

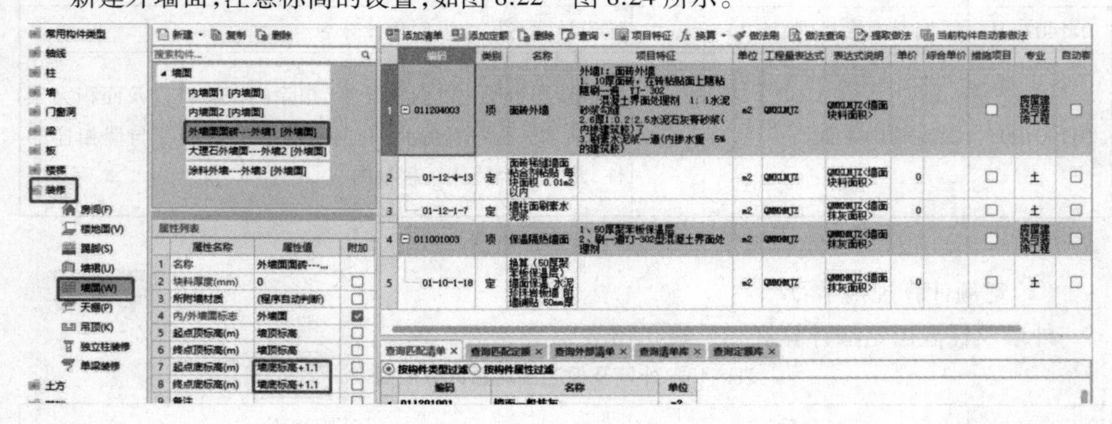

图 8.22

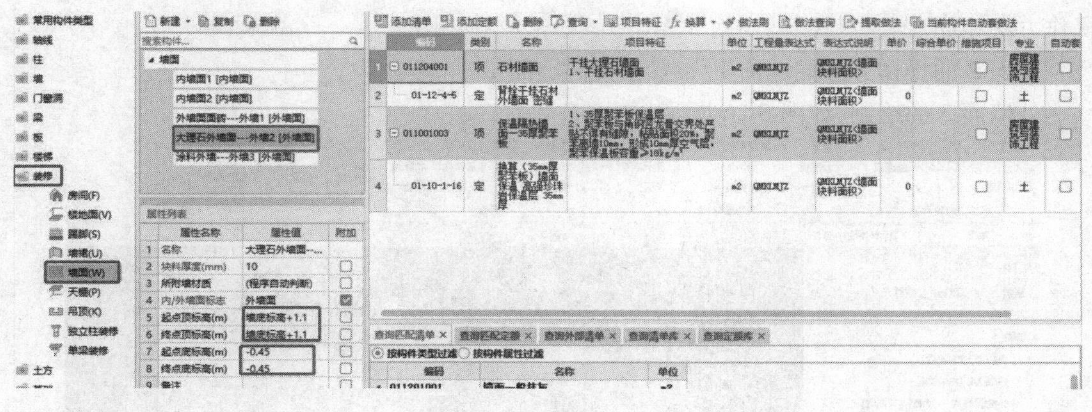

图 8.23

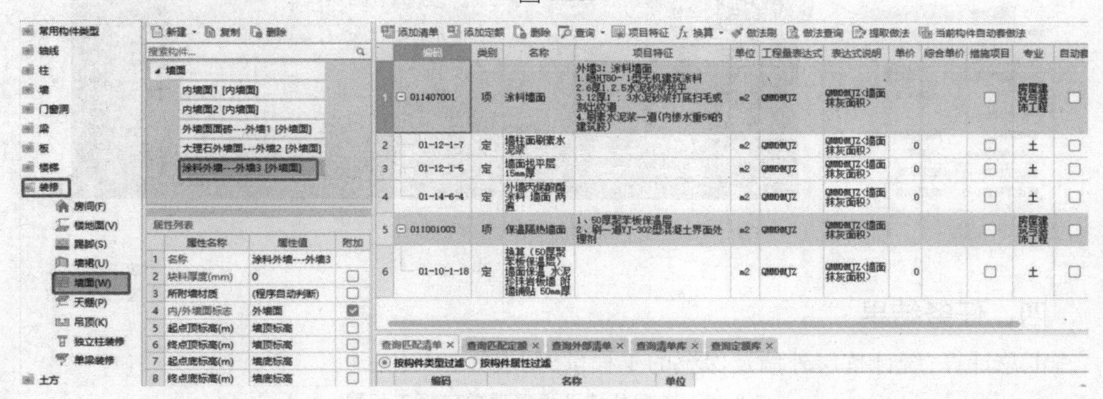

图 8.24

用“点”功能绘制，在外墙外侧单击鼠标左键即可，如图 8.25 所示。

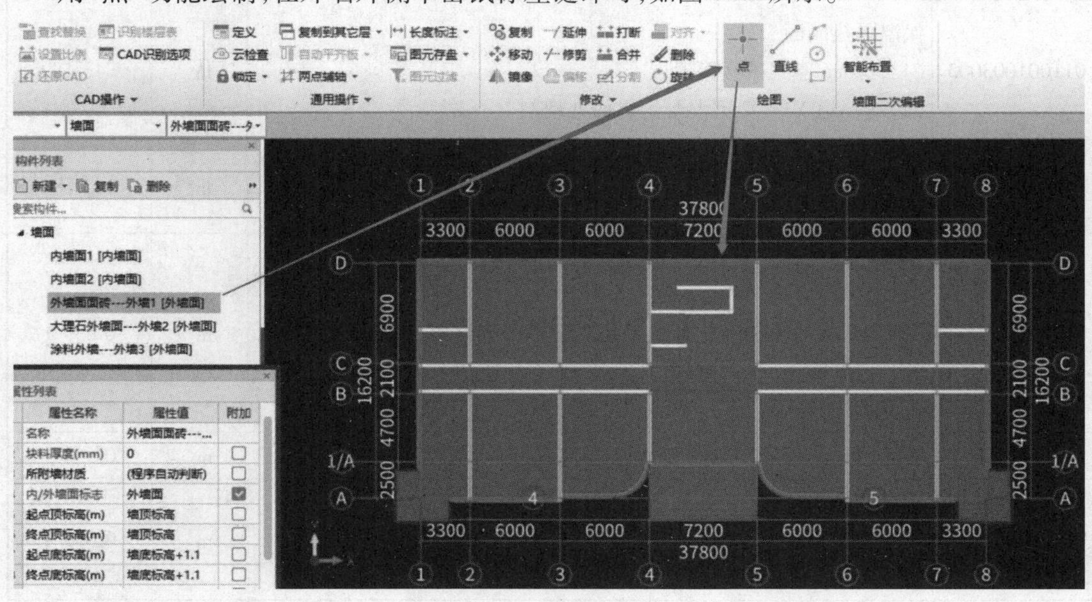

图 8.25

或者选择“智能布置”→“外墙外边线”，即可完成外墙外侧保温层的绘制。其他楼层的操作方法相同。

墙面 2 的操作方法同墙面 1,布置位置同墙面 1。

外墙面 3 的绘制,如图 8.26 所示。

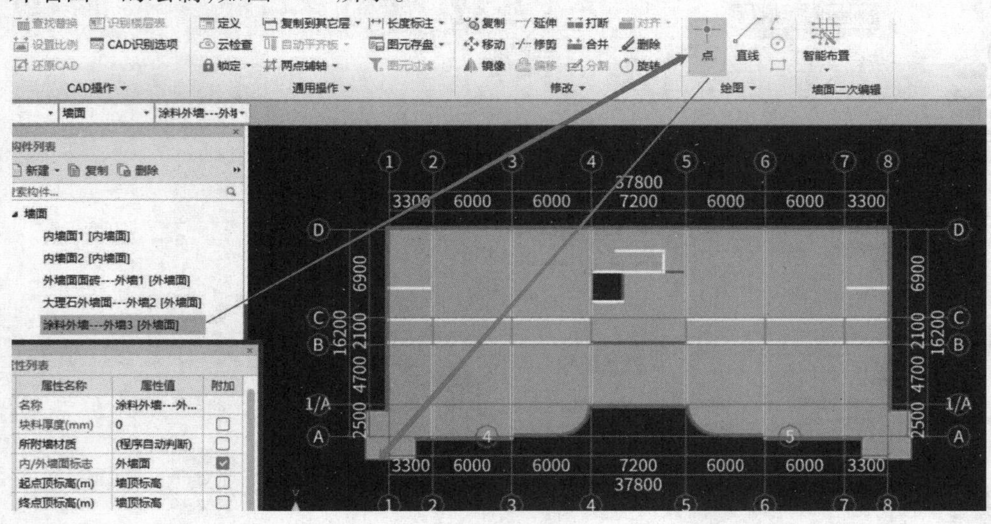

图 8.26

四、任务结果

汇总计算,统计首层外墙及保温的工程量,见表 8.14。

表 8.14　首层外墙及保温清单定额工程量

编码	项目名称	单位	工程量
011001003003	保温隔热墙面 (1)50 mm 厚聚苯板保温层 (2)刷一道 YJ-302 型混凝土界面处理剂	m^2	243.189
01-10-1-18	换算(50 mm 厚聚苯板保温层)墙面保温 水泥珍珠岩板墙 附墙铺贴 50 mm 厚	m^2	243.189
011001003004	保温隔热墙面——35 mm 厚聚苯板 (1)35 mm 厚聚苯板保温层 (2)聚苯板与角钢竖龙骨交界处严贴不得有缝隙,粘贴面积 20%,聚苯板离墙 10 mm,形成 10 mm 厚空气层,聚苯保温板容重≥18 kg/m^3	m^2	0.639 1
01-10-1-16	换算(35 mm 厚聚苯板)墙面保温 高强珍珠岩保温层 35 mm 厚	m^2	0.639 1
011204001001	石材墙面 干挂大理石墙面 (1)干挂石材墙面	m^2	0.639 1
01-12-4-5	背栓干挂石材 外墙面 密缝	m^2	0.639 1

续表

编码	项目名称	单位	工程量
011204003001	面砖外墙 外墙 1:面砖外墙 (1)10 mm 厚面砖,在转粘贴面上随粘随刷一遍 YJ-302 混凝土界面处理剂 1∶1 水泥砂浆勾缝 (2)6 mm 厚 1∶0.2∶2.5 水泥石灰膏砂浆(内掺建筑胶) (3)刷素水泥浆一道(内掺水重 5%的建筑胶)	m^2	236.181
01-12-1-7	墙柱面刷素水泥浆	m^2	226.077
01-12-4-13	面砖稀缝墙面黏合剂粘贴 每块面积 0.01 m^2 以内	m^2	236.181
011407001003	涂料墙面 外墙 3:涂料墙面 (1)喷 HJ80-1 型无机建筑涂料 (2)6 mm 厚 1∶2.5 水泥砂浆找平 (3)12 mm 厚 1∶3 水泥砂浆打底扫毛或划出纹道 (4)刷素水泥浆一道(内掺水重 5%的建筑胶)	m^2	17.112
01-12-1-5	墙面找平层 15 mm 厚	m^2	17.112
01-12-1-7	墙柱面刷素水泥浆	m^2	17.112
01-14-6-4	外墙丙烯酸酯涂料 墙面 两遍	m^2	17.112

问题思考

外墙保温层增加后是否影响建筑面积的计算?

9 零星及其他工程量计算

通过本章的学习,你将能够:

(1)掌握平整场地、建筑面积的工程量计算;

(2)掌握挑檐、雨篷的工程量计算;

(3)掌握台阶、散水及栏杆的工程量计算。

9.1 平整场地、建筑面积工程量计算

通过本节的学习,你将能够:

(1)依据定额和清单分析平整场地、建筑面积的工程量计算规则;

(2)定义平整场地、建筑面积的属性及做法套用;

(3)绘制平整场地、建筑面积;

(4)统计平整场地、建筑面积工程量。

一、任务说明

①完成平整场地建、筑面积的属性定义、做法套用及图元绘制。

②汇总计算,统计首层平整场地、建筑面积的工程量。

二、任务分析

①平整场地的工程量计算如何定义?此任务中应选用地下一层还是首层的建筑面积?

②首层建筑面积中门厅外台阶的建筑面积应如何计算?工程量表达式作何修改?

③与建筑面积相关的综合脚手架和垂直运输如何套用清单定额?

三、任务实施

1)分析图纸

分析图纸建施-04 可知,本层建筑面积分为楼层建筑面积和雨篷建筑面积两部分。

2)清单、定额计算规则学习

(1)清单计算规则学习

平整场地、建筑面积清单计算规则,见表 9.1。

表 9.1　平整场地、建筑面积清单计算规则

编码	项目名称	单位	计算规则
010101001	平整场地	m^2	按设计图示尺寸以建筑物首层建筑面积计算
011701001	综合脚手架	m^2	按建筑面积计算

(2)定额计算规则学习

平整场地、建筑面积定额计算规则,见表 9.2。

表 9.2　平整场地、建筑面积定额计算规则

编码	项目名称	单位	计算规则
01-1-1-1	平整场地 ±300 mm 以内	m^2	按设计图示尺寸以建筑物或构筑物的底面外边线每边各加 2 m,以面积计算
01-17-1-2	钢管双排外脚手架 高 20 m 以内	m^2	按外墙外边线乘以外墙高度以面积计算,不扣除门、窗、洞口、空圈等所占面积,同一建筑物高度不同时,应按不同高度分别计算

3)属性定义

(1)平整场地的属性定义

在导航树中选择“其他”→“平整场地”,在构件列表中选择“新建”→“新建平整场地”,如图 9.1 所示。

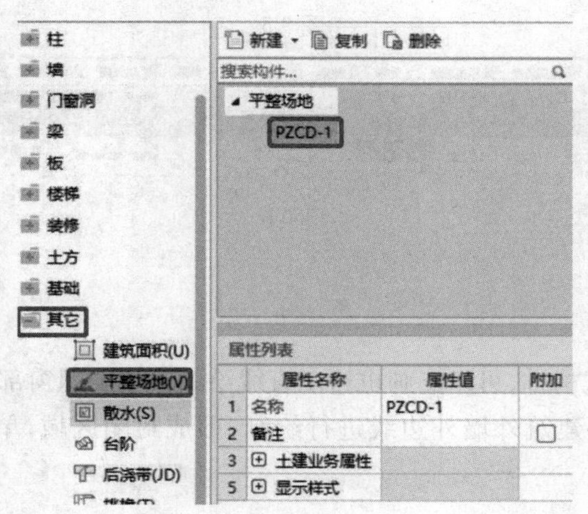

图 9.1

(2)建筑面积的属性定义

在导航树中选择“其他”→“建筑面积”,在构件列表中选择“新建”→“新建建筑面积”,

在属性编辑框中输入相应的属性值,本工程中由于雨篷的建筑面积应该算一半面积,因此新建两个建筑面积,如图 9.2、图 9.3 所示。

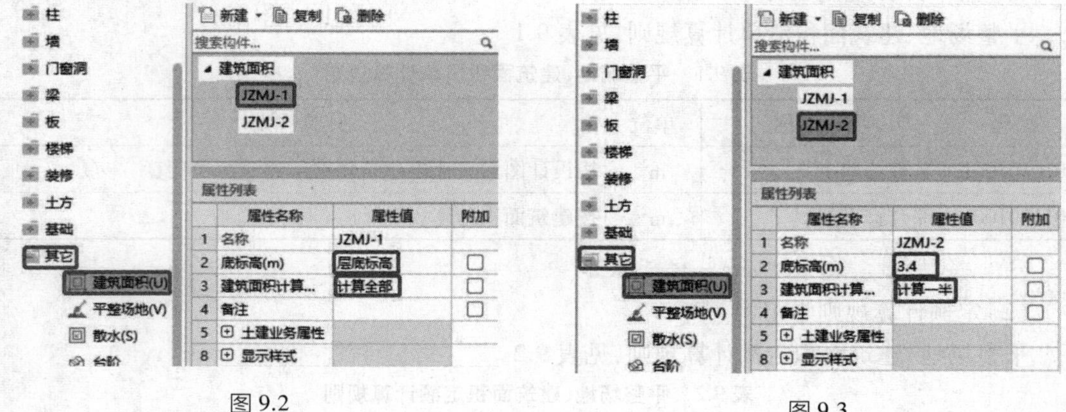

图 9.2　　　　图 9.3

4)做法套用

①平整场地的做法在建筑面积里套用,如图 9.4 所示。

	编码	类别	名称	项目特征	单位	工程量表达式	表达式说明	单价	综合单价	措施项目	专业	自动套
1	010101001	项	平整场地	1. 土壤类别:综合考虑	m2	MJ	MJ<面积>			☐	房屋建筑与装饰工程	☐
2	01-1-1-1	定	平整场地 ±300mm以内		m2	WF2MMJ	WF2MMJ<外放2米的面积>	0		☐	土	☐

图 9.4

②建筑面积的做法套用,如图 9.5、图 9.6 所示。

	编码	类别	名称	项目特征	单位	工程量表达式	表达式说明	单价	综合单价	措施项目	专业	自动套
1	011701001	借项	综合脚手架	1. 建筑结构形式:框架结构 2. 檐口高度:14.85m	m2	MJ+ZC*0.05	MJ<面积>+ZC<周长>*0.05			☐	13措施项目	☐
2	01-17-1-2	定	钢管双排外脚手架 高20m以内		m2	ZC*4.35	ZC<周长>*4.35	0		☐	土	☐

图 9.5

	编码	类别	名称	项目特征	单位	工程量表达式	表达式说明	单价	综合单价	措施项目	专业	自动套
1	011701001	借项	综合脚手架	1. 建筑结构形式:框架结构 2. 檐口高度:14.85m	m2	MJ	MJ<面积>			☐	13措施项目	☐
2	01-17-1-2	定	钢管双排外脚手架 高20m以内		m2	ZC*4.35	ZC<周长>*4.35	0		☐	土	☐

图 9.6

5)画法讲解

(1)平整场地绘制

平整场地属于面式构件,可以点画也可以直线绘制。注意飘窗部分不计算建筑面积,下面以直线画为例,沿着建筑外墙外边线进行绘制,形成封闭区域,单击右键即可,如图 9.7 所示。

(2)建筑面积绘制

首层建筑面积绘制同平整场地,特别注意飘窗部分不需要计算建筑面积,室内建筑面积用 JZMJ-1 绘制,雨篷的建筑面积用 JZMJ-2 绘制,如图 9.8 所示。

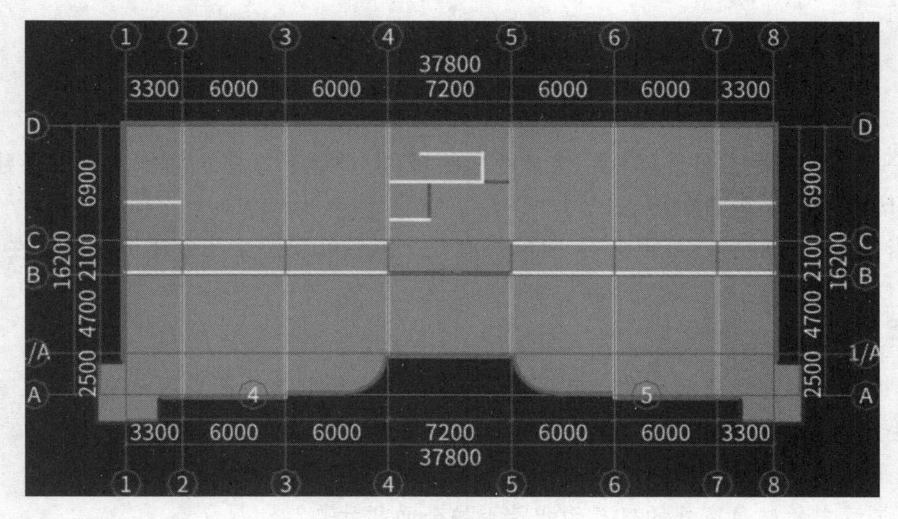

图 9.7

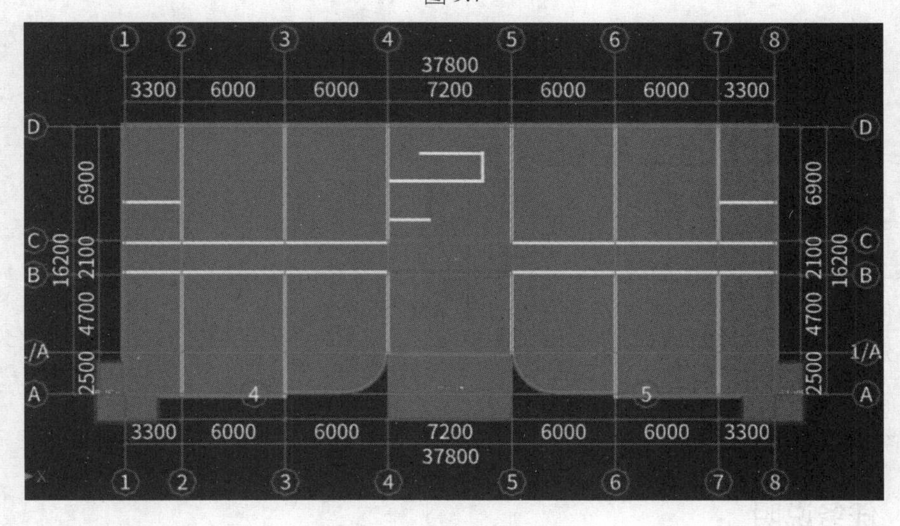

图 9.8

四、任务结果

汇总计算，统计本层场地平整、建筑面积的工程量，见表 9.3。

表 9.3　场地平整、建筑面积清单定额工程量

编码	项目名称及特征	单位	工程量
010101001001	平整场地 (1)土壤类别:综合考虑	m^2	639.261 4
01-1-1-1	平整场地 ±300 mm 以内	m^2	904.175 4
011701001001	综合脚手架 (1)建筑结构形式:框架结构 (2)檐口高度:14.85 m	m^2	657.367 3
01-17-1-2	钢管双排外脚手架 高 20 m 以内	m^2	718.699 2

五、总结拓展

①平整场地习惯上是计算首层建筑面积区域,但是地下室建筑面积大于首层建筑面积时,平整场地以地下室为准。

②当一层建筑面积计算规则不一样时,有几个区域就要建立几个建筑面积属性。

问题思考

(1)平整场地与建筑面积属于面式图元,与用直线绘制其他面式图元有什么区别?需要注意哪些问题?

(2)平整场地与建筑面积绘制图元范围是一样的,计算结果是否有区别?

(3)工程中的转角窗处的建筑面积是否按全面积计算?

9.2 首层雨篷的工程量计算

通过本节的学习,你将能够:

(1)依据定额和清单分析首层雨篷的工程量计算规则;

(2)定义首层雨篷;

(3)绘制首层雨篷;

(4)统计首层雨篷的工程量。

一、任务说明

①完成首层雨篷的定义、做法套用及图元绘制。

②汇总计算,统计首层雨篷的工程量。

二、任务分析

①首层雨篷是一个室外构件,为什么要一次性将清单及定额做完?

②做法套用分别都是些什么?工程量表达式如何选用?

三、任务实施

1)分析图纸

分析图纸建施-01,雨篷属于玻璃钢雨篷,面层是玻璃钢,底层为钢管网架,属于成品,由厂家直接定做安装。

2) 清单、定额计算规则学习

(1) 清单计算规则学习

雨篷清单计算规则见表 9.4。

表 9.4　雨篷清单计算规则

编码	项目名称	单位	计算规则
011506001	雨篷吊挂饰面	m^2	按设计图示尺寸以水平投影面积计算

(2) 定额计算规则(部分)学习

雨篷定额计算规则(部分)见表 9.5。

表 9.5　雨篷定额计算规则(部分)

编码	项目名称	单位	计算规则
01-15-6-3	雨篷吊挂钢骨架 塑铝板饰面	m^2	按设计图示尺寸以水平投影面积计算

3) 雨篷的属性定义

在导航树中选择“其他”→“雨篷”，在构件列表中选择“新建”→“新建雨篷”，在属性编辑框中输入相应的属性值，如图 9.9 所示。

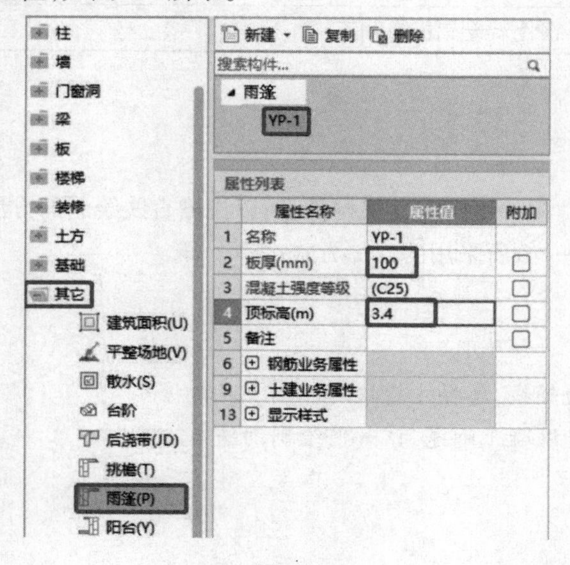

图 9.9

4) 做法套用

雨篷的做法套用如图 9.10 所示。

	编码	类别	名称	项目特征	单位	工程量表达式	表达式说明	单价	综合单价	措施项目	专业	自动套
1	⊟ 011506001	项	雨篷吊挂饰面	1.面层材料品种、规格:成品雨篷，3850*7200	m2	MJ	MJ<面积>			☐	房屋建筑与装饰工程	☐
2	01-15-6-3	定	雨篷吊挂钢骨架 塑铝板饰面		m2	MJ	MJ<面积>	0		☐	土	☐

图 9.10

5)雨篷绘制

直线绘制雨篷首先根据图纸尺寸做好辅助轴线,或者用“Shift+左键”的方法绘制雨篷,如图 9.11 所示。

图 9.11

四、任务结果

汇总计算,统计本层雨篷的工程量,见表 9.6。

表 9.6 雨篷清单定额工程量

编码	项目名称及特征	单位	工程量
011506001001	雨篷吊挂饰面 (1)面层材料品种、规格:成品雨篷,3 850 mm×7 200 mm	m^2	26.82
01-15-6-3	雨篷吊挂钢骨架 塑铝板饰面	m^2	26.82

五、总结拓展

①挑檐既属于线性构件也属于面式构件,所以挑檐直线绘制的方法与线性构件一样。

②雨篷的形式不一样,所采用的计算方式也不一样。

问题思考

(1)若不使用辅助轴线,怎样才能快速绘制上述挑檐?

(2)如果采用现浇混凝土雨篷,该如何绘制雨篷?

9.3 台阶、散水、栏杆的工程量计算

通过本节的学习,你将能够:

(1)依据定额和清单分析首层台阶、散水、栏杆的工程量计算规则;

(2)定义台阶、散水、栏杆的属性;

(3)绘制台阶、散水、栏杆;

(4)统计台阶、散水、栏杆的工程量。

一、任务说明

①完成首层台阶、散水、栏杆的定义、做法套用及图元绘制。

②汇总计算,统计首层台阶、散水、栏杆的工程量。

二、任务分析

①首层台阶的尺寸能够从哪个图中什么位置找到?都有些什么工作内容?如何套用清单定额?

②首层散水的尺寸能够从哪个图中什么位置找到?都有些什么工作内容?如何套用清单定额?

③首层栏杆的尺寸能够从哪个图中什么位置找到?都有些什么工作内容?如何套用清单定额?

三、任务实施

1)分析图纸

分析图纸建施-04,可从平面图中得到台阶、散水、栏杆的信息,本层台阶、散水、栏杆的截面尺寸如下:

①台阶的踏步宽度为300 mm,踏步个数为3,顶标高为首层层底标高。

②散水的宽度为900 mm,沿建筑物周围布置。

③由平面图可知,阳台栏杆为0.9 m高的不锈钢栏杆。

分析图纸建施-12,可从散水做法详图和台阶做法详图中得到以下信息:

①台阶做法,如图9.12:

1、20厚花岗岩板铺面,正、背面及四周边满涂防污剂,稀水泥浆擦缝
2、撒素水泥面(洒适量清水)
3、30厚1:4 硬性水泥砂浆黏结层
4、素水泥浆一道(内掺建筑胶)
5、100厚C15 混凝土,台阶面向外坡1%
6、300厚3:7 灰土垫层分两步夯实
7、素土夯实

图9.12

②散水做法,如图9.13:

1、60厚C15 细石混凝土面层,撒1:1水泥砂子压实赶光
2、150厚3:7 灰土宽出面层300
3、素土夯实,向外坡4%。

图9.13

2)清单、定额计算规则学习

(1)清单计算规则学习

台阶、散水、栏杆清单计算规则见表 9.7。

表 9.7 台阶、散水、栏杆清单计算规则

编码	项目名称	单位	计算规则
010507004	台阶	(1) m^2 (2) m^3	(1)以 m^2 计量,按设计图示尺寸以水平投影面积计算 (2)以 m^3 计量,按设计图示尺寸以体积计算
011107001	石材台阶面	m^2	按设计图示尺寸以台阶(包括最上层踏步边沿加 300 mm)水平投影面积计算
011702027	台阶模板	m^2	按图示台阶水平投影面积计算,台阶端头两侧不另计算模板面积。架空式混凝土台阶,按现浇楼梯计算
010404001	垫层 3∶7 灰土垫层	m^3	以设计图示尺寸以立方米计算
010507001	散水、坡道	m^2	按设计图示尺寸以水平投影面积计算。不扣除单个≤0.3 m^2的孔洞所占面积
011702029	散水	m^2	按模板与散水的接触面积计算
011503001	金属扶手、栏杆、栏板	m	按设计图示以扶手中心线长度(包括弯头长度)计算

(2)定额计算规则学习

台阶、散水、栏杆定额计算规则见表 9.8。

表 9.8 台阶、散水、栏杆定额计算规则

编码	项目名称	单位	计算规则
01-5-7-7	预拌混凝土(非泵送) 台阶	m^2	按设计图示尺寸以水平投影面积计算。台阶与平台连接时,以最上层踏步外沿加300 mm计算。架空式混凝土台阶,按现浇混凝土楼梯计算
01-11-7-1	石材台阶面 干混砂浆铺贴	m^2	按设计图示尺寸以台阶(包括最上层踏步边沿加 300 mm)水平投影面积计算
01-11-1-19	楼地面 刷素水泥浆	m^2	按设计图示尺寸以台阶(包括最上层踏步边沿加 300 mm)水平投影面积计算
01-17-2-99	复合模板 台阶	m^2	按设计图示尺寸的水平投影面积计算,台阶与平台连接时,以最上层外沿加 300 mm 为界,台阶端头两侧不另算模板面积;架空式台阶按现浇楼梯计算
01-4-4-1	换算(3∶7 灰土垫层) 砂垫层	m^3	按设计图示尺寸以体积计算
01-5-7-1	预拌混凝土(非泵送) 散水、坡道	m^2	按设计图示尺寸以水平投影面积计算,不扣除单个≤0.3 m^2 的孔洞所占面积
01-17-2-101	复合模板 散水	m^2	按设计图示尺寸的水平投影面积计算
01-15-3-1	不锈钢管栏杆带扶手 直形	m	按设计图示以扶手中心线长度(包括弯头长度)计算

3) 台阶、散水、栏杆的属性定义

(1) 台阶的属性定义

在导航树中选择“其他”→“台阶”，在构件列表中选择“新建”→“新建台阶”，新建室外台阶，根据图纸中台阶的尺寸标注，在属性编辑框中输入相应的属性值，如图 9.14 所示。

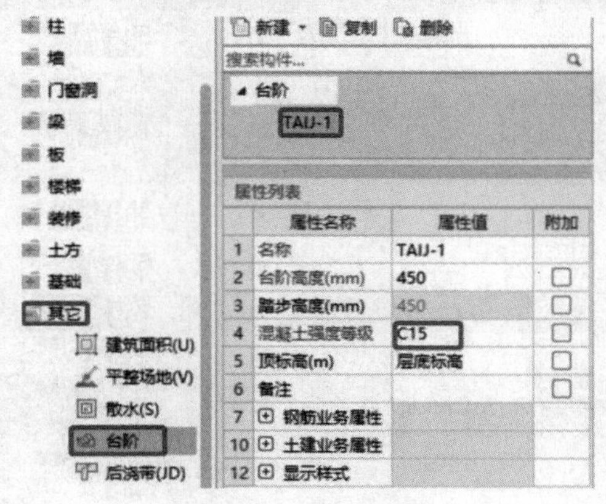

图 9.14

(2) 散水的属性定义

在导航树中选择“其他”→“散水”，在构件列表中选择“新建”→“新建散水”，新建散水，根据散水图纸中的尺寸标注，在属性编辑框中输入相应的属性值，如图 9.15 所示。

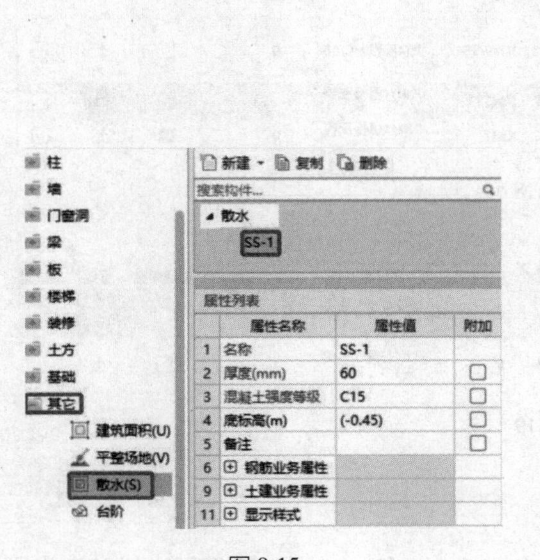

图 9.15

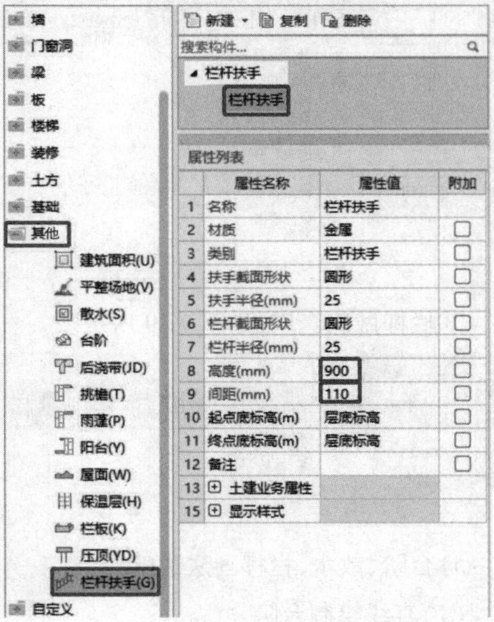

图 9.16

(3) 栏杆的属性定义

在导航树中选择“其他”→“栏杆扶手”，在构件列表中选择“新建”→“新建栏杆扶手”，根据图纸中的尺寸标注，在属性编辑框中输入相应的属性值，如图 9.16 所示。

4)做法套用

①台阶做法套用,如图 9.17 所示。

	编码	类别	名称	项目特征	单位	工程量表达式	表达式说明	单价	综合单价	措施项目	专业	自动套
1	010507004	项	台阶	1.100厚C15混凝土，台阶面向外坡1%	m2	MJ	MJ<台阶整体水平投影面积>			☐	房屋建筑与装饰工程	☐
2	01-6-7-7	定	预拌混凝土(非泵送)台阶		m2	MJ	MJ<台阶整体水平投影面积>	0		☐	土	☐
3	011107001	项	石材台阶面	台阶: 1.20厚花岗岩板铺面，正、背面及四周边满涂防污剂，稀水泥浆擦缝 2.撒素水泥面(洒适量清水) 3.30厚1:4硬性水泥砂浆粘结层 4.素水泥浆一道(内掺建筑胶)	m2	MJ	MJ<台阶整体水平投影面积>			☐	房屋建筑与装饰工程	☐
4	01-11-7-1	定	石材台阶面 干混砂浆铺贴		m2	MJ	MJ<台阶整体水平投影面积>	0		☐	土	☐
5	01-11-1-19	定	楼地面 刷素水泥浆		m2	MJ	MJ<台阶整体水平投影面积>	0		☐	土	☐
6	011702027	借项	台阶模板		m2	MJ	MJ<台阶整体水平投影面积>			☑	13措施项目	☐
7	01-17-2-99	定	复合模板 台阶		m2	MJ	MJ<台阶整体水平投影面积>	0		☑	土	☐
8	010404001	项	垫层3:7灰土垫层	1.300厚3:7灰土垫层分两步夯实	m3	MJ*0.3	MJ<台阶整体水平投影面积>*0.3			☐	房屋建筑与装饰工程	☐
9	01-4-4-1	定	换算(3:7灰土垫层)砂垫层		m3	MJ*0.3	MJ<台阶整体水平投影面积>*0.3	0		☐	土	☐

图 9.17

②散水做法套用,如图 9.18 所示。

	编码	类别	名称	项目特征	单位	工程量表达式	表达式说明	单价	综合单价	措施项目	专业	自动套
1	010507001	项	散水、坡道	散水、坡道 1.60厚C15细石混凝土面层，撒1:1水泥沙子压实赶光 2.150厚3:7灰土宽处面层300 3.素土夯实，向外坡4%	m2	MJ	MJ<面积>			☐	房屋建筑与装饰工程	☐
2	01-5-7-1	定	预拌混凝土(非泵送)散水、坡道		m2	MJ	MJ<面积>	0		☐	土	☐
3	01-4-4-1	定	换算(3:7灰土垫层)砂垫层		m3	MJ*0.15	MJ<面积>*0.15	0		☐	土	☐
4	011702029	借项	散水模板		m2	MBMJ	MBMJ<模板面积>			☑	13措施项目	☐
5	01-17-2-101	定	复合模板 散水		m2	MBMJ	MBMJ<模板面积>	0		☑	土	☐

图 9.18

③栏杆做法套用,如图 9.19 所示。

	编码	类别	名称	项目特征	单位	工程量表达式	表达式说明	单价	综合单价	措施项目	专业	自动套
1	011503001	项	金属扶手、栏杆、栏板	1.扶手材料种类、规格:不锈钢栏杆 2.栏杆材料种类、规格:直径50mm	m	CD	CD<长度(含弯头)>			☐	房屋建筑与装饰工程	☐
2	01-15-3-1	定	不锈钢管栏杆带扶手 直形		m	CD	CD<长度(含弯头)>	0		☐	土	☐

图 9.19

5)台阶、散水、栏杆画法讲解

(1)直线绘制台阶

台阶属于面式构件,因此可以直线绘制、三点画弧,也可以点绘制,这里用直线和三点画弧绘制法。首先作好辅助轴线,依据图纸,然后选择“直线”和“三点画弧”,单击交点形成闭合区域,即可绘制台阶,如图 9.20 所示。

图 9.20

(2)智能布置散水

散水同样属于面式构件,因此,可以直线绘制也可以点绘制,这里用智能布置法比较简单,选择“智能布置”→“外墙外边线”,在弹出的对话框中输入“900”,单击右键确定即可,如图 9.21 所示。

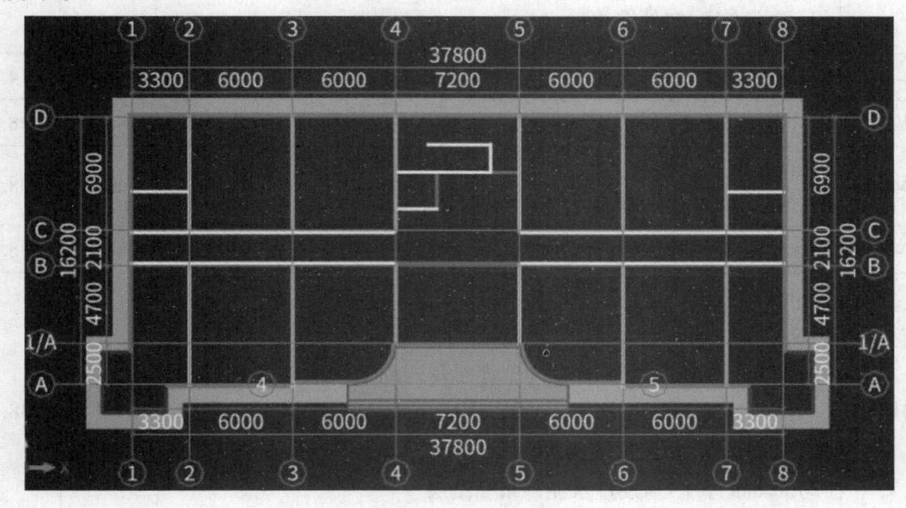

图 9.21

(3)直线布置栏杆

栏杆同样属于线式构件,因此,可直线绘制。依据图纸位置和尺寸,绘制直线,单击右键确定即可,如图 9.22 所示。

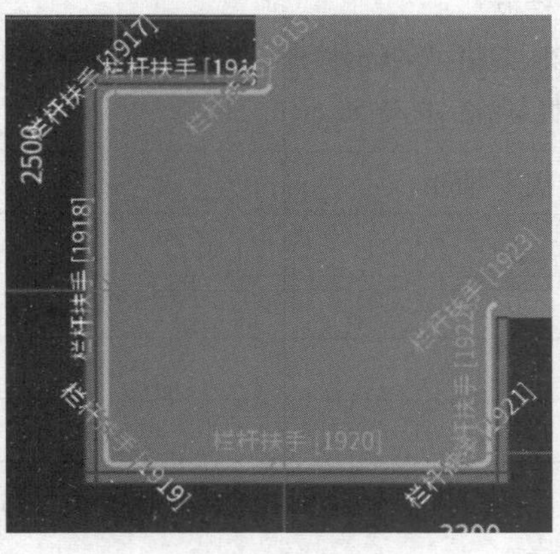

图 9.22

四、任务结果

汇总计算,统计本层台阶、散水、栏杆的工程量,见表 9.9。

表 9.9　台阶、散水、栏杆清单定额工程量

编码	项目名称	单位	工程量
010404001001	垫层 3∶7 灰土垫层 (1)300 mm 厚 3∶7 灰土垫层分两步夯实	m^3	11.648 9
01-4-4-1	换算(3∶7 灰土垫层)砂垫层	m^3	11.648 9
010507001001	散水、坡道 (1)60 mm 厚 C15 细石混凝土面层,撒 1∶1 水泥沙子压实赶光 (2)150 mm 厚 3∶7 灰土宽处面层 300 mm (3)素土夯实,向外坡 4%	m^2	98.096 6
01-4-4-1	换算(3∶7 灰土垫层)砂垫层	m^3	14.714 5
01-5-7-1	预拌混凝土(非泵送) 散水、坡道	m^2	98.096 6
010507004001	台阶 (1)100 mm 厚 C15 混凝土,台阶面向外坡 1%	m^2	38.829 6
01-5-7-7	预拌混凝土(非泵送) 台阶	m^2	38.829 6
011107001001	石材台阶面 台阶: (1)20 mm 厚花岗岩板铺面,正、背面及四周边满涂防污剂,稀水泥浆擦缝 (2)撒素水泥面(洒适量清水) (3)30 mm 厚 1∶4 硬性水泥砂浆黏结层 (4)素水泥浆一道(内掺建筑胶)	m^2	38.829 6
01-11-1-19	楼地面 刷素水泥浆	m^2	38.829 6
01-11-7-1	石材台阶面 干混砂浆铺贴	m^2	38.829 6
011503001001	金属扶手、栏杆、栏板 (1)扶手材料种类、规格:不锈钢栏杆 (2)栏杆材料种类、规格:直径 50 mm	m	19.558
01-15-3-1	不锈钢管栏杆带扶手 直形	m	19.558
011702027001	台阶模板	m^2	38.829 6
01-17-2-99	复合模板 台阶	m^2	38.829 6
011702029001	散水模板	m^2	8.345 2
01-17-2-101	复合模板 散水	m^2	8.345 2

五、总结拓展

①台阶绘制后,还要根据实际图纸设置台阶起始边。

②台阶属性定义只给出台阶的顶标高。

③如果在封闭区域,台阶也可以使用点式绘制。

④栏杆还可以采用智能布置的方式绘制。

问题思考

(1)智能布置散水的前提是什么?

(2)表9.9中散水的工程量是最终工程量吗?

(3)散水与台阶相交时,软件会自动扣减吗?若扣减,谁的级别大?

(4)台阶、散水、栏杆在套用清单与定额时,与主体构件有哪些区别?

10 表格输入

通过本章的学习,你将能够:

(1)通过参数输入法计算钢筋工程量;

(2)通过直接输入法计算钢筋工程量。

10.1 参数输入法计算钢筋工程量

通过本节的学习,你将能够:

掌握参数输入法计算钢筋工程量的方法。

一、任务说明

表格输入中,通过“参数输入”,完成所有层楼梯梯板的钢筋量计算。

二、任务分析

以首层一号楼梯为例,参考结施-13 及建施-13 图,读取梯板的相关信息,如梯板厚度、钢筋信息及楼梯具体位置。

三、任务实施

参考 3.7.2 楼梯梯板钢筋量的定义和绘制。

四、任务结果

查看报表预览中的构件汇总信息明细表,见表 10.1。

表 10.1 所有楼梯构件钢筋汇总表

<table>
<tr><td>汇总信息</td><td>汇总信息钢筋总重(kg)</td><td>构件名称</td><td>构件数量</td><td>HRB400</td></tr>
<tr><td colspan="4">楼层名称:第-1 层(表格输入)</td><td>198.499</td></tr>
<tr><td rowspan="4">楼梯</td><td rowspan="4">198.499</td><td>负一层 AT1</td><td>2</td><td>115.452</td></tr>
<tr><td>-2.00 标高 PTB1</td><td>1</td><td>42.585</td></tr>
<tr><td>-0.05 标高 PTB1</td><td>1</td><td>40.462</td></tr>
<tr><td>合计</td><td></td><td>198.499</td></tr>
</table>

续表

汇总信息	汇总信息钢筋总重(kg)	构件名称	构件数量	HRB400
楼层名称:首层(表格输入)				198.499
楼梯	198.499	第一层 AT1	2	115.452
		1.90 标高 PTB1	1	42.585
		3.85 标高 PTB1	1	40.462
		合计		198.499
楼层名称:第 2 层(表格输入)				208.857
楼梯	208.857	第二层 BT1	1	57.438
		第二层 AT2	1	61.162
		5.65 标高 PTB1	1	42.585
		7.455 标高 PTB1	1	47.672
		合计		208.857
楼层名称:第 3 层(表格输入)				212.581
楼梯	212.581	第三层 AT2	2	122.324
		9.25 标高 PTB1	1	42.585
		11.05 标高 PTB1	1	47.672
		合计		212.581

10.2 直接输入法计算钢筋工程量

通过本节的学习,你将能够:
掌握直接输入法计算钢筋工程量的方法。

一、任务说明

根据“顶板配筋结构图”,电梯井右下角所在楼板处有阳角放射筋,本工程以该处的阳角放射筋为例,介绍表格直接输入法。

二、任务分析

表格输入中的直接输入法与参数输入法的新建构件操作方法一致。

三、任务实施

①如图 10.1 所示,切换到“工程量”选项卡,单击“表格输入”。

图 10.1

②在表格输入中,单击“节点”新建节点,修改名称为“第一层楼梯”,再单击“构件”新建构件,修改名称为“第一层 AT1”,输入构件数量,单击“确定”按钮,如图 10.2 所示。

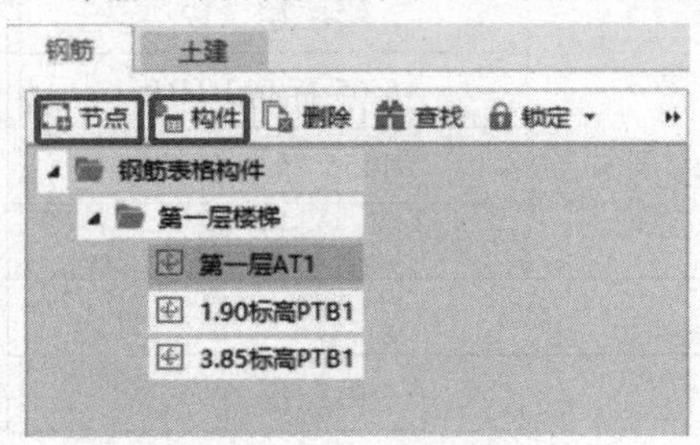

图 10.2

③在参数输入的界面,选择合适的图集,在详图中输入对应的参数,单击“计算保存”,软件会自动给出计算公式和长度,用户可以在“根数”中输入这种钢筋的根数。也可以在下面列表中直接输入钢筋具体信息,如图 10.3 所示。

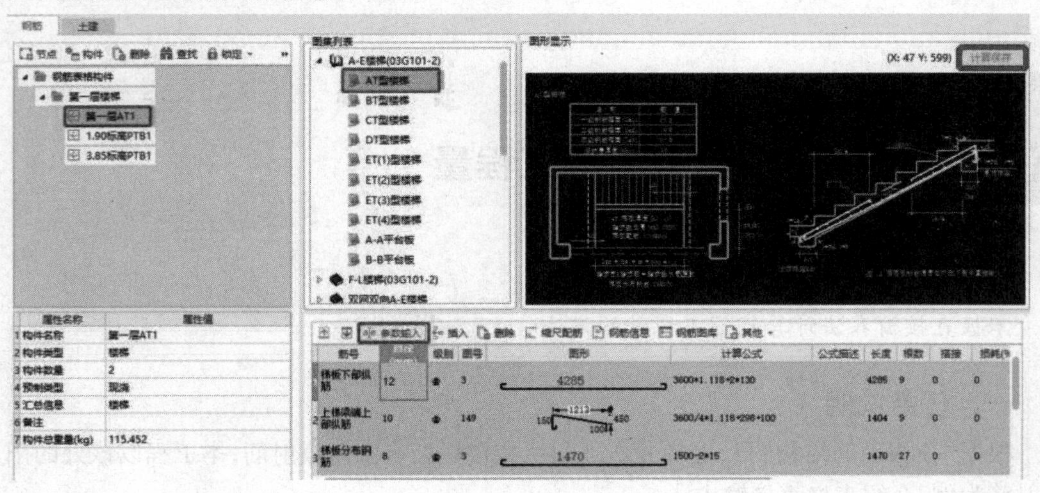

图 10.3

采用同样的方法可以进行其他形状的钢筋输入,并计算钢筋量。

问题思考

表格输入中的参数输入法适用于哪些构件?

11 汇总计算工程量

通过本章的学习，你将能够：
(1)掌握查看三维的方法；
(2)掌握汇总计算的方法；
(3)掌握查看构件钢筋计算结果的方法；
(4)掌握云检查及云指标查看的方法；
(5)掌握报表结果查看的方法。

11.1 查看三维

通过本节的学习，你将能够：
正确查看工程的三维模型。

一、任务说明

①完成整体构件的绘制并使用三维查看构件。
②检查缺漏的构件。

二、任务分析

三维动态观察可在“显示设置”面板中选择楼层，若要检查整个楼层的构件，选择全部楼层即可。

三、任务实施

①对照图纸完成所有构件的输入之后，可查看整个建筑结构的三维视图。
②在“视图”菜单下选择“显示设置”，如图11.1所示。

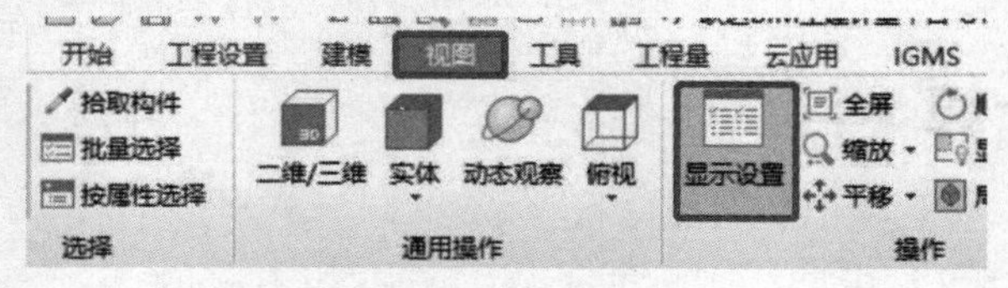

图11.1

③在“显示设置”的“楼层显示”中,选择“全部楼层”,如图 11.2 所示。在“图元显示”中设置“显示图元”,如图 11.3 所示,可使用“动态观察”旋转角度。

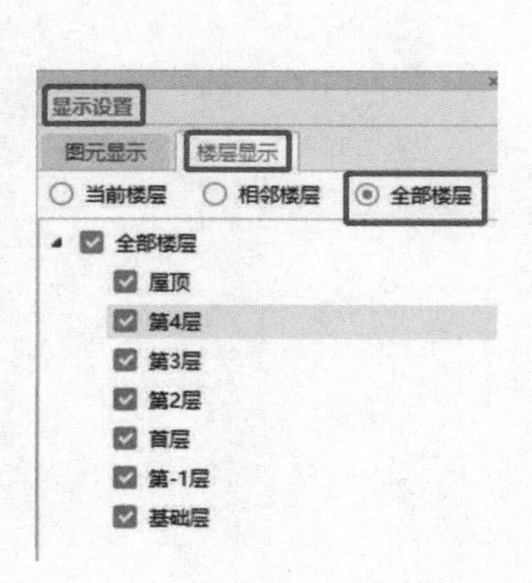

图 11.2

图 11.3

四、任务结果

查看整个结构,如图 11.4 所示。

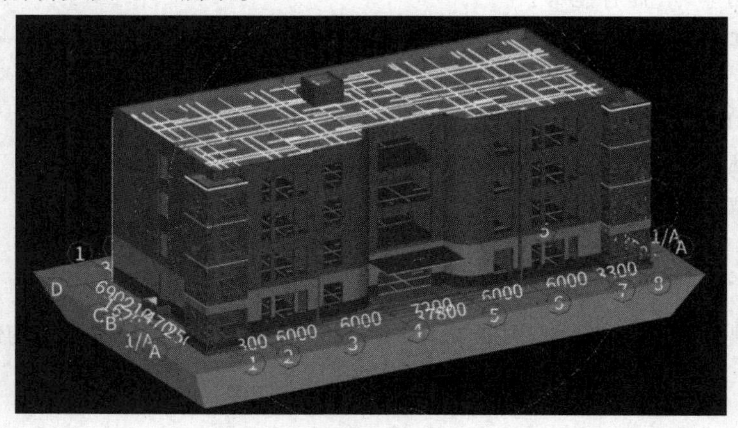

图 11.4

11.2 汇总计算

通过本节的学习,你将能够:
正确进行汇总计算。

一、任务说明

本节的任务是汇总土建及钢筋工程量。

二、任务分析

前面已提过钢筋计算结果查看的原则:对水平的构件(如梁),在某一层绘制完毕后,只要支座和钢筋信息输入完成,就可以汇总计算,查看计算结果。但是对于竖向构件(如柱),因为和上下层的柱存在搭接关系,和上下层的梁与板也存在节点之间的关系,所以需要在上下层相关联的构件都绘制完毕后,才能按照构件关系准确计算。对于土建结果查看的原则:构件与构件之间有相互影响的,需要将有影响的构件都绘制完毕,才能按照构件关系准确计算,构件相对独立,不受其他构件的影响,只要把该构件绘制完毕,就可以汇总计算。

三、任务实施

①需要计算工程量时,单击"工程量"选项卡上的"汇总计算",将弹出如图 11.5 所示的"汇总计算"对话框。

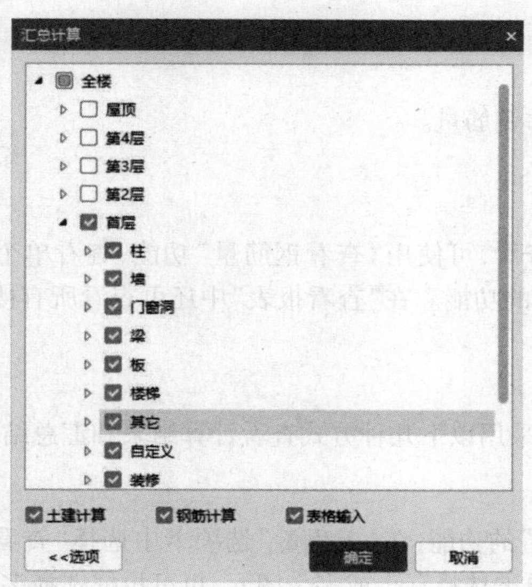

图 11.5

全楼:可选中当前工程中的所有楼层,在全选状态下再次单击,即可将所选的楼层全部取消选择。

土建计算:计算所选楼层及构件的土建工程量。

钢筋计算:计算所选楼层及构件的钢筋工程量。

表格输入:在表格输入前打钩,表示只汇总表格输入方式下的构件的工程量。

若土建计算、钢筋计算和表格输入前都打钩,则工程中所有的构件都将进行汇总计算。

②选择需要汇总计算的楼层,单击"确定"按钮,软件开始计算并汇总选中楼层构件的相应工程量,计算完毕,弹出如图 11.6 所示的对话框,根据所选范围的大小和构件数量的多少,需要不同的计算时间。

图 11.6

11.3 查看构件钢筋计算结果

通过本节的学习,你将能够:
正确查看构件钢筋计算结果。

一、任务说明

本节任务是查看构件钢筋量。

二、任务分析

对于同类钢筋量的查看,可使用“查看钢筋量”功能,查看单个构件图元钢筋的计算公式,也可使用“编辑钢筋”的功能。在“查看报表”中还可查看所有楼层的钢筋量。

三、任务实施

汇总计算完毕后,可采用以下几种方式查看计算结果和汇总结果。

1)查看钢筋量

①使用“查看钢筋量”的功能,在“工程量”选项卡中选择“查看钢筋量”,然后选择需要查看钢筋量的图元。可单击选择一个或多个图元,也可拉框选择多个图元,此时将弹出如图 11.7 所示的对话框,显示所选图元的钢筋计算结果。

查看钢筋量

导出到Excel

钢筋总重量(kg):220.892

	楼层名称	构件名称	钢筋总重量(kg)	HRB400			
				8	18	22	合计
1	首层	KZ1[34]	220.892	82.6	92.4	45.892	220.892
2		合计:	220.892	82.6	92.4	45.892	220.892

图 11.7

②要查看不同类型构件的钢筋量时,可以使用“批量选择”功能。按“F3”键,或者在“工具”选项卡中选择“批量选择”,选择相应的构件(如选择柱和剪力墙),如图 11.8 所示。

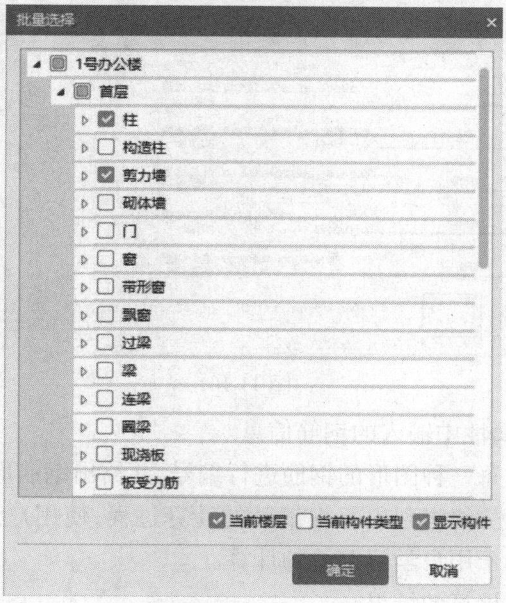

批量选择

1号办公楼
首层
柱
构造柱
剪力墙
砌体墙
门
窗
带形窗
飘窗
过梁
梁
连梁
圈梁
现浇板
板受力筋

当前楼层 当前构件类型 显示构件

确定 取消

图 11.8

选择“查看钢筋量”，弹出“查看钢筋”表。表中将列出所有柱和剪力墙的钢筋计算结果(按照级别和钢筋直径列出)，同时列出合计钢筋量，如图 11.9 所示。

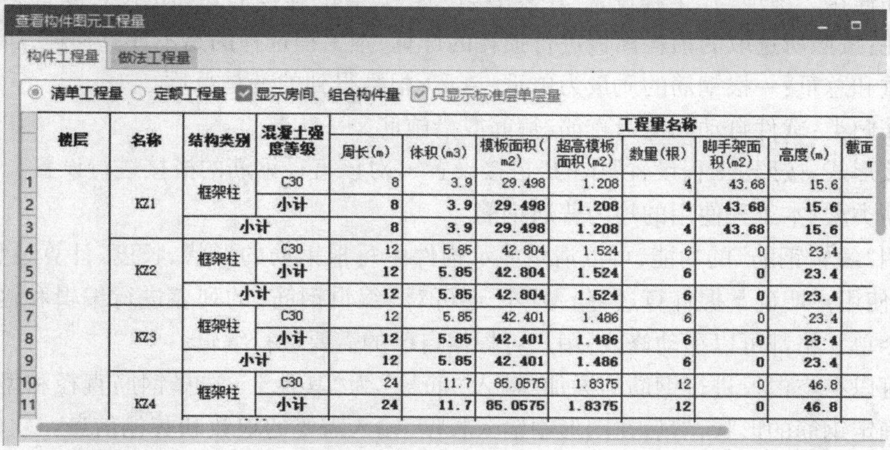

查看构件图元工程量

构件工程量 做法工程量

清单工程量 定额工程量 显示房间、组合构件量 只显示标准层单层量

	楼层	名称	结构类别	混凝土强度等级	工程量名称							
					周长(m)	体积(m3)	模板面积(m2)	超高模板面积(m2)	数量(根)	脚手架面积(m2)	高度(m)	截面
1		KZ1	框架柱	C30	8	3.9	29.498	1.208	4	43.68	15.6	
2				小计	8	3.9	29.498	1.208	4	43.68	15.6	
3			小计		8	3.9	29.498	1.208	4	43.68	15.6	
4		KZ2	框架柱	C30	12	5.85	42.804	1.524	6	0	23.4	
5				小计	12	5.85	42.804	1.524	6	0	23.4	
6			小计		12	5.85	42.804	1.524	6	0	23.4	
7		KZ3	框架柱	C30	12	5.85	42.401	1.486	6	0	23.4	
8				小计	12	5.85	42.401	1.486	6	0	23.4	
9			小计		12	5.85	42.401	1.486	6	0	23.4	
10		KZ4	框架柱	C30	24	11.7	85.0575	1.8375	12	0	46.8	
11				小计	24	11.7	85.0575	1.8375	12	0	46.8	

图 11.9

2) 编辑钢筋

要查看单个图元钢筋计算的具体结果，可使用“编辑钢筋”功能。下面以首层⑤轴与Ⓓ轴交点处的柱 KZ3 为例，介绍“编辑钢筋”查看的计算结果。

①在“工程量”选项卡中选择“编辑钢筋”。然后选择 KZ3 图元。绘图区下方将显示编辑钢筋列表，如图 11.10 所示。

②“编辑钢筋”列表从上到下依次列出 KZ3 的各类钢筋的计算结果，包括钢筋信息(直径、级别、根数等)，以及每根钢筋的图形和计算公式，并且对计算公式进行了描述，用户可以清楚地看到计算过程。例如，第一行列出的是 KZ3 的角筋，从中可以看到角筋的所有信息。

筋号：钢筋的名称，可清楚指明是哪部分的钢筋。

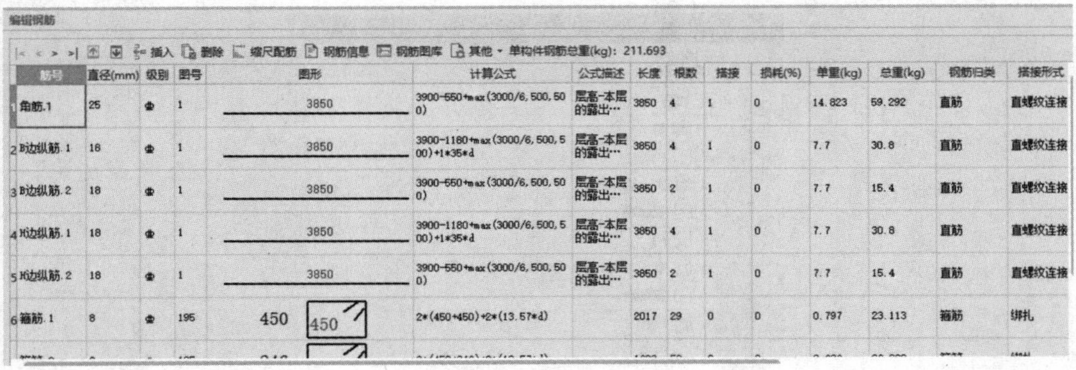

编辑钢筋

|< < > >| 插入 删除 缩尺配筋 钢筋信息 钢筋图库 其他 · 单构件钢筋总重(kg): 211.693

	筋号	直径(mm)	级别	图号	图形	计算公式	公式描述	长度	根数	搭接	损耗(%)	单重(kg)	总重(kg)	钢筋归类	搭接形式
1	角筋.1	25	Φ	1	3850	3900-550+max(3000/6,500,500)	层高-本层的露出…	3850	4	1	0	14.823	59.292	直筋	直螺纹连接
2	B边纵筋.1	18	Φ	1	3850	3900-1180+max(3000/6,500,500)+1*35*d	层高-本层的露出…	3850	4	1	0	7.7	30.8	直筋	直螺纹连接
3	B边纵筋.2	18	Φ	1	3850	3900-550+max(3000/6,500,500)	层高-本层的露出…	3850	2	1	0	7.7	15.4	直筋	直螺纹连接
4	H边纵筋.1	18	Φ	1	3850	3900-1180+max(3000/6,500,500)+1*35*d	层高-本层的露出…	3850	4	1	0	7.7	30.8	直筋	直螺纹连接
5	H边纵筋.2	18	Φ	1	3850	3900-550+max(3000/6,500,500)	层高-本层的露出…	3850	2	1	0	7.7	15.4	直筋	直螺纹连接
6	箍筋.1	8	Φ	195	450 450	2*(450+450)+2*(13.57*d)		2017	29	0	0	0.797	23.113	箍筋	绑扎

图 11.10

直径、级别:按构件属性中输入的钢筋信息。

图号和图形:软件对每一种图形的钢筋进行编号,并给出钢筋形状的图形,一目了然。

计算公式和公式描述:清晰列出每根钢筋的计算过程,使用户清楚每个数据的来源,查量更轻松方便,并且有助于用户学习钢筋的计算。

长度:每根钢筋长度计算的结果。

根数:该长度的钢筋在这个图元里面总共的数量。

搭接:对每根钢筋的搭接长度或者接头个数进行统计,包括层间的连接和超出定尺长度后的钢筋连接。该项与“工程设置”中“搭接设置”设置的连接形式和定尺长度有关。

损耗:按照所选取的损耗模板进行损耗的计算,本工程选择的是不计算损耗,所以为 0。

单重和总重:一根钢筋的质量为单重,单重×根数得到的就是总重。

钢筋归类:软件自动归类为直筋、箍筋或措施筋。

搭接形式:按照“工程设置”中的“搭接设置”,对该直径钢筋的搭接进行设置。

钢筋类型:本工程使用的均为普通钢筋。

使用“编辑钢筋”的功能,可以清楚显示构件中每根钢筋的形状、长度、计算过程以及其他信息,使用户明确掌握计算过程。另外,还可对“编辑钢筋”的列表进行编辑和输入,列表中的每个单元格都可以手动修改,用户可根据自己的需要进行编辑。

还可以在空白行进行钢筋的添加:输入“筋号”为“其他”。选择钢筋直径和型号,选择图号来确定钢筋的形状,然后在图形中输入长度、输入需要的根数和其他信息。软件计算的钢筋结果显示为淡绿色底色,手动输入的行显示为白色底色,便于区分。这样,不仅能够清楚地看到钢筋计算的结果,还可以对结果进行修改以满足不同的需求,如图 11.11 所示。

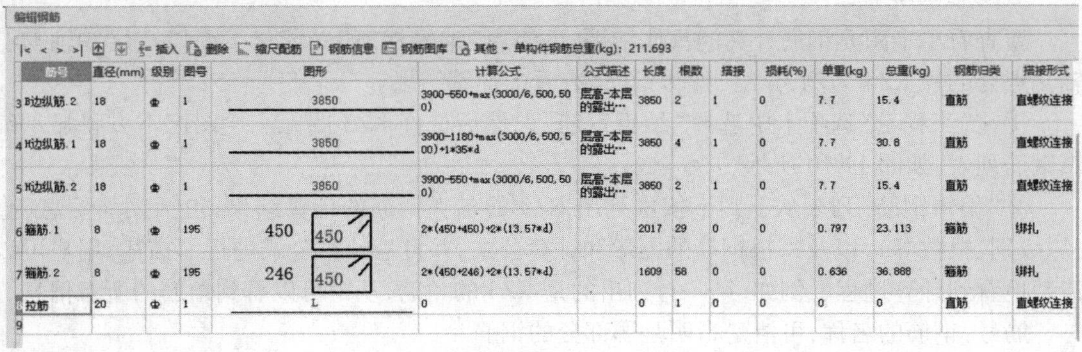

编辑钢筋

|< < > >| 插入 删除 缩尺配筋 钢筋信息 钢筋图库 其他 · 单构件钢筋总重(kg): 211.693

	筋号	直径(mm)	级别	图号	图形	计算公式	公式描述	长度	根数	搭接	损耗(%)	单重(kg)	总重(kg)	钢筋归类	搭接形式
3	B边纵筋.2	18	Φ	1	3850	3900-550+max(3000/6,500,500)	层高-本层的露出…	3850	2	1	0	7.7	15.4	直筋	直螺纹连接
4	H边纵筋.1	18	Φ	1	3850	3900-1180+max(3000/6,500,500)+1*35*d	层高-本层的露出…	3850	4	1	0	7.7	30.8	直筋	直螺纹连接
5	H边纵筋.2	18	Φ	1	3850	3900-550+max(3000/6,500,500)	层高-本层的露出…	3850	2	1	0	7.7	15.4	直筋	直螺纹连接
6	箍筋.1	8	Φ	195	450 450	2*(450+450)+2*(13.57*d)		2017	29	0	0	0.797	23.113	箍筋	绑扎
7	箍筋.2	8	Φ	195	246 450	2*(450+246)+2*(13.57*d)		1609	58	0	0	0.636	36.888	箍筋	绑扎
8	拉筋	20	Φ	1	L	0		0	1	0	0	0	0	直筋	直螺纹连接
9															

图 11.11

注意:用户修改后的结果需要进行锁定,使用“建模”选项卡下“通用操作”中的“锁定”和“解锁”功能,如图 11.12 所示,可以对构件进行锁定和解锁。如果修改后不进行锁定,那么重新汇总计算时,软件会按照属性中的钢筋信息重新计算,手动输入的部分将被覆盖。

图 11.12

其他种类构件的计算结果显示与此类似,都是按照同样的项目进行排列,列出每种钢筋的计算结果。

3) 钢筋三维

在汇总计算完成后,还可利用“钢筋三维”功能来查看构件的钢筋三维排布。钢筋三维可显示构件钢筋的计算结果,按照钢筋实际的长度和形状在构件中排列和显示,并标注各段的计算长度,供直观查看计算结果和钢筋对量。钢筋三维能够直观真实地反映当前所选择图元的内部钢筋骨架,清楚显示钢筋骨架中每根钢筋与编辑钢筋中的每根钢筋的对应关系,且“钢筋三维”中的数值可修改。钢筋三维和钢筋计算结果还保持对应,相互保持联动,数值修改后,可以实时看到自己修改后的钢筋三维效果。

当前 GTJ 软件中已实现钢筋三维显示的构件包括柱、暗柱、端柱、剪力墙、梁、板受力筋、板负筋、螺旋板、柱帽、楼层板带、集水坑、柱墩、筏板主筋、筏板负筋、独基、条基、桩承台、基础板带共 18 种 21 类构件。

钢筋三维显示状态应注意以下几点:

①查看当前构件的三维效果:直接用鼠标单击当前构件即可看到钢筋三维显示效果。同时配合绘图区右侧的动态观察等功能,全方位查看当前构件的三维显示效果,如图 11.13 所示。

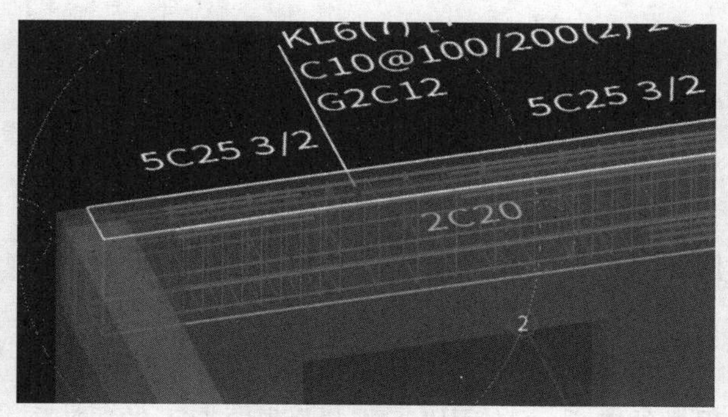

图 11.13

②钢筋三维和编辑钢筋对应显示。

a.选中三维的某根钢筋线时,在该钢筋线上显示各段的尺寸,同时在“编辑钢筋”的表格中光标自动跳到对应的行。如果数字为白色字体则表示此数字可修改,否则,不能修改。

b.在编辑钢筋的表格中选中某行时,钢筋三维中所对应的钢筋线对应亮显,如图 11.14

所示。

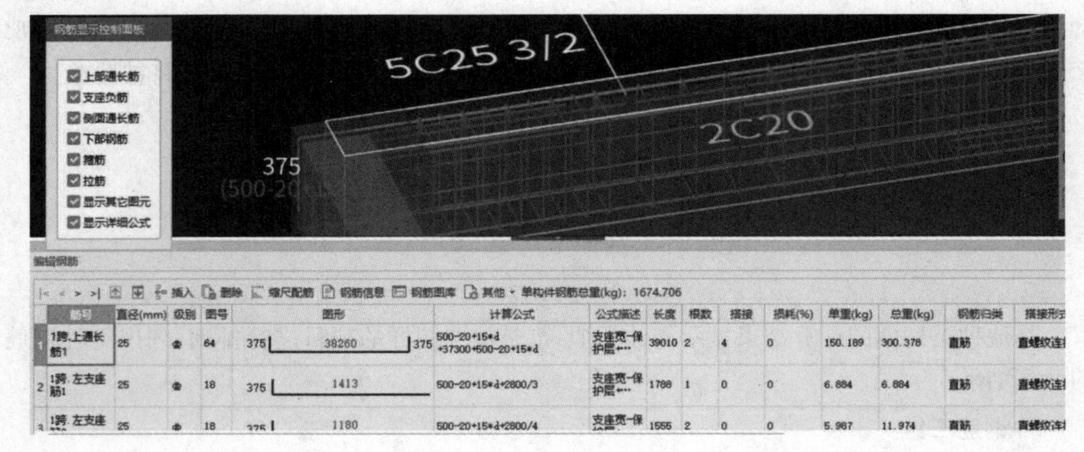

图 11.14

③可以同时查看多个图元的钢筋三维。选择多个图元,然后选择“钢筋三维”命令,即可同时显示多个图元的钢筋三维。

④在执行“钢筋三维”时,软件会根据不同类型的图元,显示一个浮动的“钢筋显示控制面板”,如图 11.14 所示梁的钢筋三维,左上角的白框即为“钢筋显示控制面板”,用于设置当前类型的图元中隐藏、显示的钢筋类型。勾选不同项时,绘图区会及时更新显示,其中的“显示其他图元”可以设置是否显示本层其他类型构件的图元。

11.4 查看土建计算结果

通过本节的学习,你将能够:
正确查看土建计算结果。

一、任务说明

本节任务是查看构件土建量。

二、任务分析

对于构件土建工程量的查看,可使用“工程量”选项卡下的“查看工程量”功能,查看构件土建工程量的计算式,可使用“查看计算式”的功能。在“查看报表”中还可查看所有构件的土建量。

三、任务实施

汇总计算完毕后,用户可采用以下几种方式查看计算结果和汇总结果。

1) 查看工程量

使用“查看工程量”的功能，在“工程量”选项卡中选择“查看钢筋量”，然后选择需要查看工程量的图元。可以单击选择一个或多个图元，也可以拉框选择多个图元，此时将弹出如图 11.15 所示的对话框，显示所选图元的工程量结果。

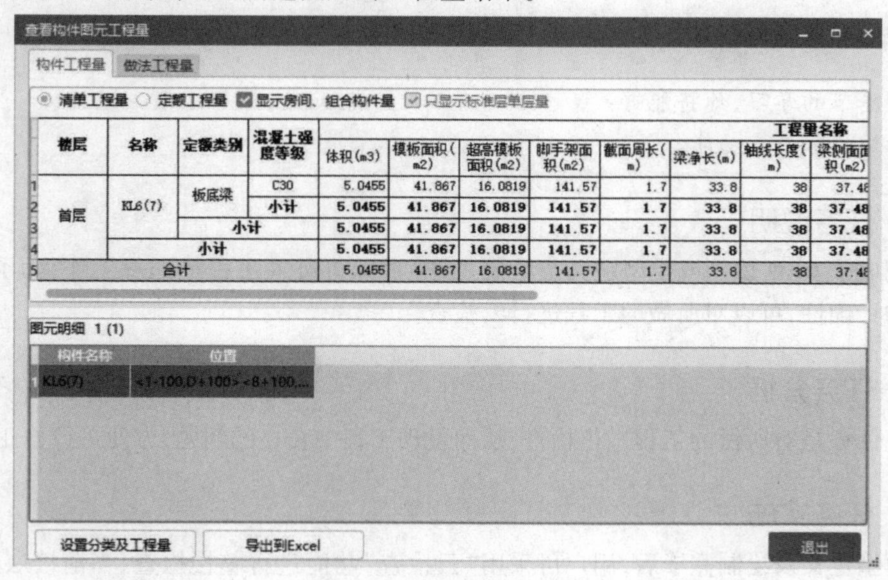

	楼层	名称	定额类别	混凝土强度等级	体积(m3)	模板面积(m2)	超高模板面积(m2)	脚手架面积(m2)	截面周长(m)	梁净长(m)	轴线长度(m)	梁侧面面积(m2)
1	首层	KL6(7)	板底梁	C30	5.0455	41.867	16.0819	141.57	1.7	33.8	38	37.48
2				小计	5.0455	41.867	16.0819	141.57	1.7	33.8	38	37.48
3			小计		5.0455	41.867	16.0819	141.57	1.7	33.8	38	37.48
4		小计			5.0455	41.867	16.0819	141.57	1.7	33.8	38	37.48
5	合计				5.0455	41.867	16.0819	141.57	1.7	33.8	38	37.48

图 11.15

2) 查看计算式

使用“查看计算式”的功能，在“工程量”选项卡中选择“查看计算式”，然后选择需要查看土建工程量的图元，可以单击选择一个或多个图元，也可以拉框选择多个图元，此时将弹出如图 11.16 所示的对话框，显示所选图元的钢筋计算结果。

查看工程量计算式

工程量类别：清单工程量　定额工程量

构件名称：KL6(7)

工程量名称：[全部]

计算机算量

体积=(0.3<宽度>*0.55<高度>*38.3<中心线长度>)-0.6929<扣柱>-0.02<扣梁>-0.5611<扣现浇板>=5.0455m3
模板面积=((0.55<高度>*2+0.3<宽度>)*38.3<中心线长度>)+0.33<梁端头模板面积>-6.1549<扣柱>-0.08<扣梁>-4.327<扣现浇板>-0.0211<扣梯段>-1.5<扣栏板模板面积>=41.867m2
超高模板面积=(((38.3*0.3)*2+(0.3*0.3)*2)<原始超高模板面积>-2.67<扣柱>-0.06<扣梁模>-4.327<扣现浇板>-0.0211<扣梯段>)*1=16.0819m2
超高体积=(38.3*0.3*0.3<原始超高体积>-0.378<扣柱>-0.015<扣梁>-0.561<扣现浇板>)*1=2.493m3
脚手架面积=36.3<脚手架长度>*1<梁脚手架长度水平投影系数>*3.9<脚手架高度>=141.57m2
截面周长=((0.3<宽度>+0.55<高度>)*2)=1.7m
梁净长=38.3<梁长>-4.3<扣柱>-0.2<扣梁>=33.8m
轴线长度=38m
梁侧面面积=42.13<原始侧面面积>-2.36<扣梁>-2.285<扣柱>=37.485m2
截面宽度=0.3m

手工算量

重新输入　手工算量结果=

查看计算规则　查看三维扣减图　显示详细计算式

图 11.16

11.5 云检查

通过本节的学习,你将能够:
灵活运用云检查功能。

一、任务说明

当完成了 CAD 识别或模型定义与绘制工作后,即将进入工程量汇总工作,为了保证算量结果的正确性,可以对所做的工程进行云检查。

二、任务分析

本节任务是对所做的工程进行检查,从而发现工程中存在的问题,方便进行修正。

三、任务实施

当模型定义及绘制完毕后,用户可采用"云检查"功能进行整楼检查、当前楼层检查、自定义检查,得到检查结果,从而可以对检查进行查看处理。

1)云模型检查

(1)整楼检查

整楼检查是为了保证整楼算量结果的正确性,对整个楼层进行的检查。

单击"建模"选项卡下的"云检查"功能,在弹出的窗体中,单击"整楼检查",如图 11.17 所示。

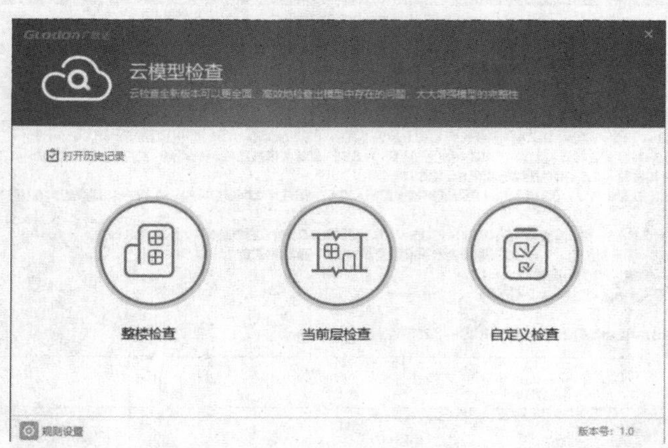

图 11.17

进入检查后,软件自动根据内置的检查规则进行检查,也可自行设置检查规则,还可根据工程的具体情况,进行检查具体数据的设置,以便更合理地检查工程错误。单击"规则设置”,根据工程情况作相应的参数调整,如图 11.18 所示。

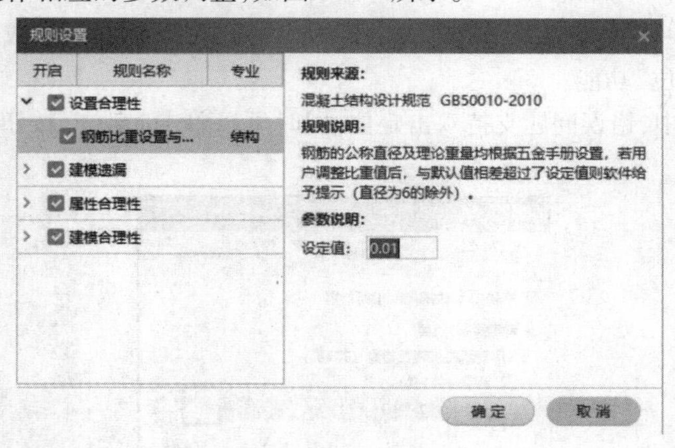

图 11.18

设置后,单击“确定”按钮,再次执行云检查时,软件将按照设置的规则参数进行检查。

(2)当前楼检查

工程的单个楼层完成了 CAD 识别或模型绘制工作,为了保证算量结果的正确性,希望对当前楼层进行检查,发现当前楼层中存在的错误,方便及时修正。在云模型检查界面,单击“当前层检查”即可。

(3)自定义检查

当工程 CAD 识别或模型绘制完成后,认为工程部分模型信息,如基础层、四层的建模模型可能存在问题,期望有针对性地进行检查,便于在最短的时间内关注最核心的问题,从而节省时间。在云模型检查界面,单击“自定义检查”,选择检查的楼层及检查的范围。

2)查看处理的检查结果

“整楼检查/当前层检查/自定义检查”之后,在“云检查结果”窗体中,可以看到结果列表,如图 11.19 所示。

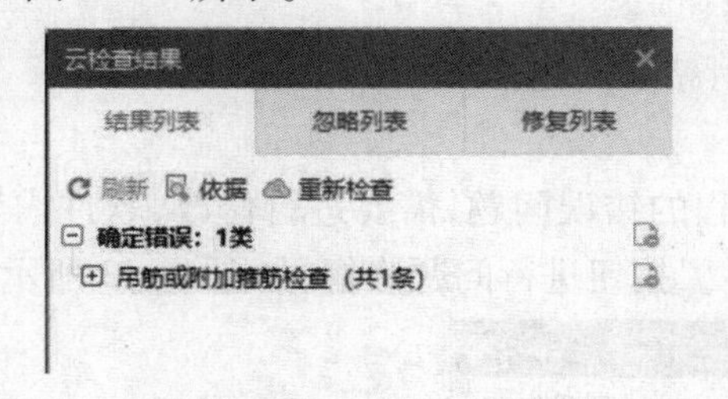

图 11.19

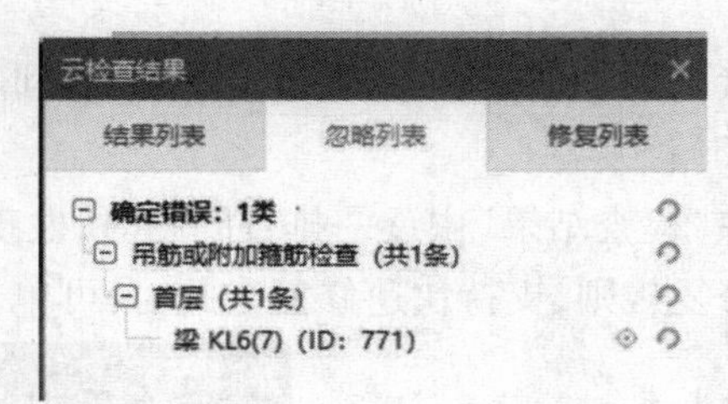

图 11.20

在结果窗体中,软件根据当前检查问题的情况进行了分类,包含确定错误、疑似错误、提醒等。用户可根据当前问题的重要等级分别关注。

(1)忽略

在结果列表中逐一排查工程问题,经排查,某些问题不算作错误,可以忽略,则执行“忽略”操作 ,当前忽略的问题,将在“忽略列表”中展示出来,如图 11.20 所示。假如没有,则忽略列表错误为空。

(2)定位

对检查结果逐一进行排查时,期望能定位到当前存在问题的图元或详细的错误位置。此时,可以使用"定位"功能。

在云检查窗体中,错误问题支持双击定位,同时可以单击"定位"按钮进行定位,功能位置如图 11.21 所示。

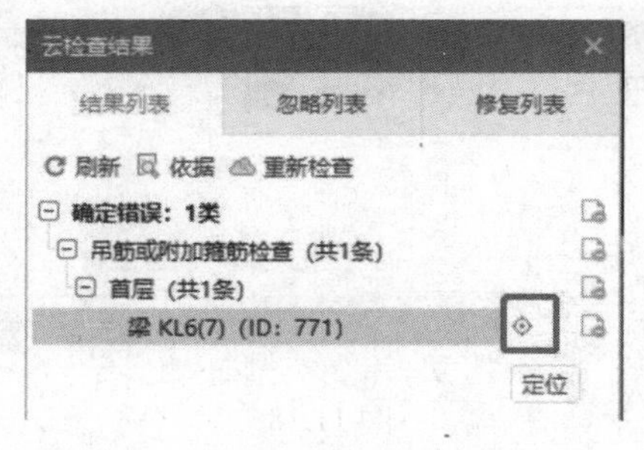

图 11.21

单击"定位"后,软件自动定位到图元的错误位置,且会给出气泡提示,如图 11.22 所示。

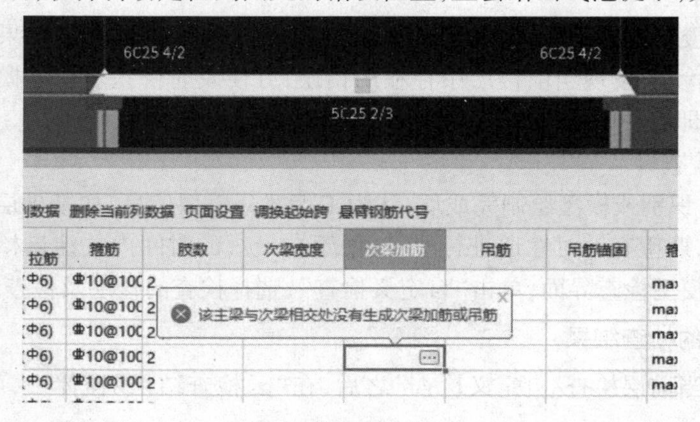

图 11.22

接下来,可以进一步进行定位,查找问题,进行错误问题修复。

(3)修复

在"检查结果"中逐一排查问题时,发现了工程的错误问题,需要进行修改,软件内置了一些修复规则,支持快速修复。此时,可单击"修复"按钮进行问题修复,如图 11.23 所示。

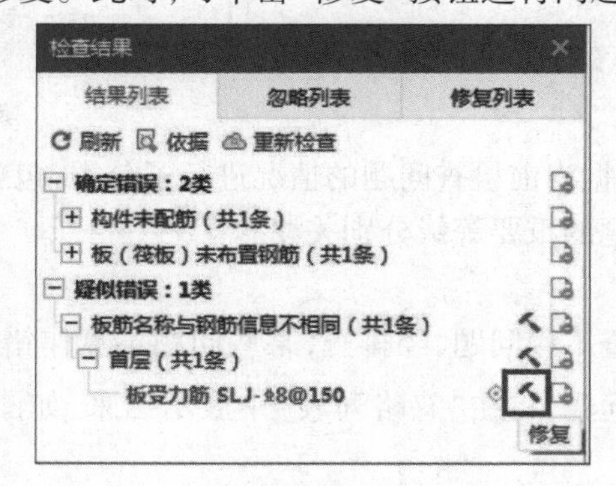

图 11.23

修复后的问题，在“修复列表”中呈现，可在修复列表中再次关注已修复的问题。

11.6 云指标

通过本节的学习，你将能够：
正确运用云指标的方法。

一、任务说明

当工程完成汇总计算后，为了确定工程量的合理性，可以查看“云指标”，对比类似工程指标进行判断。

二、任务分析

本节任务是对所作工程进行云指标的查看对比，从而判断该工程的工程量计算结果是否合理。

三、任务实施

当工程汇总完毕后，用户可以采用“云指标”功能进行工程指标的查看及对比。包含汇总表及钢筋、混凝土、模板、装修等不同维度的9张指标表，分别是工程指标汇总表、钢筋-部位楼层指标表、钢筋-构件类型楼层指标表、混凝土-部位楼层指标表、混凝土-构件类型楼层指标表、模板-部位楼层指标表、模板-构件类型楼层指标表、装修-装修指标表、砌体-砌体指标表。

1）云指标的查看

云指标可以通过“工程量”→“云指标”进行查看，也可以通过“云应用”→“云指标”进行查看，如图11.24所示。

【注意】

在查看云指标之前，可以对“工程量汇总规则”进行设置，也可以从“工程量汇总规则”表中查看数据的汇总归属设置情况。

（1）工程指标汇总表

工程量计算完成后，期望查看整个建设工程的钢筋、混凝土、模板、装修等指标数据，从而判断该工程的工程量计算结果是否合理。

“工程指标汇总表”是计算以上各个维度的指标数据。单击“汇总表”分类下的“工程指标汇总表”，查看“1 m^2 单位建筑面积指标”数据，帮助判断工程量的合理性，如图11.25所示。

云指标　设置预警值　导入对比工程　导出为Excel　选择云端模板　工程量汇总规则

汇总表：工程指标汇总表、工程综合指标表
钢筋：部位楼层指标表、构件类型楼层指标表
混凝土：部位楼层指标表、构件类型楼层指标表、单方混凝土标号指标表
模板：部位楼层指标表、构件类型楼层指标表
其他：砌体指标表

ⓘ 未检测到预警指标，请 设置预警值 即可帮您贴心判断，或者您也可以 导入指标

工程指标汇总表

总建筑面积（m2）：3215.23

	指标项	单位	清单工程量	1m2单位建筑面积指标
1	挖土方	m3	3977.724	1.237
2	混凝土	m3	1478.878	0.46
3	钢筋	kg	204732.156	63.676
4	模板	m2	7216.528	2.244
5	砌体	m3	568.854	0.177
6	防水	m2	1193.622	0.371
7	墙体保温	m2	1818.319	0.566
8	外墙面抹灰	m2	–	–
9	内墙面抹灰	m2	–	–
10	踢脚面积	m2	148.722	0.046
11	楼地面	m2	2341.017	0.728
12	天棚抹灰	m2	997.082	0.31
13	吊顶面积	m2	1278.293	0.398
14	门	m2	237.72	0.074
15	窗	m2	280.5	0.087

图 11.24

	指标项	单位	清单工程量	1m2单位建筑面积指标
1	挖土方	m3	3977.724	1.237
2	混凝土	m3	1478.878	0.46
3	钢筋	kg	204732.156	63.676
4	模板	m2	7216.528	2.244
5	砌体	m3	568.854	0.177
6	防水	m2	1193.622	0.371
7	墙体保温	m2	1818.319	0.566
8	外墙面抹灰	m2	–	–
9	内墙面抹灰	m2	–	–
10	踢脚面积	m2	148.722	0.046
11	楼地面	m2	2341.017	0.728
12	天棚抹灰	m2	997.082	0.31
13	吊顶面积	m2	1278.293	0.398
14	门	m2	237.72	0.074

图 11.25

(2)部位楼层指标表

工程量计算完成后,在查看建筑工程总体指标数据时,发现钢筋、混凝土、模板等指标数据不合理,期望能深入查看地上、地下部分各个楼层的钢筋、混凝土等指标值。此时,可以查看“钢筋/混凝土/模板”分类下的“部位楼层指标表”,进行指标数据分析。单击“钢筋”分类下“部位楼层指标表”,查看“单位建筑面积指标(kg/m^2)”值,如图 11.26 所示。

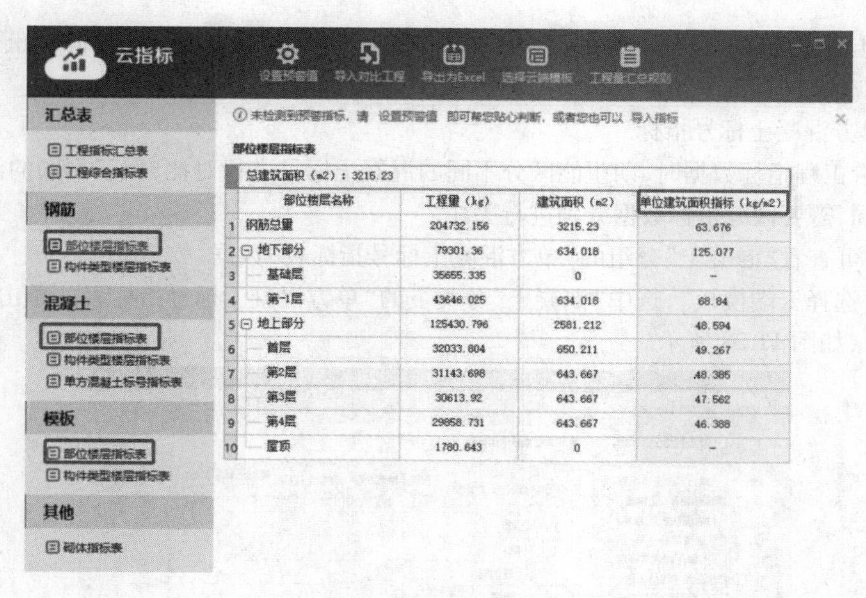

	部位楼层名称	工程量（kg）	建筑面积（m2）	单位建筑面积指标（kg/m2）
1	钢筋总量	204732.156	3215.23	63.676
2	⊟ 地下部分	79301.36	634.018	125.077
3	基础层	35655.335	0	-
4	第-1层	43646.025	634.018	68.84
5	⊟ 地上部分	125430.796	2581.212	48.594
6	首层	32033.804	650.211	49.267
7	第2层	31143.698	643.667	48.385
8	第3层	30613.92	643.667	47.562
9	第4层	29858.731	643.667	46.388
10	屋顶	1780.643	0	-

图 11.26

混凝土、模板的进一步查看方式类似，分别位于“混凝土”“模板”分类下，表名称相同，均为“部位楼层指标表”。

(3)构件类型楼层指标表

工程量计算完成后，查看建设工程总体指标数据后，发现钢筋、混凝土、模板等指标数据中有些不合理，期望能进一步定位到具体不合理的构件类型，如具体确定柱、梁、墙等的哪个构件的指标数据不合理，具体在哪个楼层出现了不合理。

此时，可以查看“钢筋/混凝土/模板”下的“构件类型楼层指标表”，从该表数据中，可依次查看柱下框架柱在各个楼层的“单位建筑面积指标(kg/m^2)”，从而进行详细分析。

单击“钢筋/混凝土/模板”分类下“构件类型楼层指标表”，查看详细数据，如图 11.27 所示。

云指标
设置预警值 导入对比工程 导出为Excel 选择云端模板 工程量汇总规则
汇总表：工程指标汇总表、工程综合指标表
钢筋：部位楼层指标表、构件类型楼层指标表
混凝土：部位楼层指标表、构件类型楼层指标表、单方混凝土标号指标表
模板：部位楼层指标表、构件类型楼层指标表
其他：砌体指标表
未检测到预警指标，请 设置预警值 即可帮您贴心判断，或者您也可以 导入指标
构件类型楼层指标表
总建筑面积（m2）：3215.23

	楼层（构件）名称	工程量（kg）	建筑面积（m2）	单位建筑面积指标（kg/m2）
1	钢筋总量	204732.156	3215.23	63.676
2	⊟ 柱	41978.333	3215.23	13.056
3	⊞ 框柱	34725.818	3215.23	10.8
10	⊞ 暗柱/端柱	5477.149	3215.23	1.704
18	⊞ 构造柱	1775.366	3215.23	0.552
24	⊟ 墙	29249.423	3215.23	9.097
25	⊞ 剪力墙	22991.901	3215.23	7.151
33	⊞ 砌体墙	3024.244	3215.23	0.941
40	⊞ 暗梁	2935.528	3215.23	0.913
42	⊞ 飘窗	297.75	3215.23	0.093
47	⊟ 梁	64588.481	3215.23	20.088
48	⊞ 过梁	2673.872	3215.23	0.832
54	⊞ 梁	58814.31	3215.23	18.292
60	⊞ 连梁	703.835	3215.23	0.219
66	⊞ 圈梁	2396.464	3215.23	0.745

图 11.27

混凝土、模板查看不同构件指标详细数据方式与钢筋相同,分别单击“混凝土”“模板”分类下对应的“构件类型楼层指标表”即可。

(4)单方混凝土标号指标

在查看工程指标数据时,期望能区分不同的混凝土标号进行对比,由于不同的混凝土标号价格不同,需要区分指标数据分别进行关注。

此时,可查看“混凝土”分组的“单方混凝土标号指标表”数据。

单击“选择云端模板”,选中“混凝土”分类下的“单方混凝土标号指标表”,单击“确定并刷新数据”,如图 11.28 所示。

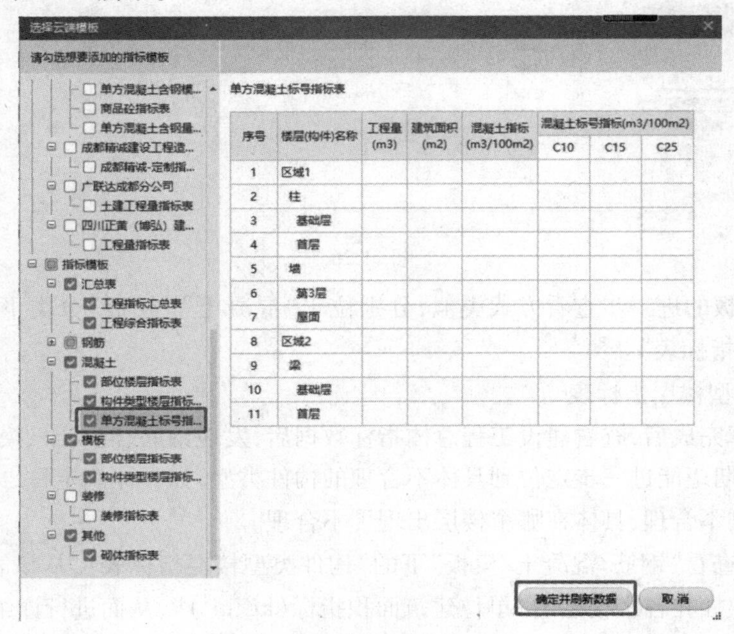

序号	楼层(构件)名称	工程量(m3)	建筑面积(m2)	混凝土指标(m3/100m2)	混凝土标号指标(m3/100m2)		
					C10	C15	C25
1	区域1						
2	柱						
3	基础层						
4	首层						
5	墙						
6	第3层						
7	屋面						
8	区域2						
9	梁						
10	基础层						
11	首层						

图 11.28

云指标页面的对应表数据,如图 11.29 所示。

云指标　设置预警值　导入对比工程　导出为Excel　选择云端模板　工程量汇总规则

汇总表：工程指标汇总表　工程综合指标表
钢筋：部位楼层指标表　构件类型楼层指标表
混凝土：部位楼层指标表　构件类型楼层指标表　单方混凝土标号指标表
模板：部位楼层指标表　构件类型楼层指标表
其他：砌体指标表

未检测到预警指标,请 设置预警值 即可帮您贴心判断,或者您也可以 导入指标

单方混凝土标号指标表

	楼层(构件)名称	工程量(m3)	建筑面积(m2)	混凝土指标(m3/100m2)	混凝土标号指标(m3/100m2)	
					C15	C25
1	柱	169.882	3215.23	5.284	0	0.564
9	墙	191.872	3215.23	5.968	0	0
17	梁	179.552	3215.23	5.584	0	0.831
23	板	417.119	3215.23	12.973	0	0
30	基础	488.604	3215.23	15.197	3.313	0
33	整楼					
34	柱	169.882	3215.23	5.284	0	0.564
35	墙	191.872	3215.23	5.968	0	0
36	梁	179.552	3215.23	5.584	0	0.831
37	板	417.119	3215.23	12.973	0	0
38	基础	488.604	3215.23	15.197	3.313	0

图 11.29

(5)砌体指标表

工程量计算完成后,查看完工程总体指标数据后,发现砌体指标数据不合理,期望能深入查看内、外墙各个楼层的砌体指标值。

此时,可以查看“砌体指标表”中“单位建筑面积指标(m^3/m^2)”数据。单击“砌体”分类下的“砌体指标表”,如图 11.30 所示。

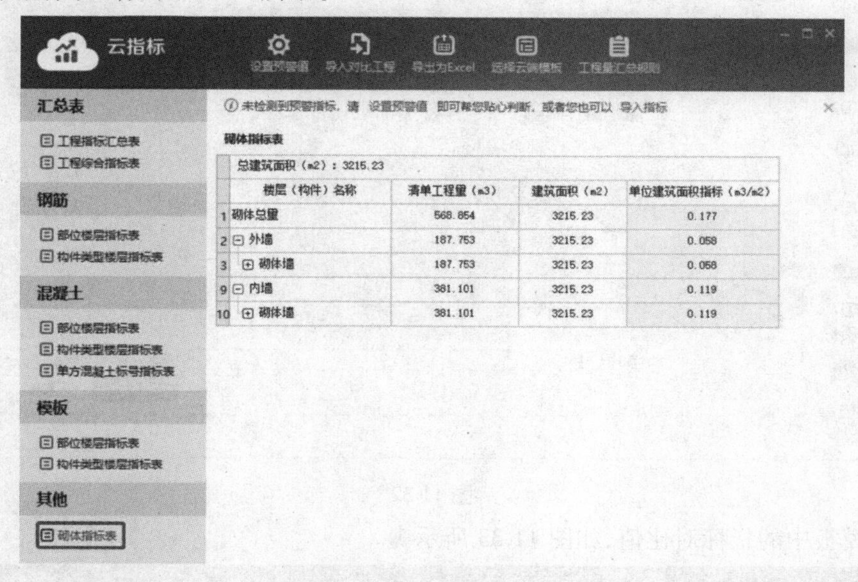

图 11.30

2)导入指标对比

在查看工程的指标数据时,不能直观地核对出指标数据是否合理,为了更快捷地核对指标数据,需要导入指标数据进行对比,直接查看对比结果。

在“云指标”窗体中,单击“导入指标”,如图 11.31 所示。

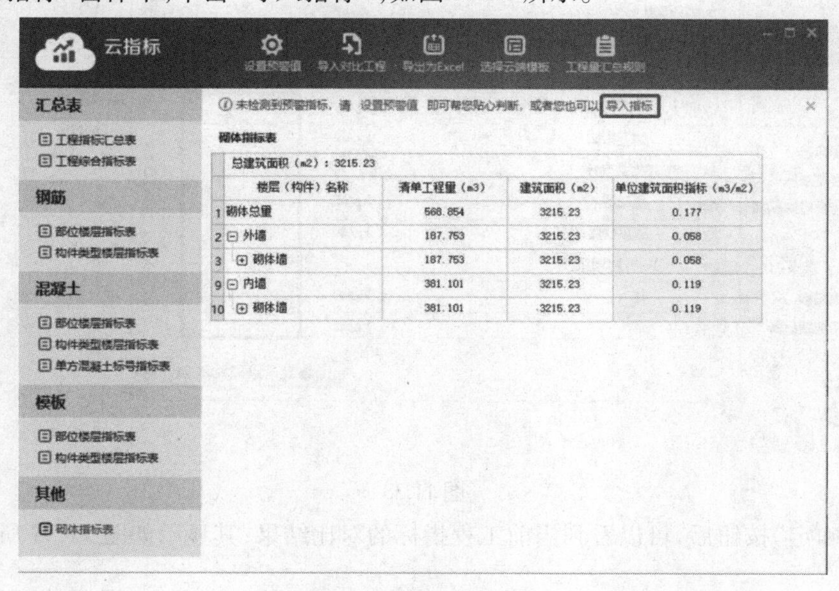

图 11.31

在弹出的“选择模板”窗体中,选择要对比的模板,如图 11.32 所示。

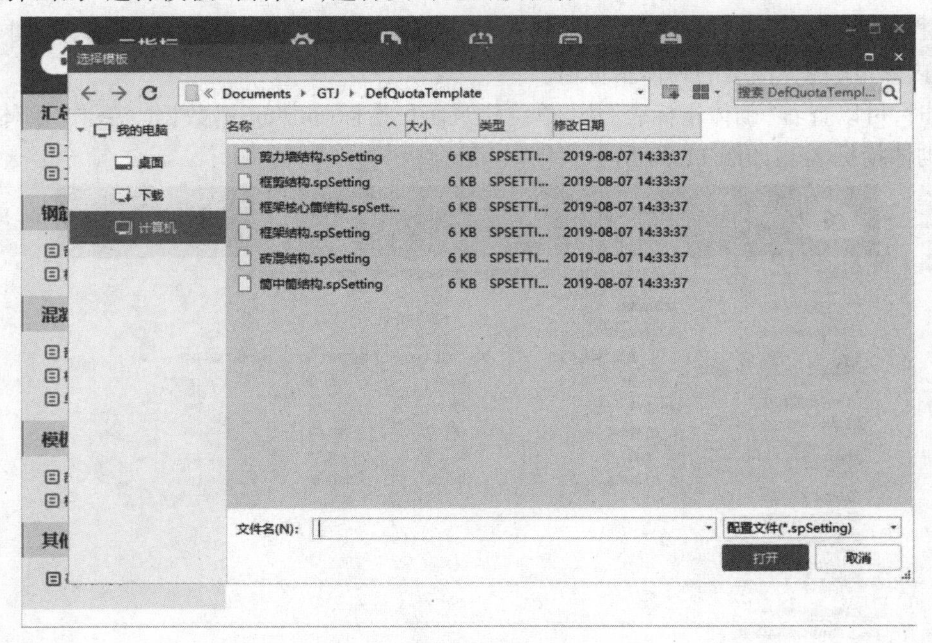

图 11.32

设置模板中的指标对比值,如图 11.33 所示。

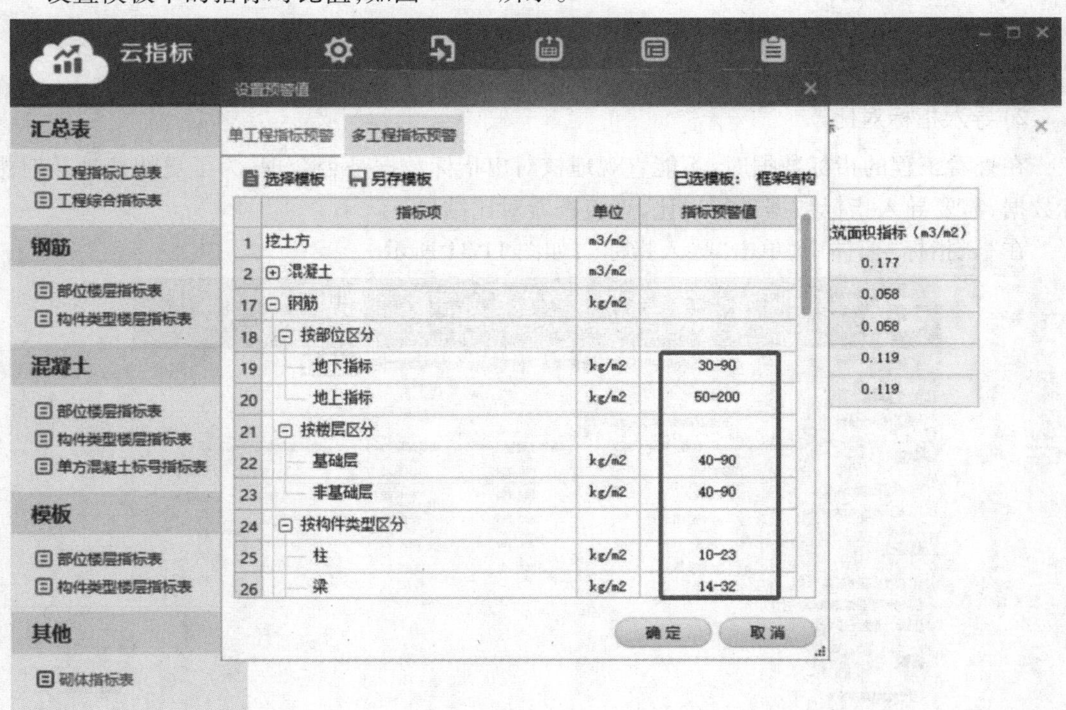

图 11.33

单击“确定”按钮后,可以看到当前工程指标的对比结果,其显示如图 11.34 所示。

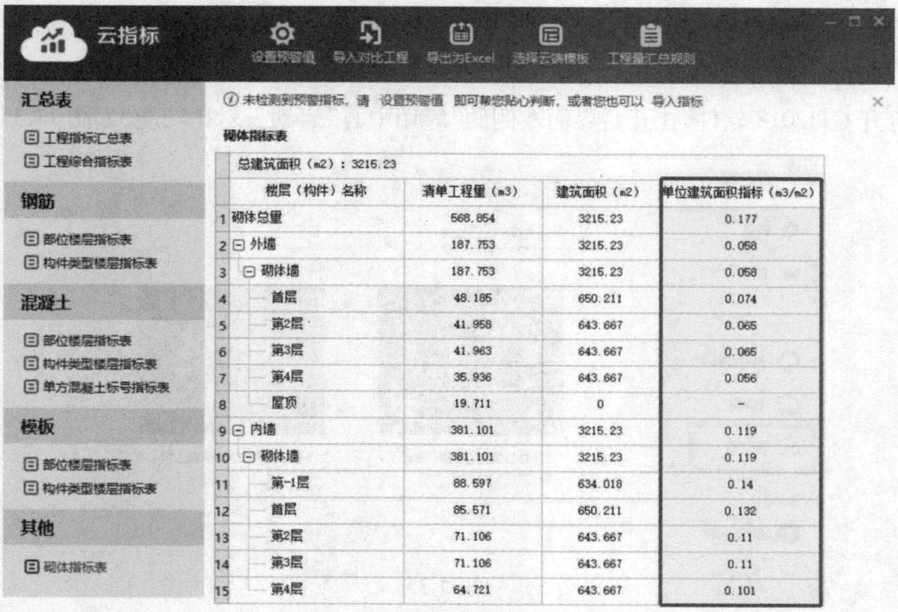

云指标

设置预警值 导入对比工程 导出为Excel 选择云端模板 工程量汇总规则

汇总表
- 工程指标汇总表
- 工程综合指标表

钢筋
- 部位楼层指标表
- 构件类型楼层指标表

混凝土
- 部位楼层指标表
- 构件类型楼层指标表
- 单方混凝土标号指标表

模板
- 部位楼层指标表
- 构件类型楼层指标表

其他
- 砌体指标表

未检测到预警指标，请 设置预警值 即可帮您贴心判断，或者您也可以 导入指标

砌体指标表

总建筑面积（m2）：3215.23

	楼层（构件）名称	清单工程量（m3）	建筑面积（m2）	单位建筑面积指标（m3/m2）
1	砌体总量	568.854	3215.23	0.177
2	外墙	187.753	3215.23	0.058
3	砌体墙	187.753	3215.23	0.058
4	首层	48.185	650.211	0.074
5	第2层	41.958	643.667	0.065
6	第3层	41.963	643.667	0.065
7	第4层	35.936	643.667	0.056
8	屋顶	19.711	0	-
9	内墙	381.101	3215.23	0.119
10	砌体墙	381.101	3215.23	0.119
11	第-1层	88.597	634.018	0.14
12	首层	85.571	650.211	0.132
13	第2层	71.106	643.667	0.11
14	第3层	71.106	643.667	0.11
15	第4层	64.721	643.667	0.101

图 11.34

11.7 云对比

通过本节的学习，你将能够：

正确运用云对比的方法。

一、任务说明

当工程阶段完成或整体完成后汇总计算，为了确定工程量的准确性，可以通过“云对比”保证工程的准确性。

二、任务分析

本节任务是对所作完整工程进行云对比的查看，从而判断该工程的工程量计算结果是否合理及准确。

三、任务实施

在完成工程绘制，需要核对工程量的准确性时，学生以老师发的工程答案为准，核对自己绘制的工程出现的问题并找出错误原因，此时可以使用软件提供的“云对比”功能，快速、多维度地对比两个工程文件的工程量差异，并分析工程量差异的原因，帮助学生和老师依据图纸对比、分析，消除工程量差异，并快速、精准地确定最终工程量。

1)打开云对比软件

可以通过两种方式打开云对比软件:

①打开 GTJ2018 软件,在开始界面左侧的"应用中心"启动云对比功能,如图 11.35 所示。

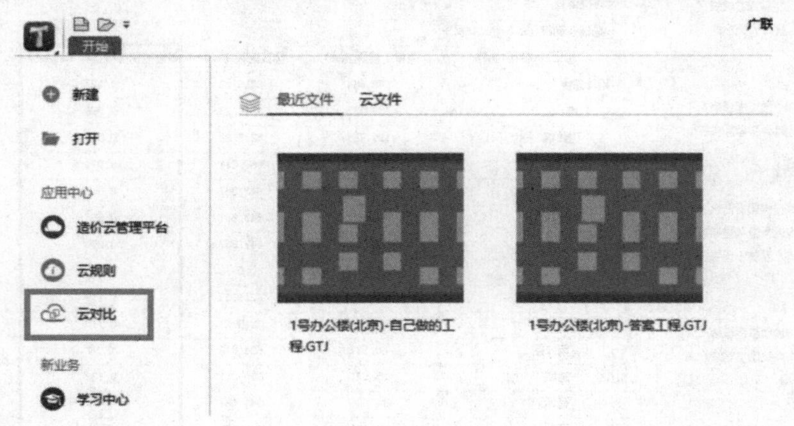

图 11.35

②打开 GTJ2018 软件,在"云应用"页签下启动云对比功能,如图 11.36 所示。

图 11.36

2)加载对比工程

(1)将工程文件上传至云空间

有两种上传方式:

①进入 GTJ2018"开始"界面,选择"另存为",在"另存为"对话框中选择要上传的文件,单击"云空间"(个人空间或企业空间),再单击"保存"按钮,如图 11.37 所示。

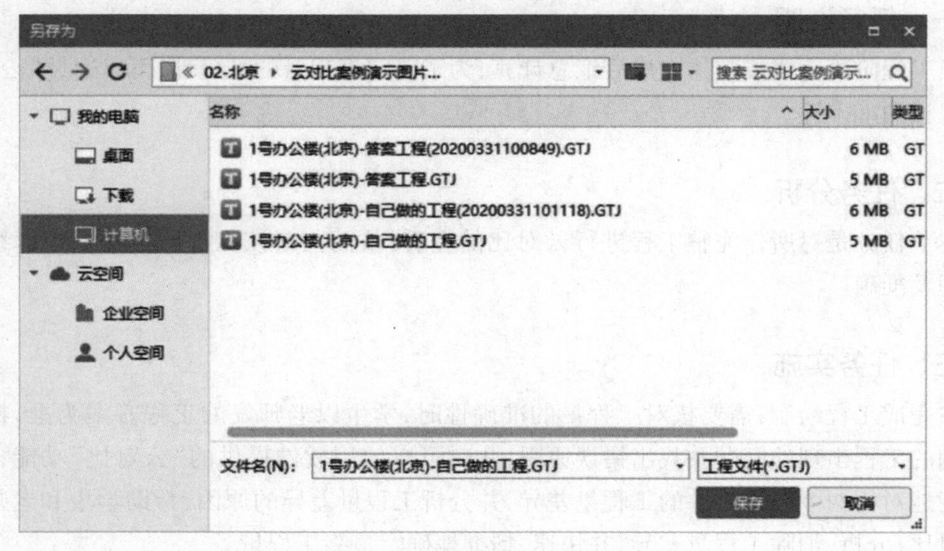

图 11.37

②进入 GTJ2018“开始”界面,选择“造价云管理平台”,单击“上传”→“上传文件”,选择需要上传的文件,如图 11.38 所示。

图 11.38

(2)选择主、送审工程

工程文件上传至云空间后,选择云空间中要对比的主审工程(答案工程)和送审工程文件(自己做的工程)。主、送审工程满足以下条件:工程版本、土建计算规则、钢筋计算规则、工程楼层范围均需一致;且仅支持 1.0.23.0 版本以后的单区域工程,如图 11.39 所示。

图 11.39

(3)选择对比范围

云对比支持单钢筋对比、单土建对比、土建钢筋对比 3 种模式。

(4)对比计算

当加载完主送审工程,选择完对比计算,单击“开始对比”,云端开始自动对比两个 GTJ 工程文件差异。

3)差异信息总览

云对比的主要功能如下:

(1)对比主、送审双方工程文件

对比内容包括建筑面积、楼层信息和清单定额规则,如图 11.40 所示。

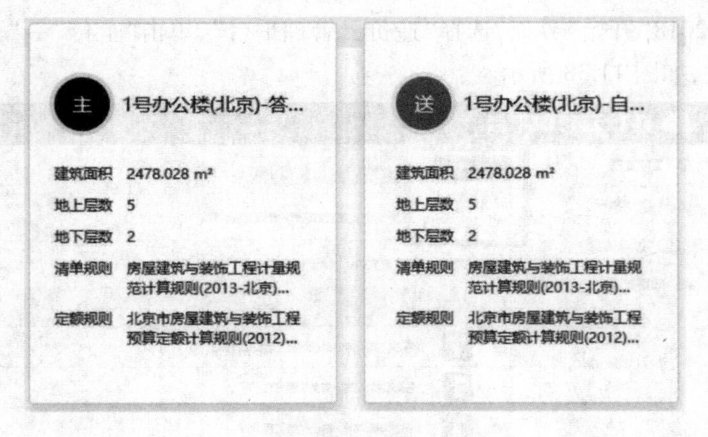

图 11.40

(2)直观查看主、送审双方工程设置差异(图 11.41)

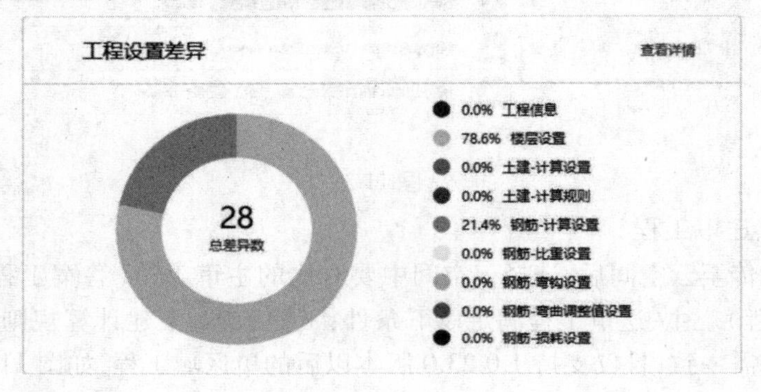

图 11.41

①单击右侧工程设置差异项,调整扇形统计图的统计范围。

②单击扇形统计图中的"工程设置差异"项,链接到相应工程设置差异分析详情位置。

(3)直观查看主、送审双方工程量差异(图 11.42)

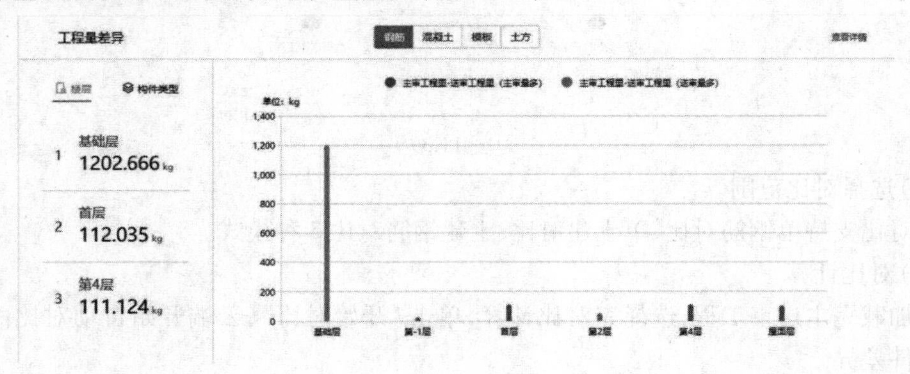

图 11.42

①从楼层、构件类型、工程量类别(钢筋、混凝土、模板、土方)等维度,以直方图形式展示工程量差异。

②单击直方图中的"工程量差异"项,链接到相应工程量差异分析详情位置。

(4)直观查看主、送审双方工程量差异及原因分析(图 11.43)

量差原因包括属性不一致、一方未绘制、绘制差异、平法表格不一致、截面编辑不一致等。

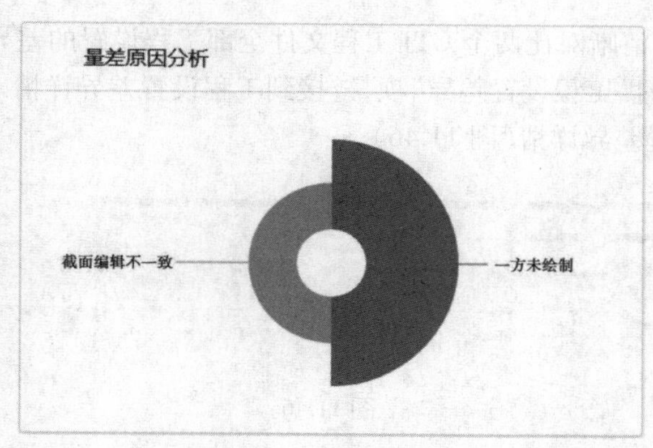

图 11.43

(5)直观查看主、送审双方模型差异及原因(图 11.44)

①模型差异包括绘制差异和一方未绘制。

②单击直方图模型差异项,链接到相应模型差异分析详情位置。

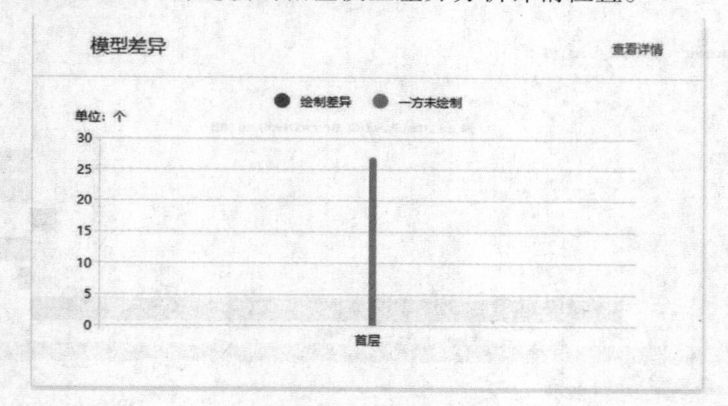

图 11.44

4)工程设置差异(图 11.45)

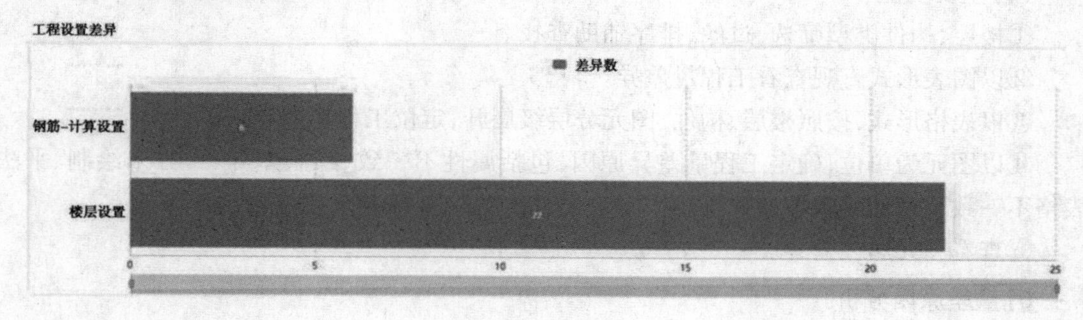

图 11.45

(1)对比范围

对比范围包括基础设置-工程信息、基础设置-楼层设置、土建设置-计算设置、土建设置-

计算规则、钢筋设置-计算设置、钢筋设置-比重设置、钢筋设置-弯钩设置、钢筋设置-弯钩调整值设置、钢筋设置-损耗设置。

(2)主要功能

①以图表的形式,清晰对比两个 GTJ 工程文件全部工程设置的差异。

②单击直方图中的"工程设置差异"项,链接到工程设置差异详情。

(3)查看工程设置差异详情(图 11.46)

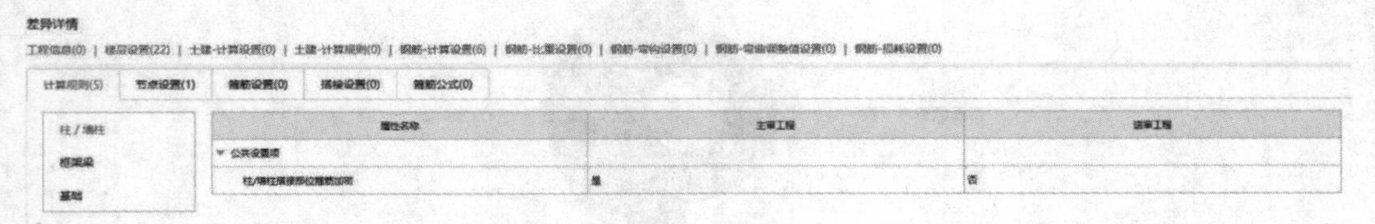

图 11.46

5)工程量差异分析

(1)对比范围

对比范围包括钢筋工程量对比、混凝土工程量对比、模板工程量对比、装修工程量对比和土方工程量对比,如图 11.47 所示。

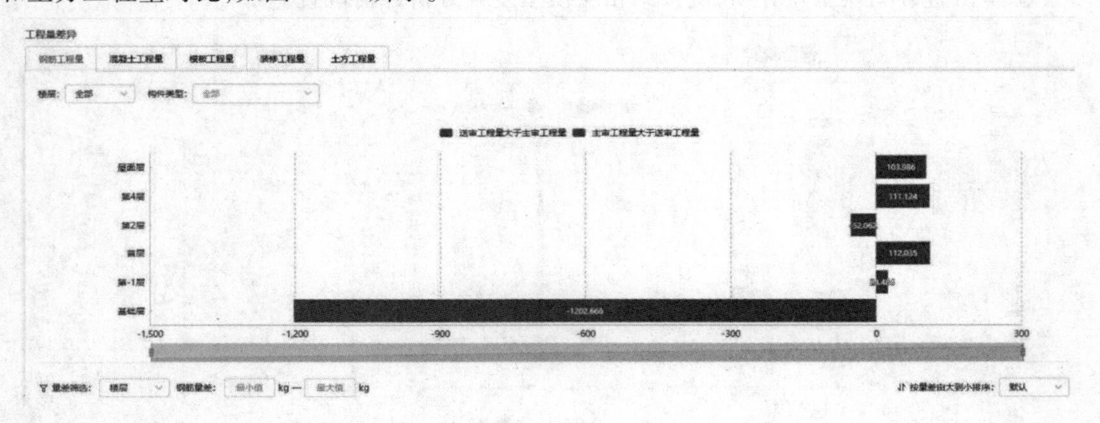

图 11.47

(2)主要功能

①楼层、构件类型筛选,过滤、排序辅助查找。

②以图表形式直观查看工程量差异。

③以表格形式,按照楼层、构件、图元分层级展开,定位工程量差异来源。

④以图元为单位,确定工程量差异原因,包括属性不一致、绘制差异、一方未绘制、平法表格不一致及截面编辑不一致等。

⑤查看图元属性差异。

6)量差原因分析

(1)分析原因

分析原因包括属性不一致、绘制差异、一方未绘制、平法表格不一致、截面编辑不一致,如图 11.48 所示。

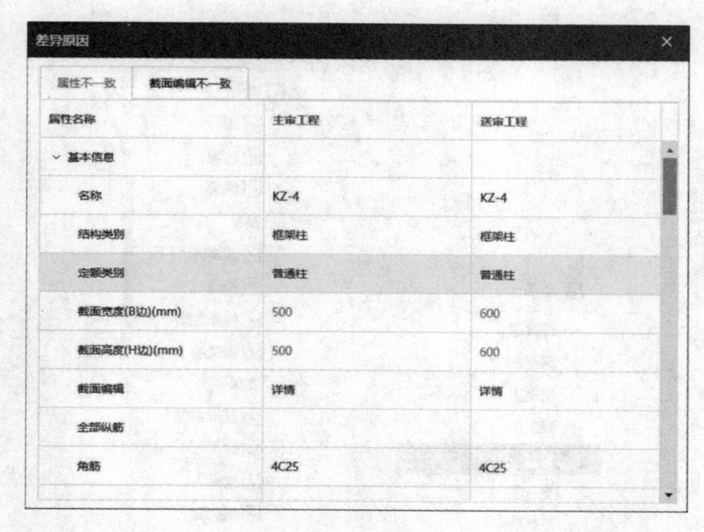

图 11.48

（2）主要功能

①查看属性不一致：工程量差异分析→展开至图元差异→量差原因分析→属性不一致。

②查看绘制差异：模型差异，主、送审双方工程存在某些图元，双方绘制不一致；模型对比→模型差异详情→绘制差异。

③查看一方未绘制：模型差异，主、送审双方工程存在某些图元，仅一方进行了绘制；模型对比→模型差异详情"一方未绘制"，如图 11.49 所示。

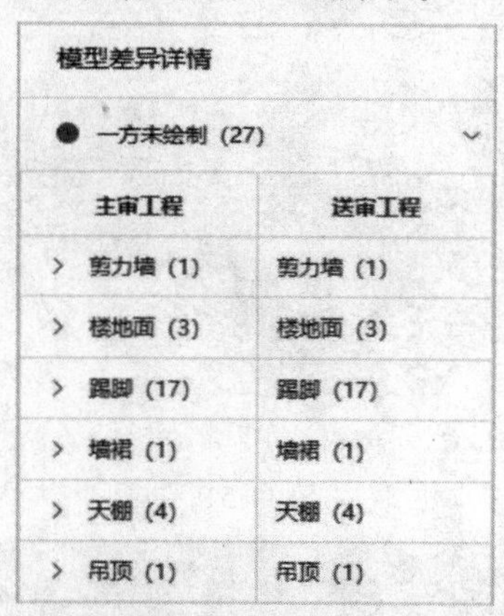

图 11.49

④查看截面编辑不一致。

⑤查看平法表格不一致。

7）模型对比

①按楼层、构件类型对模型进行筛选，如图 11.50 所示。

②主、送审 GTJ 工程模型在 Web 端轻量化展示，其中，紫色图元为一方未绘制，黄色图元为绘制差异，如图 11.51 所示。选择模型差异（紫色、黄色）图元，可以定位查看差异详情，如图 11.52 所示。

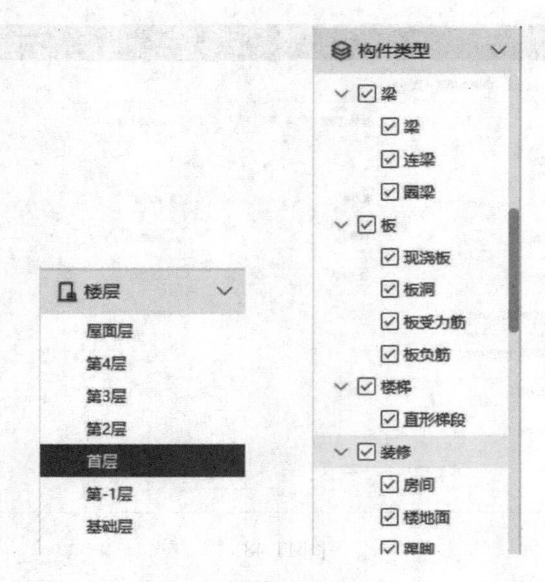

图 11.50

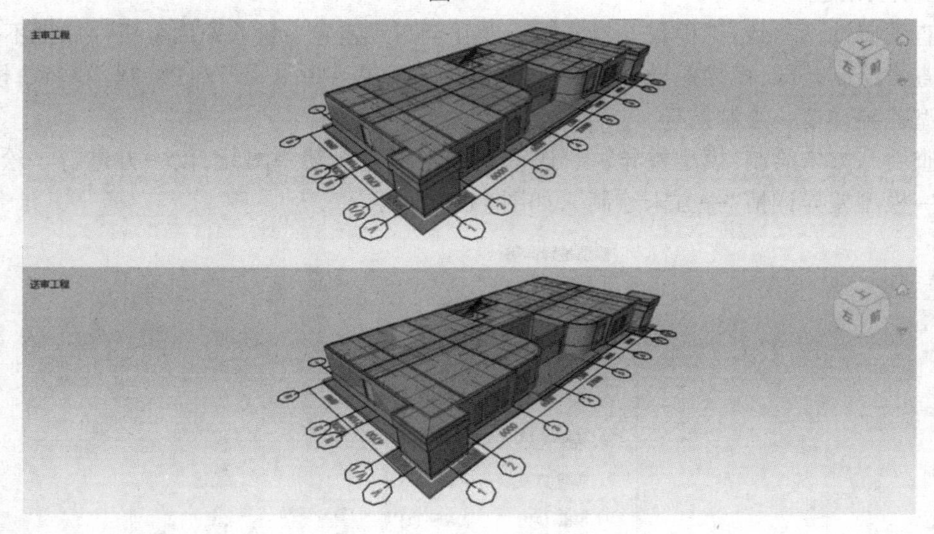

图 11.51

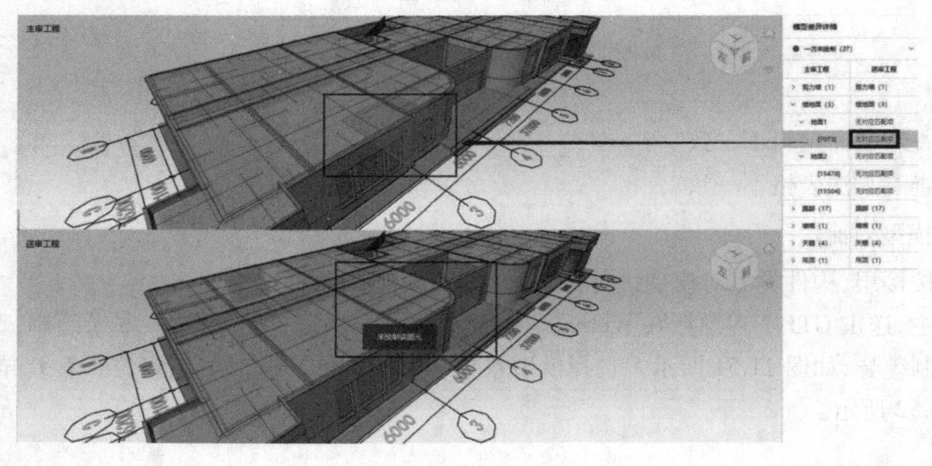

图 11.52

③查看模型差异详情,如图 11.53 所示。

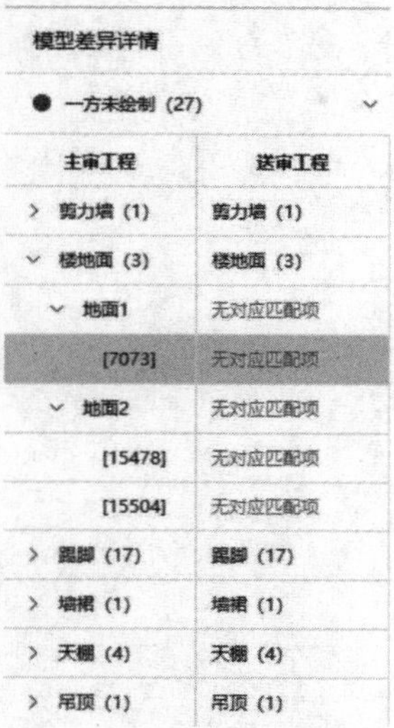

模型差异详情

● 一方未绘制 (27)

主审工程	送审工程
> 剪力墙 (1)	剪力墙 (1)
∨ 楼地面 (3)	楼地面 (3)
∨ 地面1	无对应匹配项
[7073]	无对应匹配项
∨ 地面2	无对应匹配项
[15478]	无对应匹配项
[15504]	无对应匹配项
> 踢脚 (17)	踢脚 (17)
> 墙裙 (1)	墙裙 (1)
> 天棚 (4)	天棚 (4)
> 吊顶 (1)	吊顶 (1)

图 11.53

8) 导出 Excel

工程设置差异、工程量差异对比结果可以导出 Excel 文件,方便用户进行存档和线下详细分析。操作步骤如下:

①选择"导出报表",如图 11.54 所示。

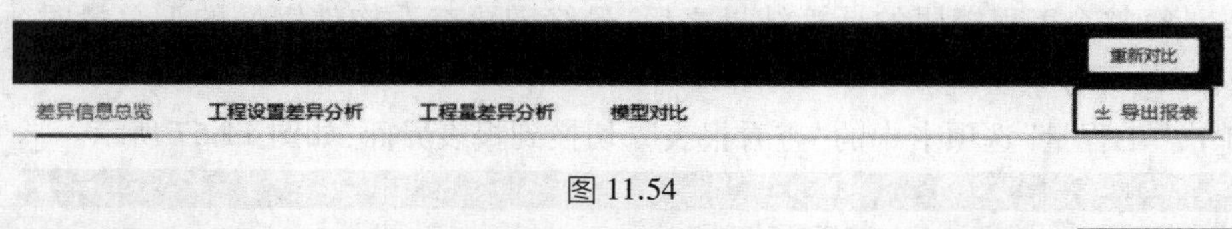

图 11.54

②选择导出范围,包括工程设置差异表、钢筋工程量差异表、土建工程量差异表如图 11.55 所示。

③选择文件导出的位置。

④解压缩导出的文件夹。

⑤查看导出结果 Excel 文件,包括工程设置差异、钢筋工程量差异、混凝土工程量差异、模板工程量差异、土方工程量差异、装修工程量差异,如图 11.56 所示。

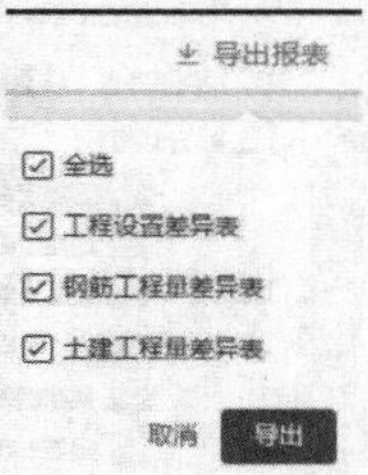

导出报表

☑ 全选
☑ 工程设置差异表
☑ 钢筋工程量差异表
☑ 土建工程量差异表

取消 导出

图 11.55

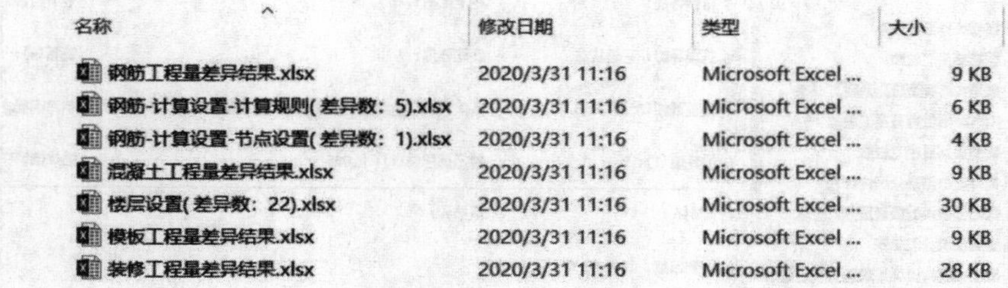

名称	修改日期	类型	大小
钢筋工程量差异结果.xlsx	2020/3/31 11:16	Microsoft Excel ...	9 KB
钢筋-计算设置-计算规则(差异数: 5).xlsx	2020/3/31 11:16	Microsoft Excel ...	6 KB
钢筋-计算设置-节点设置(差异数: 1).xlsx	2020/3/31 11:16	Microsoft Excel ...	4 KB
混凝土工程量差异结果.xlsx	2020/3/31 11:16	Microsoft Excel ...	9 KB
楼层设置(差异数: 22).xlsx	2020/3/31 11:16	Microsoft Excel ...	30 KB
模板工程量差异结果.xlsx	2020/3/31 11:16	Microsoft Excel ...	9 KB
装修工程量差异结果.xlsx	2020/3/31 11:16	Microsoft Excel ...	28 KB

图 11.56

11.8 报表结果查看

通过本节的学习,你将能够:
正确查看报表结果。

一、任务说明

本节任务是查看工程报表。

二、任务分析

在“查看报表”中还可以查看所有楼层的钢筋量及所有楼层构件的土建工程量。

三、任务实施

汇总计算完毕后,用户可以采用“查看报表”的方式查看钢筋汇总结果和土建汇总结果。

1)查看钢筋报表

汇总计算整个工程楼层的计算结果之后,最终需要查看构件钢筋的汇总量时,可通过“查看报表”的部分来实现。

①单击“工程量”选项卡中的“查看报表”,切换到报表界面,如图 11.57 所示。

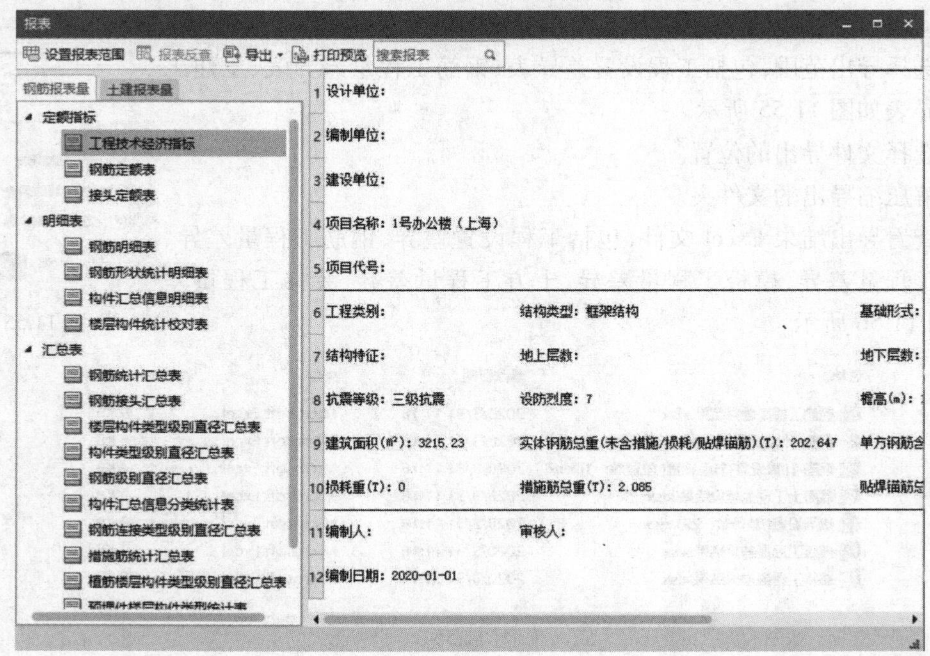

图 11.57

②进行“设置报表范围”，如图 11.58 所示。

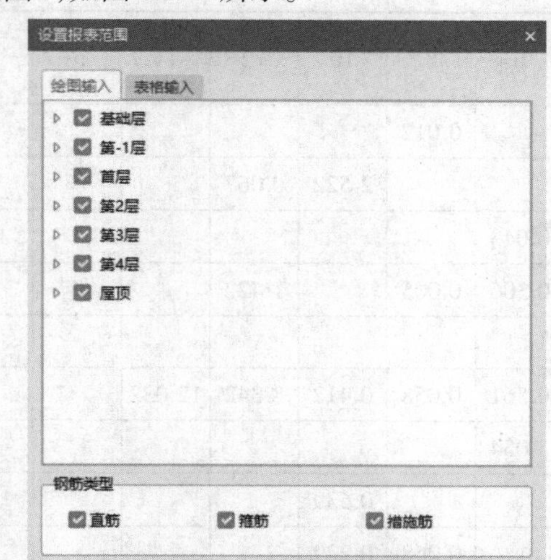

图 11.58

我们可以通过“设置报表范围”，选择要查看、打印哪些层的哪些构件，把要输出的勾选即可；选择要输出直筋、箍筋、措施筋，还是将直筋、箍筋和措施筋一起输出，把要输出的勾选即可。

在查看报表部分，软件还提供了报表反查、报表分析等功能，具体介绍请参照软件内置的“文字帮助”。

2）查看报表

汇总计算整个工程楼层的计算结果之后，最终需要查看构件土建的汇总量时，可通过“查看报表”部分来实现。单击“工程量”选项卡中的“查看报表”，选择“土建报表量”即可查看土建工程量。

四、总结拓展

在查看报表部分，软件还提供了报表反查、报表分析、土建报表项目特征添加位置、显示费用项、分部整理等特有功能，具体介绍请参照软件内置的“文字帮助”。

五、任务结果

所有层构件的钢筋工程量见表 11.1。

表 11.1　钢筋统计汇总表（包含措施筋）

工程名称：1 号办公楼　　　　编制日期：××××-××-××　　　　单位：t

构件类型	合计（t）	级别	4	6	8	10	12	14	16	18	20	22	25
柱	0.051	Φ			0.051								
	34.706	⏀			10.042	0.097			2.016	8.992	4.805	3.05	5.704

续表

构件类型	合计(t)	级别	4	6	8	10	12	14	16	18	20	22	25
暗柱/端柱	0.012	Φ			0.012								
	5.465	Φ̳				2.522	0.067				2.876		
构造柱	0.043	Φ		0.043									
	1.733	Φ̳		0.306	0.005		1.422						
剪力墙	1.586	Φ	1.586										
	21.405	Φ̳		0.561	0.058	0.412	8.342	12.032					
砌体墙	3.054	Φ		3.054									
暗梁	2.936	Φ̳				0.539					2.397		
飘窗	0.297	Φ̳			0.068	0.229							
过梁	0.681	Φ		0.447		0.234							
	1.992	Φ̳					0.804	0.546	0.391		0.251		
梁	0.359	Φ		0.359									
	58.456	Φ̳			0.103	8.786	2.154	0.208	0.258		1.254	4.014	41.679
连梁	0.008	Φ		0.008									
	0.696	Φ̳				0.106	0.162				0.056	0.372	
圈梁	0.583	Φ		0.492			0.091						
	1.814	Φ̳					1.814						
现浇板	2.858	Φ			2.858								
	36.105	Φ̳			1.646	22.893	11.566						
板洞加筋	0.014	Φ̳					0.014						
楼梯	0.818	Φ̳			0.47	0.177	0.171						
筏板基础	0.764	Φ̲					0.764						
	20.824	Φ̳			0.167		20.657						
独立基础	5.974	Φ̳					2.323	3.651					
栏板	1.393	Φ̳		0.006	0.455	0.372	0.56						
压顶	0.168	Φ		0.168									
合计(t)	9.401	Φ	1.586	4.569	2.921	0.234	0.091						
	0.764	Φ̲					0.764						
	194.626	Φ̳		0.873	13.014	36.133	50.055	16.437	2.665	8.992	11.639	7.436	47.382

所有层构件的土建工程量见计价部分。

12 CAD识别做工程

通过本章的学习,你将能够:
(1)了解CAD识别的基本原理;
(2)了解CAD识别的构件范围;
(3)了解CAD识别的基本流程;
(4)掌握CAD识别的具体操作方法。

12.1 CAD识别的原理

通过本节的学习,你将能够:
了解CAD识别的基本原理。

CAD识别是软件根据建筑工程制图规则,快速从AutoCAD的文件中拾取构件和图元,快速完成工程建模的方法。同使用手工画图的方法一样,需要先识别构件,然后再根据图纸上构件边线与标注的关系,建立构件与图元的联系。

CAD识别的效率取决于图纸的标准化程度,各类构件是否严格按照图层进行区分,各类尺寸或配筋信息是否按照图层进行区分,标准方式是否按照制图标准进行。

GTJ2018软件中提供了CAD识别的功能,可以识别设计院图纸文件(.dwg),有利于快速完成工程建模的工作,提高工作效率。

CAD识别的文件类型主要包括以下两种:

①CAD图纸文件(.dwg)。支持AutoCAD2015/2013/2011/2010/2008/2007/2006/2005/2004/2000及AutoCADR14版生成的图形格式文件。

②正确认识识别功能。CAD识别是绘图建模的补充。CAD识别的效率,一方面取决于图纸的完整程度,另一方面取决于广联达BIM土建计量软件的熟练程度。

12.2 CAD 识别的构件范围及流程

通过本节的学习,你将能够:

了解 CAD 识别的构件范围及流程。

1) GTJ2018 软件 CAD 能够识别的构件范围

①表格类:楼层表、柱表、剪力墙表、连梁表、门窗表、装修表、独基表。

②构件类:轴网,柱、柱大样,梁,墙、门窗、墙洞,板钢筋(受力筋、跨板受力筋、负筋),独立基础,承台,桩,基础梁。

2) CAD 识别做工程的流程

CAD 识别做工程主要通过"新建工程—图纸管理—符号转化—识别构件—构件校核"的方式,将 CAD 图纸中的线条及文字标注转化成广联达 BIM 土建计量平台中的基本构件图元(如轴网、梁、柱等),从而快速地完成构件的建模操作,提高整体绘图效率。

CAD 识别的大体方法如下:

①首先需要新建工程,导入图纸,识别楼层表,并进行相应的设置。

②与手动绘制相同,需要先识别轴网,再识别其他构件。

③识别构件,按照绘图类似的顺序,先识别竖向构件,再识别水平构件。

在进行实际工程的 CAD 识别时,软件的基本操作流程如图 12.1 所示。

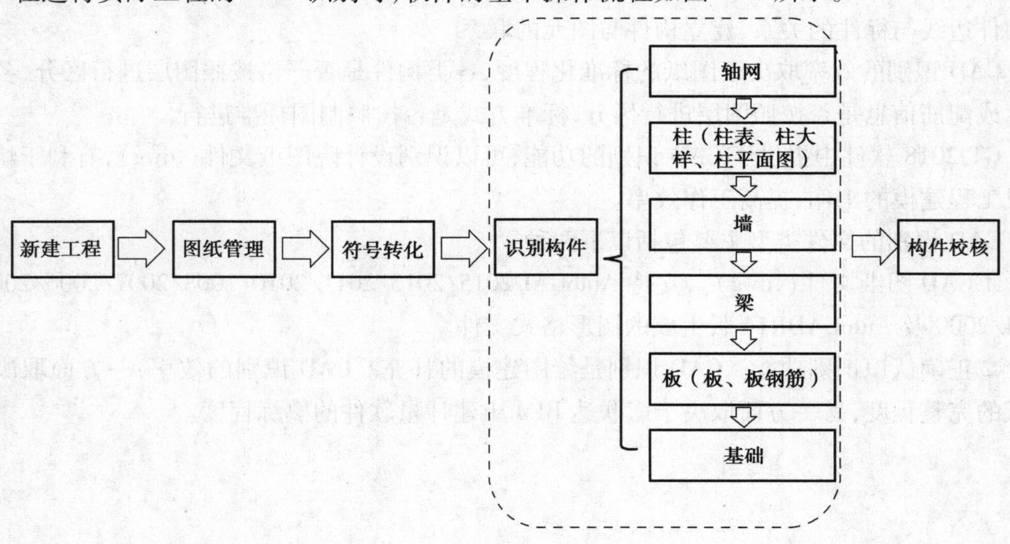

图 12.1

软件的识别流程:添加图纸—分割图纸—提取构件—识别构件。顺序:楼层—轴网—柱—墙—梁—板钢筋—基础。识别过程与绘制构件类似,先首层再其他层,识别完一层的构件后，通过同样的方法识别其他楼层的构件，或者复制构件到其他楼层，最后“汇总计算”。

通过以上流程，即可完成CAD识别做工程的过程。

3）图纸管理/图层管理

软件还提供了完善的图纸管理功能，能够将原电子图进行有效管理，并随工程统一保存，提高做工程的效率。图纸管理工程在使用时，其流程如图12.2所示。

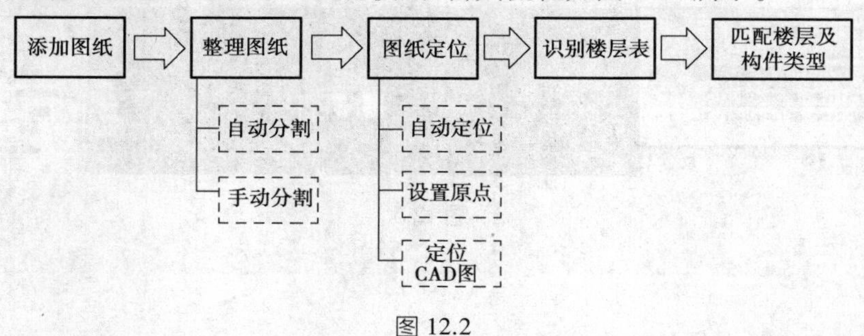

图12.2

【注意】

①若“图纸管理”和“图层管理”页签被关闭，可以在选项卡“视图”→“用户面板”中打开，如图12.3所示。

图12.3

②CAD识别时，“图纸管理”和“图层管理”以页签的形式默认与构件列表、属性列表并列显示，如图12.4所示。

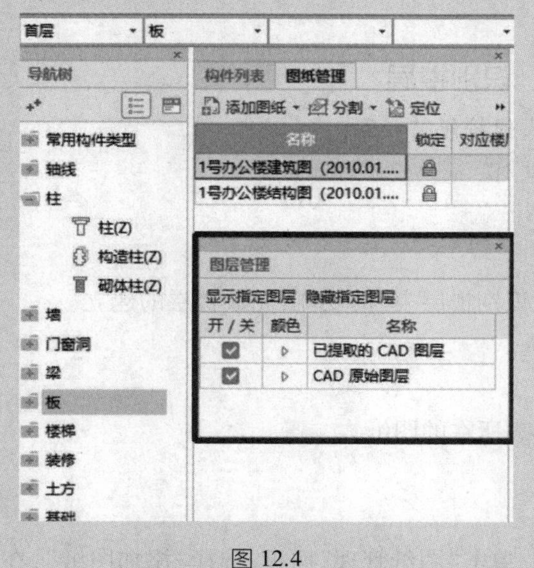

图12.4

③在相应构件类型下的“建模”选项卡中,以独立的识别分栏显示,如柱构件类型下,有独立的“识别柱”显示,如图 12.5 所示。

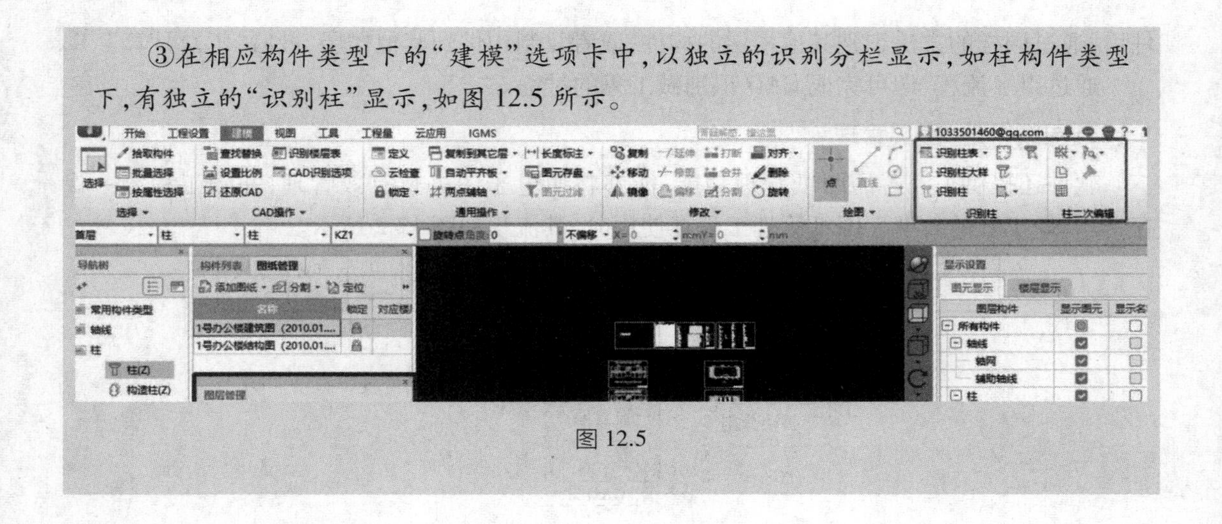

图 12.5

12.3 CAD 识别实际案例工程

通过本节的学习,你将能够:

掌握 CAD 识别的具体操作方法。

本节主要讲解通过 CAD 识别,完成案例工程中构件的定义、绘制及钢筋信息的录入操作。

12.3.1 建工程、识别楼层

通过本小节的学习,你将能够:

进行楼层的 CAD 识别。

一、任务说明

使用 CAD 识别中“识别楼层表”的功能,完成楼层的建立。

二、任务分析

需提前确定好楼层表所在的图纸。

三、任务实施

①建立工程完毕后,单击“图纸管理”面板,选择“添加图纸”,在弹出的对话框中选择有楼层表的图纸,如“1 号办公楼”,如图 12.6 所示。

②当导入的 CAD 图纸文件中有多个图纸时,需要通过“分割”功能将所需的图纸分割出

来,如现将“一三层顶梁配筋图”分割出来。

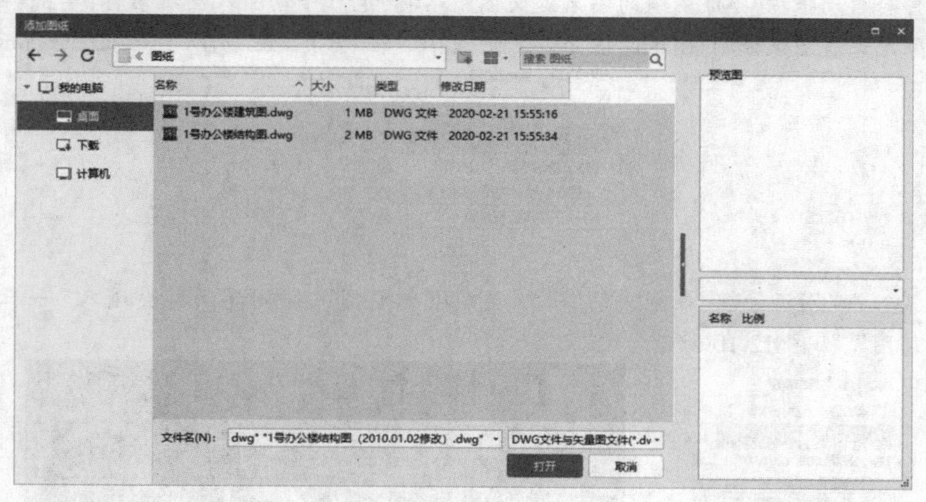

图 12.6

单击“图纸管理”面板下的“分割”,左键拉框选择“一三层顶梁配筋图”,单击右键确定,弹出“手动分割”对话框,如图 12.7 所示。

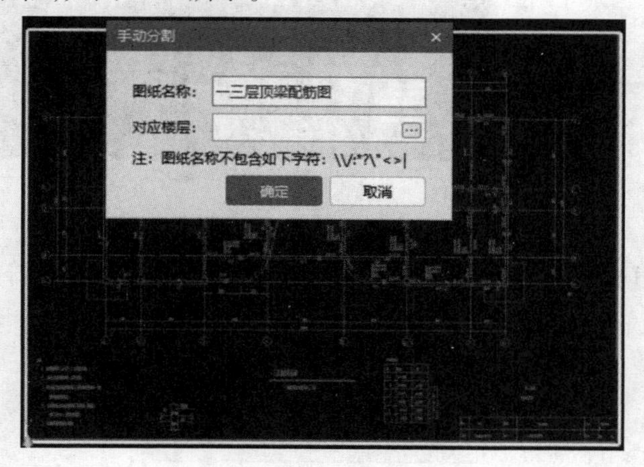

图 12.7

【注意】

除了手动分割外,还可以采用“自动分割”图纸,自动分割能够快速完成图纸分割,操作步骤如下:

①单击“图纸管理”→“分割”下拉选择“自动分割”,如图 12.8 所示。

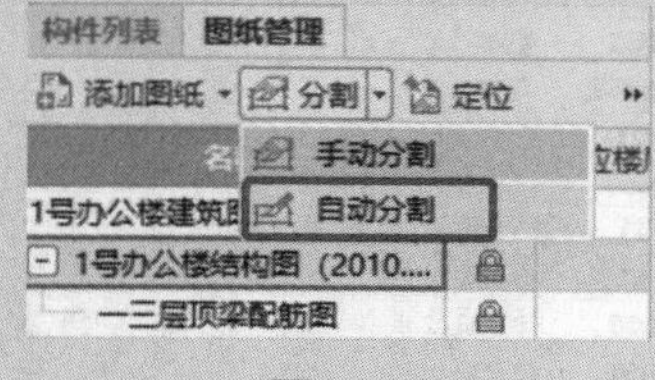

图 12.8

②软件会自动根据 CAD 图纸的图名定义图纸名称,也可手动输入图纸名称,单击“确定”按钮即可完成图纸分割,图纸管理面板下便会有“一三层顶梁配筋图”,如图 12.9 所示。

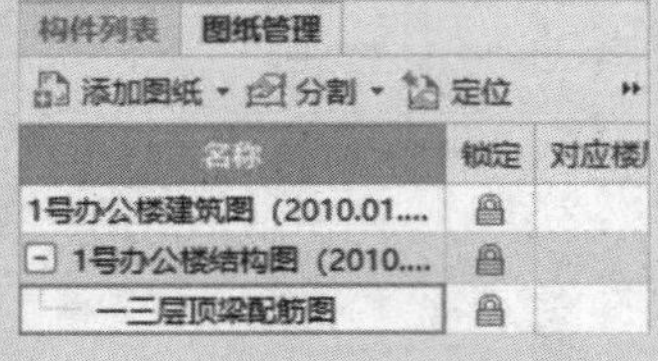

图 12.9

③双击“图纸管理”面板中的“一三层顶梁配筋图”,绘图界面就会进入“一三层顶梁配筋图”,如图 12.10 所示。

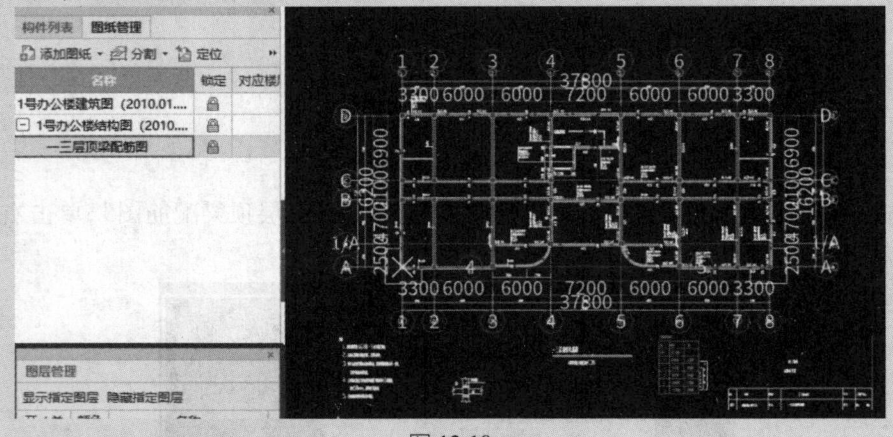

图 12.10

③单击“识别楼层表”功能,如图 12.11 所示。

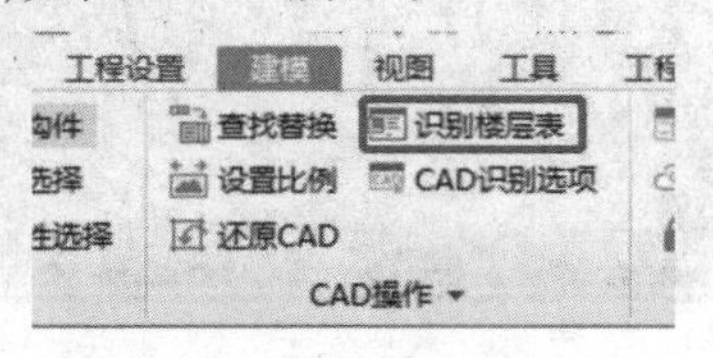

图 12.11

④用鼠标框选中图纸中的楼层表,单击右键确定,弹出“识别楼层表”对话框,如图 12.12 所示。

识别楼层表

撤消 恢复 查找替换 删除列 删除行 插入行 插入列

编码	底标高	层高
楼层	层底标高	层高
屋顶	14.400	
4	11.050	3.350
3	7.450	3.600
2	3.850	3.600
1	-0.050	3.900
-1	-3.950	3.900

识别 取消

图 12.12

假如识别的楼层信息有误，在"识别楼层表"对话框中，我们可以在识别的楼层表信息中进行修改，也可以对应识别信息，选择抬头属性，还可以删除多余的行或列，或通过插入，增加行和列等。

⑤确定楼层信息无误后，单击"确定"按钮，弹出"楼层表识别完成"对话框，如图 12.13 所示。这样就可以通过 CAD 识别将楼层表导入软件中。

图 12.13

楼层设置的其他操作，与前面介绍的"建楼层"相同。

【注意】

利用"识别楼层表"，导入楼层表的原则是需要在楼层设置中仅存在"首层"和"基础层"且未手动设置其他楼层时进行；否则，会弹出"将删除当前已有楼层，是否继续识别？"的对话框，如图 12.14 所示。

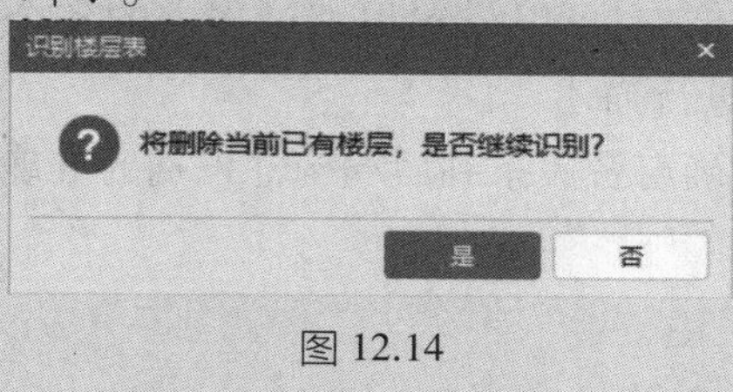

图 12.14

四、任务结果

导入楼层表后，其结果可参考 2.3 节的任务结果。

12.3.2 CAD 识别选项

通过本小节的学习，你将能够：
进行 CAD 识别选项的设置。

一、任务说明

在"CAD 识别选项"中完成柱、墙、门窗洞、梁和板钢筋的设置。

二、任务分析

在识别构件前，先进行"CAD 识别选项"的设置，如图 12.15 所示。

图 12.15

选择“CAD 识别选项”后,会弹出如图 12.16 所示的对话框。

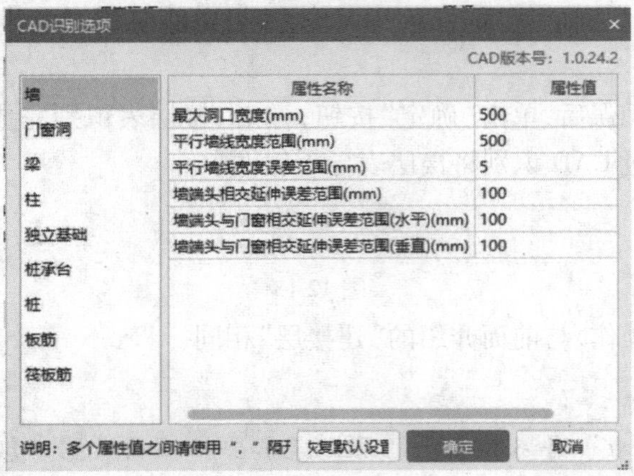

CAD识别选项

CAD版本号：1.0.24.2

墙
门窗洞
梁
柱
独立基础
桩承台
桩
板筋
筏板筋

属性名称	属性值
最大洞口宽度(mm)	500
平行墙线宽度范围(mm)	500
平行墙线宽度误差范围(mm)	5
墙端头相交延伸误差范围(mm)	100
墙端头与门窗相交延伸误差范围(水平)(mm)	100
墙端头与门窗相交延伸误差范围(垂直)(mm)	100

说明：多个属性值之间请使用“,”隔开　恢复默认设置　确定　取消

图 12.16

在“CAD 识别选项”对话框中,可以设置识别过程中的各个构件属性,每一列属性所表示的含义都在对话框左下角进行描述。

“CAD 识别选项”设置正确与否关系到后期构件识别的准确率,需要准确进行设置。

三、任务实施

1)墙设置

第 2 条平行墙线宽度范围:500 mm。该项表示由于 CAD 墙线都绘制到了柱边,这时识别过来会形成非封闭区域,导致导入图形后布置不上房间,因此,软件自动延伸 500 mm,就能把这个缺口堵上,导入图形就不会有问题了。

第 3 条墙线宽度误差范围 5 mm。该项表示设计的 CAD 图是 200 mm 的墙,实际 CAD 墙线间宽度在(200±5)mm 时,软件都能判断 200 mm 的墙,但如果此时用户的 CAD 墙线间距是 208 mm,则不能识别到墙,需要把这个误差范围修改为 10 mm,然后重新识别才可以。

第 5、6 条墙端头与门窗相交自动延伸误差范围(水平或垂直);墙端头在水平或垂直方向上与门窗相交时,在此误差范围内识别时将自动进行延伸。

2)门窗洞设置

第 1—4 条代号的意思是指根据 CAD 图上的关键字标志来区分门、窗、洞类型,在识别了门窗表之后,各个门、窗属性都已经在构件列表中定义好了,需要通过 CAD 识别下面的识别门窗洞来确定哪个门在哪个位置,这就只能靠 CAD 图上的 M(门)、C(窗)、MC、MLC(门联窗)来区分类型,实现构件与图元的关联,如图 12.17 所示。

假如设计者用 J 表示木门,软件默认是不能识别的,需要在“门代号”M 处加上“J”(注意这是英文状态下的逗号),如图 12.18 框中部分所示。

第 5—7 条离地高度即门窗洞图元导出来后默认的离当前层底标高的距离。门一般都是默认离地 0 mm,窗离地高度一般都是默认离地 900 mm。如果设计的工程多数窗离地 1 000 mm,则可以把这个默认值改成 1 000 mm,这样就不用导过来之后一个一个地修改窗离地高度了。

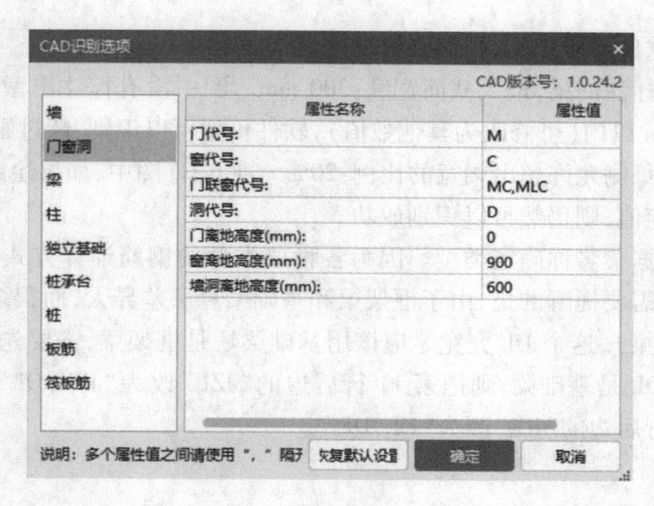

CAD识别选项

CAD版本号：1.0.24.2

墙
门窗洞
梁
柱
独立基础
桩承台
桩
板筋
筏板筋

属性名称	属性值
门代号:	M
窗代号:	C
门联窗代号:	MC,MLC
洞代号:	D
门离地高度(mm):	0
窗离地高度(mm):	900
墙洞离地高度(mm):	600

说明：多个属性值之间请使用“,”隔开　恢复默认设置　确定　取消

图 12.17

属性名称	属性值
门代号:	M,J

图 12.18

3）梁设置

梁的 CAD 识别设置如图 12.19 所示。

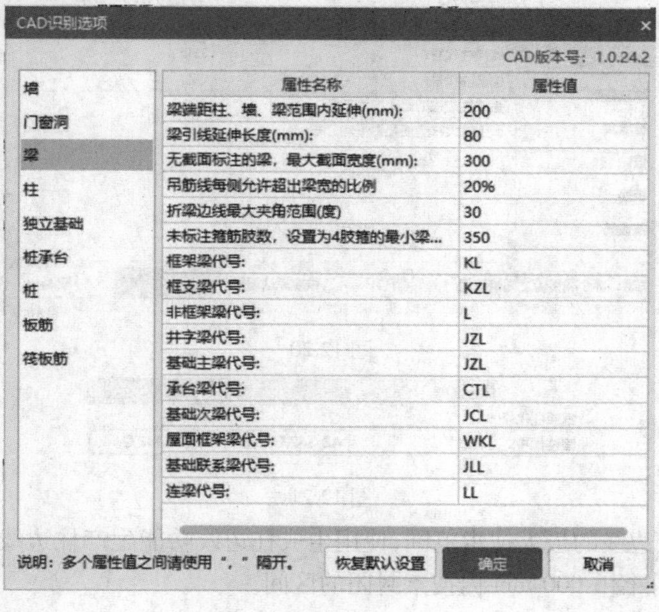

CAD识别选项

CAD版本号：1.0.24.2

墙
门窗洞
梁
柱
独立基础
桩承台
桩
板筋
筏板筋

属性名称	属性值
梁端距柱、墙、梁范围内延伸(mm):	200
梁引线延伸长度(mm):	80
无截面标注的梁，最大截面宽度(mm):	300
吊筋线每侧允许超出梁宽的比例	20%
折梁边线最大夹角范围(度)	30
未标注箍筋肢数，设置为4肢箍的最小梁...	350
框架梁代号:	KL
框支梁代号:	KZL
非框架梁代号:	L
井字梁代号:	JZL
基础主梁代号:	JZL
承台梁代号:	CTL
基础次梁代号:	JCL
屋面框架梁代号:	WKL
基础联系梁代号:	JLL
连梁代号:	LL

说明：多个属性值之间请使用“,”隔开。　恢复默认设置　确定　取消

图 12.19

第 1 条梁端距柱、墙、梁范围内延伸：200 mm。一般 CAD 梁线都绘制到了柱边，可能导致梁与柱未接触、计算错误，而软件自动延伸 200 mm，就能把这个缺口补上，正确计算梁的工程量。

第 2 条梁引线延伸长度：80 mm。引线是用于关联梁图元和名称的，没有引线，软件就不知道这个梁的名称等相关属性。而这个 80 mm 表示引线与梁边线距离，如果引线与梁边线距离大于 80 mm,软件不能识别,则需要修改此值。

第 3 条无截面标注的梁,最大截面宽度:300 mm。图中没有标注出截面尺寸的梁,如果梁线宽度在 300 mm 以内(可修改为其他数值),软件仍然可以识别,超过则不进行识别。

第 4 条吊筋线每侧允许超出梁宽的比例:20%。在 CAD 图中,如果绘制的吊筋线超过梁宽,但不超过此设定值,则仍然可以识别成功。

第 7—16 条根据梁名称确定类型。因为各种梁类型的钢筋计算方式不同,所以在识别时必须分开。这里需要提醒的是,由于框架梁和基础梁算法差异大,而很多设计院会在基础层标注一个 DL(地梁),这个 DL 究竟是应该用基础梁还是框架梁,需要先弄清楚,否则会前功尽弃,如果这个 DL 是基础梁,则把第 11 行后边的"JZL"改为"JZL,DL";如果这个 DL 是框架梁,则把第 7 行后边的"KL"改为"KL,DL"。

4)柱设置

柱的 CAD 识别设置如图 12.20 所示。

第 1—5 条在识别时,可通过这个名称来判断柱类型,需要注意的是:目前有些图纸上会用 Q1,Q2 来表示暗柱,需要在第 3 项暗柱代号里加上"Q",如图 12.21 所示。

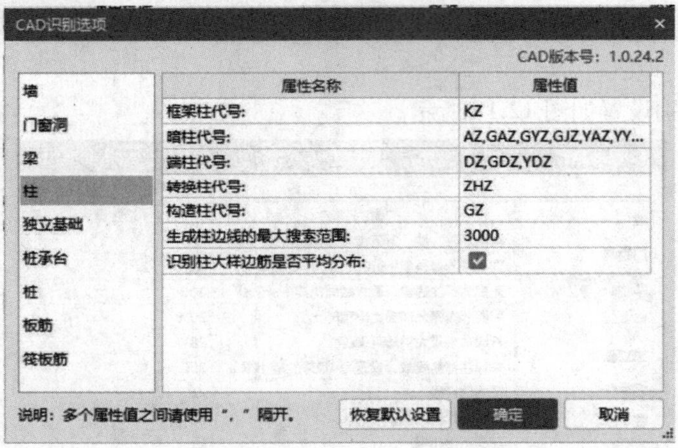

CAD识别选项

CAD版本号:1.0.24.2

墙 / 门窗洞 / 梁 / 柱 / 独立基础 / 桩承台 / 桩 / 板筋 / 筏板筋

属性名称	属性值
框架柱代号:	KZ
暗柱代号:	AZ,GAZ,GYZ,GJZ,YAZ,YY...
端柱代号:	DZ,GDZ,YDZ
转换柱代号:	ZHZ
构造柱代号:	GZ
生成柱边线的最大搜索范围:	3000
识别柱大样边筋是否平均分布:	☑

说明:多个属性值之间请使用","隔开。 恢复默认设置 确定 取消

图 12.20

属性名称	属性值
框架柱代号:	KZ
暗柱代号:	AZ,GAZ,GYZ,GJZ,YAZ,YYZ,YJZ,Q

图 12.21

第 6 条生成柱边线的最大搜索范围,使用生成柱边线功能生产柱边线时,软件自动以鼠标点选为圆心,在半径 3 000 mm 内搜索封闭的区间。

5)独立基础、桩承台、桩设置

各个构件里的第 1 行在识别时,可通过这个名称来判断构件类型。同样,因为这些基础作用有点类似,所以代号有时也会交叉使用,例如,软件默认 ZH,ZJ,WKZ 是桩,ZCT,CT 是桩承台,但是有些设计者也用 ZJ 表示桩承台,这就需要把 ZJ 从桩类型剪切到桩承台,如图 12.22 所示。

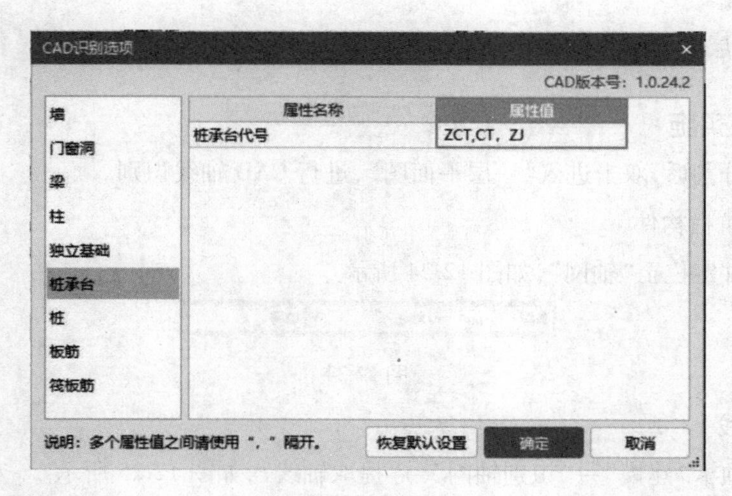

图 12.22

6) 自动识别板筋设置

自动识别板筋设置包括板筋和筏板筋的 CAD 识别设置，如图 12.23 所示。

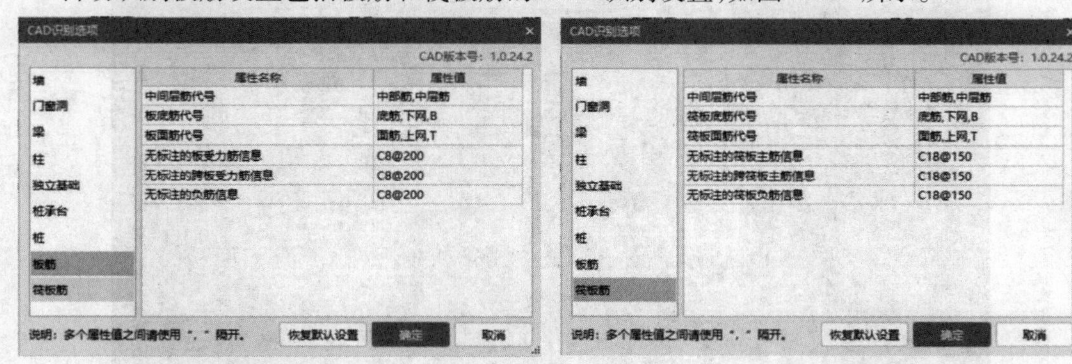

图 12.23

第 1—3 条在识别时，可通过这个名称来判断构件的类型。

第 4—6 条设置无标注的板受力筋/筏板主筋信息、无标注的跨板受力筋/跨筏板主筋信息、无标注的负筋/筏板负筋信息格式。

12.3.3 识别轴网

通过本小节的学习，你将能够：

进行轴网的 CAD 识别。

一、任务说明

①完成图纸添加及图纸整理。

②完成轴网的识别。

二、任务分析

首先分析轴网最为完整的图纸，一般选择结施中的柱平面布置图或者建施中的首层平面图,此处以首层平面图为例进行分绍。

三、任务实施

完成图纸分割后,双击进入"一层平面图",进行 CAD 轴线识别。

1)选择导航栏构件

将目标构件定位至"轴网",如图 12.24 所示。

图 12.24

2)提取轴线

①单击选项卡"建模"→"识别轴网"→"提取轴线",如图 12.25 所示。

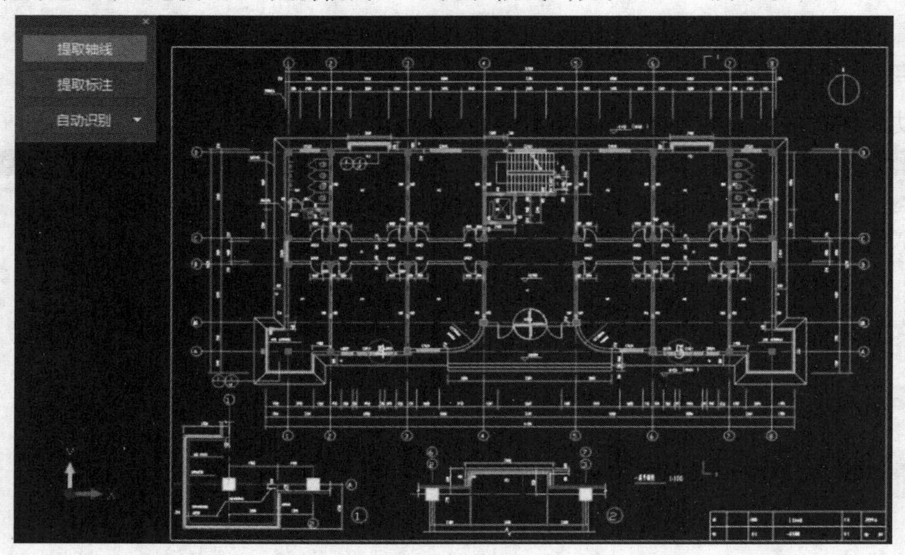

图 12.25

②用"点选"快捷键选择,利用"单图元选择""按图层选择"及"按颜色选择"的功能点选或框选需要提取的轴线 CAD 图元,如图 12.26 所示。

单图元选择 (Ctrl+或Alt+) 按图层选择 (Ctrl+) 按颜色选择 (Alt+)

图 12.26

按"Ctrl+左键"代表按图层选择,"Alt+左键"代表按颜色选择。需要注意的是,不管在框中设置何种选择方式,都可以通过键盘来操作,优先实现选择同图层或同颜色的图元。

通过"按图层选择"选择所有轴线,被选中的轴线全部变成深蓝色。

③单击鼠标右键确认选择,则选择的 CAD 图元将自动消失,并存放在"已提取的 CAD 图层"中,如图 12.27 所示。这样就完成了轴网的提取工作。

3)提取标注

①单击"提取标注",按照默认选择"按图层选择"的方式,点选或框选需要提取的轴网标注 CAD 图元,如图 12.28 所示。

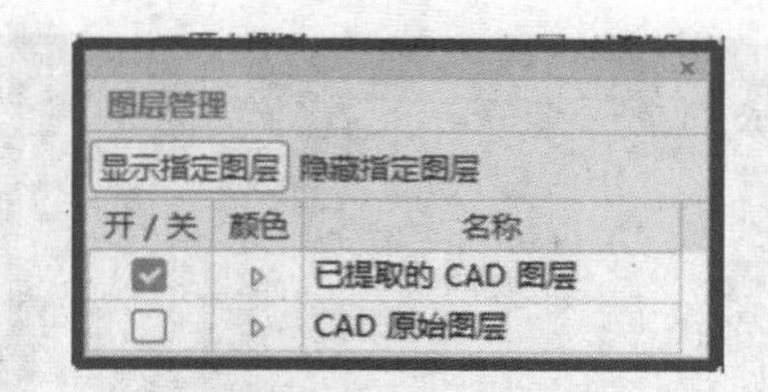

图 12.27

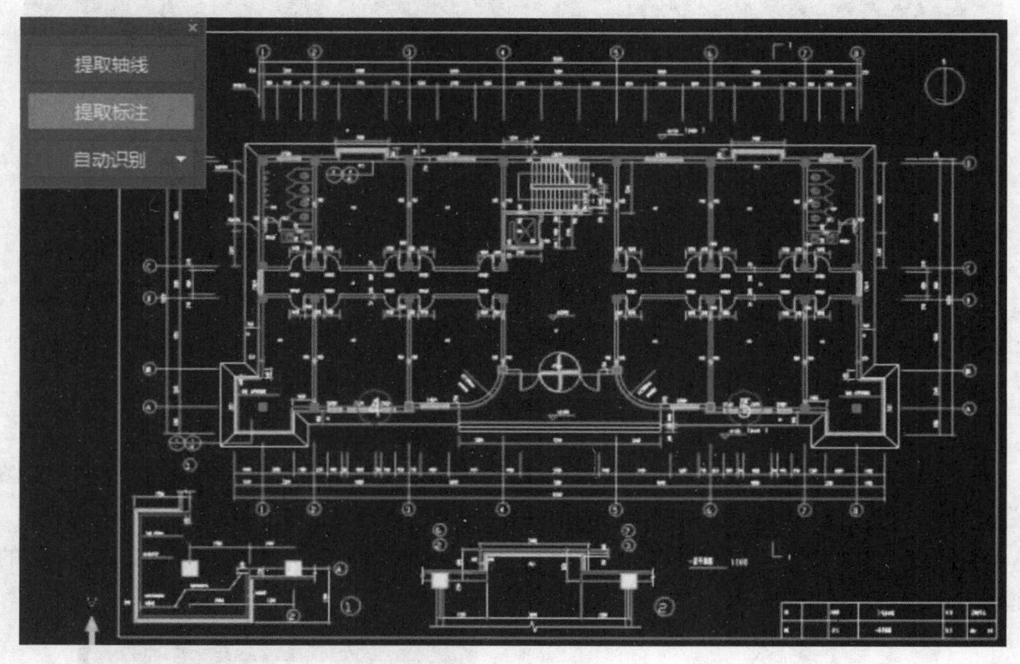

图 12.28

②单击鼠标右键确认选择,则选择的 CAD 图元自动消失,并存放在"已提取的 CAD 图层"。其方法与提取轴线相同。

4)识别轴网

提取轴线及标志后,进行识别轴网的操作。识别轴网有 3 种方法供选择,如图 12.29 所示。

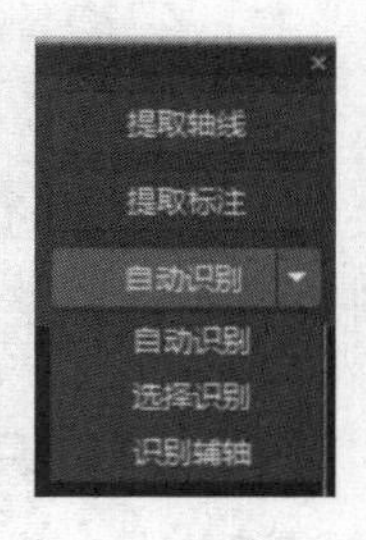

图 12.29

自动识别轴网:用于自动识别 CAD 图中的轴线。

选择识别轴网:通过手动选择来识别 CAD 图中的轴线。

识别辅助轴线:用于手动识别 CAD 图中的辅助轴线。

本工程采用"自动识别轴网",可快速地识别出工程的轴网,如图 12.30 所示。

识别轴网成功后,同样可利用"轴线"部分的功能对轴网经编辑和完善。

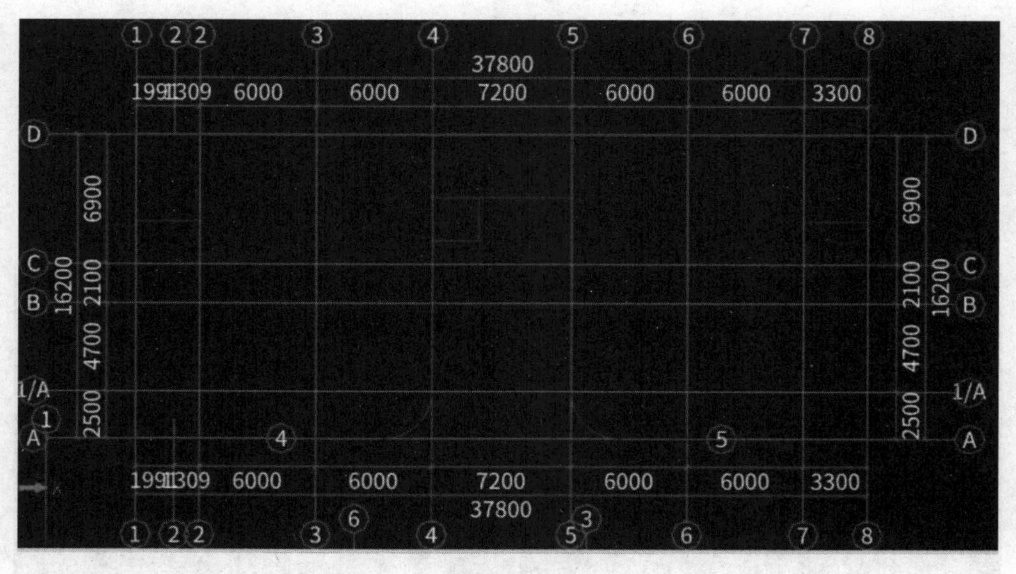

图 12.30

四、总结拓展

导入 CAD 之后,如图纸比例与实际不符,则需要重新设置比例,在“CAD 操作”绘图工具栏中单击“设置比例”功能,如图 12.31 所示。

根据提示,利用鼠标选择两点,软件会自动量取两点距离,并弹出如图 12.32 所示的对话框。

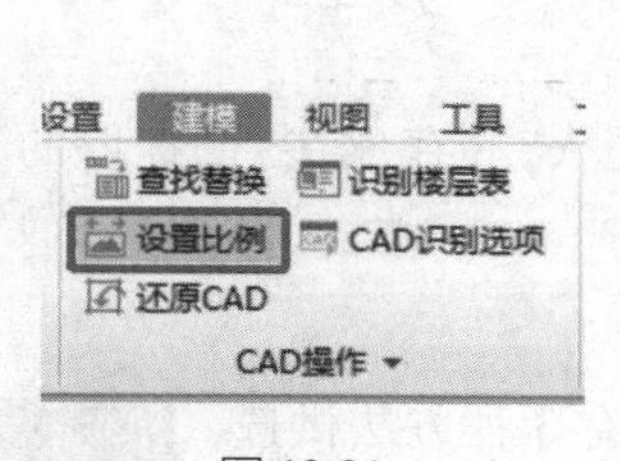

图 12.31

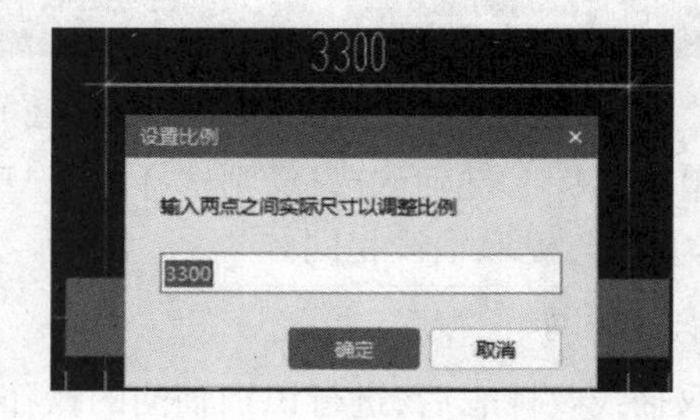

图 12.32

如果量取的距离与实际不符,可在对话框中输入两点间实际尺寸,单击“确定”按钮,软件即可自动调整比例。

12.3.4 识别柱

通过本小节的学习,你将能够:

进行柱的 CAD 识别。

一、任务说明

用 CAD 识别的方式完成框架柱的定义和绘制。

二、任务分析

CAD 识别柱有两种方法：识别柱表生成柱构件和识别柱大样生成柱构件。需要用到的图纸是"柱墙结构平面"。

三、任务实施

分割完图纸后，双击进入"柱墙结构平面图"，进入下一步操作。

【注意】

当分割的"柱墙结构平面图"位置与前面所识别的轴网位置有出入时，可以采用"定位"的功能，将图纸定位到轴网正确的位置。单击"定位"，选择图纸某一点，比如①轴与Ⓐ轴的交点，将其拖动到前面所识别轴网的①轴与Ⓐ轴交点处。

1）选择导航栏构件

将目标构件定位至"柱"，如图 12.33 所示。

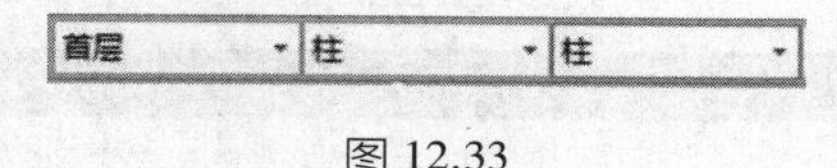

图 12.33

2）识别柱表生成柱构件

①单击选项卡"建模"→"识别柱表"，软件可以识别普通柱表和广东柱表，遇到有广东柱表的工程，即可采用"识别广东柱表"。本工程为普通柱表，则选择"识别柱表"功能，拉框选择柱表中的数据，如图黄色线框为框选的柱表范围，按右键确认选择，如图 12.34 所示。

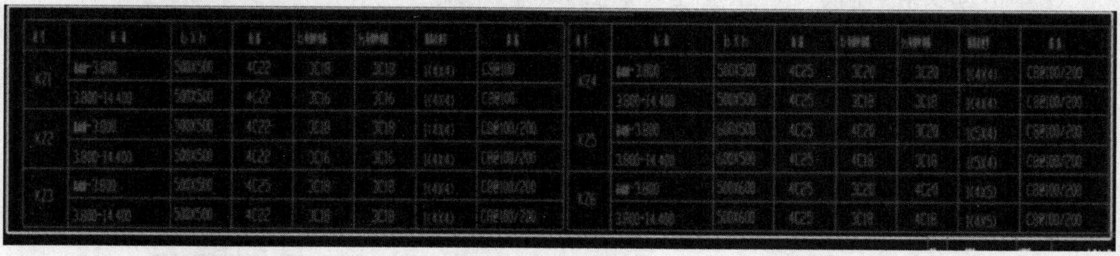

图 12.34

②弹出"识别柱表"窗体，使用窗体上方的"查找替换""删除行"等功能对柱表信息进行调改。调整后，如图 12.35 所示。

在表格中，可利用表格的这些功能对表格内容进行核对和调整，删除无用的部分后单击"确定"按钮。如表格中存在不符合的数据，单元格会以"红色"来进行显示，方便查找和修改。当遇到广东柱表时，则使用"识别广东柱表"。

③确认信息准确无误后单击"识别"即可，软件会根据窗体中调改的柱表信息生成柱构件，如图 12.36 所示。

3）提取柱边线

通过识别柱表定义柱属性后，可以通过柱的绘制功能，参照 CAD 图将柱绘制到图上，也可使用"CAD 识别"提供的快速"识别柱"构件的功能。

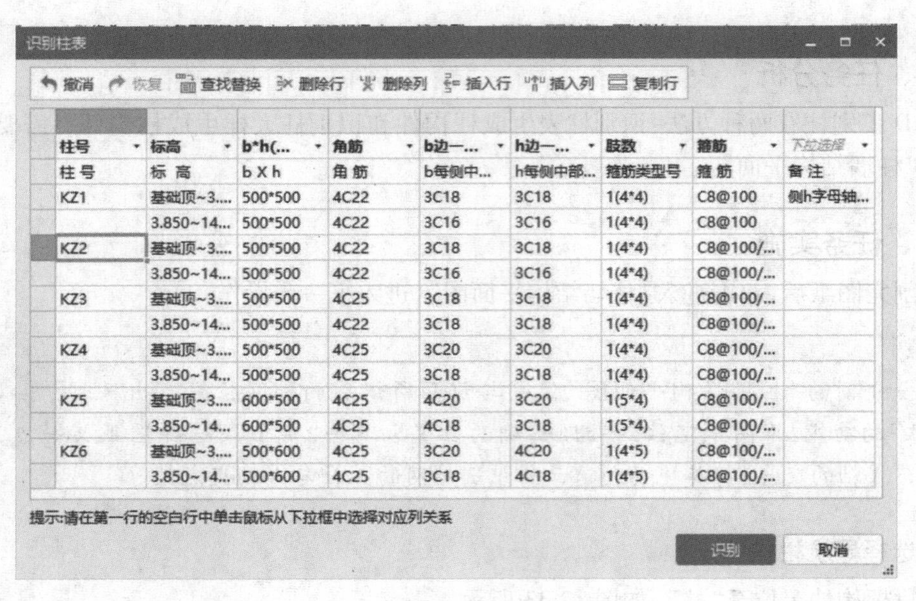

柱号	标高	b*h(...	角筋	b边一...	h边一...	肢数	箍筋	下拉选择
柱 号	标 高	b X h	角 筋	b每侧中...	h每侧中部...	箍筋类型号	箍 筋	备 注
KZ1	基础顶~3....	500*500	4C22	3C18	3C18	1(4*4)	C8@100	侧h字母轴...
	3.850~14...	500*500	4C22	3C16	3C16	1(4*4)	C8@100	
KZ2	基础顶~3....	500*500	4C22	3C18	3C18	1(4*4)	C8@100/...	
	3.850~14...	500*500	4C22	3C16	3C16	1(4*4)	C8@100/...	
KZ3	基础顶~3....	500*500	4C25	3C18	3C18	1(4*4)	C8@100/...	
	3.850~14...	500*500	4C22	3C18	3C18	1(4*4)	C8@100/...	
KZ4	基础顶~3....	500*500	4C25	3C20	3C20	1(4*4)	C8@100/...	
	3.850~14...	500*500	4C25	3C18	3C18	1(4*4)	C8@100/...	
KZ5	基础顶~3....	600*500	4C25	4C20	3C20	1(5*4)	C8@100/...	
	3.850~14...	600*500	4C25	4C18	3C18	1(5*4)	C8@100/...	
KZ6	基础顶~3....	500*600	4C25	3C20	4C20	1(4*5)	C8@100/...	
	3.850~14...	500*600	4C25	3C18	4C18	1(4*5)	C8@100/...	

图 12.35

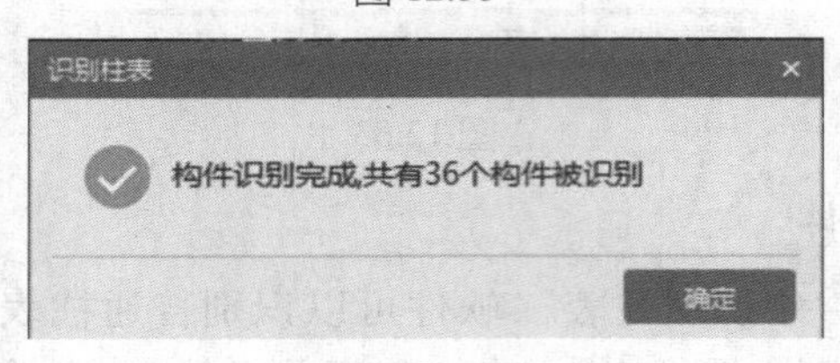

图 12.36

①单击选项卡“建模”→“识别柱”,如图 12.37 所示。

图 12.37

②单击“提取柱边线”,如图 12.38 所示。

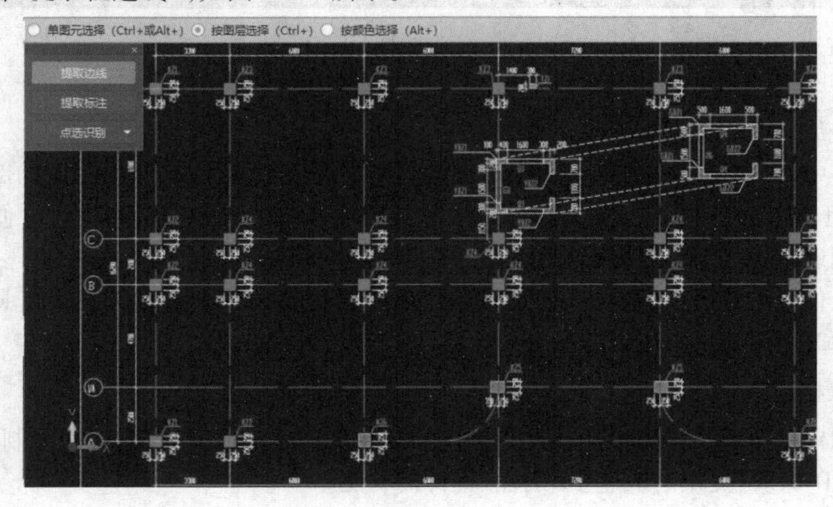

图 12.38

③利用"单图元选择""按图层选择"及"按颜色选择"的功能点选或框选需要提取的柱边线 CAD 图元。

通过"按图层选择"选择所有轴线,被选中的轴线全部变成深蓝色。

④单击鼠标右键确认选择,则选择的 CAD 图元将自动消失,并存放在"已提取的 CAD 图层"中,如图 12.39 所示。这样,即完成柱边线的提取工作,如图 12.40 所示。

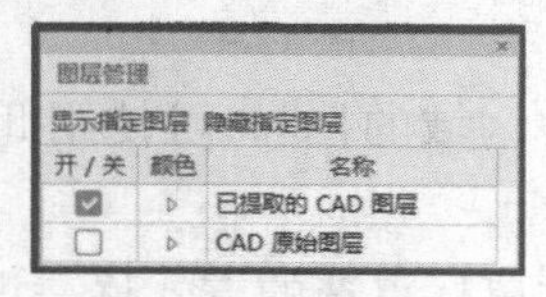

图 12.39

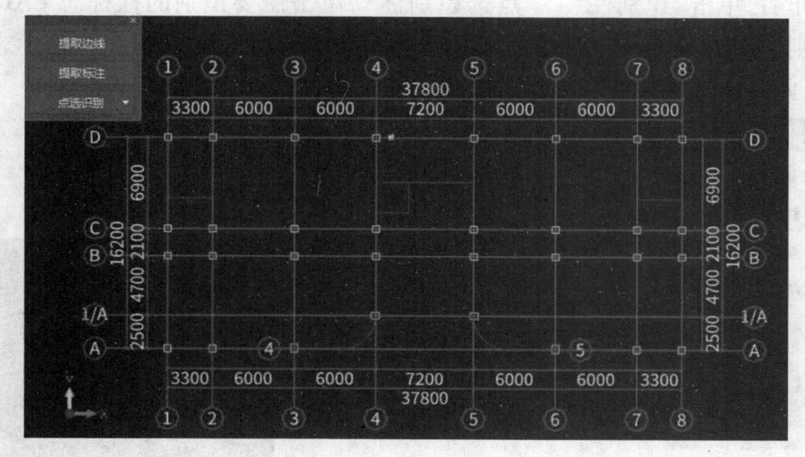

图 12.40

4) 提取柱标注

单击"提取标注",采用同样的方法选择所有柱的标志(包括标注及引线),单击右键确定,即完成柱边线及标志的提取工作,如图 12.41 所示。

图 12.41

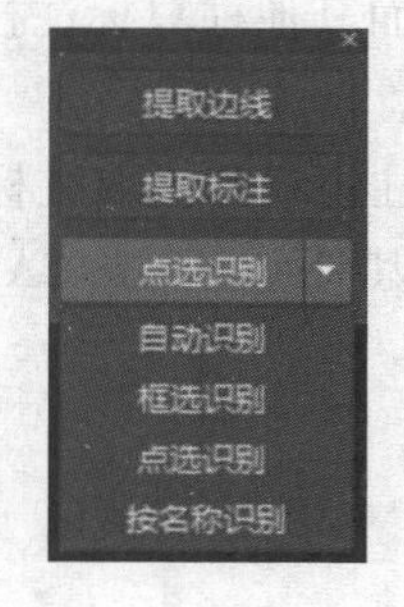

图 12.42

5) 识别柱

识别柱表,提取边线及标志完成后,接下来进行识别柱构件的操作。选择"点选识别",如图 12.42 所示,有以下 4 个功能。

①自动识别。软件自动根据所识别的柱表、提取的边线和标志来自动识别整层柱,本工程采用"自动识别"。单击"自动识别"进行柱构件识别,识别完成后,弹出识别柱构件的个

数提示。单击“确定”按钮,完成柱构件的识别,如图 12.43 所示。

图 12.43

②框选识别。当需要识别某一区域的柱时,可使用此功能,根据鼠标框选的范围,软件会自动识别框选范围内的柱。

③点选识别。点选识别即通过鼠标点选的方式逐一识别柱构件。完成提取柱边线和提取柱标志操作后,单击“识别柱”→“点选识别柱”,单击需要识别的柱标志 CAD 图元,如图 12.44 所示,则“单击“确定”按钮,在图形中选择符合该柱标志的柱边线和柱标志,再单击右键确认选择,此时所选柱边线和柱标志被识别为柱构件,如图 12.45 所示。

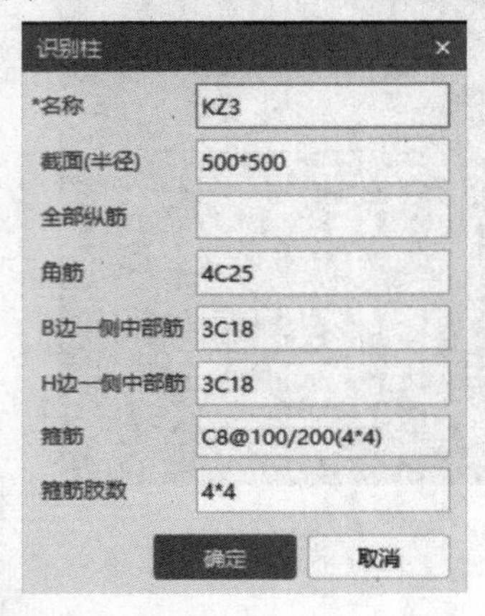

图 12.44

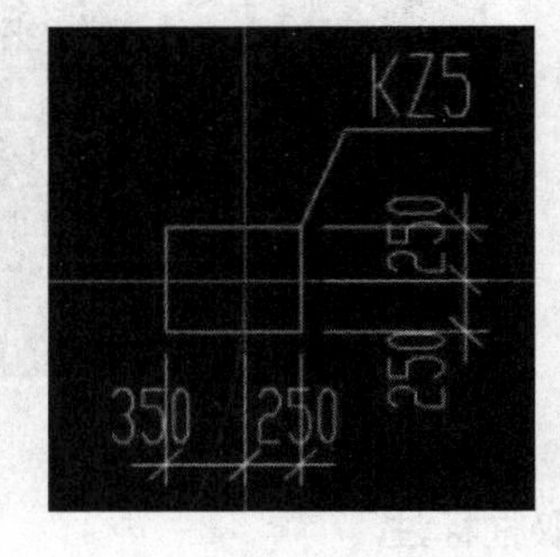

图 12.45

④按名称识别。比如图纸中有多个 KZ6,通常只会对一个柱进行详细标注(截面尺寸、钢筋信息等),而其他柱只标注柱名称,对于这种 CAD 图纸,就可以使用“按名称识别柱”进行柱识别操作。

完成提取柱边线和提取柱标志操作后,单击绘图工具栏“识别柱”→“按名称识别柱”,然后单击需要识别的柱标志 CAD 图元,则“识别柱”窗口会自动识别柱标志信息,如图 12.46 所示。

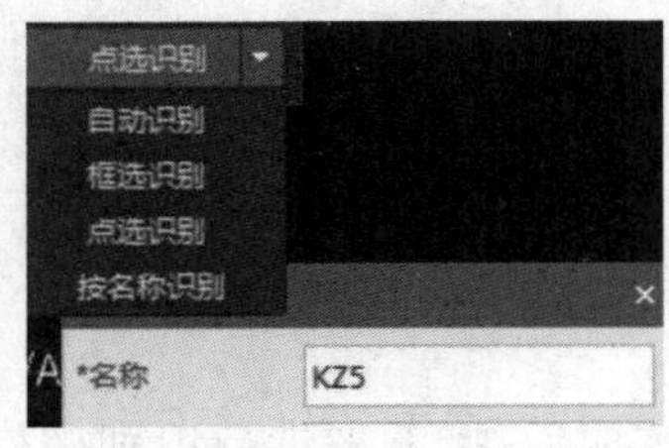

图 12.46

单击“确定”按钮,此时满足所选标志的所有柱边线会被自动识别为柱构件,并弹出识别成功的提示,如图 12.47 所示。

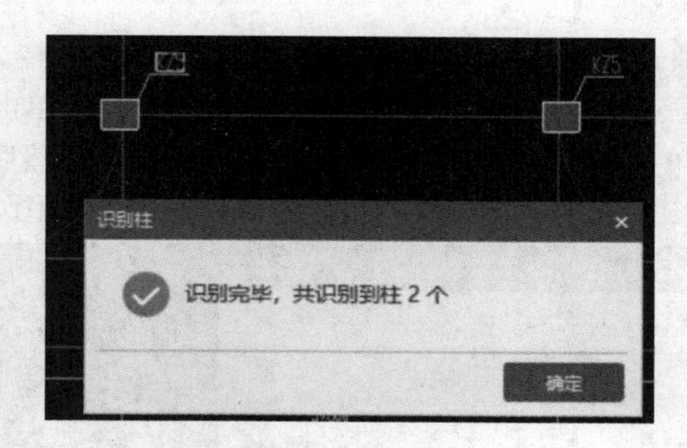

图 12.47

四、任务结果

任务结果参考 3.1 节的任务结果。

五、总结拓展

1) 利用"CAD 识别"来识别柱构件

首先需要"添加图纸"，通过"识别柱表"或"识别柱大样"，先进行柱的定义，再利用"提取柱边线""提取柱标志"提取柱边线和标志(包括标注引线)，最后再通过"自动识别柱"来生成柱构件。其流程如下：

添加图纸→识别柱表(柱大样)→提取柱边线→提取柱标识→自动识别柱。

通过以上流程，则可完成柱构件的识别。

2) 识别柱大样生成构件

如果图纸中柱或暗柱采用柱大样的形式来作标记，则可单击选项卡"建模"→"识别柱""识别柱大样"的功能，如图 12.48 所示。

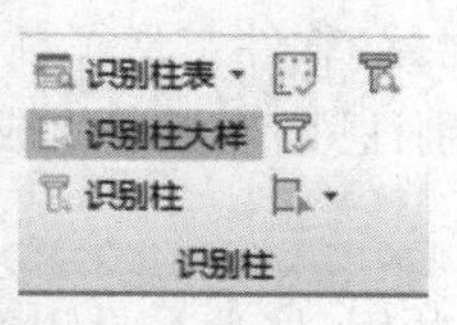

图 12.48

①提取柱大样边线及标志。参照前面的方法，单击"提取柱边线"和"提取柱标志"完成柱大样边线、标志的提取。

②提取钢筋线。单击"提取钢筋线"提取到所有柱大样的钢筋线，单击右键确定，如图 12.49 所示。

③识别柱大样。提取完成后，单击"点选识别"，如图 12.50 所示，有 3 种识别方式。

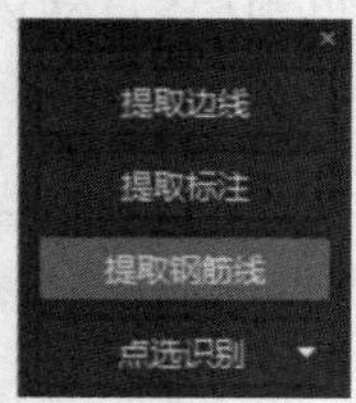

图 12.49

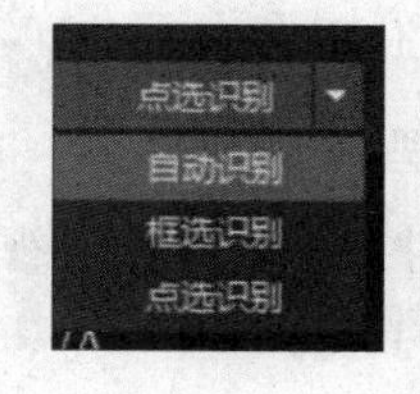

图 12.50

点选识别柱大样:通过鼠标选择来识别柱大样。自动识别柱大样,即软件自动识别柱大样。框选识别柱大样:框选需要识别的柱,进行识别柱大样。如果单击"点选识别柱大样",状态栏提示点取柱大样的边线,则用鼠标选择柱大样的一根边线,然后软件提示"请点取柱的标注或直接输入柱的属性",则点取对应的柱大样的名称,弹出如图 12.51 所示的对话框。

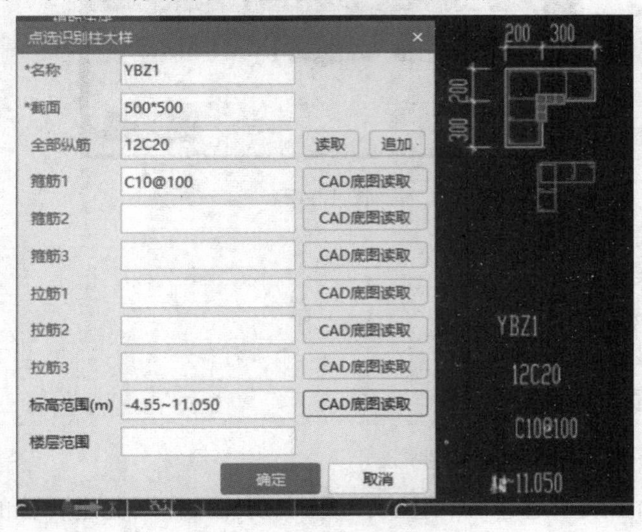

图 12.51

在此对话框中,可以直接利用"CAD 底图读取",在 CAD 中读取柱的信息,对柱的信息进行修改。在"全部纵筋"一行,软件支持"读取"和"追加"的操作。

读取:从 CAD 中读取钢筋信息,对栏中的钢筋信息进行替换。

追加:如遇到纵筋信息分开标注的情况,可通过"追加"将多处标注的钢筋信息进行追加求和处理。

操作完成后,软件通过识别柱大样信息定义柱属性。

④识别柱。在识别柱大样完成之后,软件定义了柱属性,最后还需通过前面介绍的"提取柱边线""提取柱标志"和"自动识别柱"的功能来生成柱构件,这里不再赘述。

3)墙柱共用边线的处理方法

某些剪力墙图纸中,墙线和柱线共用,柱没有封闭的图线,导致直接识别柱时找不到封闭区域,识别柱不成功。在这种情况下,软件提供两种解决方法。

①使用"框选识别柱"。使用"提取柱边线""提取柱标识"完成对柱信息的提取(将墙线提取到柱边线),使用提取柱边线拉框(反选),如图 12.52 所示的区域,即可完成识别柱。

②使用"生成柱边线"的功能来进行处理。提取墙边线后,进入"识别柱"界面,单击"生成柱边线",按照状态栏提示,在柱内部左键点取一点,或是通过"自动生成柱边线"让软件自动搜索,生成封闭的柱边线。利用此功能生成柱的边线后,再利用"自动识别柱"识别柱,即可解决墙、柱共用边线的情况,如图 12.53 所示。

4)图层管理

在识别构件菜单下,通过"视图"→"用户面板"→"图层管理",可进行图层控制的相关操作,如图 12.54 所示。

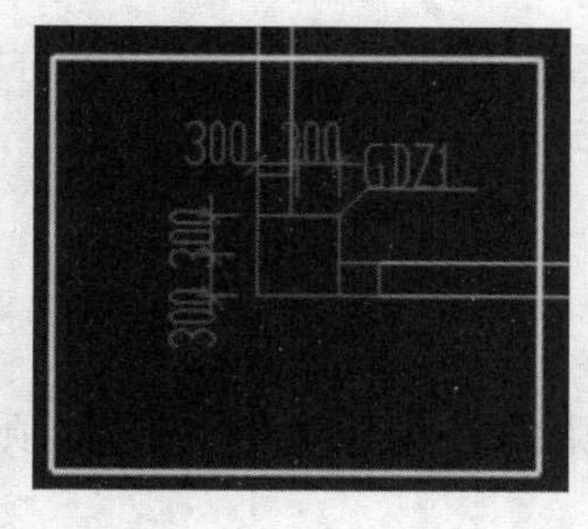

图 12.52

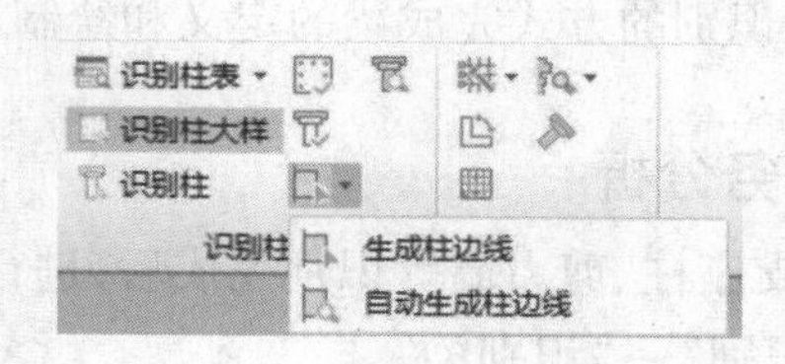

图 12.53

①在提取过程中,如果需要对 CAD 图层进行管理,单击“图层管理”功能。通过此对话框,即可控制“已提取的 CAD 图层”和“CAD 原始图层”的显示与关闭,如图 12.55 所示。

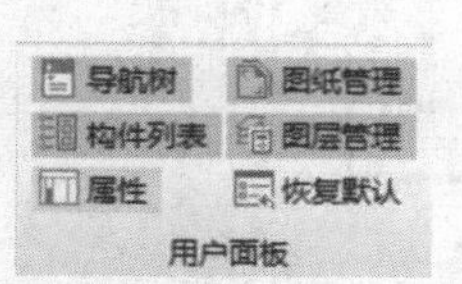

图 12.54

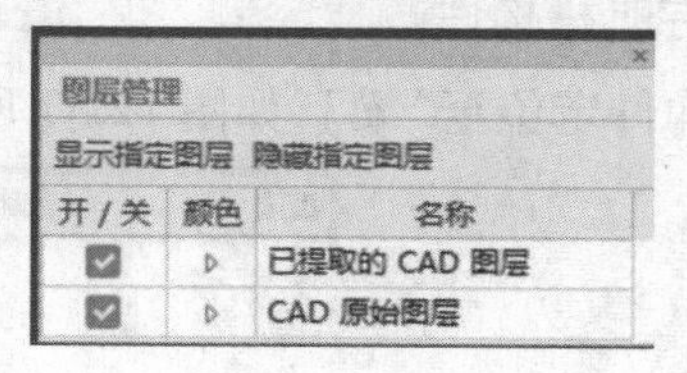

图 12.55

②只显示选中 CAD 图元所在的图层,可利用此功能将其他图层的图元隐藏。

③隐藏选中的 CAD 图元所在的图层,将选中的 CAD 图元所在的图层进行隐藏,其他图层显示。

可通过此工具栏来运行选择同图层或是同颜色图元的功能,如图 12.56 所示。

图 12.56

12.3.5 识别梁

通过本小节的学习,你将能够:

进行梁的 CAD 识别。

一、任务说明

用 CAD 识别的方式完成梁的定义和绘制。

二、任务分析

在梁的支座柱、剪力墙等识别完成后,进行识别梁的操作。双击“一三层顶梁配筋图”,进入“CAD 识别”→“识别梁”。

三、任务实施

1)选择导航栏构件

将目标构件定位至“梁”,如图 12.57 所示。

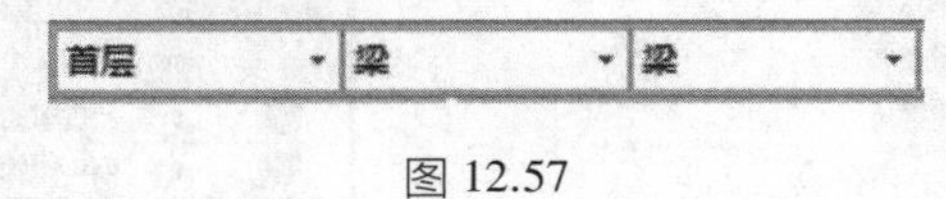

图 12.57

2)提取梁边线

①单击选项卡“建模”→“识别梁”,如图 12.58 所示。

图 12.58

②单击“提取边线”,如图 12.59 所示。

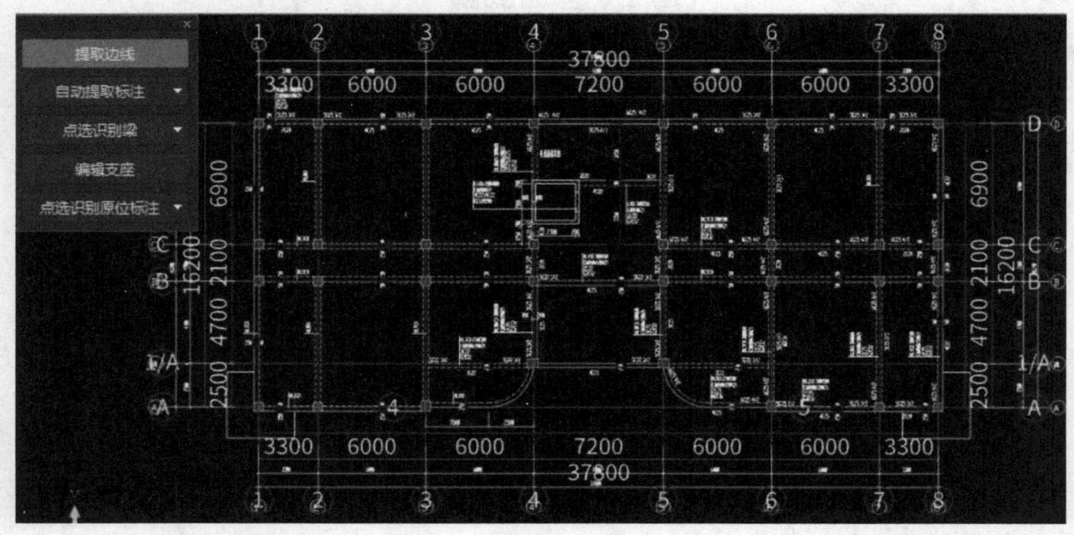

图 12.59

③利用“单图元选择”“按图层选择”“按颜色选择”的功能点选或框选需要提取的柱边线 CAD 图元,如图 12.60 所示。

图 12.60

④单击鼠标右键确认选择，则选择的 CAD 图元自动消失，并存放在“已提取的 CAD 图层”中，这样就完成了边线的提取工作。

3）提取梁标注

提取梁标注包含 3 个功能：自动提取标注、提取集中标注和提取原位标注，如图 12.61 所示。

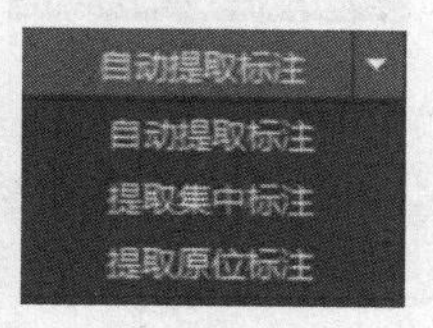

图 12.61

①“自动提取标注”可一次提取 CAD 图中全部的梁标注，软件会自动区别梁原位标注与集中标注，一般集中标注与原位标注在同一图层时使用。单击“自动提取梁标注”，选中图中所有同图层的梁标注，如果集中标注与原位标注在同一图层，就会被选择到。此时，直接单击右键确定，如图 12.62 所示。

图 12.62

GTJ2018 在最新版做了优化后，软件会自动区分集中标注和原位标注，弹出如图 12.63 所示的提示。

图 12.63

完成提取之后，集中标注以黄色显示，原位标注以粉色显示，如图 12.64 所示。

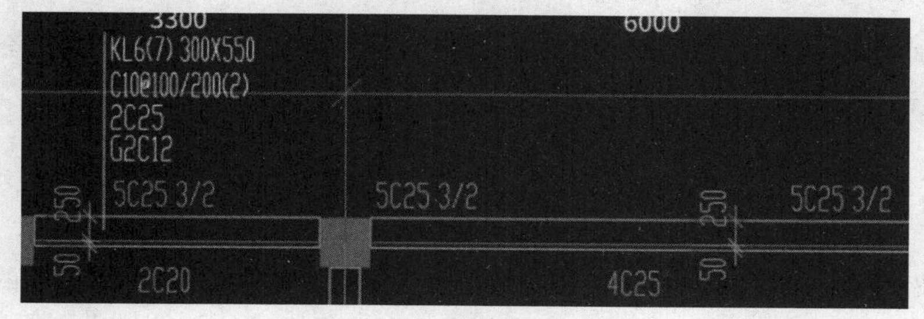

图 12.64

②如果集中标注与原位标注分别在两个图层，则分别采用“提取集中标注”和“提取原

位标注”分开提取,方法与自动提取类似。

4)识别梁

提取梁边线和标注完成后,接着进行识别梁构件的操作。识别梁有自动识别梁、框选识别梁、点选识别梁 3 种方法,如图 12.65 所示。

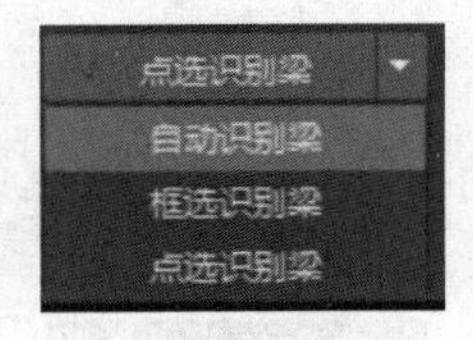

图 12.65

①自动识别梁。软件自动根据提取的梁边线和梁集中标注对图中所有梁一次全部识别。

a.提取梁边线和提取梁集中标注操作后,单击识别面板“点选识别梁”的倒三角,在下拉菜单中单击“自动识别梁”,软件弹出“识别梁选项”对话框,如图 12.66 所示。

识别梁选项

⊙全部 ○缺少箍筋信息 ○缺少截面 复制图纸信息 粘贴图纸信息

	名称	截面(b*h)	上通长筋	下通长筋	侧面钢筋	箍筋	肢数
1	KL1(1)	250*500	2C25		N2C16	C10@100/200(2)	2
2	KL2(2)	300*500	2C25		G2C12	C10@100/200(2)	2
3	KL3(3)	250*500	2C22		G2C12	C10@100/200(2)	2
4	KL4(1)	300*600	2C22		G2C12	C10@100/200(2)	2
5	KL5(3)	300*500	2C25		G2C12	C10@100/200(2)	2
6	KL6(7)	300*550	2C25		G2C12	C10@100/200(2)	2
7	KL7(3)	300*500	2C25		G2C12	C10@100/200(2)	2
8	KL8(1)	300*600	2C25		G2C12	C10@100/200(2)	2
9	KL9(3)	300*600	2C25		G2C12	C10@100/200(2)	2
10	KL10(3)	300*600	2C25		G2C12	C10@100/200(2)	2
11	KL10a(3)	300*600	2C25		G2C12	C10@100/200(2)	2

请检查并确认得到的梁信息 继续 取消

图 12.66

【说明】

①在识别梁选项界面可以查看、修改、补充梁集中标注信息,可以提高梁识别的准确性。

②识别梁之前,应先完成柱、墙等图元的模型创建,这样识别出来的梁会自动延伸到现有的柱、墙、梁中,计算结果更准确。

b.单击“继续”按钮,则按照提取的梁边线和梁集中标注信息自动生成梁图元,如图 12.67所示。

c.识别梁完成后,软件自动启用“校核梁图元”功能,如识别的梁跨与标注的梁跨数量不符,则弹出提示,并且梁会以红色显示,如图 12.68 所示。需要检查进行修改。

②点选识别梁。“点选识别梁”功能可以通过选择梁边线和梁集中标注的方法进行梁识别操作。

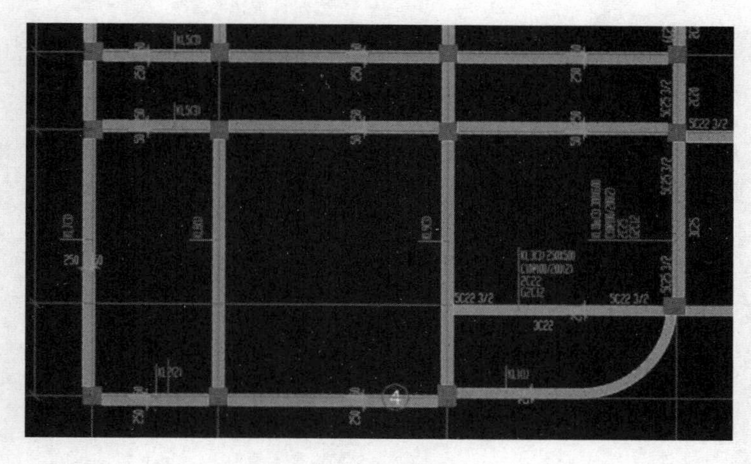

图 12.67

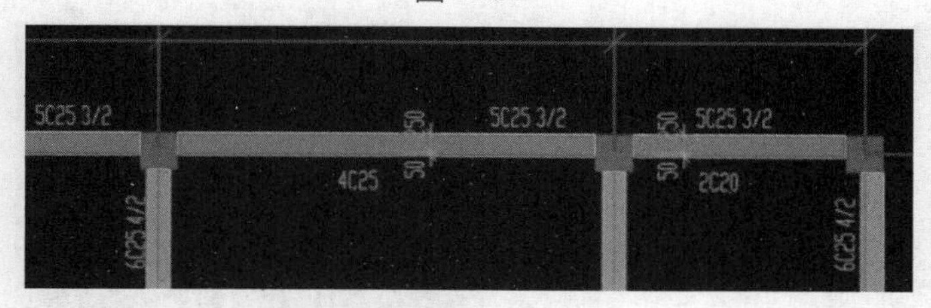

图 12.68

a.完成“提取梁边线”和“提取梁集中标注”操作后，单击识别梁面板“点选识别梁”，则弹出“点选识别梁”对话框，如图 12.69 所示。

点选识别梁

*名称	从集中标注读取
类别	楼层框架梁
*截面宽度(mm)	
*截面高度(mm)	
上下部通长筋	
箍筋信息	
肢数	
梁侧面钢筋	
标高	层顶标高

确定　取消

图 12.69

b.单击需要识别的梁集中标注，则“点选识别梁”窗口自动识别梁集中标注信息，如图 12.70 所示。

c.单击“确定”按钮，在图形中选择符合该梁集中标注的梁边线，被选择的梁边线以高亮显示，如图 12.71 所示。

d.单击右键确认选择，此时所选梁边线则被识别为梁图元，如图 12.72 所示。

③框选识别梁。“框选识别梁”可满足分区域识别的需求，对于一张图纸中存在多个楼层平面的情况，可选中当前层识别，也可框选一道梁的部分梁线，完成整道梁的识别。

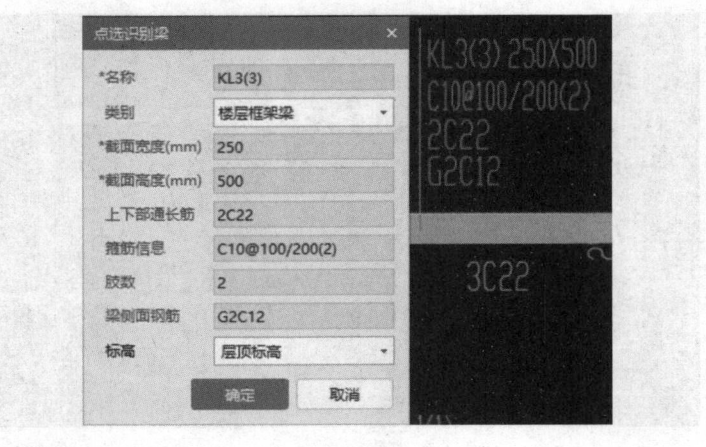

图 12.70

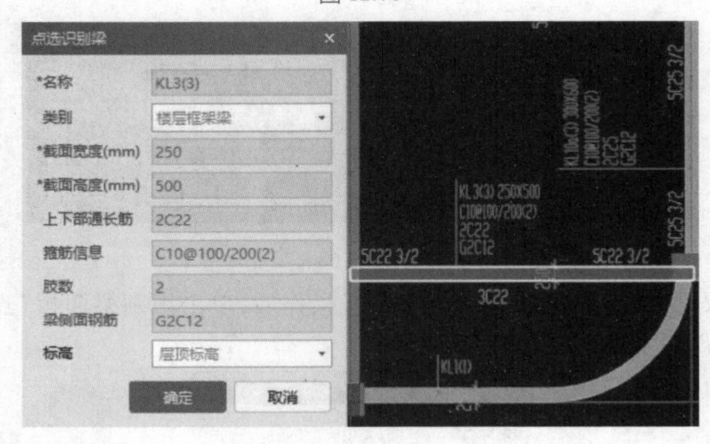

图 12.71

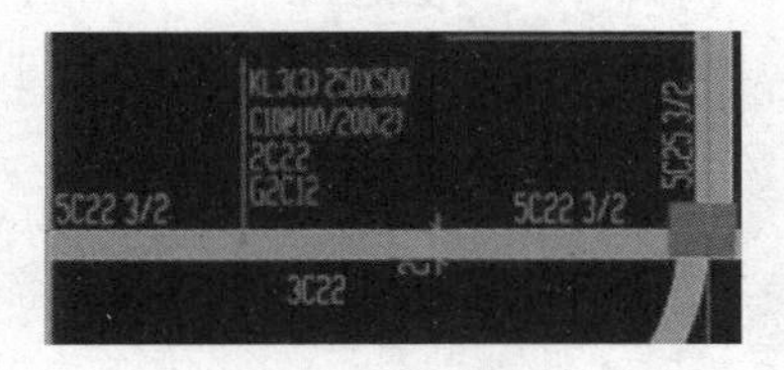

图 12.72

a.完成提取梁边线和提取梁集中标注操作后,单击识别面板“点选识别梁”的倒三角,下拉选择“框选识别梁”;状态栏提示:左键拉框选择集中标准。

b.拉框选择需要识别的梁集中标注,如图 12.73 所示。

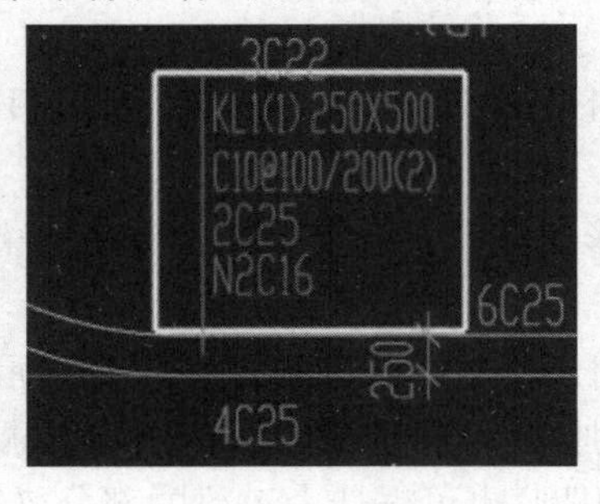

图 12.73

c.右键确定选择，软件弹窗同自动识别梁，单击继续，即可完成识别，如图12.74所示。

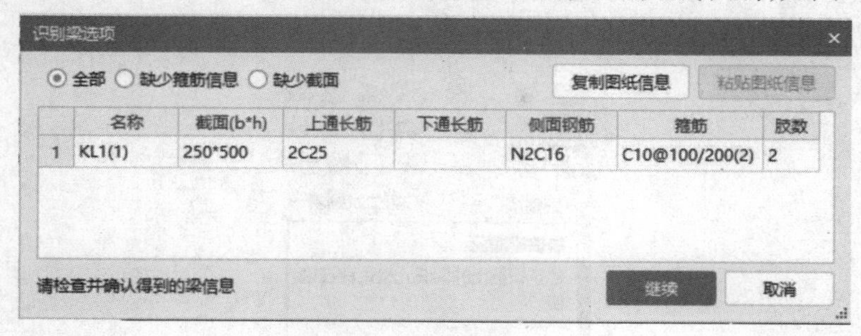

图12.74

【说明】

①识别梁完成后，与集中标注中跨数一致的梁以粉色显示，与标注不一致的梁以红色显示，方便用户检查，如图12.75所示。

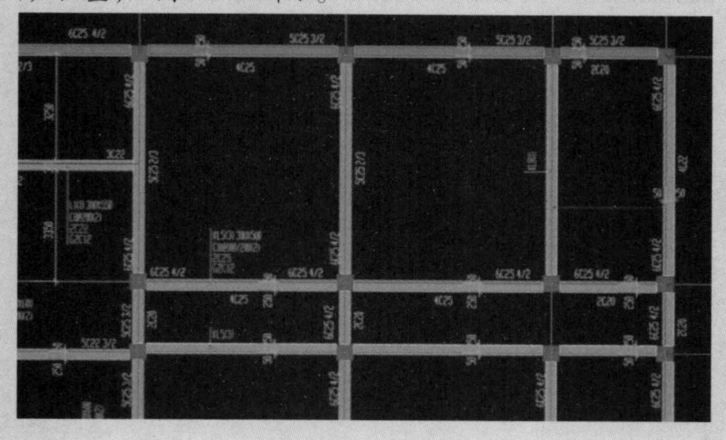

图12.75

②梁识别的准确率与"计算设置"部分有关。

a.在"钢筋设置"中的"计算设置"→"框架梁"部分，第3项如图12.76所示。此项设置可修改，并会影响后面的梁识别，注意应准确设置。

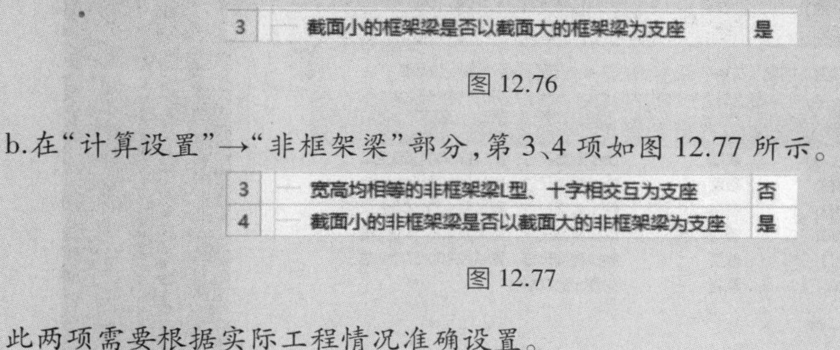

3	截面小的框架梁是否以截面大的框架梁为支座	是

图12.76

b.在"计算设置"→"非框架梁"部分，第3、4项如图12.77所示。

3	宽高均相等的非框架梁L型、十字相交互为支座	否
4	截面小的非框架梁是否以截面大的非框架梁为支座	是

图12.77

此两项需要根据实际工程情况准确设置。

④梁跨校核。当识别梁完成之后，手动检查是否存在识别不正确的梁，比较麻烦，软件自动进行"梁跨校核"，智能进行检查。梁跨校核是自动提取梁跨，然后将提取到的跨数与标注中的跨数进行对比，二者不同时弹出提示。

a.软件框选/自动识别梁之后,会自动进行梁跨校核,或是单击“校核梁图元”命令,如图 12.78 所示。软件自动对梁图元进行梁跨校核,如图 12.78 所示。

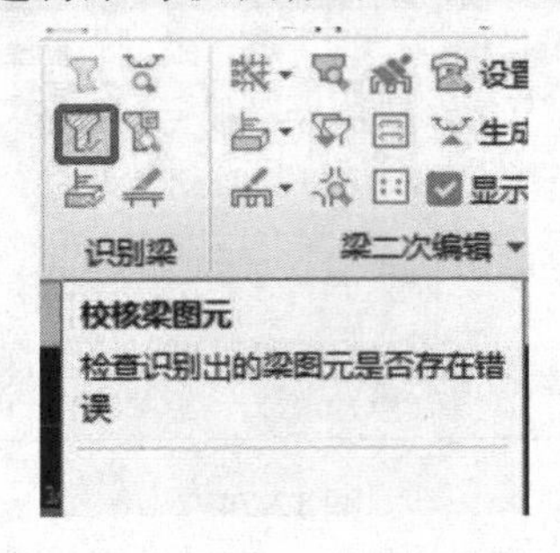

图 12.78

b.如存在跨数不符的梁则会弹出提示,如图 12.79 所示。

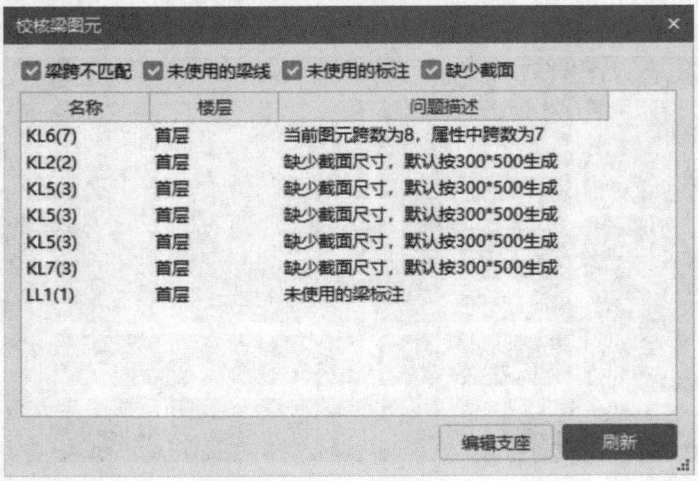

校核梁图元

☑梁跨不匹配 ☑未使用的梁线 ☑未使用的标注 ☑缺少截面

名称	楼层	问题描述
KL6(7)	首层	当前图元跨数为8,属性中跨数为7
KL2(2)	首层	缺少截面尺寸,默认按300*500生成
KL5(3)	首层	缺少截面尺寸,默认按300*500生成
KL5(3)	首层	缺少截面尺寸,默认按300*500生成
KL5(3)	首层	缺少截面尺寸,默认按300*500生成
KL7(3)	首层	缺少截面尺寸,默认按300*500生成
LL1(1)	首层	未使用的梁标注

编辑支座 刷新

图 12.79

c.在“校核梁图元”对话框中,双击梁构件名称,软件可以自动定位到此道梁,如图 12.80 所示。

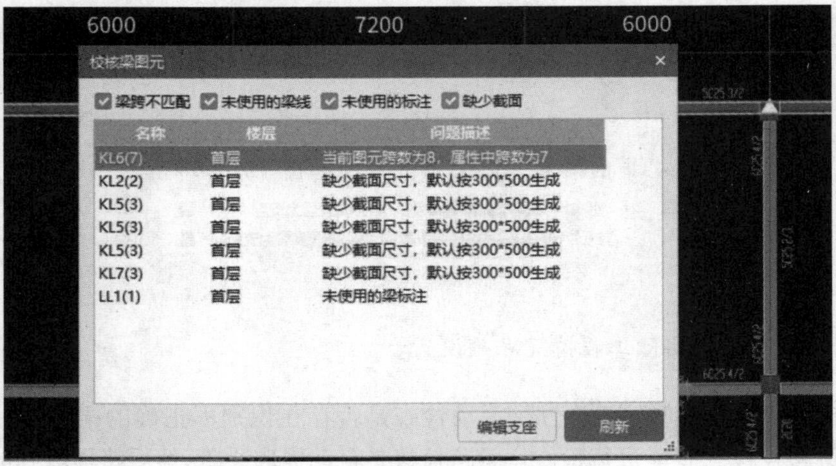

6000 7200 6000

校核梁图元

☑梁跨不匹配 ☑未使用的梁线 ☑未使用的标注 ☑缺少截面

名称	楼层	问题描述
KL6(7)	首层	当前图元跨数为8,属性中跨数为7
KL2(2)	首层	缺少截面尺寸,默认按300*500生成
KL5(3)	首层	缺少截面尺寸,默认按300*500生成
KL5(3)	首层	缺少截面尺寸,默认按300*500生成
KL5(3)	首层	缺少截面尺寸,默认按300*500生成
KL7(3)	首层	缺少截面尺寸,默认按300*500生成
LL1(1)	首层	未使用的梁标注

编辑支座 刷新

图 12.80

编辑支座:可直接在对话框调用编辑支座功能。

重新校核:对梁进行修改后,可实时调用"重新校核"功能进行刷新梁跨调改结果。

【注意】

梁跨校核只针对有跨信息的梁,手动绘制的没有跨信息的粉色梁不会进行校核。

5)编辑支座

当"校核梁图元"完成后,如果存在梁跨数与集中标注中不符的情况,则可使用此功能进行支座的增加、删除以调整梁跨。

"编辑支座"是对以前"设置支座"和"删除支座"两个功能的优化,可以通过"编辑支座"对梁跨信息进行快速修改。

①选择一根梁,单击识别梁面板中的"编辑支座"功能,如图12.81所示;也可通过选项卡"建模"→"识别梁"→"编辑支座"进行选择,如图12.82所示。

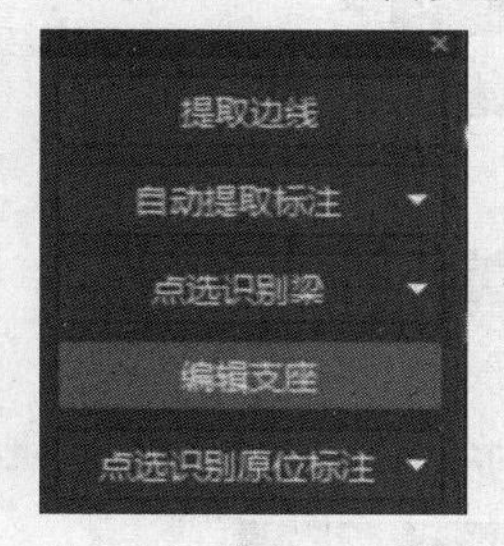

图12.81

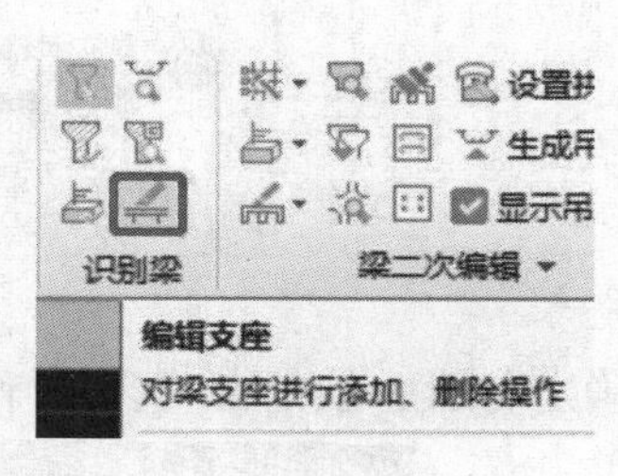

图12.82

命令行提示:左键选择需要删除的支座点,或者选择作为支座的图元。

②如要删除支座,直接点取图中支座点的标志即可;如要增加支座,则点取作为支座的图元,右键确定即可,如图12.83所示。

图12.83

这样即可完成编辑支座的操作。

【说明】

①"校核梁图元"与"编辑支座"并配合修改功能(如打断、延伸、合并等)使用,来修改和完善梁图元,保证梁图元和跨数正确,然后再识别原位标注。

②识别梁时,自动启动"校核梁图元",只针对本次生成的梁,要对所有梁校核需要"重新校核"或手动启用"校核梁图元"。

6)识别原位标注

识别梁构件完成后,应识别原位标注。识别原位标注有自动识别原位标注、框选识别原位标注、点选识别原位标注和单构件识别原位标注 4 个功能,如图 12.84 所示。

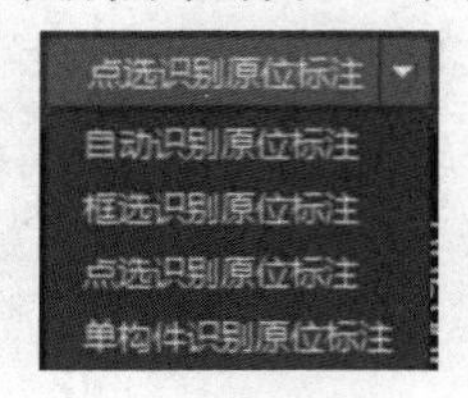

图 12.84

①自动识别原位标注:可以将已经提取的梁原位标注一次性全部识别。

a.完成识别梁操作后,单击识别面板"点选识别原位标注"的倒三角,下拉选择"自动识别原位标注"。

b.软件自动对已经提取的全部原位标注进行识别,识别完成后,弹出如图 12.85 所示的提示框。

图 12.85

c.单击"确定"按钮,软件自动会进行校核,如图 12.86 所示。

校核原位标注

名称	楼层	问题描述
6C25 4/2	首层	未使用的原位标注
5C25 3/2	首层	未使用的原位标注
5C25 3/2	首层	未使用的原位标注
5C22 3/2	首层	未使用的原位标注
50	首层	未使用的原位标注
250	首层	未使用的原位标注
50	首层	未使用的原位标注

手动识别　刷新

图 12.86

【注意】

识别原位标注功能之后,识别成功的原位标注会变为绿色显示,未识别的保持粉色。

②框选识别原位标注:如果需要识别某一区域内的原位标注,则可使用"框选识别原位标注"功能。

a.完成识别梁操作后,单击识别面板"点选识别原位标注"的倒三角,下拉选择"框选识别原位标注"。

b.框选某一区域的梁,单击右键确定,即完成识别。

【注意】

识别完成后,识别成功的原位标注会变为绿色显示,未识别的仍粉色显示。

③点选识别原位标注:可以将提取的梁原位标注一次全部识别。

a.完成自动识别梁(点选识别梁)和提取梁原位标注(自动提取梁标注)操作后,单击识别面板“点选识别原位标注”。

b.选择需要识别的梁图元,此时构件处于选择状态,如图 12.87 所示。

图 12.87

c.单击鼠标选择 CAD 图中的原位标注信息,软件自动寻找最近的梁支座位置并进行关联,如图 12.88 所示。

图 12.88

d.单击鼠标右键,则选择的 CAD 图元被识别为所选梁支座的钢筋信息;用同样的方法可以将梁上的所有原位标注识别到对应的方框中。

e.单击鼠标右键,则退出“点选识别梁原位标注”命令。

④单构件识别原位标注:可以将单根梁的原位标注进行快速提取识别。

a.完成识别梁操作后,单击识别面板“点选识别原位标注”的倒三角,下拉选择“单构件识别原位标注”。

b.选择需要识别的梁,此时构件处于选择状态,如图 12.89 所示。

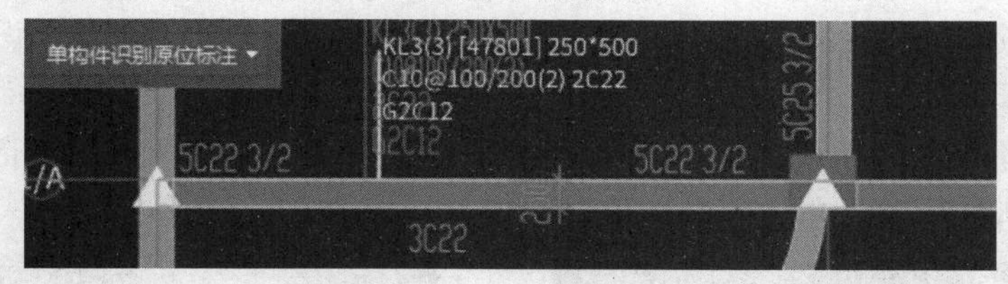

图 12.89

c.单击鼠标右键,则提取的梁原位标注就被识别为软件中梁构件的原位标注,如图12.90 所示。

图 12.90

【说明】

①所有原位标注识别成功后,其颜色都会变为绿色,而未识别成功的原位标注保持粉色,方便查找和修改。

②识别原位标注的 4 个功能可以按照实际工程的特点来结合使用,从而提高识别原位标注的准确率。实际工程图纸中,可能存在一些画图不规范或是错误的情况,会导致实际识别原位标注并不能完全进行识别。此时,只需找到"粉色"的原位标注进行单独识别,或是直接对梁进行"原位标注"即可。

7)识别吊筋

所有梁识别完成之后,如果图纸中绘制了吊筋和次梁加筋,则可以使用"识别吊筋"功能,对 CAD 图中的吊筋、次梁加筋进行识别。因本图纸没有绘制吊筋及次梁加筋,所以将下述知识进行举例讲解。

识别吊筋功能由以下功能组成:提取钢筋和标注、自动识别吊筋、框选识别吊筋、点选识别吊筋。

①提取钢筋和标注:在 CAD 图中,绘制有吊筋、次梁加筋线和标注,可用此功能进行提取。

a.单击菜单栏"建模"分栏中的识别吊筋按钮,弹出识别吊筋面板。

b.在识别吊筋面板中,单击提取钢筋和标注功能。

c.根据提示,选中吊筋和次梁加筋的钢筋线及标注(如无标注则不选),单击右键确定,完成提取,如图 12.91 所示。

②自动识别吊筋:在 CAD 图中,绘制有吊筋、加筋线和标注,通过识别可以快速完成吊筋和加筋信息的输入。

a.完成原位标注识别后,在"提取钢筋和标注"后,单击识别面板"点选识别"的倒三角,下拉选择"自动识别"。

如提取的吊筋和次梁加筋存在没有标注的情况,则弹出"识别吊筋"对话框,如图 12.92 所示,直接在对话框中输入相应的钢筋信息。

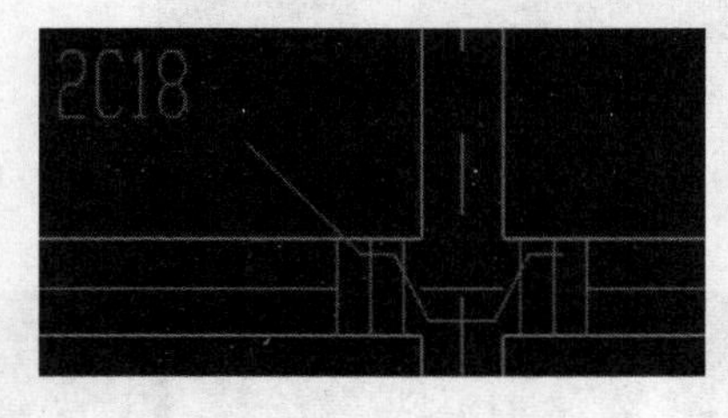

图 12.91

图 12.92

b.修改完成后,单击"确定"按钮,软件自动识别所有提取的吊筋和次梁加筋,识别完成后,弹出"识别吊筋"对话框,如图 12.93 所示。

图中存在标注信息的,则按提取的钢筋信息进行识别;图中无标注信息的,则按输入的钢筋信息进行识别。

识别成功的钢筋线,自动变色显示,同时吊筋信息在梁图元上同步显示,如图 12.94

所示。

图 12.93

图 12.94

【注意】

①所有的识别吊筋功能需要主次梁都已经变成绿色才能识别吊筋和加筋。

②识别后，已经识别的 CAD 图线变为蓝色，未识别的保持原来的颜色。

③图上有钢筋线的才识别，没有钢筋线的，不会自动生成。

④重复识别时会覆盖上次识别的内容。

③框选识别吊筋：当需要识别某一区域内的吊筋和加筋时，则使用“框选识别”。

a.完成梁原位标注的识别后，在“提取钢筋和标注”后，单击识别面板“点选识别”的倒三角，下拉选择“框选识别”。

b.拉框选择需要识别的吊筋和加筋线，右键确定选择，即可完成识别。

④点选识别吊筋：使用此功能可点选单个吊筋和加筋进行识别。

a.完成原位标注识别后，在“提取钢筋和标注”后，单击识别面板“点选识别”。

b.确定吊筋和次梁加筋信息，单击“确定”按钮，然后根据提示点取吊筋或次梁加筋钢筋线，如图 12.95 所示。

单击右键确定，则识别吊筋和次梁加筋成功，如图 12.96 所示。

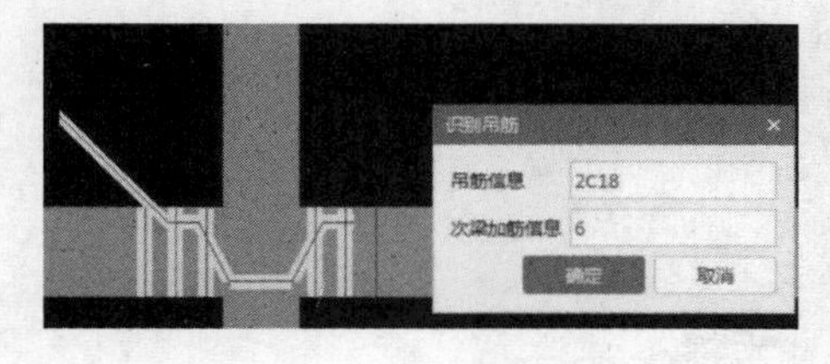

图 12.95

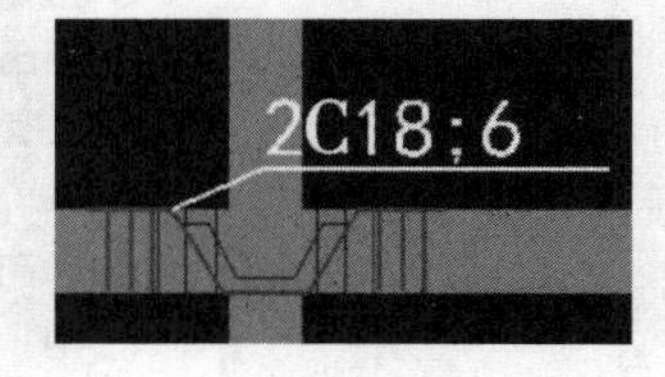

图 12.96

【说明】

①在 CAD 图中，若存在吊筋和次梁加筋标注，软件会自动提取；若不存在，则需要手动输入。

②所有的识别吊筋功能都需要主次梁已经变成绿色后，才能识别吊筋和加筋。

③识别后，已经识别的 CAD 图线变为蓝色，未识别的 CAD 图线保持原来的颜色。

④图上有钢筋线的才识别,没有钢筋线的不会自动生成。

⑤与自动生成吊筋一样,重复识别时会覆盖上次识别的内容。

⑥吊筋线和加筋线比较短且乱,必须有误差限制,因此,如果 CAD 图绘制的不规范,则有可能会影响识别率。

四、任务结果

任务结果同 3.3 节的任务结果。

五、总结拓展

1)识别梁的流程

CAD 识别梁可以按照以下基本流程来操作:

添加图纸→符号转换→提取梁边线、标注→识别梁构件→识别梁标注→识别吊筋、次梁加筋。

①在识别梁的过程中,软件会对提取标注、识别梁、识别标注、识别吊筋等都进行验收的区分。

②CAD 识别梁构件、梁原位标注、吊筋时,因为 CAD 图纸的不规范可能会对识别的准确率造成影响,所以需要结合梁构件的其他功能进行修改完善。

2)点选识别梁构件

通过“点选识别梁”功能,可以把 CAD 图中的梁集中标注识别为软件的梁构件,从而达到快速建立梁构件的目的。

在“添加图纸”后,单击“点选识别梁”,此时弹出“识别梁构件”窗口,如图 12.97 所示。

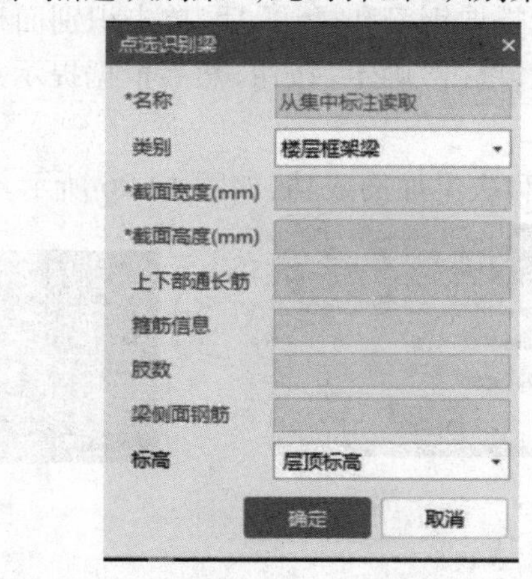

图 12.97

核对梁集中标注信息,识别准确无误后单击“确定”按钮,则软件会按集中标注信息建立梁构件,并在窗口右侧梁构件列表中显示。

通过“点识别梁构件”功能,可快速完成新建梁构件的操作。新建完成后,可绘制梁或识别梁构件。

【说明】

"点选识别梁构件"窗口右侧会列出已经建立的梁构件。左键单击CAD图上的梁集中标注,此时梁集中标注信息被识别至"点选识别梁"窗口,如图12.98所示。

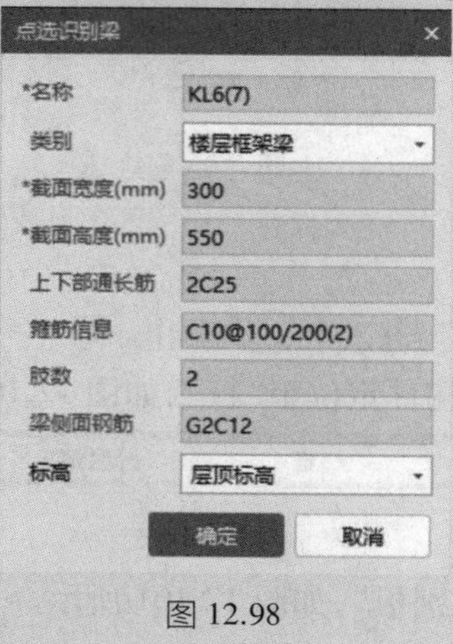

图12.98

3)定位图纸

"定位图纸"的功能可用于不同图纸之间构件的重新定位。例如,先导入柱图并将柱都识别完成后,这时需要识别梁,然而导入梁图后,就会发现梁图与已经识别的图元不重合,此时就可以使用这个功能。

添加图纸后,单击"定位",在CAD图纸上选中定位基准点,再选择定位目标点,或打开动态输入坐标原点(0,0)完成定位,快速完成所有图纸中构件的对应位置关系,如图12.99所示。

图12.99

若创建好了轴网,对整个图纸使用"移动"命令也可以实现图纸定位的目的。

12.3.6 识别板及板筋

通过本节的学习,你将能够:
进行板及板钢筋的CAD识别。

一、任务说明

①完成首层板的识别。
②完成首层板受力筋的识别。
③完成首层板负筋的识别。

二、任务分析

在梁识别完成之后,接着识别板的钢筋。识别板筋之前,首先需要在图中绘制板。绘制板的方法,参见 3.4 节介绍的“现浇板的定义和绘制”,也可通过下述“识别板”的方法将板创建出来。

三、任务实施

1)识别板

双击进入“一三层板配筋图”,进入下一步操作。

①选择导航栏构件,将目标构件定位至“板”,如图 12.100 所示。

图 12.100

②单击选项卡“建模”→“识别板”,如图 12.101 所示。

图 12.101

识别板菜单有以下 3 个功能:提取板标识、提取板洞线、自动识别板,如图 12.102 所示。

图 12.102

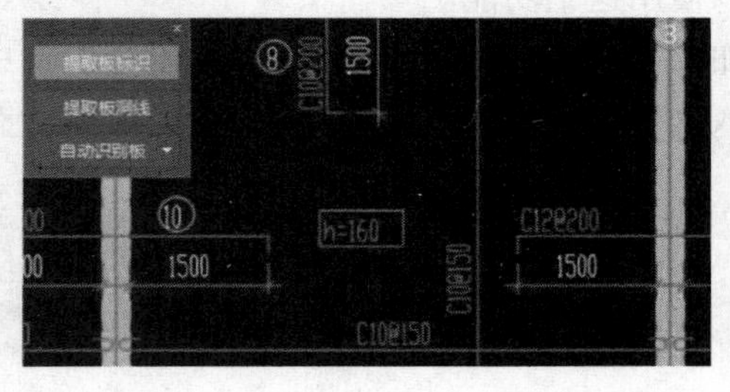

图 12.103

a.单击识别面板上的“提取板标识”,如图 12.103 所示。利用“单图元选择”“按图层选择”或“按颜色选择”的功能选中需要提取的 CAD 板标识,选中后变成蓝色;此过程中也可以点选或框选需要提取的 CAD 板标识。

按照软件下方的提示,单击鼠标右键确认选择,则选择的标识自动消失,并存放在“已提取的 CAD 图层”中。

b.单击识别面板上的“提取板洞线”;利用“单图元选择”“按图层选择”或“按颜色选择”的功能选中需要提取的 CAD 板洞线,选中后变成蓝色,如图 12.104 所示。

按照软件下方的提示,单击鼠标右键确认选择,则选择的板洞线自动消失,并存放在“已提取的 CAD 图层”中。

【注意】

若板洞图层不对,或板洞较少时,也可跳过该步骤,后期直接补画板洞即可。

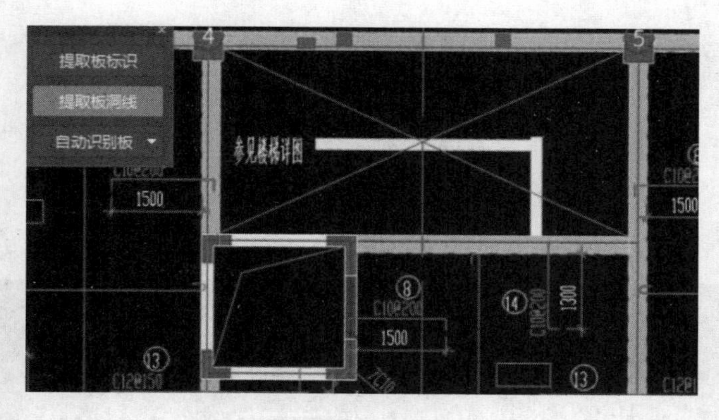

图 12.104

c.单击识别面板上的“自动识别板”，弹出“识别板选项”窗体；单击“确定”按钮进行识别，如图 12.105 所示。

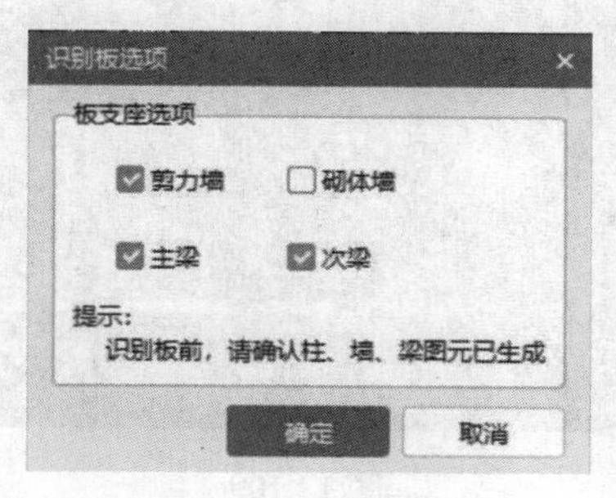

图 12.105

【注意】

①识别板前，请确认柱、墙梁等图元已绘制完成。

②通过复选框可以选择板支座的图元范围，从而调整板图元生成的大小。

2）识别板受力筋

①选择导航栏构件，将目标构件定位至“板受力筋”，如图 12.106 所示。

图 12.106

②单击选项卡“建模”→“识别板受力筋”→“识别受力筋”，如图 12.107 所示。

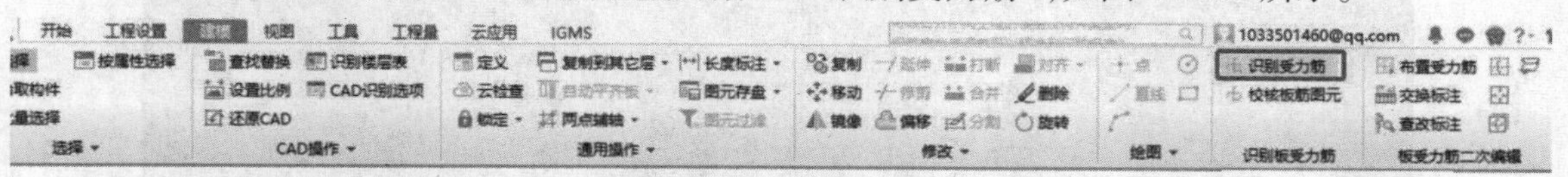

图 12.107

③提取板筋线。

a.单击识别受力筋面板上的“提取板筋线”，如图 12.108 所示。

b.利用“单图元选择”“按图层选择”“按颜色选择”的功能点选或框选需要提取的板钢筋线 CAD 图元，如图 12.109 所示。

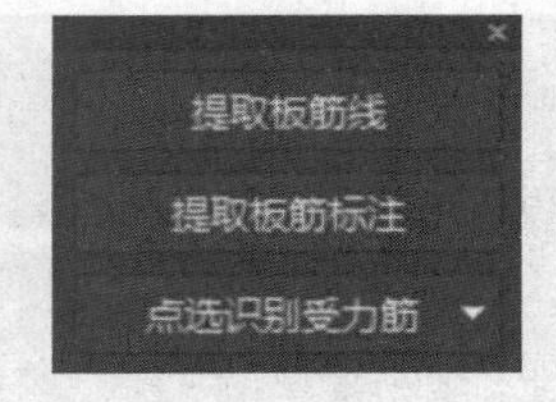

图 12.108

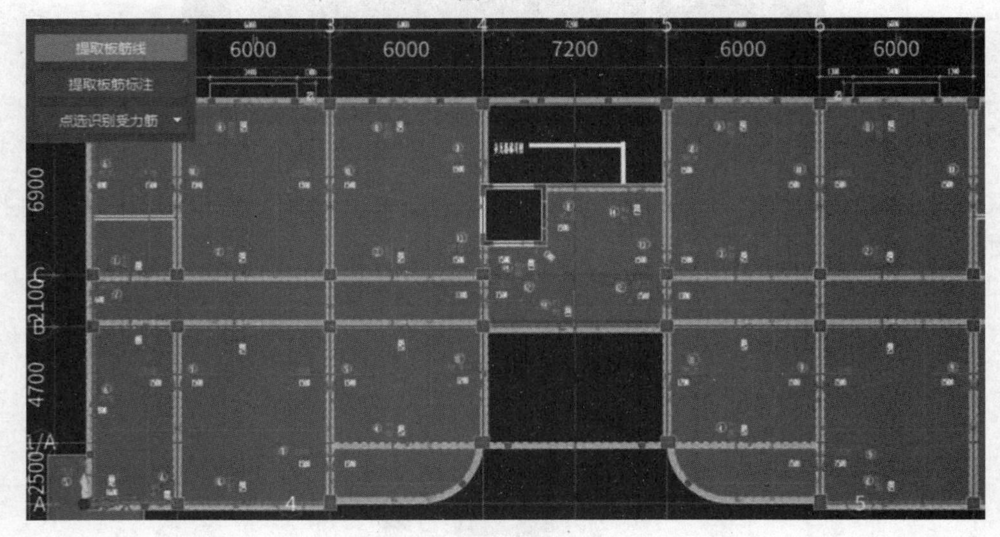

图 12.109

提取板筋线

提取板筋标注

点选识别受力筋

图 12.110

c.单击鼠标右键确认选择,则选择的 CAD 图元自动消失,并存放在“已提取的 CAD 图层”中。

④提取板筋标注。

a.单击识别受力筋面板上的“提取板筋标注”,如图 12.110 所示。

b.利用“单图元选择”“按图层选择”“按颜色选择”的功能点选或框选需要提取的板钢筋标注 CAD 图元,如图 12.111 所示。

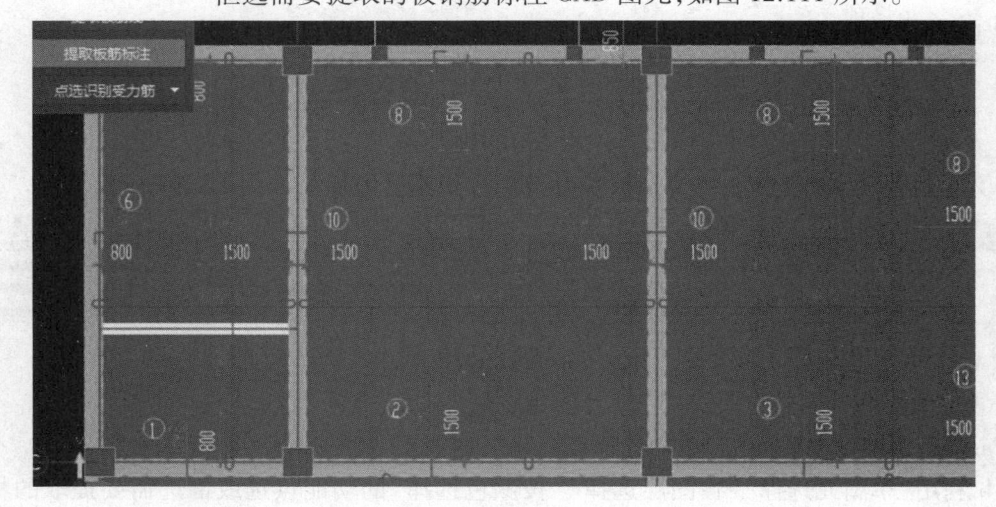

图 12.111

c.单击鼠标右键确认选择,则选择的 CAD 图元自动消失,并存放在“已提取的 CAD 图层”中。

⑤识别板受力筋。识别板受力筋的方式有点选识别受力筋和自动识别板筋两种,如图 12.112 所示。

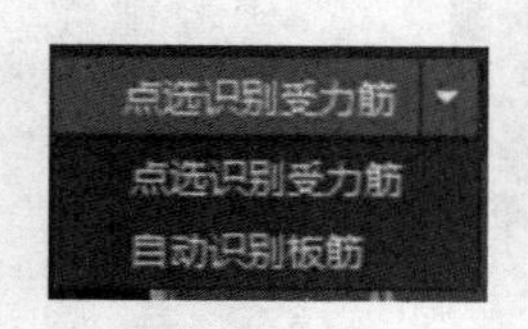

图 12.112

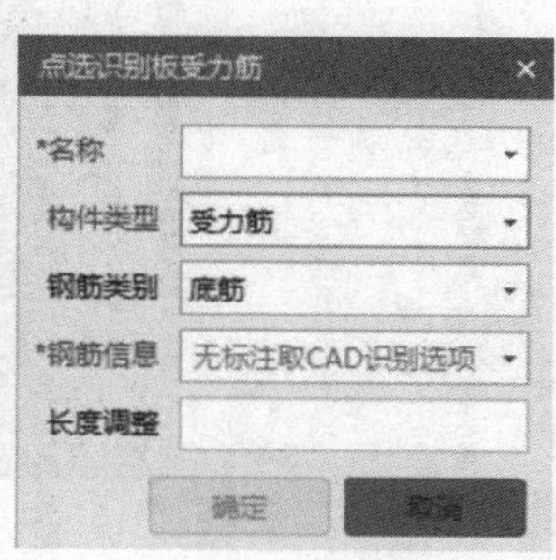

图 12.113

a.点选识别受力筋的步骤:

第一步:完成提取板筋线、提取板筋标注和绘制板操作后,单击选项卡“建模”→“识别受力筋”→“点选识别受力筋”,则弹出“受力筋信息”窗体,如图 12.113 所示。

【说明】

①名称:不允许为空且不能超过 255 个字符,下拉框可选择最近使用的构件名称。

②构件类型:受力筋(默认值)、跨板受力筋,下拉框选择。

③钢筋类别:底筋(默认值)、面筋、中间层筋、温度筋,下拉框选择。

④钢筋信息:不允许为空,下拉框可选择最近使用的钢筋信息。

⑤长度调整:默认为空,可根据实际调整。

⑥左右标注:默认(0,0),不允许为空,左右标注信息不能同时为 0。

第二步:在“已提取的 CAD 图元”中单击受力筋钢筋线,软件会根据钢筋线与板的关系判断构件类型,同时软件自动寻找与其最近的钢筋标注作为该钢筋线的钢筋信息,并识别到“受力筋信息”窗口中,如图 12.114 所示。

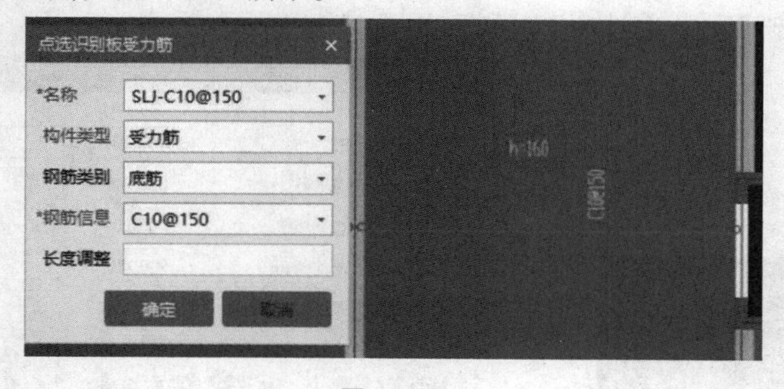

图 12.114

第三步:确认“受力筋信息”窗口准确无误后,单击“确定”按钮,然后将光标移动到该受力筋所属的板内,板边线加亮显示,此亮色区域即为受力筋的布筋范围,如图 12.115 所示。

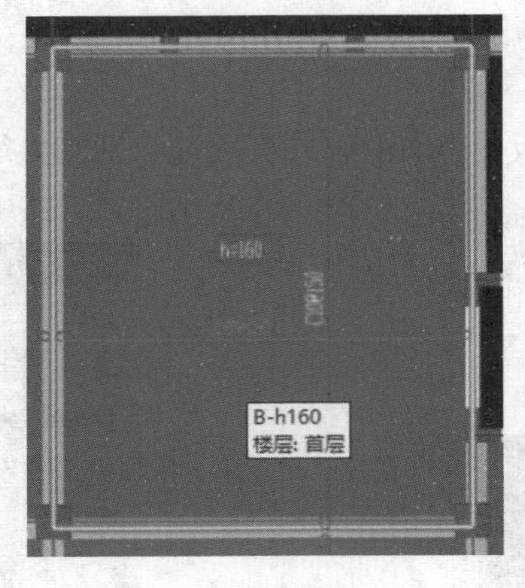

图 12.115

第四步:单击鼠标左键,则提取的板钢筋线和板筋标注被识别为软件的板受力筋构件,如图 12.116 所示。

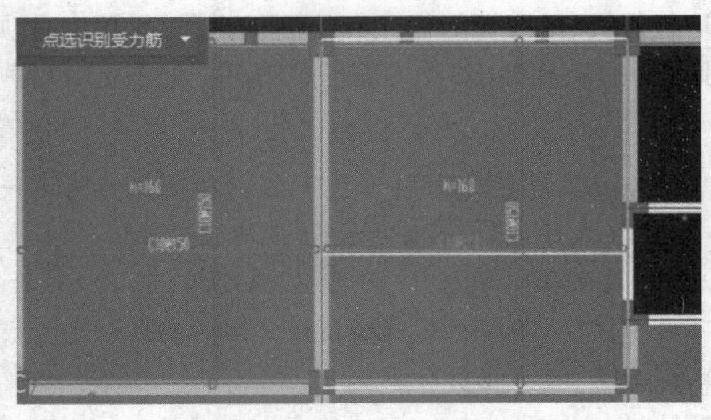

图 12.116

b.自动识别板筋的步骤:

第一步:完成"提取板筋线"和"提取板筋标注"操作后,在弹出的识别面板中,下拉选择"自动识别板筋"功能,如图 12.117 所示。

第二步:弹出"识别板筋选项"对话框,如图 12.118 所示。

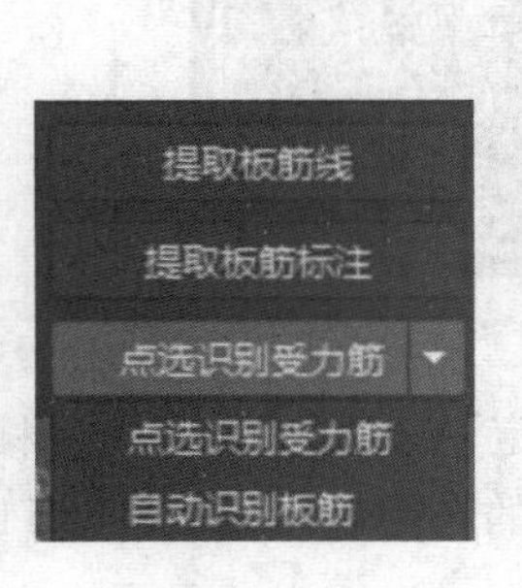

图 12.117

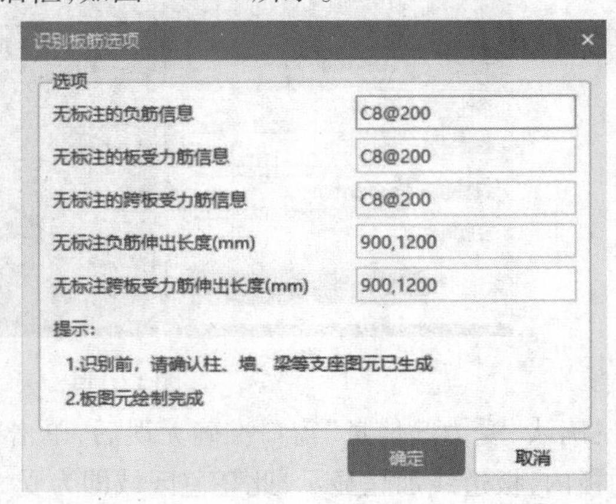

图 12.118

第三步:单击"确定"按钮,软件弹出"自动识别板筋"窗体;在当前窗体中,触发"定位"图标,可以在 CAD 图纸中快速查看对应的钢筋线;对应的钢筋线会以蓝色显示,如图12.119所示。

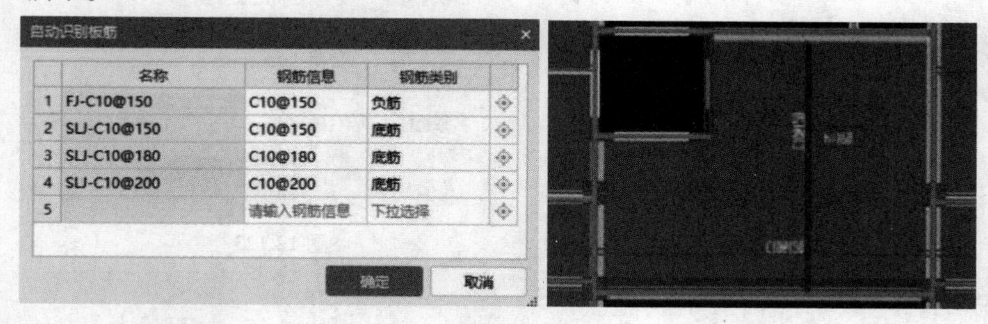

图 12.119

【注意】

①对于缺少钢筋信息或类别的项,可以手动进行编辑。

②对于钢筋信息或类别为空的项所对应的钢筋线,软件不会生成图元。

第四步:单击"确定"按钮后,软件会自动生成板筋图元,识别完成后,自动执行板筋校核算法。

3) 识别板负筋

①选择导航栏构件,将目标构件定位至"板负筋",如图 12.120 所示。

图 12.120

②单击选项卡"建模"→"识别板负筋"→"识别负筋",如图 12.121 所示。

图 12.121

③提取板筋线。方法与"识别受力筋"中的"提取板筋线"相同。

④提取板标注。方法与"识别受力筋"中的"提取板筋标注"相同。

⑤识别板负筋。有点选识别负筋和自动识别板筋两种,如图 12.122 所示。

a.点选识别负筋的步骤:

第一步:完成提取板筋线、提取板筋标注和绘制板操作后,单击选项卡"建模"→"识别负筋"→"点选识别负筋",则弹出"板负筋信息"对话框,如图 12.123 所示。

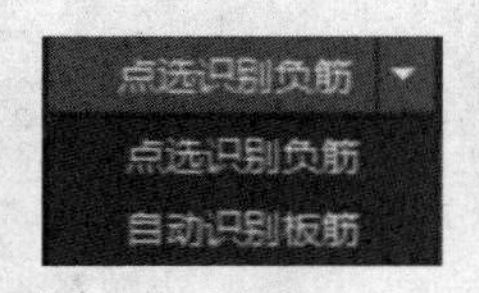

图 12.122

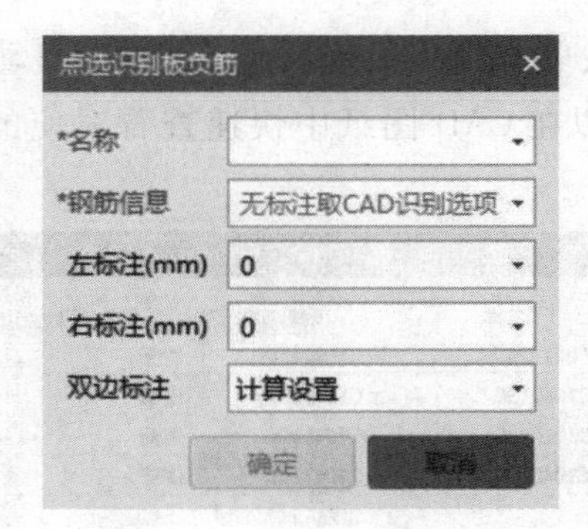

图 12.123

【说明】

①名称:不允许为空且不能超过 255 个字符,下拉框可选择最近使用的构件名称。

②钢筋信息:不允许为空,下拉框可选择最近使用的钢筋信息。

③左右标注:默认(0,0),不允许为空,左右标注信息不能同时为 0。

④双边标注:计算设置(默认值)、含支座、不含支座,下拉框选择。

⑤单边标注:计算设置(默认值)、支座内边线、支座轴线、支座中心线、支座外边线、负筋线长度,下拉框选择。

第二步:在"已提取的 CAD 图元"中,单击负筋钢筋线,软件会根据钢筋线与尺寸标注的关系判断单双边标注,同时软件自动寻找与其最近的钢筋标注作为该钢筋线钢筋信息,并识别到"板负筋信息"窗口中,如图 12.124 所示。

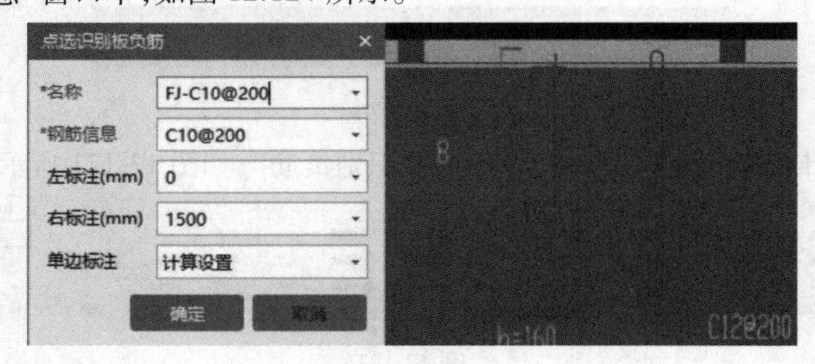

图 12.124

第三步:确认"板负筋信息"窗口,准确无误后单击"确定"按钮,然后选择布筋方式和范围,选择的范围线会加亮显示,此亮色区域即为负筋的布筋范围,如图 12.125 所示。

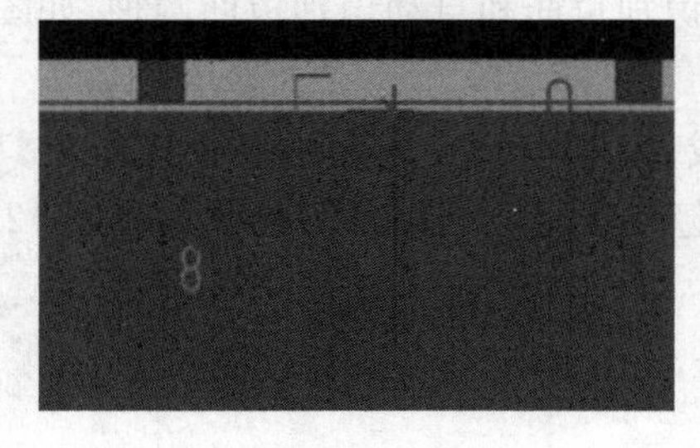

图 12.125

第四步：单击鼠标左键，则提取的板钢筋线和板筋标注被识别为软件的板负筋构件，如图 12.126 所示。

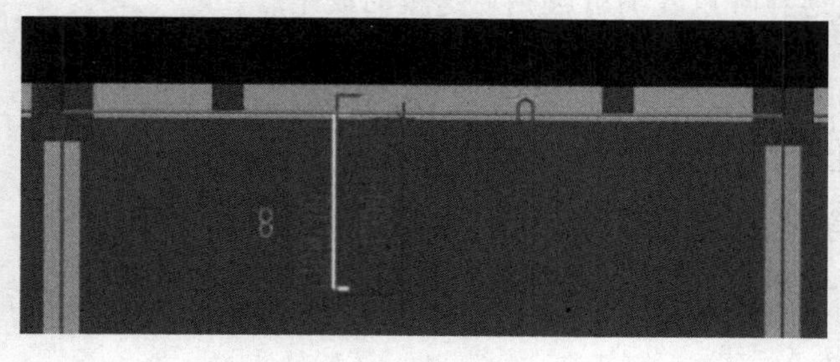

图 12.126

b.自动识别负筋。其方法同“识别板受力筋”中的“自动识别板受力筋”。

四、任务结果

任务结果同 3.4 节的任务结果。

五、总结扩展

识别板筋（包含板和筏板基础）的操作流程如下：

①添加图纸→分割图纸→定位钢筋构件→提取板钢筋线→提取板钢筋标注→识别板筋。

②板筋识别完毕后，应与图纸进行对比，检查钢筋是否包含支座，如有不一致的情况，需要及时修改。

③跨板受力筋的识别方法与上述方法相同，此处不再赘述。

【注意】

使用“自动识别板筋”之前，需要对“CAD 识别选项”中“板筋”选项进行设置，如图 12.127 所示。

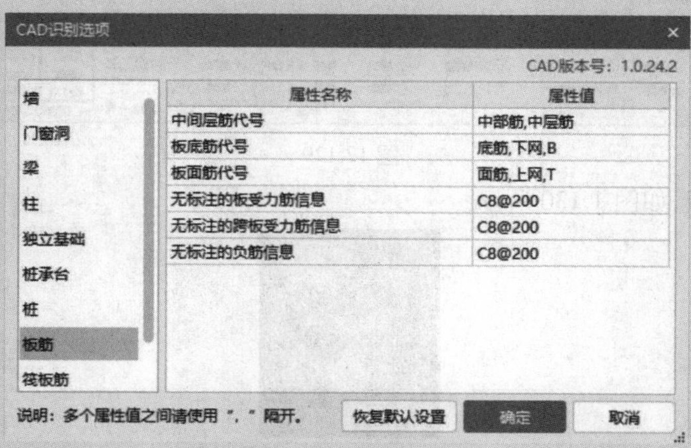

图 12.127

在“自动识别板筋”之后，如果遇到有未识别成功的板筋，可灵活应用识别“点选识别受力筋”和“点选识别负筋”的相关功能进行识别,然后再使用板受力筋和负筋的绘图功能进行修改,这样可以提高对板钢筋建模的效率。

12.3.7 识别墙

通过本小节的学习,你将能够:
进行墙的 CAD 识别。

一、任务说明

用 CAD 识别的方式完成墙的定义和绘制。

二、任务分析

本工程首层结构为框架结构,首层墙为砌体墙,需使用的图纸含完整砌体墙体的“首层建筑平面图”。

三、任务实施

分割完图纸后,双击进入“首层建筑平面图”,进入下一步操作。

1)选择导航栏

构件将目标构件定位至“墙”,如图 12.128 所示。

图 12.128

2)识别砌体墙

在砌体墙构件下,选择“建模”→“识别砌体墙”,如图 12.129 所示。

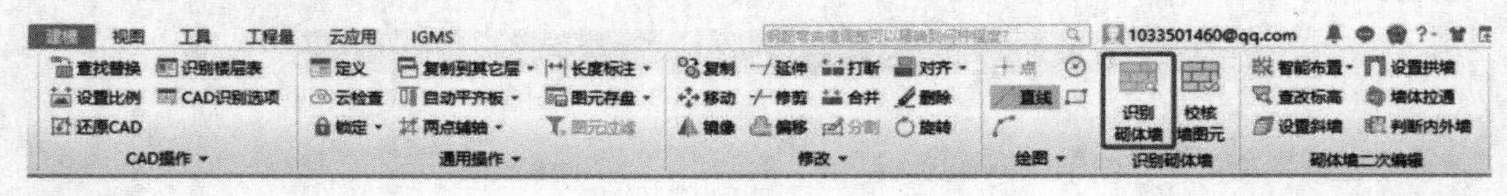

图 12.129

弹出识别面板,如图 1.130 所示。

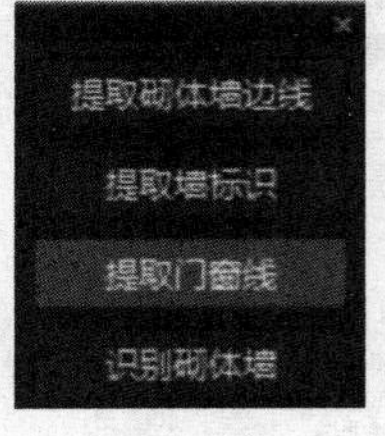

图 12.130

3)提取砌体墙边线

①单击“提取砌体墙边线”按钮;利用“单图元选择”“按图层选择(Ctrl+)”或“按颜色选

择(Alt+)”功能,选中需要提取的砌体墙边线 CAD 图元。此过程中也可点选或框选需要提取的 CAD 图元,如图 12.131 所示。

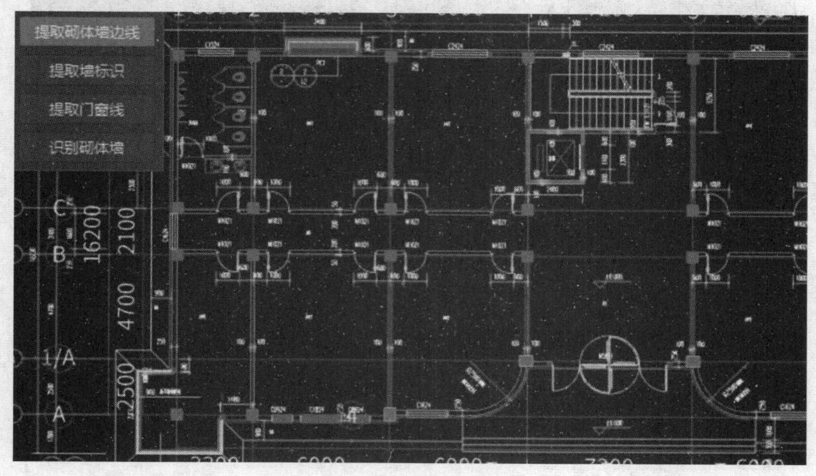

图 12.131

②按软件下方提示,单击鼠标右键确认提取,则选择的墙边线 CAD 图元自动消失,并暂时存放在“已提取的 CAD 图层”中。

【说明】

砌体墙,用提取砌体墙边线的功能来提取。对于剪力墙,需要在剪力墙构件中选择提取混凝土墙边线,这样,识别出来的墙才能分开材质类别。

4)提取墙标识

①单击“提取墙标识”按钮,利用“按图层选择”或“按颜色选择”的功能选中需要提取的砌体墙的名称标识 CAD 图元;此过程中也可点选或框选需要提取的 CAD 图元。

②按软件下方提示,单击鼠标右键确认提取,则选择的墙标注 CAD 图元自动消失,并暂时存放在“已提取的 CAD 图层”中。

【说明】

当建筑平面图中无砌体墙标识时,需要先新建砌体墙,定义好砌体墙的属性。

5)提取门窗线

门窗洞口会影响墙的识别,在提取墙边线后,再提取门窗线,可以提升墙的识别率。

①在提取墙线完成后,单击选项卡中的“识别墙”→“提取门窗线”,利用选择“相同图层图元”或选择“相同颜色图元”,选择到所有的门窗线,右键完成提取,如图 12.132 所示。

②按软件下方提示,单击鼠标右键确认提取,则选择的墙标注 CAD 图元自动消失,并暂时存放在“已提取的 CAD 图层”中。

6)识别砌体墙

①完成提取墙边线和柱标注操作后,单击识别面板“识别砌体墙”按钮,软件提示如图 12.133 所示。

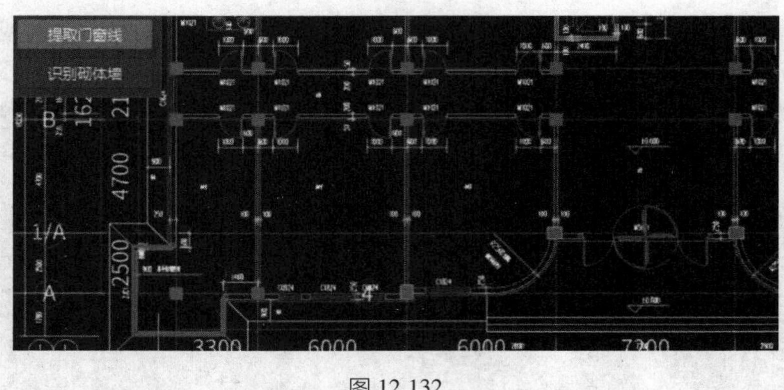

图 12.132

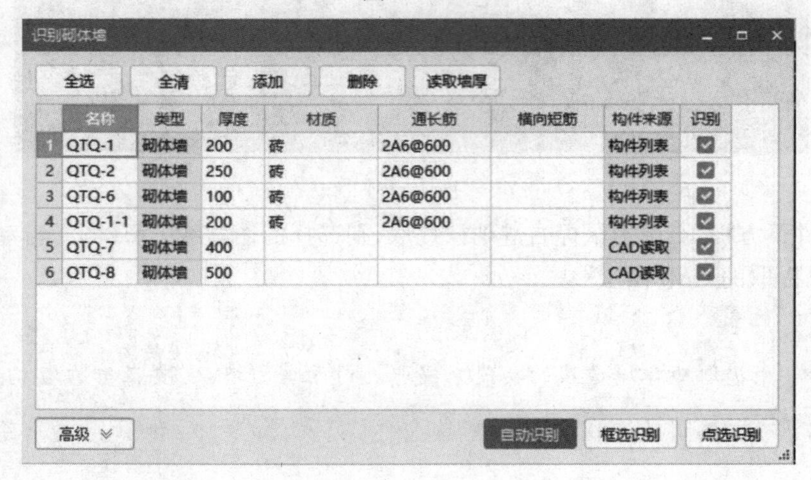

图 12.133

②对砌体墙进行识别,识别的方式有自动识别、点选识别和框选识别 3 种。

a.自动识别:选择"自动识别"按钮,弹出如图 12.134 所示的提示框。

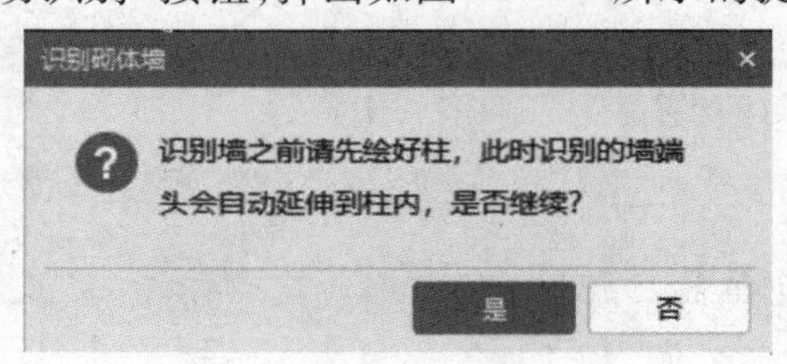

图 12.134

如果在识别墙之前,先把柱识别完成,软件自动会将墙端头延伸到柱内,墙和柱构件自动进行正确的相交扣减。单击"是"完成识别。

b.点选识别:选择"点选识别"按钮,如图 12.135 所示。

选择需要识别的墙构件,单击"点选识别"按钮,然后在绘图区域根据状态栏提示,点选需要识别的墙线,如果墙厚匹配,则生成蓝色预览图。连续把该墙线全部点选后,单击鼠标右键确定,完成识别。

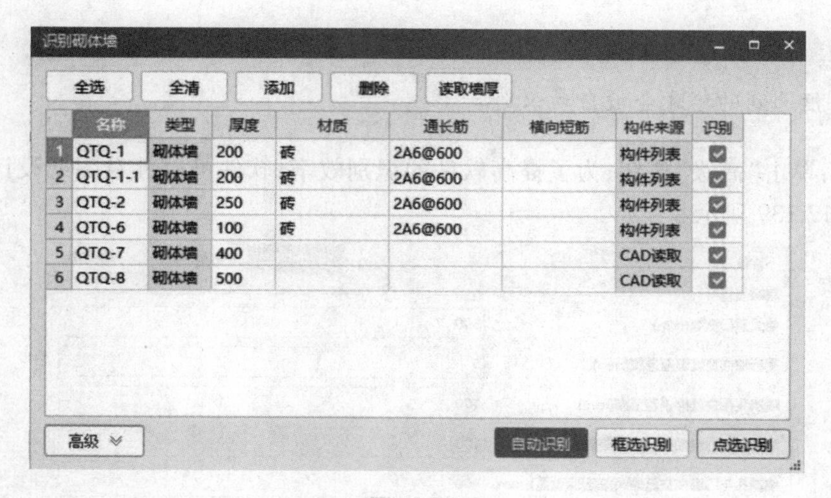

	名称	类型	厚度	材质	通长筋	横向短筋	构件来源	识别
1	QTQ-1	砌体墙	200	砖	2A6@600		构件列表	☑
2	QTQ-1-1	砌体墙	200	砖	2A6@600		构件列表	☑
3	QTQ-2	砌体墙	250	砖	2A6@600		构件列表	☑
4	QTQ-6	砌体墙	100	砖	2A6@600		构件列表	☑
5	QTQ-7	砌体墙	400				CAD读取	☑
6	QTQ-8	砌体墙	500				CAD读取	☑

图 12.135

【说明】

“点选识别”功能可用于个别构件需要单独识别或自动识别未成功，有遗漏的墙图元；如果单击墙边线时，单击的图元厚度不等于构件属性中的厚度时，软件会给出提示，如图 12.136 所示。

图 12.136

单击“确定”按钮后，继续选择匹配的墙边线识别。

c.框选识别墙：选择“框选识别”按钮；在“识别列”中勾选需要识别的墙构件，单击“框选识别”按钮，在图中拉框选择墙边线图元，如图 12.137 所示。

图 12.137

根据提示，单击鼠标右键确认选择，然后被选中的墙边线被识别，如图 12.138 所示。

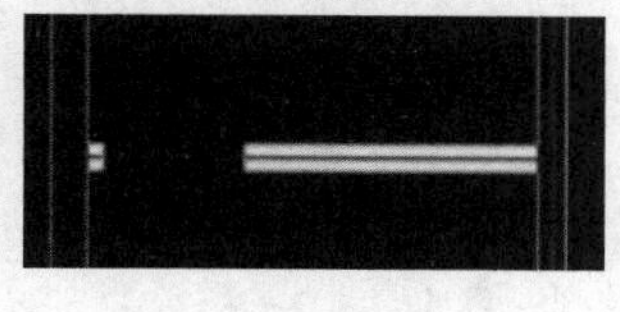

图 12.138

【说明】

完全框选到的墙才会被自动识别。

d.高级:单击“高级”按钮;为了提高软件的识别效率,软件可以针对图纸设计情况进行调整,如图 12.139 所示。

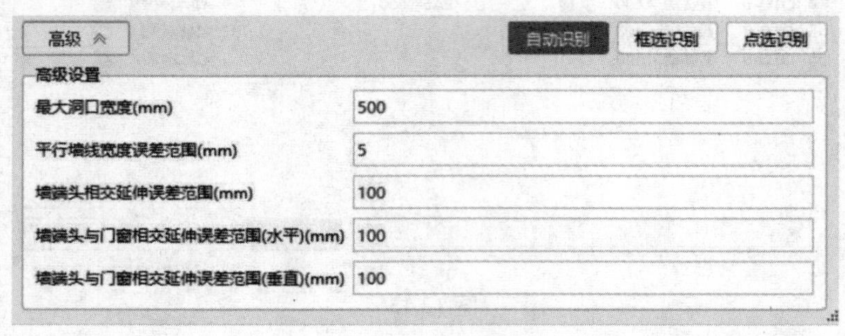

图 12.139

【注意】

识别墙中“剪力墙”的操作和“砌体墙”的操作一样。

四、任务结果

任务结果同 3.5 节的任务结果。

五、知识扩展

①“识别墙”可识别剪力墙和砌体墙,因为墙构件存在附属构件,所以在识别时需要注意此类构件。对墙构件的识别,其流程如下:添加图纸→提取墙线→提取门窗线→识别墙→识别暗柱(存在时)→识别连梁(存在时)。

通过以上流程,即可完成对整个墙构件的识别。

②识别暗柱。“识别暗柱”的方法与识别柱相同,可参照前面的“识别柱”部分。

③识别连梁表。有些图纸设计是按 16G101-1 规定的连梁表形式设计的,此时就可以使用软件提供的“识别连梁表”功能,对 CAD 图纸中的连梁表进行识别。

④识别连梁。识别连梁的操作步骤与“识别梁”完全一致。请参考“识别梁”的部分内容。

12.3.8 识别门窗

通过本小节的学习,你将能够:

进行门窗的 CAD 识别。

一、任务说明

通过 CAD 识别门窗表和门窗洞,完成首层门窗的定义和绘制。

二、任务分析

在墙、柱等识别完成后，进行识别门窗的操作。“添加图纸”功能导入 CAD 图，添加需使用的图纸有建筑设计说明（含门窗表），完成门窗表的识别；添加“首层建筑平面图”，进行门窗洞的识别。

三、任务实施

门窗表常位于建筑设计总说明中，门窗表中有门窗的名称及尺寸，此时我们就可以使用软件提供的“识别门窗表”功能对 CAD 图纸中的门窗表进行识别。

分割完图纸后，双击进入“建筑设计总说明”，进入下一步操作。

1）选择导航栏构件

将目标构件定位至“门”“窗”，如图 12.140 所示。

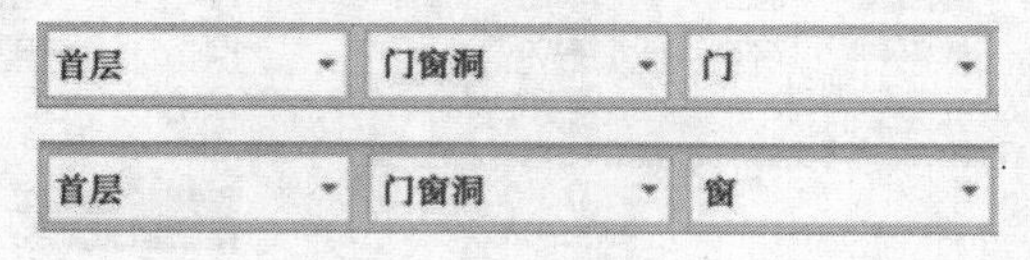

图 12.140

2）识别门窗表生成门窗构件

①单击选项卡“建模”→“识别门窗表”如图 12.141 所示，拉框选择门窗表中的数据，如图 12.142 所示的黄色线框为框选的门窗范围，按右键确认选择。

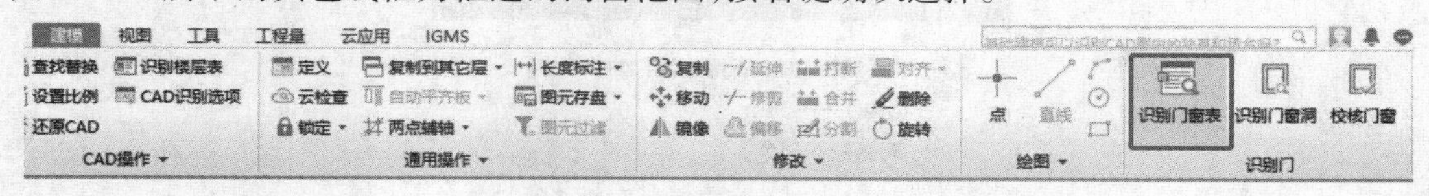

图 12.141

门窗数量及门窗规格一览表

[illegible]	[illegible]	[illegible]		[illegible]						[illegible]
		[illegible]	[illegible]	[illegible]	[illegible]	[illegible]	[illegible]	[illegible]	[illegible]	
FM甲1021	[illegible]	1000	2100	2					2	[illegible]
FM乙1121	[illegible]	1100	2100	1	1				2	[illegible]
M5021	[illegible]	5000	2100		1				1	[illegible]
M1021	[illegible]	1000	2100	18	20	20	20	20	98	[illegible]
C0924	[illegible]	900	2400		4	4	4	4	16	[illegible]
C1524	[illegible]	1500	2400		2	2	2	2	8	[illegible]
C1624	[illegible]	1600	2400	2	2	2	2	2	10	[illegible]
C1824	[illegible]	1800	2400		2	2	2	2	8	[illegible]
C2424	[illegible]	2400	2400		2	2	2	2	8	[illegible]
PC1	[illegible]	[illegible]	2400		2	2	2	2	8	[illegible]
C5027	[illegible]	5000	2700			1	1	1	3	[illegible]
MQ1	[illegible]	6927	14400							[illegible]
MQ2	[illegible]	7200	14400							[illegible]

图 12.142

②在“识别门窗表”面板中，选择对应行或者列窗口，使用“删除行”和“删除列”功能删除无用的行和列；调整后的表格可参考图 12.143。

识别门窗表

撤消　恢复　查找替换　删除行　删除列　插入行　插入列　复制行

名称	备注	宽度	高度	离地高度	类型	所属楼层
FM甲1021	甲级防火门	1000	2100		门	1号办公楼...
FM乙1121	乙级防火门	1100	2100		门	1号办公楼...
M5021	旋转玻璃门	5000	2100		门	1号办公楼...
M1021	木质夹板门	1000	2100		门	1号办公楼...
C0924	塑钢窗	900	2400	600	窗	1号办公楼...
C1524	塑钢窗	1500	2400	600	窗	1号办公楼...
C1624	塑钢窗	1600	2400	600	窗	1号办公楼...
C1824	塑钢窗	1800	2400	600	窗	1号办公楼...
C2424	塑钢窗	2400	2400	600	窗	1号办公楼...
PC1	飘窗(塑钢...	见平面	2400		窗	1号办公楼...
C5027	塑钢窗	5000	2700	300	窗	1号办公楼...
MQ1	装饰幕墙	6927	14400		门	1号办公楼...
MQ2	装饰幕墙	7200	14400		门	1号办公楼...

提示:请在第一行的空白行中单击鼠标从下拉框中选择对应列关系

识别　取消

图 12.143

③单击“识别”按钮，即可将“识别门窗表-选择对应列”窗口中的门窗洞信息识别为软件中的门窗洞构件，并给出提示。飘窗在这里识别不出来，如图 12.144 所示。

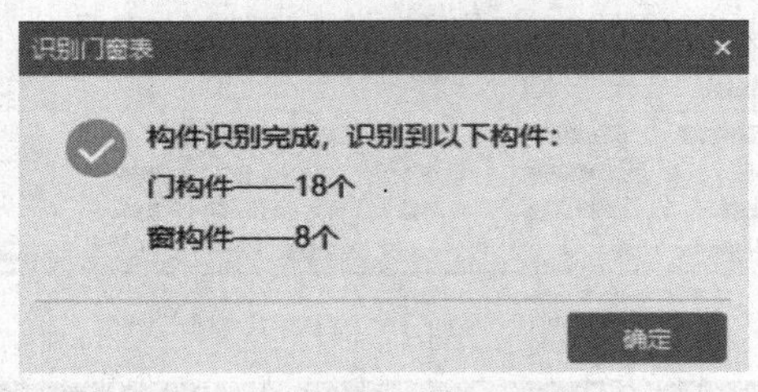

图 12.144

单击“确定”按钮，完成门窗表的识别。

3) 识别门窗洞

通过识别门窗表完成门窗的定义后，接下来通过识别门窗洞，来完成门窗的绘制。

双击进入“首层平面图”。

①选择导航栏构件，将目标构件定位至“门”“窗”，方法同上。

②识别门窗洞，完成门窗洞的绘制，如图 12.145 所示。

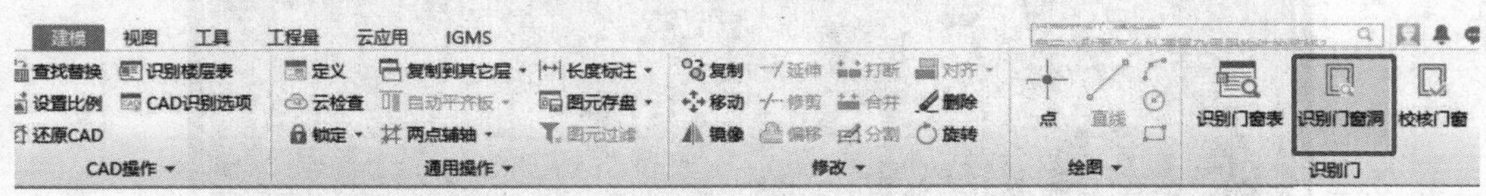

图 12.145

a.提取门窗线，如图 12.146 所示。

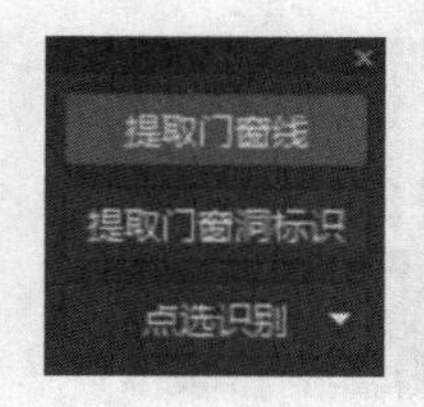

图 12.146

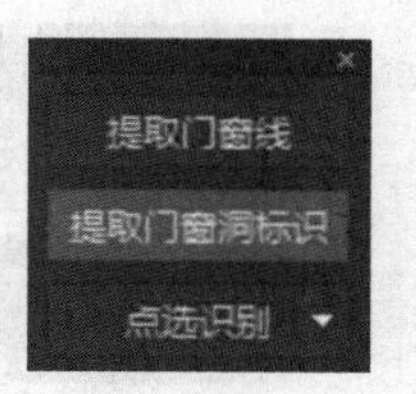

图 12.147

该方法同墙功能中“提取门窗线”。

b.提取门窗洞标识,如图 12.147 所示。

第一步:在识别面板中,单击“提取门窗标识”按钮,利用“单图元选择”“按图层选择(Ctrl+)”或“按颜色选择(Alt+)”功能,选中需要提取的门窗洞标识 CAD 图元。此过程中也可点选或框选需要提取的 CAD 图元,如图 12.148 所示。

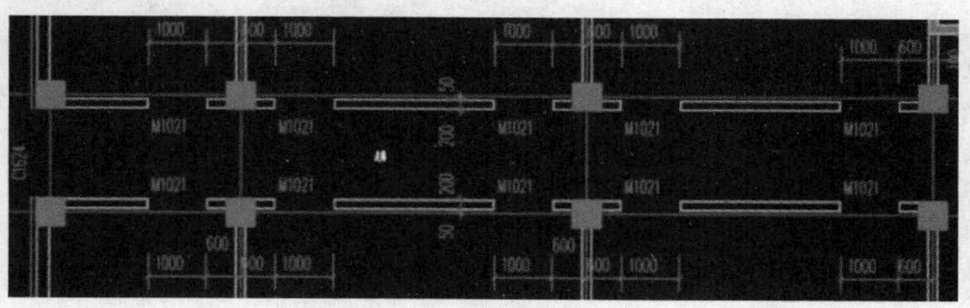

图 12.148

第二步:单击鼠标右键确认选择,则选择的 CAD 图元自动消失,并存放在“已提取的 CAD 图层”中。

c.识别,如图 12.149 所示。

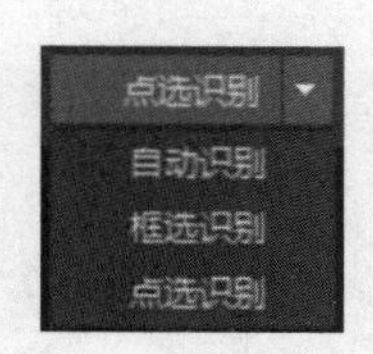

图 12.149

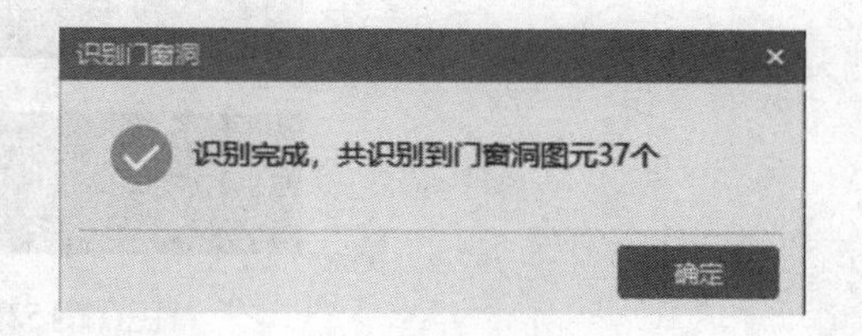

图 12.150

自动识别:完成建立门窗构件、绘制墙和提取门窗标识操作后,单击选项卡中“建模”下的“识别门窗洞”→“自动识别”,则提取的门窗标识和门窗线被识别为软件的门窗图元,并弹出识别成功的提示,如图 12.150 所示。

【说明】

①在识别门窗之前一定要确认已经绘制完墙并建立门窗构件。如此可以提高识别率。

②若未创建构件,软件可以对固定格式进行门窗尺寸解析,如 M0921,自动反建 900 mm×2 100 mm 的门构件。

框选识别:

第一步:单击选项卡中“建模”下的“识别门窗洞”→“框选识别”,在绘图区域拉框确定一个范围,如图 12.151 所示黄色框则为此范围区域。

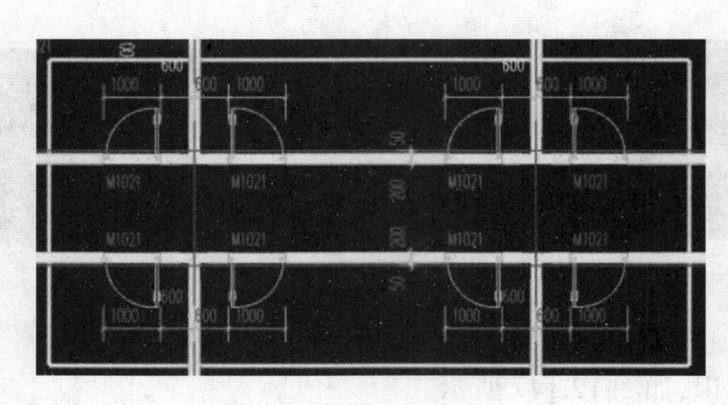

图 12.151

第二步:单击右键确认选择,则黄色框框住的所有门窗标识被识别为门窗洞图元。

【说明】

在识别门窗之前一定要确认已经绘制完墙并建立门窗构件(可通过识别门窗表创建)。

点选识别:

第一步:单击选项卡中"建模"下的"识别门窗洞"→"点选识别"。

第二步:按鼠标左键选择需要识别的门窗标识,被选门窗标识以蓝色显示,如图 12.152 所示。

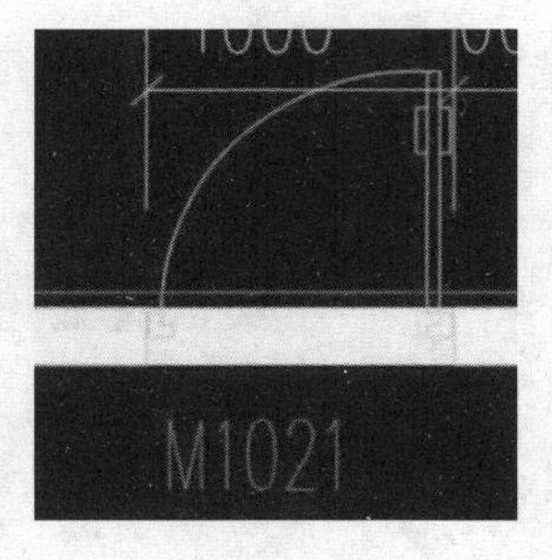

图 12.152

第三步:单击右键确认选择,则所选的门窗标识查找与它平行且最近的墙边线进行门窗洞自动识别。

第四步:单击右键则退出"点选识别门窗"命令。

四、任务结果

任务结果同 3.6 节的任务结果。

五、总结拓展

在识别门窗之前一定要确认已经绘制完墙并建立门窗构件。

12.3.9 识别基础

通过本小节的学习,你将能够:

进行基础的 CAD 识别。

一、任务说明

①完成独立基础的识别方式。

②完成桩承台的识别方式。

③完成桩的识别方式。

二、任务分析

软件提供识别独立基础、识别桩承台、识别桩的功能，本工程采用的是独立基础。下面以识别独立基础为例，演示识别基础的过程。

三、任务实施

双击进入“基础结构平面图”，进入下一步操作。

1）选择导航栏构件

将目标构件定位至“独立基础”，如图 12.153 所示。

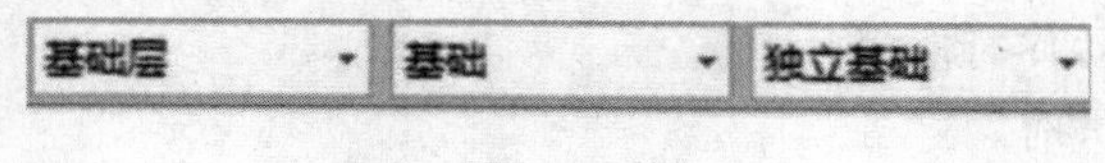

图 12.153

2）识别独基表生成独立基础构件

若图纸有“独基表”，可按照单击选项卡“建模”→“识别独立基础”→“识别独基表”的流程，完成独立基础的定义，如图 12.154 所示。本工程无“独基表”，可按下述方法建立独立基础构件。

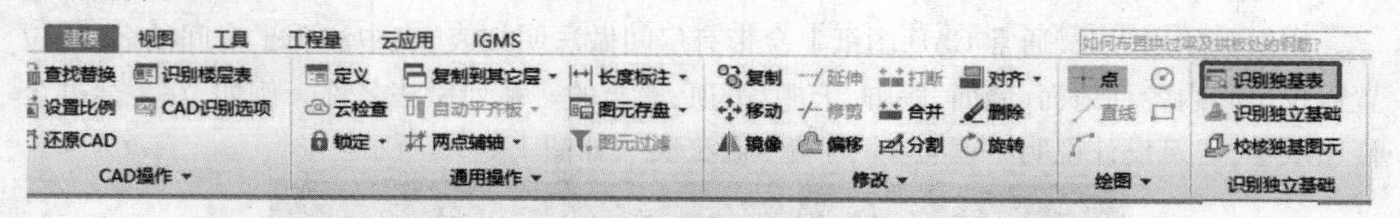

图 12.154

3）提取独基边线及标志

①单击选项卡“建模”→“识别独立基础”。

②单击“提取独基边线”命令，选择所有独基边线，单击“提取独基标识”命令，选择所有独基标识。

4）识别独立基础

在“提取独基边线”“提取独基标识”完成之后，接着进行识别独立基础的工作。

识别独立基础包含“自动识别”“点选识别”和“框选识别”三种方式。

①“自动识别”命令。可以将提取的独立基础边线和独立基础标志一次全部识别。单击“自动识别独立基础”，则提取的独立基础边线和独立基础标志被识别为软件的独立基础构件。

②“点选识别”命令。可以识别点选的独立基础。

③“框选识别”命令。可以识别框选的所有独立基础。

四、任务结果

任务结果同第 7 章的任务结果。

五、知识扩展

①上面介绍的方法为识别独立基础,在识别完成之后,需要进入独立基础的定义界面,对基础的配筋信息等属性进行修改,以保证识别的准确性。

②独立基础还可先定义独立基础,然后再进行 CAD 图形的识别。这样,识别完成之后,不需要再进行修改属性的操作。

③上述方法仅适用于一阶矩形基础,如图纸为二阶及其以上矩形基础或者坡型基础,应先定义独立基础,然后再进行 CAD 图形的识别。

12.3.10　识别装修

通过本小节的学习,你将能够:

进行装修的 CAD 识别。

一、任务说明

用 CAD 识别的方式完成装修的识别。

二、任务分析

在做实际工程时,通常 CAD 图纸上会带有房间做法明细表,表中注明了房间的名称、位置以及房间内各种地面、墙面、踢脚、天棚、吊顶、墙裙的一系列做法名称。例如,在 1 号办公楼图纸中,建筑设计说明中就有“室内装修做法表”,如图 12.155 所示。

室内装修做法表

房间名称		楼面/地面	踢脚/墙裙	窗台板	内墙面	顶棚	备注
地下一层	排烟机房	地面4	踢脚1	/	内墙面1	天棚1	
	楼梯间	地面2	踢脚1	/	内墙面1	天棚1	
	走廊	地面3	踢脚2	/	内墙面1	吊顶1(高3200)	
	办公室	地面1	踢脚1	有	内墙面1	吊顶1(高3300)	
	餐厅	地面1	踢脚3	/	内墙面1	吊顶1(高3300)	
	卫生间	地面2	/	有	内墙面2	吊顶2(高3300)	
一层	大堂	楼面3	墙裙1高1200	/	内墙面1	吊顶1(高3200)	一、关于吊顶高度的说明 这里的吊顶高度指的是某层的结构标高到吊顶底的高度。 二、关于窗台板的说明 窗台板材质为大理石 飘窗窗台板尺寸为 洞口宽(长)×650(宽) 其他窗台板尺寸为 洞口宽(长)×200(宽)
	楼梯间	楼面2	踢脚1	/	内墙面1	天棚1	
	走廊	楼面3	踢脚2	/	内墙面1	吊顶1(高3200)	
	办公室1	楼面1	踢脚1	有	内墙面1	吊顶1(高3300)	
	办公室2(含阳台)	楼面4	踢脚3	/	内墙面1	天棚1	
	卫生间	楼面2	/	有	内墙面2	吊顶2(高3300)	
二至三层	楼梯间	楼面2	踢脚1	/	内墙面1	天棚1	
	公共休息大厅	楼面3	踢脚2	/	内墙面1	吊顶1(高2900)	
	走廊	楼面3	踢脚2	/	内墙面1	吊顶1(高2900)	
	办公室1	楼面1	踢脚1	有	内墙面1	天棚1	
	办公室2(含阳台)	楼面4	踢脚3	/	内墙面1	天棚1	
	卫生间	楼面2	/	有	内墙面2	吊顶2(高2900)	
四层	楼梯间	楼面2	踢脚1	/	内墙面1	天棚1	
	公共休息大厅	楼面3	踢脚2	/	内墙面1	天棚1	
	走廊	楼面3	踢脚2	/	内墙面1	天棚1	
	办公室1	楼面1	踢脚1	有	内墙面1	天棚1	
	办公室2(含阳台)	楼面4	踢脚3	/	内墙面1	天棚1	
	卫生间	楼面2	/	有	内墙面2	天棚1	

图 12.155

如果通过识别表的功能能够快速地建立房间及房间内各种细部装修的构件，那么就可以极大地提高绘图效率。

三、任务实施

识别房间装修表有两种方式：按房间识别装修表和按构件识别装修表。

1）按房间识别装修表

图纸中明确了装修构件与房间的关系，这时可以使用“按房间识别装修表”的功能，如下所示：

①添加图纸，在图纸管理界面“添加图纸”，添加一张带有装修做法表的图纸。

②在“建模”选项卡中，“识别房间”分栏选择“按房间识别装修表”功能，如图 12.156 所示。

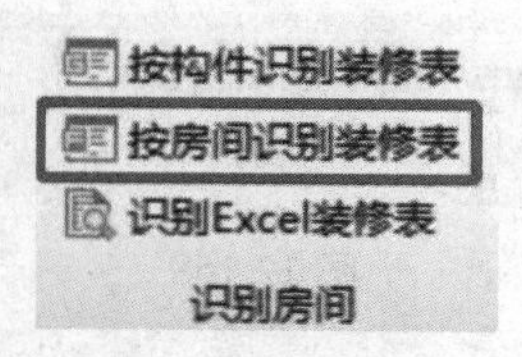

图 12.156

③左键拉框选择装修表，单击右键确认，如图 12.157 所示。

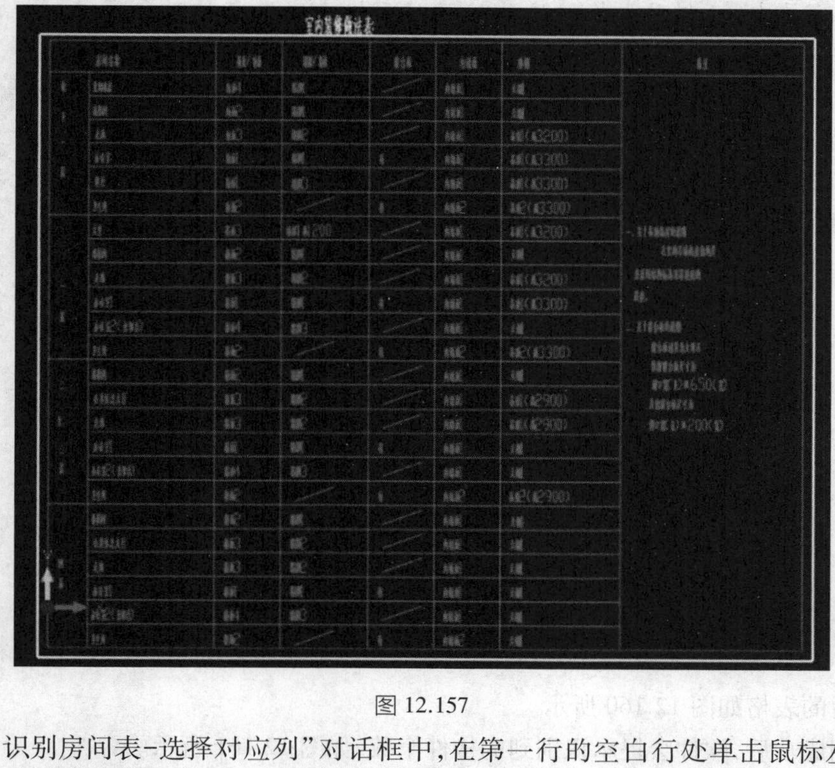

图 12.157

④在“识别房间表-选择对应列”对话框中，在第一行的空白行处单击鼠标左键双下拉框中选择对应关系，单击“识别”按钮，如图 12.158 所示。

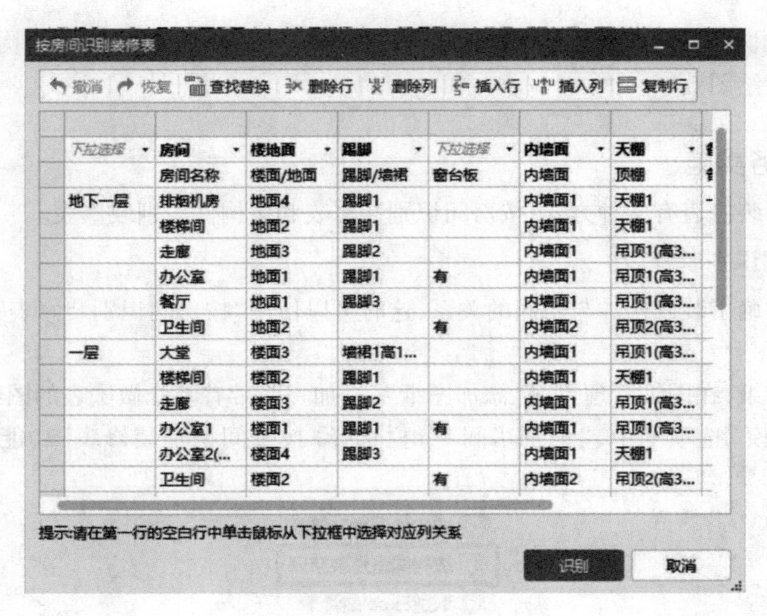

图 12.158

【说明】

①对于构件类型识别错误的行,可以调整“类型”列中的构件类型。

②在表格中,可利用表格的这些功能对表格内容进行核对和调整,删除无用的部分。

③需要对应装修表的信息,在第一行的空白行中单击鼠标从下拉框中选择对应列关系,如第一列识别出来的抬头是空,对应第一行,应选择“房间”。

④需要将每种门窗所属楼层进行正确匹配,单击所属楼层下的▭符号,进入“所属楼层”面板,如图 12.159 所示,勾选所属楼层。

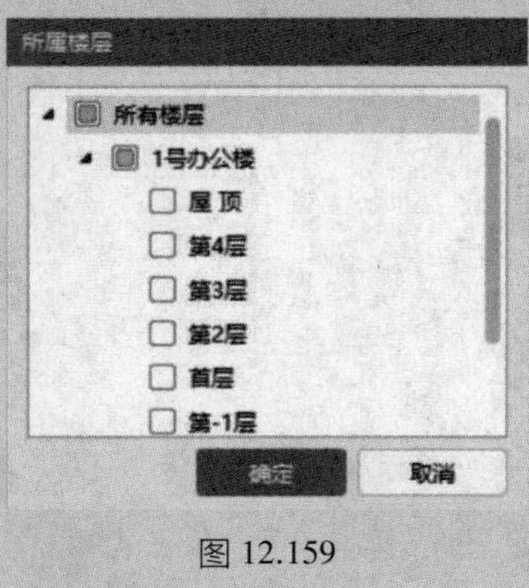

图 12.159

调整后的表格如图 12.160 所示。

⑤识别成功后,软件会提示识别到的构件个数,如图 12.161 所示。

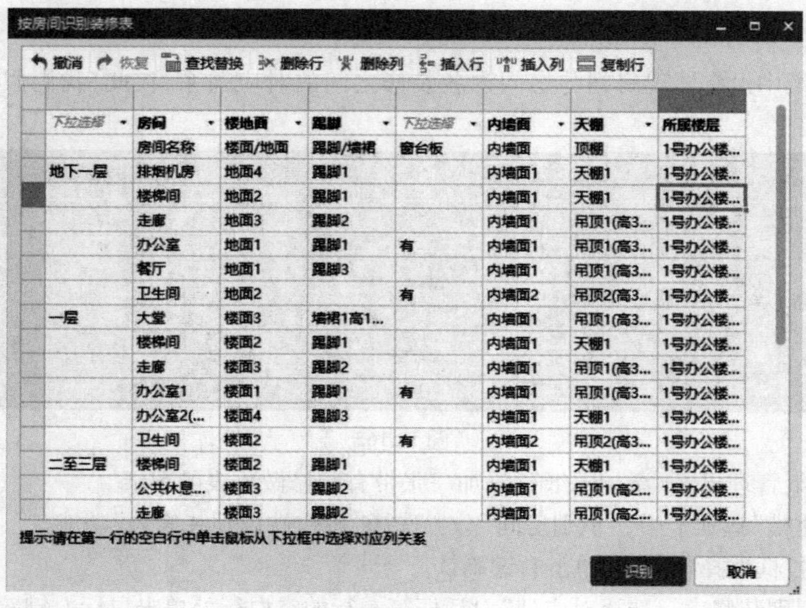

图 12.160

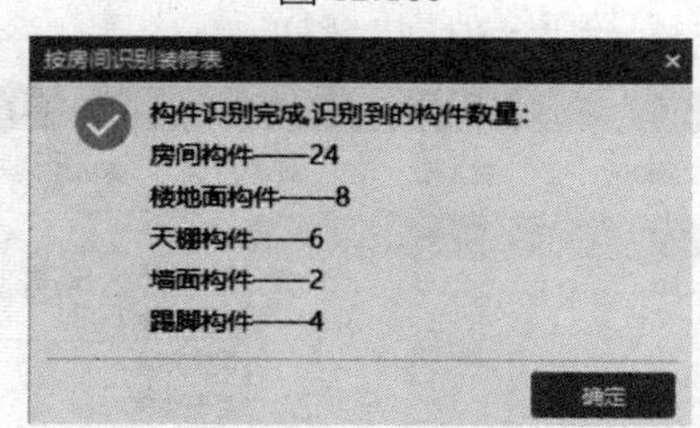

图 12.161

【说明】

房间装修表识别成功后,软件会按照图纸上房间与各装修构件的关系自动建立房间并自动依附装修构件,如图 12.162 所示。最后,利用“点”命令,按照图纸建施-04 中房间的名称,选择建立好的房间,在需要布置装修的房间处单击,房间中的装修即自动布置上去。

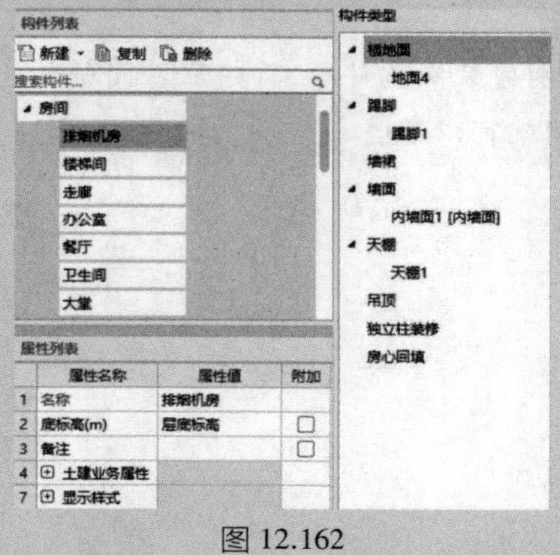

图 12.162

2)按构件识别装修表(拓展)

本套图纸中没有体现房间与房间内各装修之间的对应关系,在此,我们假设装修如图12.163所示。

装修一览表

类别	名称	使用部位	做法编号	备注
地面	水泥砂浆地面	全部	编号1	
楼面	陶瓷地砖楼面	一层楼面	编号2	
楼面	陶瓷地砖楼面	二至五层的卫生间、厨房	编号3	
楼面	水泥砂浆楼面	除卫生间厨房外全部	编号4	水泥砂浆毛面找平

图 12.163

①在图纸管理界面“添加图纸”,添加一张带有装修做法表的图纸。

②在“建模”选项卡中,“识别房间”分栏选择“按构件识别装修表”功能。

③左键拉框选择装修表,单击右键确认。

④在“识别装修表—选择对应列”对话框第一行的空白行处单击鼠标左键双击下拉框中选择对应关系,如图12.164所示,单击“识别”按钮。

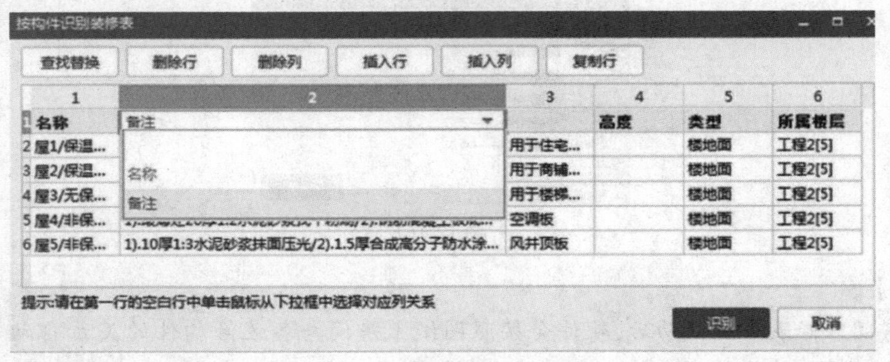

图 12.164

⑤识别完成后,软件会提示识别到的构件个数,共10个构件。

【说明】

这种情况下需要在识别完装修构件后,再建立房间构件,然后把识别好的装修构件依附到房间里,最后画房间就可以了。

下篇

建筑工程计价

13 编制招标控制价要求

通过本章的学习,你将能够

(1)了解工程概况及招标范围;

(2)了解招标控制价的编制依据;

(3)了解工程造价文件的编制要求;

(4)熟悉工程量清单文件格式。

1)工程概况及招标范围

①工程概况:本建筑物用地概貌属于平缓场地,为二类多层办公建筑,合理使用年限为50年,抗震设防烈度为7度,结构类型为框架结构体系,总建筑面积为3 155.18 m^2,建筑层数为地上4层,地下1层,檐口距地高度为14.850 m。

②工程地点:上海市区。

③招标范围:第一标段结构施工图及第二标段建筑施工图的全部内容。

④本工程计划工期为180天,经计算定额工期210天,合同约定开工日期为2020年5月1日。

⑤建筑类型公共建筑。

2)招标控制价编制依据

该工程的招标控制价依据《建设工程工程量清单计价规范》(GB 50500—2013)、《上海市建筑和装饰工程预算定额(SH 01-31-2016)》、《关于调整本市建设工程计价依据增值税税率等有关规事项的通知》(沪建市管〔2019〕19号)、《关于调整本市建设工程造价中社会保险费率的通知》(沪建市管〔2019〕24号)、上海市2020年4月指导信息价,结合工程设计及相关资料、施工现场情况、工程特点及合理的施工方法,以及建设工程项目的相关标准、规范、技术资料编制。

3)造价编制要求

(1)价格约定

①除暂估材料及甲供材料外,材料价格按"上海市2020年4月指导信息价"及市场价计取。

②人工按上海市2020年4月建设工程人工费指导价执行。

③按一般计税法计税的建设工程,增值税为9%。

④安全文明施工费、规费足额计取。

⑤暂列金额为100万元。

⑥幕墙工程(含预埋件)为专业工程暂估价80万元。

(2)其他要求

①原始地貌暂按室外地坪考虑,开挖设计底标高暂按垫层底标高,放坡宽度暂按300 mm计算,放坡坡度按0.5计算,按挖土考虑,外运距离1 km。

②所有混凝土采用商品混凝土计算。

③旋转玻璃门M5021材料单价按42 735.04元/樘计算。

④本工程大型机械经出场费用,暂按塔吊1台、挖机1台计算。

⑤本工程设计的砂浆都为现拌砂浆。

⑥不考虑总承包服务费及施工配合费。

4)甲供材料一览表(表13.1)

表13.1 甲供材料一览表

序号	名称	规格型号	单位	单价(元)
1	C15商品混凝土	最大粒径40 mm	m^3	346
2	C25商品混凝土	最大粒径40 mm	m^3	389
3	C30商品混凝土	最大粒径40 mm	m^3	415
4	C30商品混凝土 防水混凝土	最大粒径40 mm	m^3	450

5)材料暂估单价表(表13.2)

表13.2 材料暂估单价表

序号	名称	规格型号	单位	单价(元)
1	瓷质抛光砖	600 mm×600 mm	m^2	180
2	墙面砖	300 mm×300 mm	m^2	130
3	墙面砖	500 mm×500 mm	m^2	150
4	陶瓷地砖	800 mm×800 mm	m^2	210
5	花岗岩板		m^2	300
6	大理石板		m^2	280

6)计日工表(表13.3)

表13.3 计日工表

序号	名称	工程量	单位	单价(元)	备注
1	人工				
	木工	10	工日	250	
	瓦工	10	工日	300	
	钢筋工	10	工日	280	

续表

序号	名称	工程量	单位	单价(元)	备注
2	材料				
	砂子(中粗)	5	m^3	72	
	水泥	5	m^3	460	
3	施工机械				
	载重汽车	1	台班	1 000	

7)评分办法(表 13.4)

表 13.4　评分办法

序号	评标内容	分值范围(分)	说明
1	工程造价	70	不可竞争费单列
2	工程工期	5	招标文件要求工期进行评定
3	工程质量	5	招标文件要求质量进行评定
4	施工组织设计	20	招标工程的施工要求、性质等进行评定

8)报价单(表 13.5)

表 13.5　报价单

工程名称	第________标段________(项目名称)	
工程控制价		
其中	安全文明施工措施费(万元)税金(万元) 规费(万元)	
除不可竞争费外工程造价(万元)		
措施项目费用合计 (不含安全文明施工措施费)(万元)		

9)工程量清单样表

工程量清单样表参见《建设工程工程量清单计价规范》(GB 50500—2013),主要包括以下表格:

①封面:封-2。

②总说明:表-01。

③单项工程招标控制价汇总表:表-03。

④单位工程招标控制价汇总表:表-04。

⑤分部分项工程和单价措施项目清单与计价表:表-08。

⑥综合单价分析表:表-09。

⑦总价措施项目清单与计价表:表-11。
⑧其他项目清单与计价汇总表:表-11。
⑨暂列金额明细表:表-12-1。
⑩材料(工程设备)暂估单价及调整表:表-12-2。
⑪专业工程暂估价及结算价表:表-12-3。
⑫计日工表:表-12-4。
⑬总承包服务费计价表:表-12-5。
⑭规费、税金项目计价表:表-13。
⑮主要材料价格表。

14 编制招标控制价

通过本章的学习,你将能够:
(1)掌握招标控制价的编制过程和编制方法;
(2)熟悉招标控制价的组成内容。

14.1 新建招标项目结构

通过本节的学习,你将能够:
(1)建立建设项目;
(2)建立单项工程;
(3)建立单位工程;
(4)按标段多级管理工程项目;
(5)修改工程属性。

一、任务说明

在计价软件中完成招标项目的建立。

二、任务分析

①招标项目的单项工程和单位工程分别是什么?
②单位工程的造价构成是什么?各构成所包括的内容分别又是什么?

三、任务实施

①新建项目。单击"新建招投标项目",如图 14.1 所示。

图 14.1

②进入"新建工程",如图 14.2 所示。

新建工程
地区 上海
清单计价
定额计价
招
新建招标项目
投
新建投标项目
单位
新建单位工程

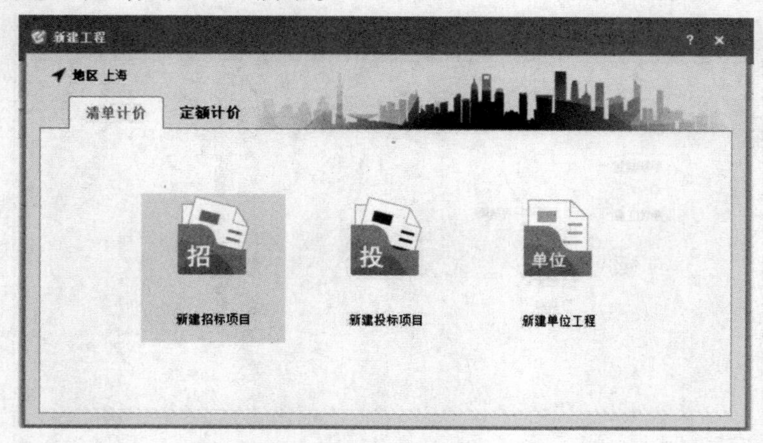

图 14.2

本项目的计价方式:清单计价。项目名称:1 号办公楼。项目编码:001。
修改项目信息如图 14.3 所示。修改完成后,单击"下一步"。

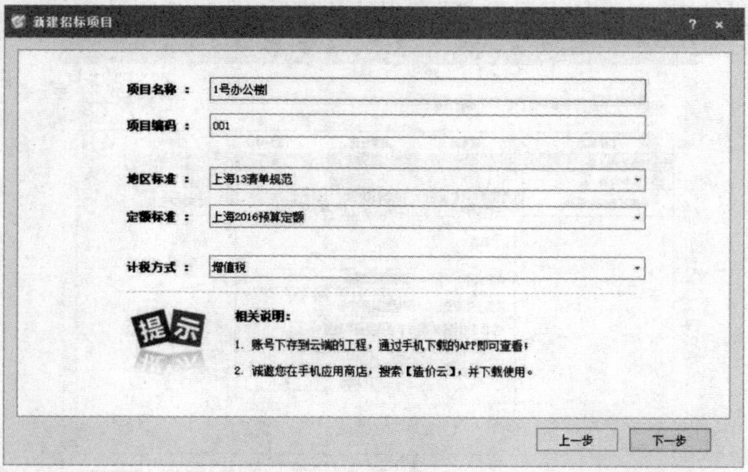

新建招标项目
项目名称 : 1号办公楼
项目编码 : 001
地区标准 : 上海13清单规范
定额标准 : 上海2016预算定额
计税方式 : 增值税
提示
相关说明:
1. 账号下存到云端的工程,通过手机下载的APP即可查看;
2. 诚邀您在手机应用商店,搜索【造价云】,并下载使用。
上一步
下一步

图 14.3

③新建单项工程。在"1 号办公楼大厦"单击鼠标右键,如图 14.4 所示。

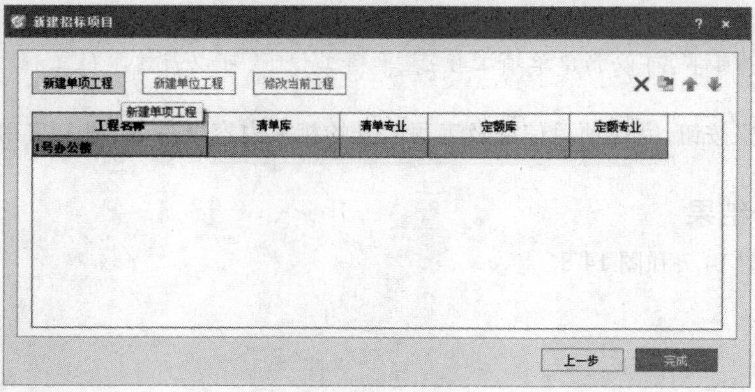

新建招标项目
新建单项工程
新建单位工程
修改当前工程
新建单项工程
工程名称
清单库
清单专业
定额库
定额专业
1号办公楼
上一步
完成

图 14.4

选择“新建单项工程”,单项工程名称为“1 号办公楼”,如图 14.5 所示。

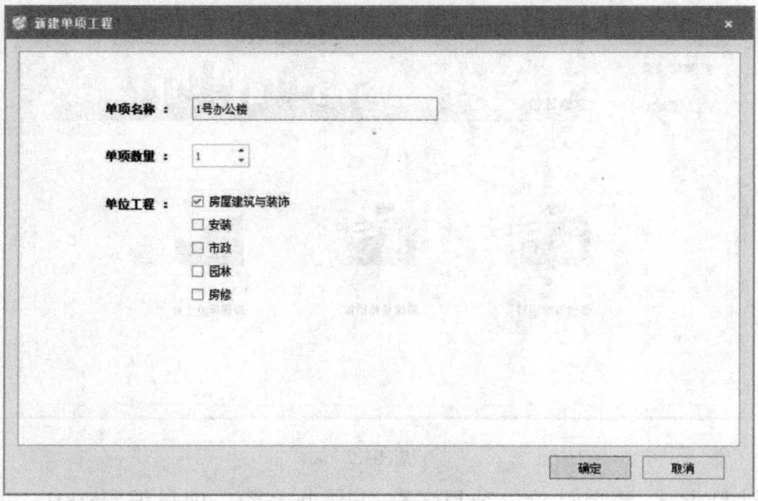

图 14.5

单击“确定”按钮,完成“1 号办公楼”工程的新建,如图 14.6 所示。

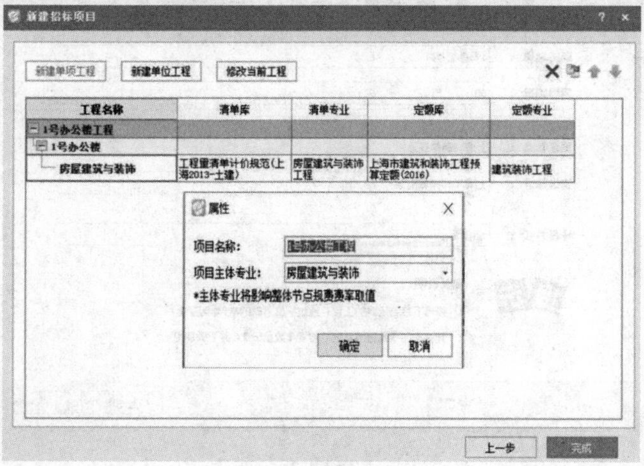

图 14.6

【注意】

在建设项目下,可以新建单项工程;在单项工程下,可以新建单位工程。

单击“完成”按钮,完成项目信息及工程信息的相关内容填写,如图 14.7 和图 14.8 所示。

四、任务结果

结果参考图 14.7 和图 14.8。

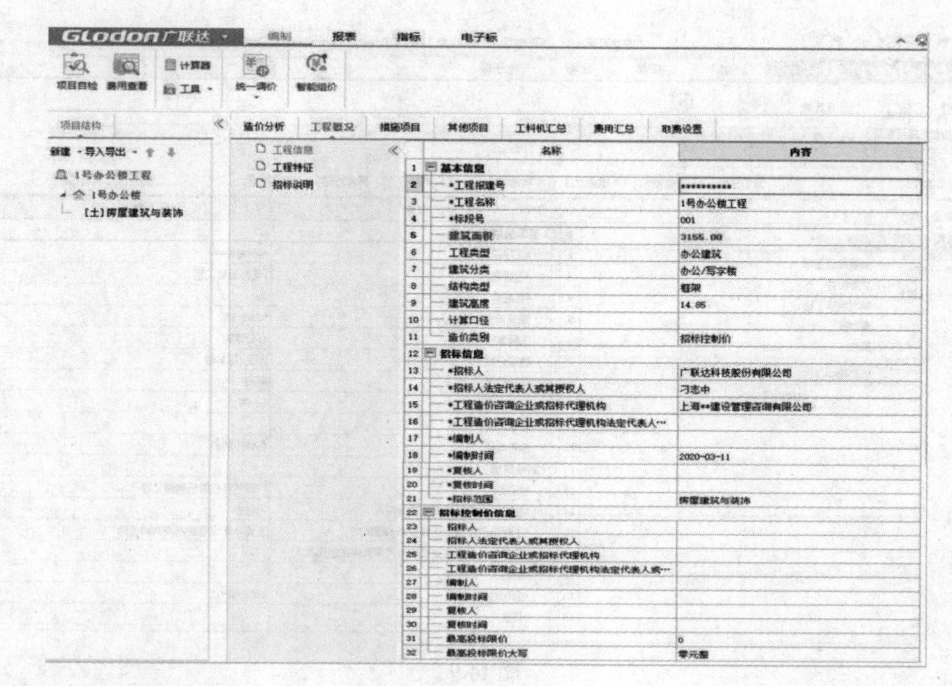

图 14.7

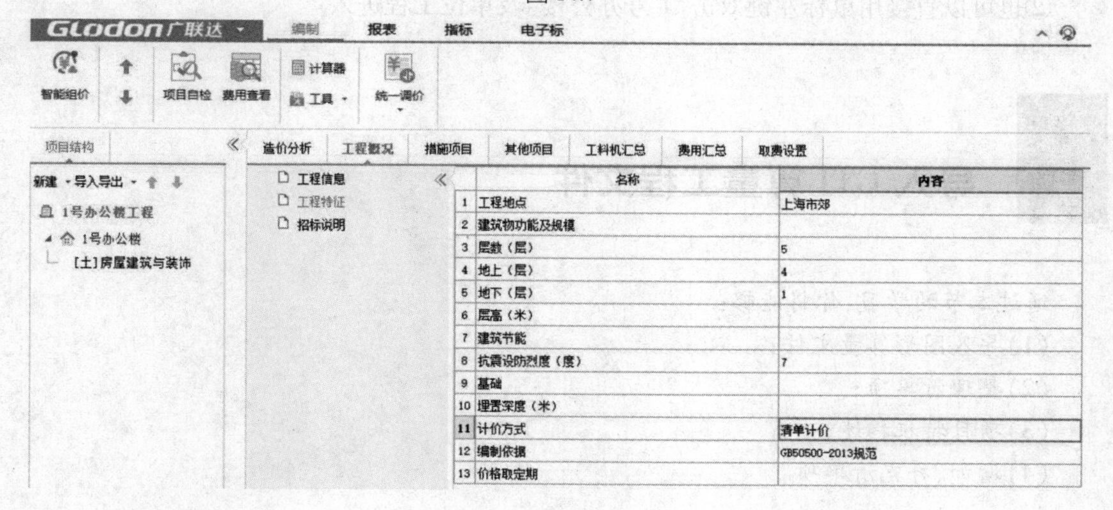

图 14.8

五、总结拓展

1) 标段结构保护

项目结构建立完成后，为防止误操作更改项目结构内容，用右键单击项目名称，选择“标段结构保护”对项目结构进行保护，如图 14.9 所示。

2) 编辑

①在项目结构中进入单位工程进行编辑时，可直接用鼠标右键双击项目结构中的单位工程名称或者选中需要编辑的单位工程，单击右键，选择“编辑”即可。

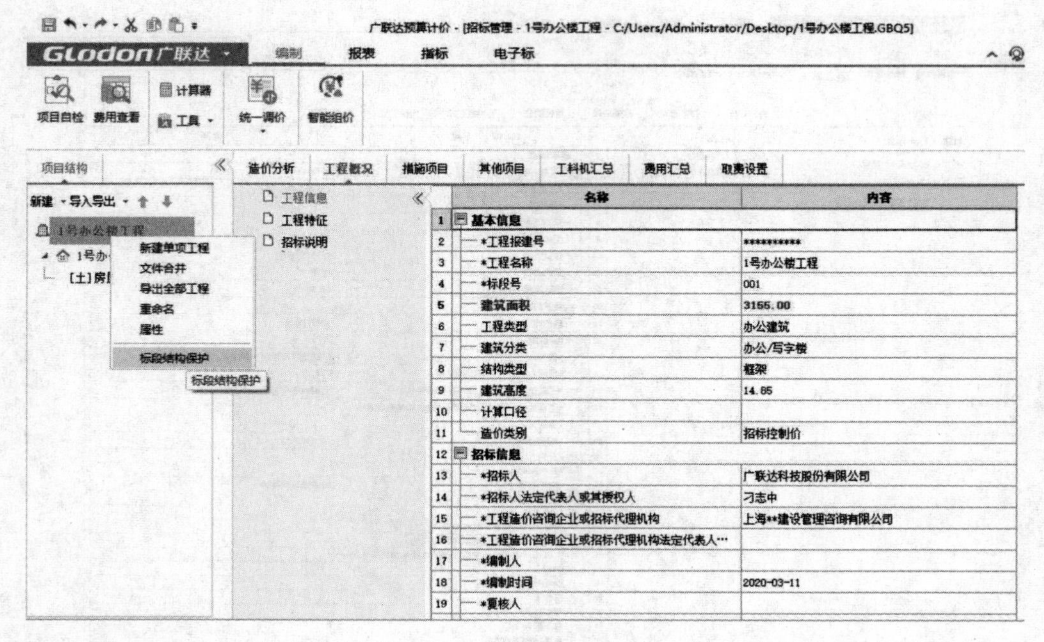

图 14.9

②也可以直接用鼠标左键双击“1 号办公楼”及单位工程进入。

14.2 导入 GTJ 算量工程文件

通过本节的学习,你将能够:

(1)导入图形算量文件;

(2)整理清单项;

(3)项目特征描述;

(4)增加、补充清单项。

一、任务说明

①导入图形算量工程文件。

②添加钢筋工程清单和定额,以及相应的钢筋工程量。

③补充其他清单项和定额。

二、任务分析

①图形算量与计价软件的接口在哪里?

②分部分项工程中如何增加钢筋工程量?

三、任务实施

1) 导入图形算量文件

①进入单位工程界面,单击“导入导出”,选择“导入算量文件”,如图 14.10 所示,选择相应图形算量文件。

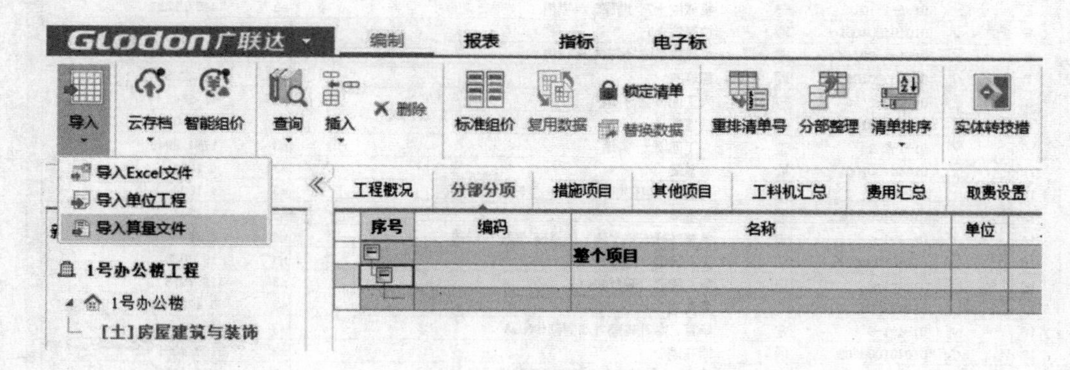

图 14.10

②弹出如图 14.11 所示的“打开文件”对话框,选择算量文件的所在位置,单击“打开”即可。

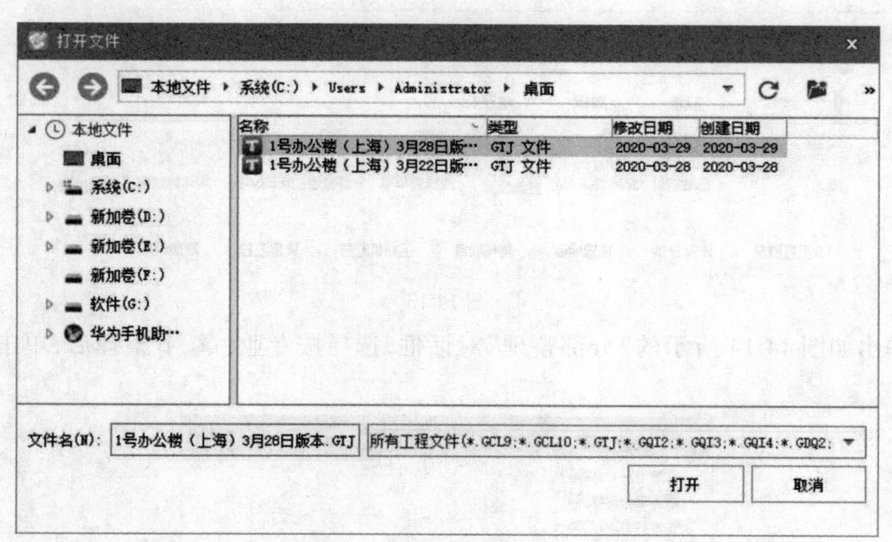

图 14.11

然后再检查列是否对应,无误后单击“导入”按钮即可完成算量工程文件的导入,如图 14.12 所示。

2) 整理清单

在分部分项界面进行分部分项整理清单项。

①单击“整理清单”选择“分部整理”,如图 14.13 所示。

算量工程文件导入

清单项目　措施项目

全部选择　全部取消

	导入	编码	类别	名称	单位	工程量
1	☑	010101001001	项	平整场地	m2	639.2614
2	☑	01-1-1-1	定	平整场地 ±300mm以内	m2	904.1754
3	☑	010101002001	项	挖一般土方	m3	3943.164
4	☑	01-1-1-10	定	机械挖土方 埋深5.0m以内	m3	4457.1237
5	☑	010101004001	项	挖基坑土方	m3	34.56
6	☑	01-1-1-20	定	机械挖基坑 埋深3.5m以内	m3	62.856
7	☑	010103001001	项	回填方	m3	19.2268
8	☑	01-1-2-2	定	人工回填土 夯填	m3	45.6842
9	☑	010103001002	项	回填方	m3	1249.0922
10	☑	01-1-2-2	定	人工回填土 夯填	m3	1764.6946
11	☑	010401001001	项	砖基础	m3	4.1884
12	☑	01-4-1-1	定	砖基础 蒸压灰砂砖	m3	4.1884
13	☑	010401001002	项	砖基础	m3	1.7944
14	☑	01-4-1-1	定	换算（标准粘土砖）砖基础 蒸压灰砂砖	m3	1.7944
15	☑	010401004001	项	多孔砖墙	m3	19.7078
16	☑	01-4-1-6	定	多孔砖墙 1砖(240mm)	m3	19.7078
17	☑	010401008001	项	填充墙	m3	0.4781
18	☑	01-4-1-6	定	换算 多孔砖墙 1/2侧砌(90mm)	m3	1.6267
19	☑	010401008002	项	填充墙	m3	168.4081
20	☑	01-4-1-6	定	换（250厚陶粒空心砖）多孔砖墙 1砖(240mm)	m3	168.4258
21	☑	010401008003	项	填充墙	m3	380.2787
22	☑	01-4-2-4	定	换（陶粒空心砖砌块）砂加气混凝土砌块 200厚	m3	379.0596

☐ 清空导入　导入　关闭

图 14.12

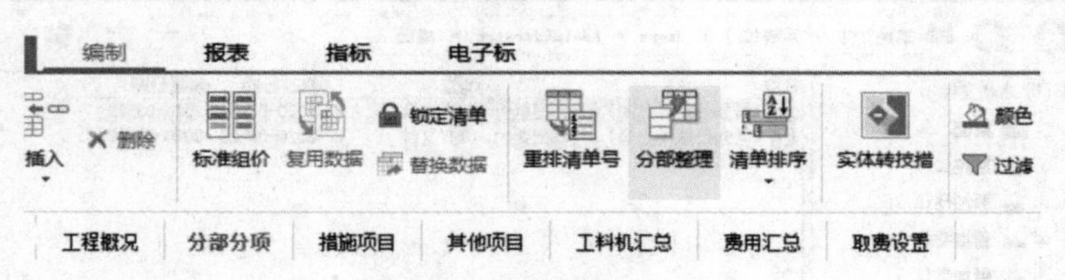

图 14.13

②弹出如图 14.14 所示的“分部整理”对话框,选择按专业、章、节整理后,单击“确定”按钮。

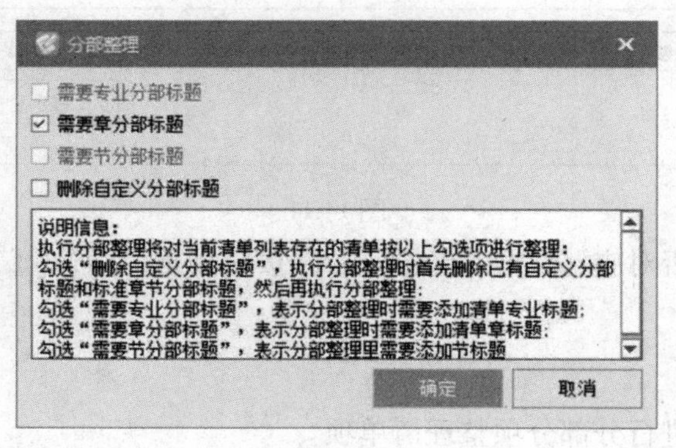

图 14.14

③清单项整理完成后,如图 14.15 所示。

项目结构　快速查询

新建 ·导入导出 ·

1号办公楼工程

1号办公楼

[土]房屋建筑与装饰

工程概况　分部分项　措施项目　其他项目　工料机汇总　费用汇总　取费设置

序号	编码	名称	单位	工程量
		整个项目		
B1	0101	土石方工程		
1	010101001001	平整场地	m2	639.26
	01-1-1-1	平整场地 ±300mm以内	m2	904.1754
2	010101002001	挖一般土方	m3	3943.16
	01-1-1-10	机械挖土方 埋深5.0m以内	m3	4457.1237
3	010101004001	挖基坑土方	m3	34.56
4	010103001001	回填方	m3	19.23
5	010103001002	回填方	m3	1249.09
B2	0104	砌筑工程		
B3	0105	混凝土及钢筋混凝土工程		
B4	0108	门窗工程		
B5	0109	屋面及防水工程		
B6	0110	保温、隔热、防腐工程		
B7	0111	楼地面装饰工程		
B8	0112	墙、柱面装饰与隔断、幕墙工程		
B9	0113	天棚工程		
B10	0114	油漆、涂料、裱糊工程		
B11	0115	其他装饰工程		
B12	01	房屋建筑与装饰工程		

图 14.15

3）项目特征描述

项目特征描述主要有下述3种方法：

①图形算量中已包含项目特征描述的，可以在“特征及内容”界面下选择“应用规则到全部清单”即可，如图14.16所示。

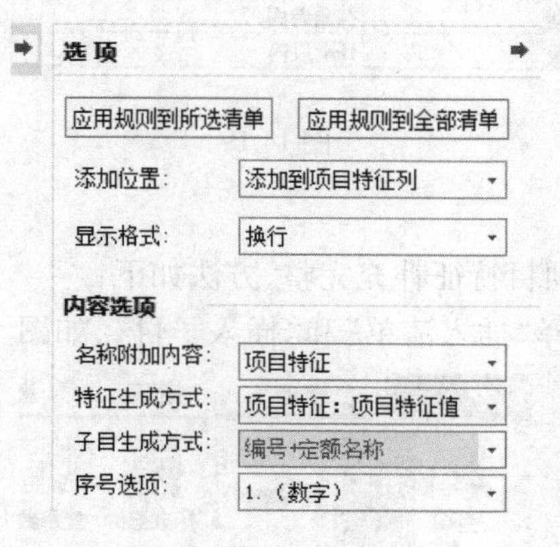

图 14.16

②选择清单项，可以在“特征及内容”界面进行添加或修改来完善项目特征，如图14.17、图14.18所示。

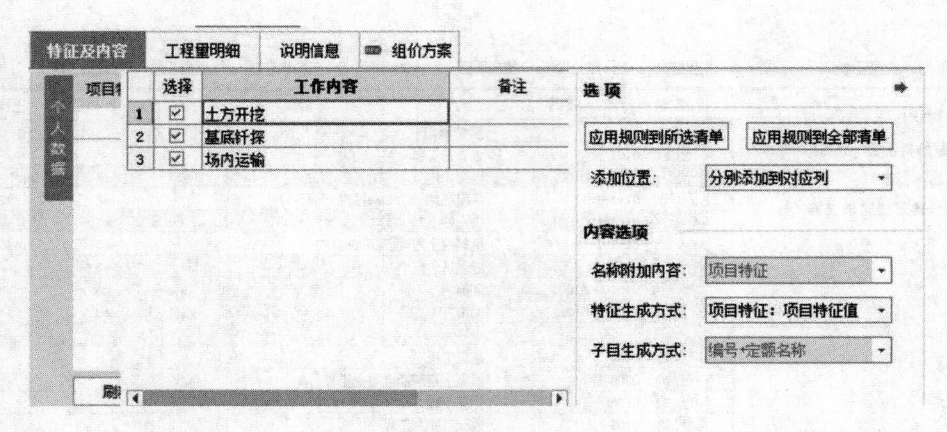

图 14.17

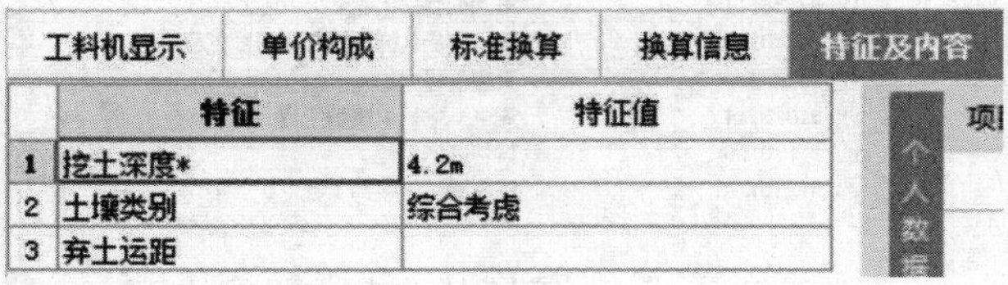

	特征	特征值
1	挖土深度*	4.2m
2	土壤类别	综合考虑
3	弃土运距	

图 14.18

③直接单击清单项中的“项目特征”对话框,进行修改或添加,如图 14.19 所示。

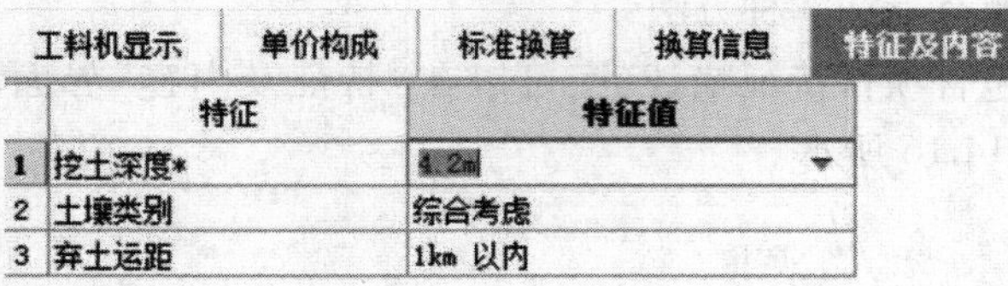

	特征	特征值
1	挖土深度*	4.2m
2	土壤类别	综合考虑
3	弃土运距	1km 以内

图 14.19

4)补充清单项

完善分部分项清单,将项目特征补充完整,方法如下:

①单击“插入”按钮,选择“插入清单”和“插入子目”,如图 14.20 所示。

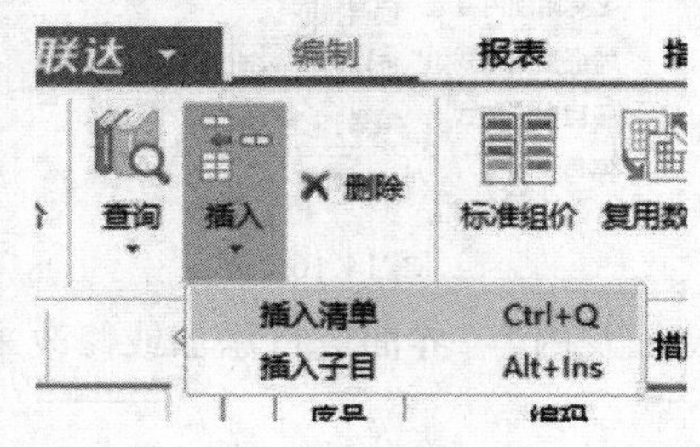

图 14.20

②右键单击选择“插入清单”和“插入子目”,如图 14.21 所示。

该工程需补充的清单子目如下(仅供参考)。

增加钢筋清单项,如图 14.22 所示。

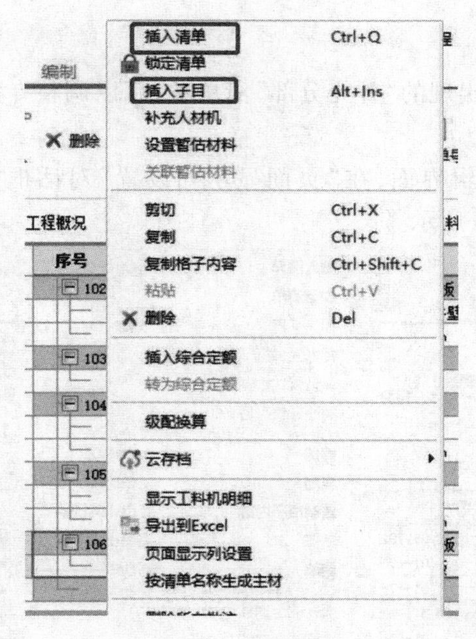

图 14.21

工程概况 | 分部分项 | 措施项目 | 其他项目 | 工料机汇总 | 费用汇总 | 取费设置

序号	编码	名称	单位	工程量	项目特征	单价	合价
36	010515001002	现浇构件钢筋 【热轧 带肋钢筋 HRB400】	t	0.746	1.钢筋种类、规格:热轧 带肋钢筋 HRB400	4908.78	3661.95
	01-5-11-3	钢筋 满堂基础、地下室底板	t	0.746		4908.78	3661.95
37	010515001003	现浇构件钢筋 【热轧 带肋钢筋 HRB400E】	t	20.824	1.钢筋种类、规格:热轧 带肋钢筋 HRB400E	4908.78	102220.43
	01-5-11-3	钢筋 满堂基础、地下室底板	t	20.824		4908.78	102220.43
38	010515001001	现浇构件钢筋 【热轧 带肋钢筋 HRB400E】	t	5.974	1.钢筋种类、规格:热轧 带肋钢筋 HRB400E	5003.28	29889.59
	01-5-11-2	钢筋 独立基础、杯形基础	t	5.974		5003.28	29889.59
39	010515001004	现浇构件钢筋 【热轧 带肋钢筋 HRB400E】	t	1.393	1.钢筋种类、规格:热轧 带肋钢筋 HRB400E	9297.82	12951.86
	01-5-11-28	钢筋 栏杆、栏板	t	1.393		9297.82	12951.86
40	010515001005	现浇构件钢筋 【热轧 光圆钢筋 HPB300（盘卷）】	t	0.168	1.钢筋种类、规格:热轧 光圆钢筋 HPB300（盘卷）	7152.4	1201.6
	01-5-11-33	钢筋 扶手、压顶	t	0.168		7152.4	1201.6
41	010515001006	现浇构件钢筋 【热轧 带肋钢筋 HRB400E】	t	0.815	1.钢筋种类、规格:热轧 带肋钢筋 HRB400E	6198.52	5051.79
	01-5-11-24	钢筋 直形楼梯	t	0.815		6198.52	5051.79
42	010515001007	现浇构件钢筋 【热轧 光圆钢筋	t	2.858	1.钢筋种类、规格:热轧	5451.01	15578.99

图 14.22

四、检查与整理

1) 整体检查

①对分部分项的清单与定额的套用做法进行检查,确认是否有误。

②查看整个分部分项中是否有空格,如有,则删除。

③按清单项目特征描述校核套用定额的一致性,并进行修改。

④查看清单工程量与定额工程量的数据的差别是否正确。

2)整体进行分部整理

对于分部整理完成后出现的“补充分部”清单项,可以调整专业章节位置至应该归类的分部。具体操作如下:

①右键单击清单项编辑界面,在“页面显示列设置”对话框中选择“指定专业章节位置”,如图 14.23 和图 14.24 所示。

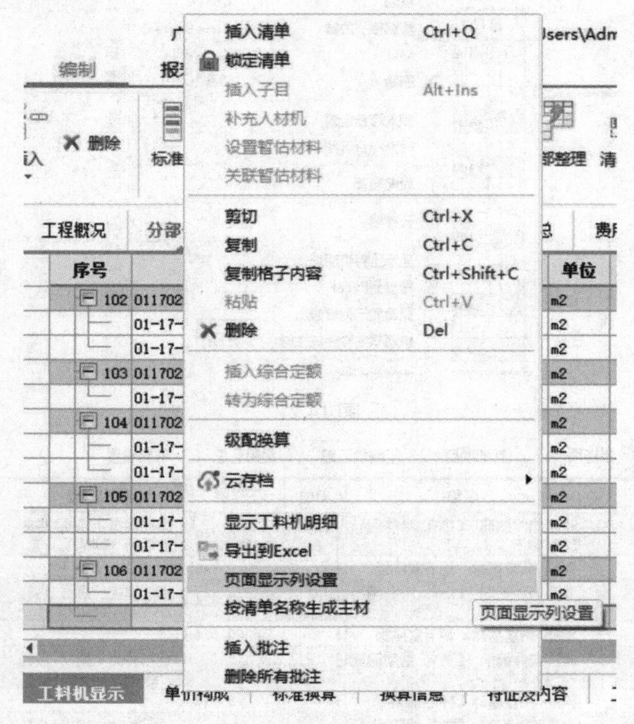

图 14.23

图 14.24

②单击清单项的“指定专业章节位置”，弹出“指定专业章节”对话框，选择相应的分部，调整完后再进行分部整理。

五、载入价格

在对清单项进行相应的补充、调整之后，需要对清单项目进行载价及费率调整。具体操作如下：

①在“工料机汇总”界面下点击工具栏中“批量载价”进行载价，如图 14.25 所示。

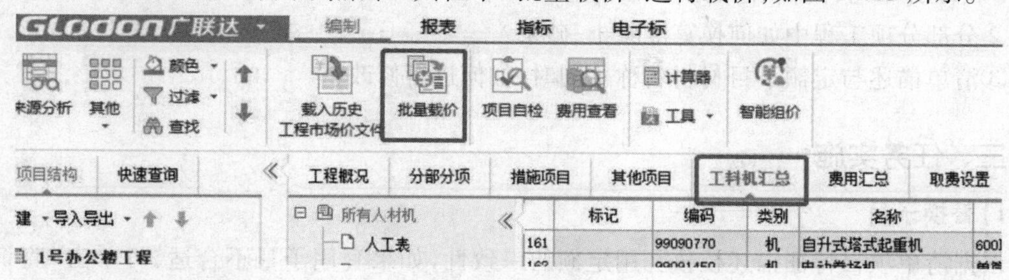

图 14.25

②根据专业选择对应“取费设置”下的对应费率，如图 14.26 所示。

工程概况　分部分项　措施项目　其他项目　工料机汇总　费用汇总　取费设置

计费依据：沪建市管【2019】24号文件　取费方式：综合单价　恢复默认

	结构	企业管理费和利润(%)	社会保险费(%)		住房公积金(%)	增值税(%)
			管理人员	施工现场作业人员		
1	房屋建筑与装饰	–	–	–	–	–
2	房屋建筑与装饰	25.88	4.56	28.04	1.96	9

图 14.26

【注意】

企业管理费费率和利润率的取定为文件规定费率范围，本书中按中间值取定。

六、任务结果

详见报表实例。

14.3　计价中的换算

通过本节的学习，你将能够：

(1)了解清单与定额的套用一致性；

(2)调整人材机系数；

(3)换算混凝土、砂浆等级标号；

(4)补充或修改材料名称。

一、任务说明

根据招标文件所述换算内容,完成对应换算。

二、任务分析

①GTJ 算量与计价软件的接口在哪里?

②分部分项工程中如何换算混凝土、砂浆?

③清单描述与定额子目材料名称不同时,如何进行修改?

三、任务实施

1)替换子目

根据清单项目特征描述校核套用定额的一致性,如果套用子目不合适,可单击“查询”,选择相应子目进行“替换”,如图 14.27 所示。

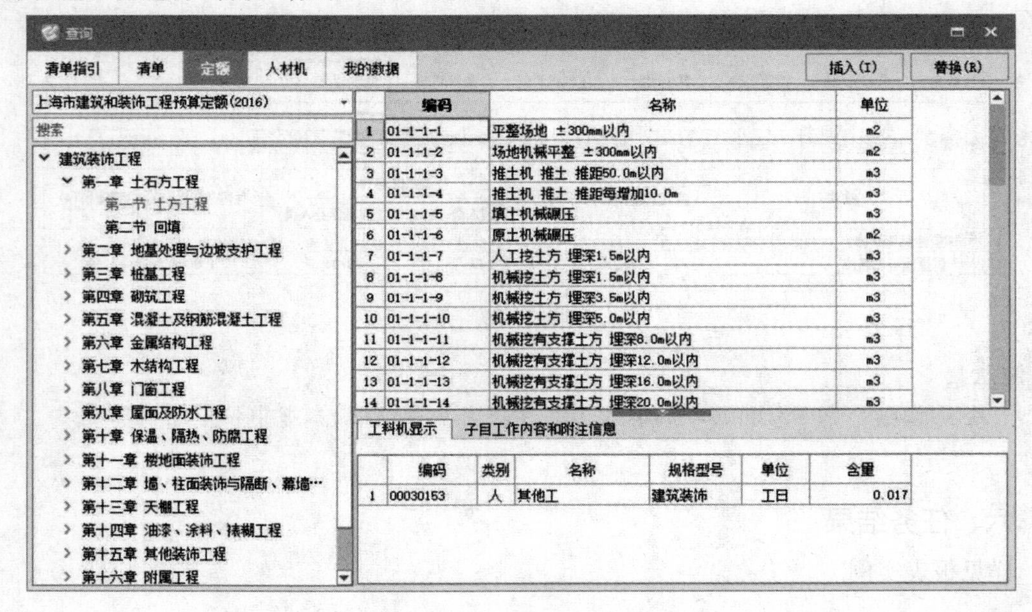

图 14.27

2)子目换算

按清单描述进行子目换算时,主要包括以下 3 个方面的换算。

①调整人材机系数。以天棚为例,介绍调整人材机系数的操作方法。定额中说明“跌级天棚基层、面层人工消耗量乘以系数 1.1”,如实例工程为跌级天棚,则天棚、基层面层人工消耗量乘以系数 1.1,其他不变,如图 14.28 所示。

②换算混凝土、砂浆等级标号时,方法如下:

a.标准换算。选择需要换算混凝土强度等级的定额子目,在标准换算界面下选择相应的混凝土强度等级或砂浆体积比,如图 14.29 所示。

2	011302001002	项	吊顶天棚	1.12厚矿棉吸声板用专用黏结剂粘贴。 2.9.5厚纸面石膏板(3000×1200)用自攻螺丝固定中距≤200。 3.U形轻钢横撑龙骨U27×60×0.63，中距1200。 4.U形轻钢中龙骨U27×60×0.63，中距等于板材1/3宽度。 5.Φ8螺栓吊杆，双向中距≤1200，与钢筋吊环固定。 6.现浇混凝土板底预留Φ10钢筋吊环，双向中距≤1200。	m2
	16-44	定	平面天棚龙骨 铝合金方板天棚龙骨 浮搁式 上人		m2
	16-53 R*1.1	换	天棚基层 石膏板 如为跌级天棚基层、面层 人工*1.1		m2
	16-64	定	天棚面层 矿棉板贴在基层板下		m2

工料机显示 | 单价构成 | 标准换算 | 换算信息 | 特征及内容 | 工程量明细 | 反查图形工程量

	换算列表	换算内容
1	如为跌级天棚基层、面层 人工*1.1	☑
2	如为第二基层 人工*0.8	☐

图 14.28

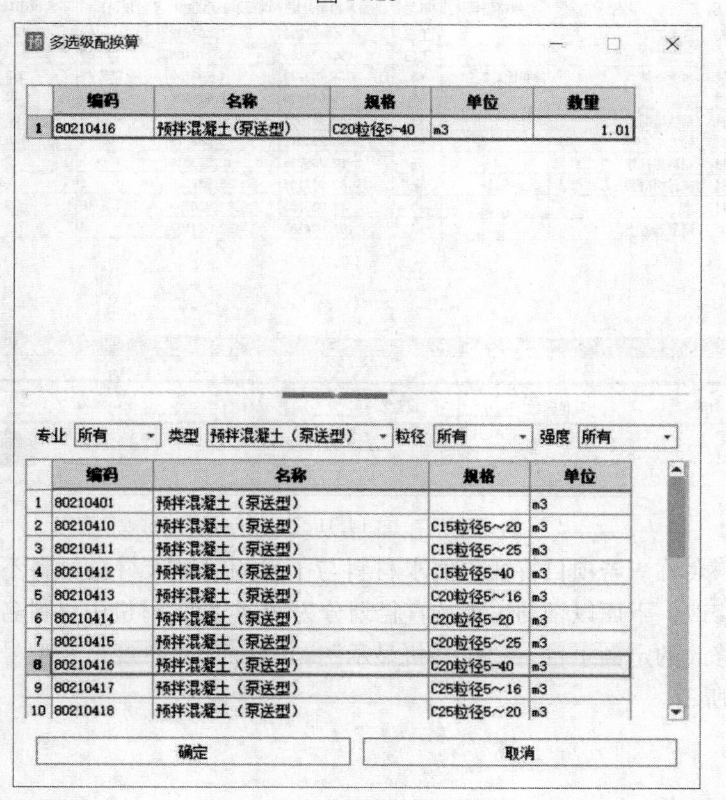
多选级配换算

	编码	名称	规格	单位	数量
1	80210416	预拌混凝土(泵送型)	C20粒径5~40	m3	1.01

专业 所有 类型 预拌混凝土（泵送型） 粒径 所有 强度 所有

	编码	名称	规格	单位
1	80210401	预拌混凝土（泵送型）		m3
2	80210410	预拌混凝土（泵送型）	C15粒径5~20	m3
3	80210411	预拌混凝土（泵送型）	C15粒径5~25	m3
4	80210412	预拌混凝土（泵送型）	C15粒径5-40	m3
5	80210413	预拌混凝土（泵送型）	C20粒径5~16	m3
6	80210414	预拌混凝土（泵送型）	C20粒径5~20	m3
7	80210415	预拌混凝土（泵送型）	C20粒径5~25	m3
8	80210416	预拌混凝土（泵送型）	C20粒径5-40	m3
9	80210417	预拌混凝土（泵送型）	C25粒径5~16	m3
10	80210418	预拌混凝土（泵送型）	C25粒径5~20	m3

确定 取消

图 14.29

b.批量系数换算。若清单中的材料进行换算的系数相同时,可选中所有换算内容相同的清单项,单击常用功能中的“其他”,如图 14.30 所示。

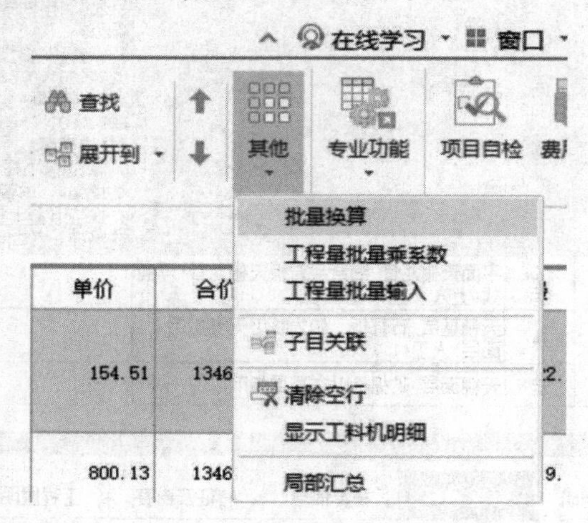

图 14.30

单击“批量换算”对材料进行换算,如图 14.31 所示。

批量换算

替换人材机　删除人材机　恢复

	编码	类别	名称	规格型号	单位	调整系数前数量	调整系数后数量	不含税预算价	不含税市场价	税率	含税市
1	0003004	人	三类工		工日	15.07638	15.07638	52	52	0	
2	0003003	人	二类工		工日	135.178188	135.178188	65	65	0	
3	⊟ 2-53	浆	水泥砂浆	体积比1:2	m3	4.783703	4.783703	285.49	338.07		36
4	3115001	材	水		m3	1.674296	1.674296	3.49	3.49	2.91	3
5	0401008	材	普通硅酸盐水泥	32.5	kg	2688.441086	2688.441086	0.38	0.352	12.73	0
6	0403003	材	砂		m3	5.262073	5.262073	66.74	128.85	2.91	1
7	CLFBC	材	材料费补差		元	-12.963835	-12.963835	1	1	0	
8	9946131	材	其他材料费		元	83.977135	83.977135	1	1	0	
9	3115001	材	水		m3	27.930653	27.930653	3.49	3.49	2.91	3
10	8047001	主	商品混凝土		m3	152.924183	152.924183	0	0	2.91	

设置工料机系数

人工: 1　材料: 1　机械: 1　设备: 1　主材: 1　单价: 1　高级

确定　取消

图 14.31

③修改材料名称。若项目特征中要求材料与子目相对应人材机材料不相符时,需要对材料名称进行修改。下面以钢筋工程按直径划分为例,介绍人材机中材料名称的修改。

选择需要修改的定额子目,在“工料机显示”操作界面下的“规格及型号”一栏备注上直径,如图 14.32 所示。

	编码	名称	单位	工程量
		HRB400E】		
	01-5-11-3	钢筋 满堂基础、地下室底板	t	20.824
38	010515001001	现浇构件钢筋 【热轧 带肋钢筋 HRB400E】	t	5.974
	01-5-11-2	钢筋 独立基础、杯形基础	t	5.974
39	010515001004	现浇构件钢筋 【热轧 带肋钢筋 HRB400E】	t	1.393
	01-5-11-28	钢筋 栏杆、栏板	t	1.393

工料机显示　单价构成　标准换算　换算信息　特征及内容　工程量明细

插入　删除　查询　筛选条件　查询造价信息库

类别	编码	名称	规格及型号
人	00030119	钢筋工	建筑装饰
人	00030153	其他工	建筑装饰
材	01010120@2	成型钢筋	C@12
材	03152501	镀锌铁丝	
材	X0045	其他材料费	

图 14.32

四、任务结果

详见报表实例。

五、总结拓展

锁定清单

在所有清单补充完整之后,可运用“锁定清单”对所有清单项进行锁定,锁定之后的清单项将不能再进行添加和删除等操作。若要进行修改,需先对清单项进行解锁,如图 14.33 所示。

编制　报表　指标　电子标

删除　标准组价　复用数据　锁定清单　替换数据　重排清单号　分部整理　清单排序　实体转技措　颜色　查找　过滤　展开到

工程概况　分部分项　措施项目　其他项目　工料机汇总　费用汇总　取费设置

序号	编码	名称	单位	工程量	项目特征	单价
82	011302001001	铝合金条板吊顶	m2	1194.23	1.龙骨材料种类、规格、中距:U型轻钢龙骨 2.面层材料品种、规格:铝合金	173.76
	01-13-2-4	U型轻钢天棚龙骨 450×450mm 平面	m2	1194.2323		60.61
	01-13-2-41	吊顶天棚 面层 铝合金条板 开缝	m2	1194.2323		113.15

图 14.33

14.4 其他项目清单

通过本节的学习,你将能够:
(1)编制暂列金额;
(2)编制专业工程暂估价;
(3)编制工日表。

一、任务说明

①根据招标文件所述,编制其他项目清单。
②按本工程控制价编制要求,本工程暂列金额为 100 万元(列入建筑工程专业)。
③本工程幕墙(含预埋件)为专业暂估工程,暂估工程价为 80 万元。

二、任务分析

①其他项目清单中哪几项内容不能变动?
②暂估材料价如何调整?计日工是不是综合单价?应如何计算?

三、任务实施

1)添加暂列金额

单击“其他项目”中的“暂列金额”,按招标文件要求暂列金额为 1 000 000 元,在名称中输入“暂列金额”,在金额中输入“1000000”,如图 14.34 所示。

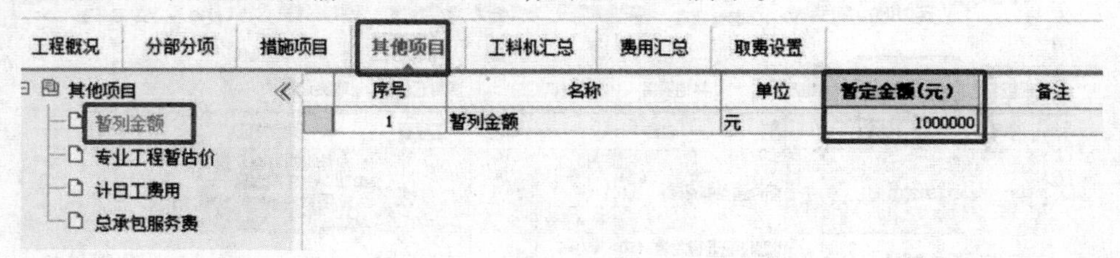

图 14.34

2)添加专业工程暂估价

选择“其他项目”→“专业工程暂估价”,按招标文件内容,幕墙工程(含预埋件)为暂估工程价,在工程名称中输入“玻璃幕墙工程”,在金额中输入“800000”,如图 14.35 所示。

3)添加计日工

选择“其他项目”→“计日工费用”,按招标文件要求,如本项目有计日工费用,需要添加计日工,如图 14.36 所示。

添加材料时,如需增加费用行可用鼠标右键单击操作界面,选择“插入费用行”进行添加即可,如图 14.37 所示。

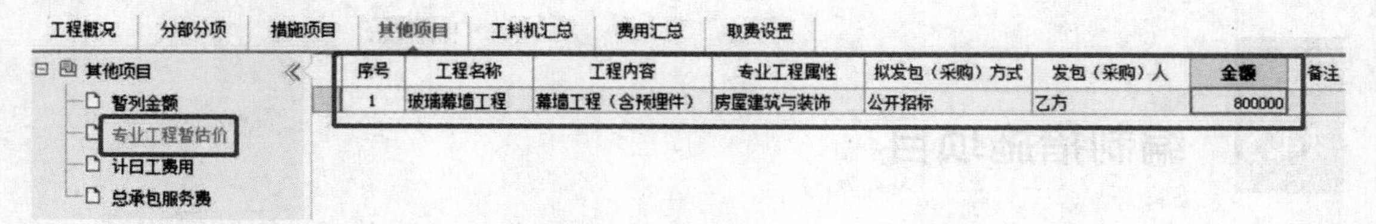

工程概况 分部分项 措施项目 其他项目 工料机汇总 费用汇总 取费设置

其他项目
- 暂列金额
- 专业工程暂估价
- 计日工费用
- 总承包服务费

序号	工程名称	工程内容	专业工程属性	拟发包（采购）方式	发包（采购）人	金额	备注
1	玻璃幕墙工程	幕墙工程（含预埋件）	房屋建筑与装饰	公开招标	乙方	800000	

图 14.35

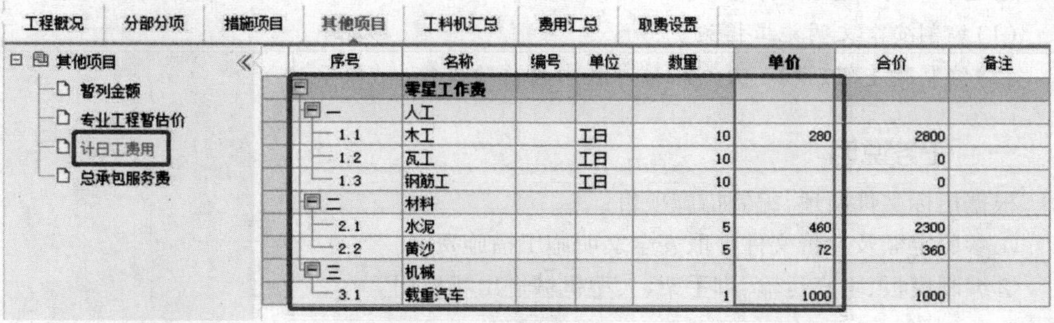

工程概况 分部分项 措施项目 其他项目 工料机汇总 费用汇总 取费设置

其他项目
- 暂列金额
- 专业工程暂估价
- 计日工费用
- 总承包服务费

序号	名称	编号	单位	数量	单价	合价	备注
	零星工作费						
一	人工						
1.1	木工		工日	10	280	2800	
1.2	瓦工		工日	10		0	
1.3	钢筋工		工日	10		0	
二	材料						
2.1	水泥			5	460	2300	
2.2	黄沙			5	72	360	
三	机械						
3.1	载重汽车			1	1000	1000	

图 14.36

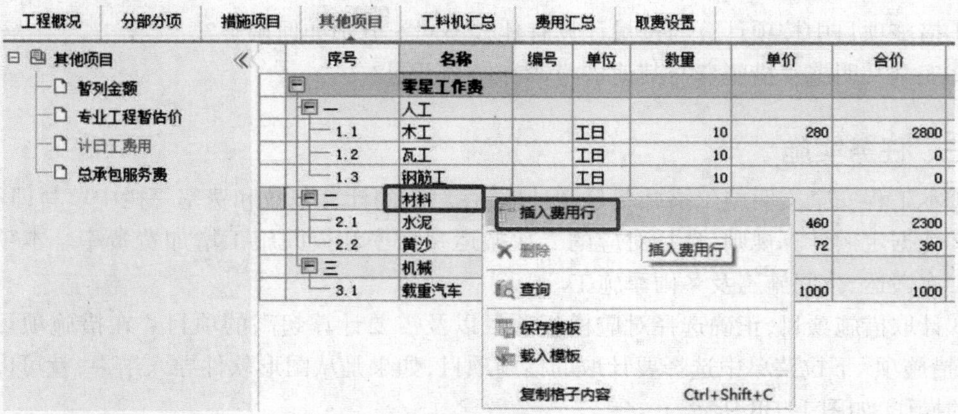

工程概况 分部分项 措施项目 其他项目 工料机汇总 费用汇总 取费设置

其他项目
- 暂列金额
- 专业工程暂估价
- 计日工费用
- 总承包服务费

序号	名称	编号	单位	数量	单价	合价
	零星工作费					
一	人工					
1.1	木工		工日	10	280	2800
1.2	瓦工		工日	10		0
1.3	钢筋工		工日	10		0
二	材料					
2.1	水泥				460	2300
2.2	黄沙				72	360
三	机械					
3.1	载重汽车				1000	1000

插入费用行
删除
插入费用行
查询
保存模板
载入模板
复制格子内容 Ctrl+Shift+C

图 14.37

四、任务结果

详见报表实例。

五、总结拓展

总承包服务费

在工程建设施工阶段实行施工总承包时,当招标人在法律、法规允许的范围内对工程进行分包和自行采购供应部分设备、材料时,要总承包人提供相关服务(如分包人使用总包人脚手架、水电接驳等)和施工现场管理等所需的费用。

14.5 编制措施项目

通过本节的学习,你将能够:

(1)编制安全文明施工措施费;

(2)编制脚手架、模板、大型机械等技术措施项目费。

一、任务说明

根据招标文件所述,编制措施项目:

①参照定额及造价文件计取安全文明施工措施费。

②编制模板、垂直运输、脚手架、大型机械进出场费用。

二、任务分析

①措施项目中按项计算与按量计算有什么不同?分别如何调整?

②安全文明施工措施费与其他措施费有什么不同?

三、任务实施

①本工程安全文明施工措施费足额计取,在对应的计算基数和费率一栏中填写即可。

②依据定额计算规则,选择对应的二次搬运费费率和夜间施工增加费费率。本项目不考虑二次搬运、夜间施工及冬雨季施工。

③计取措施项目,正确选择对应模板项目以及需要计算超高的项目。在措施项目界面"选取措施项"下拉菜单中选择要计取的措施项目,如果是从图形软件导入结果,就可以省略上面的操作,如图 14.38 所示。

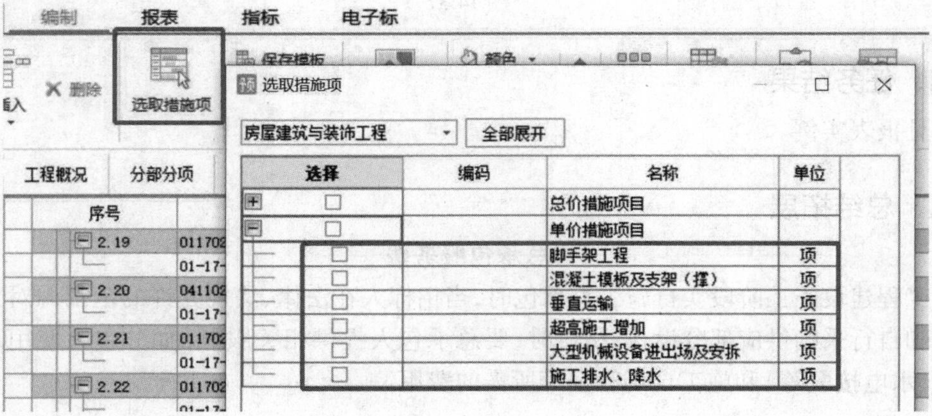

图 14.38

④完成措施项目的编制图 14.39。

			项			
3		垂直运输	项		100	1
3.1	011703001001	垂直运输	m2			2425.39
	01-17-3-2	垂直运输机械及相应设备 塔吊施工 建筑物高度 20m以内	m2			2425.39
3.2	沪011703002001	基础垂直运输	m3			316.76
	01-17-3-30系	垂直运输机械 独立地下室一层	m2			81.22051
			项			

图 14.39

四、任务结果

详见报表实例。

14.6 调整人材机

通过本节的学习，你将能够：

(1)调整定额工日；

(2)调整材料价格；

(3)增加甲供材料；

(4)添加暂估材料。

一、任务说明

根据招标文件所述导入信息价，按招标要求修正人材机价格：

①按照招标文件规定，计取相应的人工费。

②材料价格按“上海市 2019 年 4 月工程造价信息”及市场价调整。

③根据招标文件，编制甲供材料及暂估材料。

二、任务分析

①有效信息价是如何导入的？哪些类型的价格需要调整？

②甲供材料价格如何调整？

③暂估材料价格如何调整？

三、任务实施

①在“人材机汇总”界面下，参照招标文件要求的“上海市 2019 年 4 月份工程造价信息”对材料“市场价”进行调整，如图 14.40 所示。

②按照招标文件的要求，对于甲供材料，在“含税市场价”处修改价格，如图 14.41 所示。

	标记	编码	类别	名称	规格型号	单位	消耗量	不含税市场价	含税市场价	税率
1		C00019	材	107建筑胶水		kg	1.0476	1.75	1.97	12.57
2		04131794@1	材	200厚陶粒空心砖	190×90×90	m3	387.6643	0.445	0.5	12.47
3	砂	80060312@1	商浆	40厚1 :0.2: 3.5水泥粉煤灰页岩陶粒找2%	DS M20.0	m3	15.3481	519.76	580	11.59
4		39010131@1	材	50厚聚苯板		m2	1404.7614	77.451	87.52	13
5		14413101	材	801建筑胶水		kg	1714.8072	3.34	3.76	12.57
6		33330713	材	L型铁件	L150×80×1.5	块	1478.8631	1.82	2.04	12.09
7		13350851	材	SBS弹性沥青防水胶		kg	346.3604	7.87	8.86	12.58
8		13330611	材	SBS改性沥青防水卷材		m2	1384.8776	25.75	29	12.62
9		35050127	材	安全网(密目式立网)		m2	1477.9343	17.41	19.43	11.6
10		12231701	材	不锈钢法兰底座	Φ59	个	451.4769	2.33	2.61	12.02
11		12210801	材	不锈钢管栏杆带扶手(制品)		m	78.232	141.509	150	6
12		03130201	材	不锈钢焊条		kg	9.779	47.689	53.86	12.94
13		03014426	材	不锈钢六角螺栓连母垫	M6×30	套	1102.7558	0.21	0.24	14.29
14		03014427	材	不锈钢六角螺栓连母垫	M8×30	套	1102.7558	0.36	0.41	13.89

图 14.40

	编码	类别	名称	规格型号	单位	含税市场价	税率	价格来源	不含税市场价合计	含税市场价合计	价差	价差合计	供货方式
1	8047001@1	主	商品混凝土P6	C30 P6商品混凝土	m3	450	2.91	自行询价	59354.2	61081.45	0	0	甲供材料
2	8047001@2	主	商品混凝土C15		m3	346	2.91	自行询价	45078.27	46390.06	0	0	甲供材料
3	8047001@3	主	商品混凝土C30		m3	415	2.91	自行询价	460427.83	473826.27	0	0	甲供材料
4	8047001@4	主	商品混凝土C25		m3	389	2.91	自行询价	17211.85	17712.72	0	0	甲供材料

图 14.41

四、任务结果

详见报表实例。

五、总结拓展

1)市场价锁定

对于招标文件要求的内容,如涉及的材料价格是不能进行调整的,为了避免在调整其他材料价格时出现操作失误,可使用“市场价锁定”对修改后的材料价格进行锁定,如图 14.42 所示。

标记	编码	类别	名称	规格型号	实际单价	合价	含税市场价合计	市场价锁定	是
	39010131@1	材	50厚聚苯板		77.451	108800.18	122944.72	☑	
	14413101	材	801建筑胶水		3.34	5727.46	6447.68	☐	
	33330713	材	L型铁件	L150×80×1.5	1.82	2691.53	3016.88	☐	
	13350851	材	SBS弹性沥青防水胶		7.87	2725.86	3068.75	☐	
	13330611	材	SBS改性沥青防水卷材		25.75	35660.6	40161.45	☑	
	35050127	材	安全网(密目式立网)		17.41	25730.84	28716.26	☐	
	12231701	材	不锈钢法兰底座	Φ59	2.33	1051.94	1178.35		

图 14.42

2)显示替换材料

对于“工料机汇总”中出现的材料名称异常或数量异常的情况,可直接右键单击相应材料后的“…”,选择“编辑”对话框进行修改,或者右键选择“替换材料”如图 14.43 和图 14.44 所示。

3)云存档

对于同一个项目的多个标段,发包方会要求所有标段的材料价保持一致,在调整好一个标段的材料价后,可运用“云存档”将此材料价运用到其他标段,如图 14.45 所示。

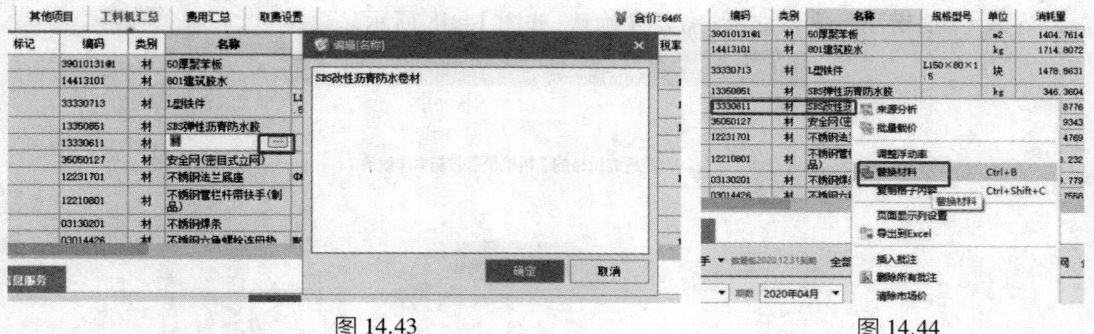

图 14.43　　　　图 14.44

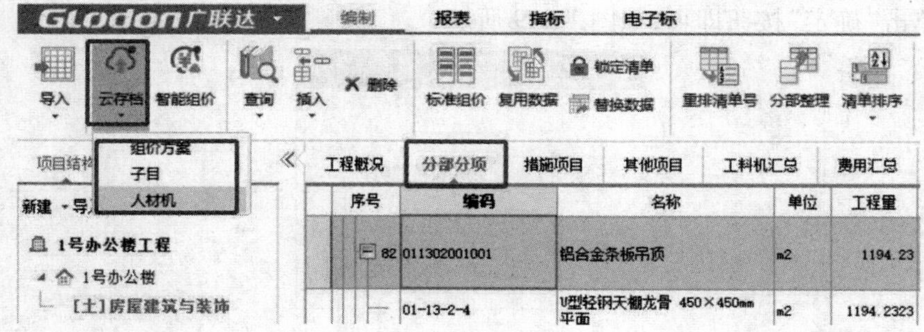

图 14.45

在其他标段的“工料机机汇总”中使用该市场价文件时，可运用“载入历史工程市场价文件”，如图 14.46 所示。

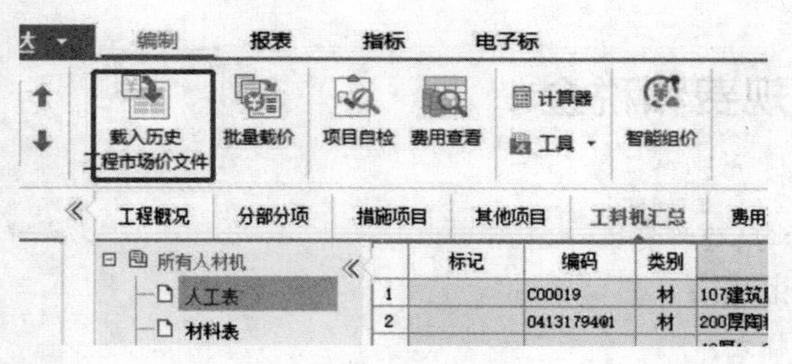

图 14.46

在导入市场价文件时，按如图 14.47 所示顺序进行操作。

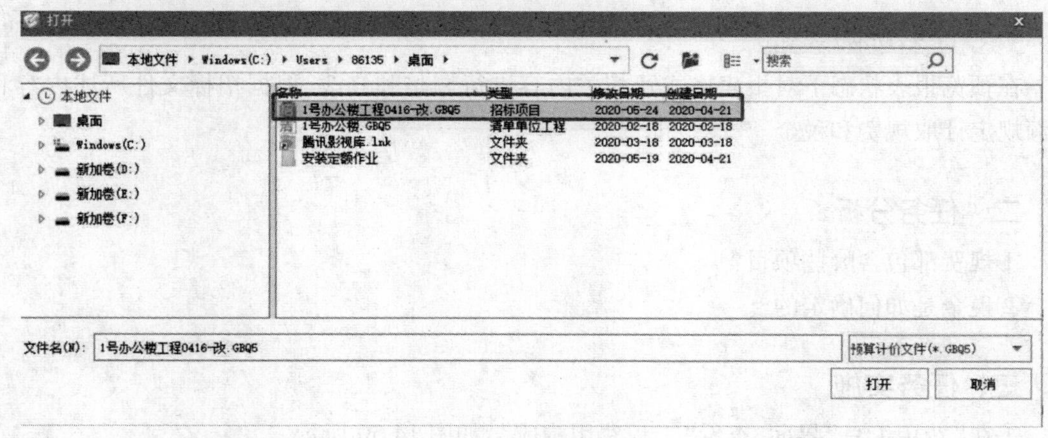

图 14.47

导入 GBQ 市场价文件之后,需要先确认,如图 14.48 所示。

图 14.48

然后单击"确定"按钮即可,如图 14.49 所示。

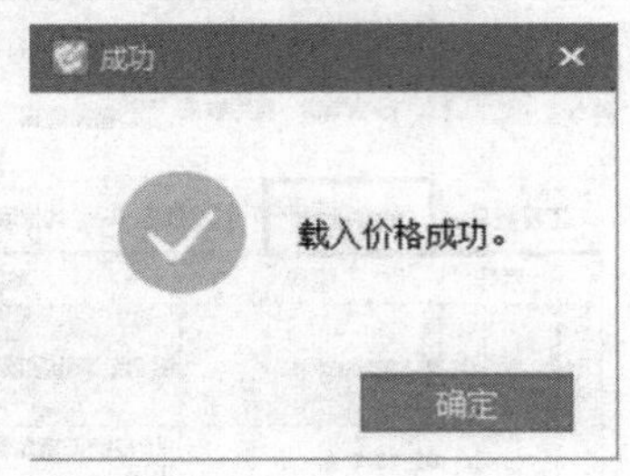

图 14.49

14.7 计取规费和税金

通过本节的学习,你将能够:
(1)查看费用汇总;
(2)修改报表样式;
(3)调整规费、税金。

一、任务说明

在预览报表状态下对报表格式及相关内容进行调整和修改,根据招标文件所述内容和定额规定计取规费和税金。

二、任务分析

①规费都包含哪些项目?
②税金是如何确定的?

三、任务实施

①在"费用汇总"界面,查看"工程费用构成",如图 14.50 所示。

工程概况 | 分部分项 | 措施项目 | 其他项目 | 工料机汇总 | 费用汇总 | 取费设置

	序号	费用代号	编码	名称	计算基数	基数说明	费率(%)
1	1	A		分部分项合计	FBFXHJ	分部分项合计	
2	2	B		措施项目合计	CSXMHJ	措施项目合计	
3	3	C		其他项目合计	QTXMHJ	其他项目合计	
4	4	D		规费	D1+D2	社会保险费+住房公积金	
5	4.1	D1	gf100	社会保险费	D11+D12	管理人员部分+施工现场作业人员	
6	4.1.1	D11	gf110	管理人员部分	RGF_TJ+DJRGF_TJ+GCZGJRGF_TJ	分部分项人工费_建筑与装饰+单价措施人工费_建筑与装饰+专业工程暂估价人工费_建筑与装饰	4.56
7	4.1.2	D12	gf120	施工现场作业人员	RGF_TJ+DJRGF_TJ+GCZGJRGF_TJ	分部分项人工费_建筑与装饰+单价措施人工费_建筑与装饰+专业工程暂估价人工费_建筑与装饰	28.04
8	4.2	D2	gf200	住房公积金	RGF_TJ+DJRGF_TJ+GCZGJRGF_TJ	分部分项人工费_建筑与装饰+单价措施人工费_建筑与装饰+专业工程暂估价人工费_建筑与装饰	1.96
9	5	E		增值税	A+B+C+D	分部分项合计+措施项目合计+其他项目合计+规费	9
10	6	G		工程造价	A+B+C+D+E	分部分项合计+措施项目合计+其他项目合计+规费+增值税	

图 14.50

【注意】

费用汇总中可查看规费和税金等,规费和税金的基数和费率可进行调整。

②进入“报表”界面,选择“招标控制价”,单击需要输出的报表,单击右键选择“编辑”按钮,如图 14.51 所示;进入“报表设计器”界面,调整列宽及行距,如图 14.52 所示。

图 14.51

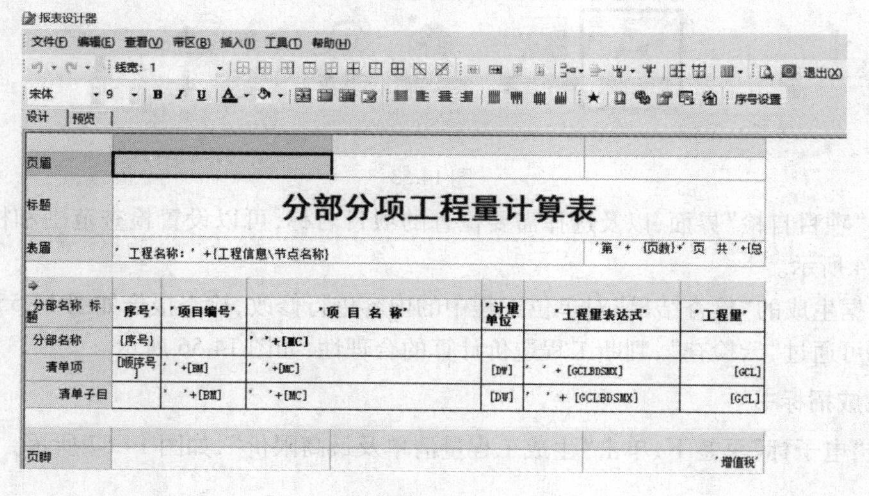

图 14.52

③单击文件,选择“报表设计预览”,如需修改,关闭预览,重新调整。

四、任务结果

详见报表实例。

14.8 生成电子招标文件

通过本节的学习,你将能够:

(1)运用“项目自检”并修改;

(2)运用软件生成招标书。

一、任务说明

根据招标文件所述内容生成招标书。

二、任务分析

①输出招标文件之前有检查要求吗?

②输出的文件是什么类型?如何使用?

三、任务实施

1)项目自检

①在“编制”页签下,单击“项目自检”,如图 14.53 所示。

图 14.53

②在“项目自检”界面,以及选择需要检查的项目名称,可以设置检查范围和检查内容,如图 14.54 所示。

③根据生成的“检查结果”对单位工程中的内容进行修改,检查报告如图 14.55 所示。

④还可通过“云检查”,判断工程造价计算的合理性,如图 14.56 所示。

2)生成招标书

①在“电子标”页签下,单击“生成工程量清单及最高限价”,如图 14.57 所示。

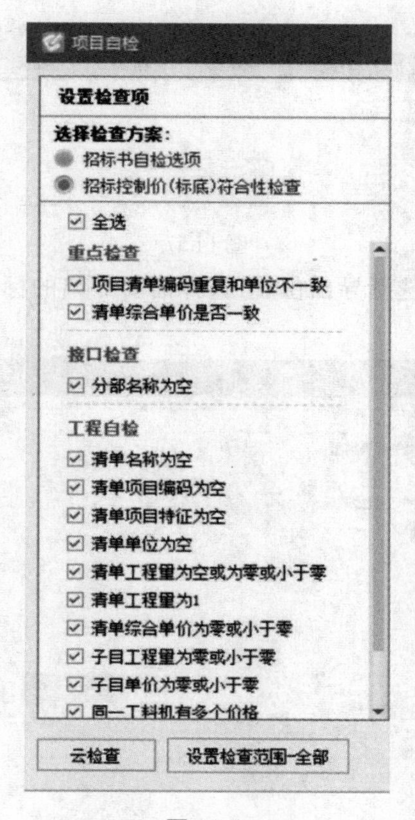

图 14.54

图 14.55

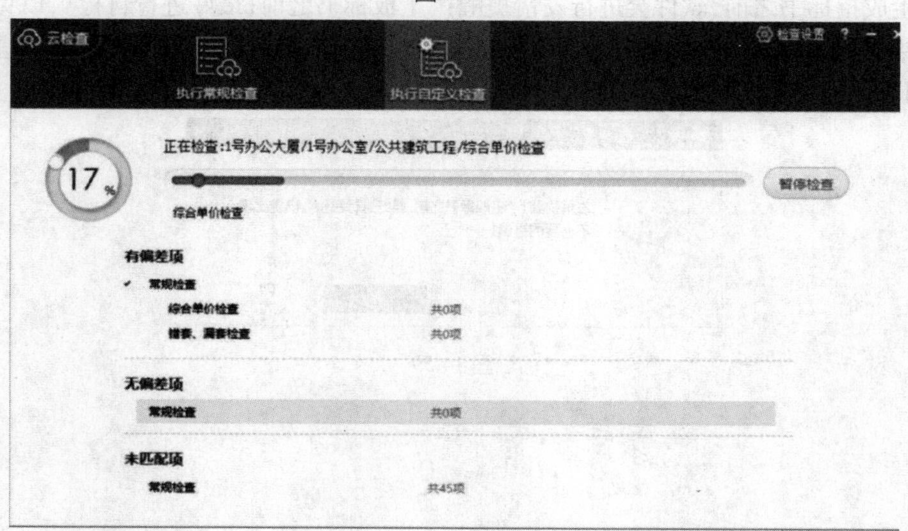

图 14.56

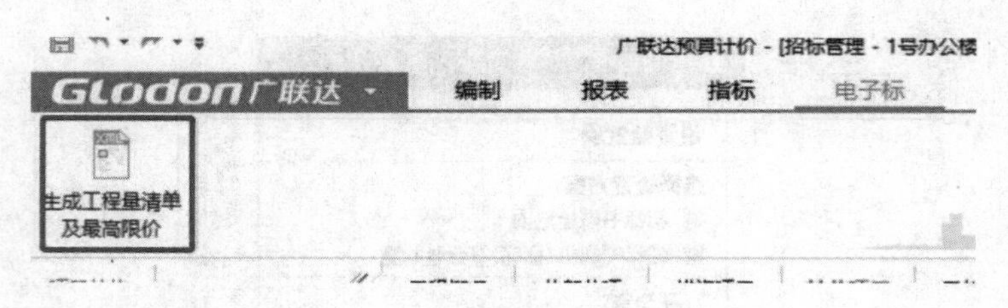

图 14.57

②在“导出标书”面板,选择导出位置,选择需要导出的标书类型,单击“确定”按钮即可,如图 14.58 所示。

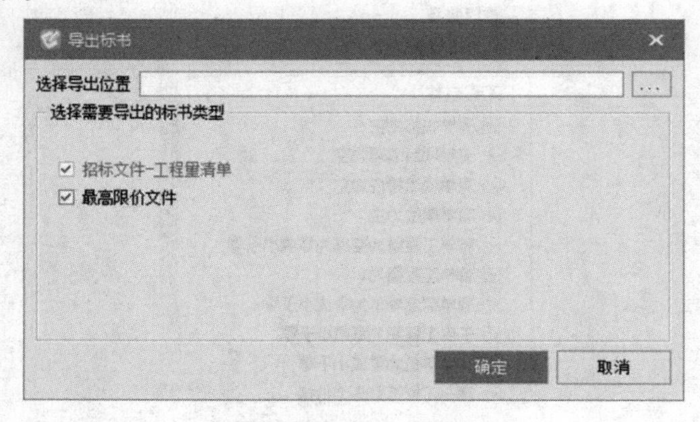

图 14.58

四、任务结果

详见报表实例。

五、总结拓展

在生成招标书之前,软件会进行友情提醒:“生成标书之前,最好进行自检”,以免出现不必要的错误!假如未进行项目自检,则可单击“是”,进入“项目自检”界面;假如已进行项目自检,则可选择“否”,如图 14.59 所示。

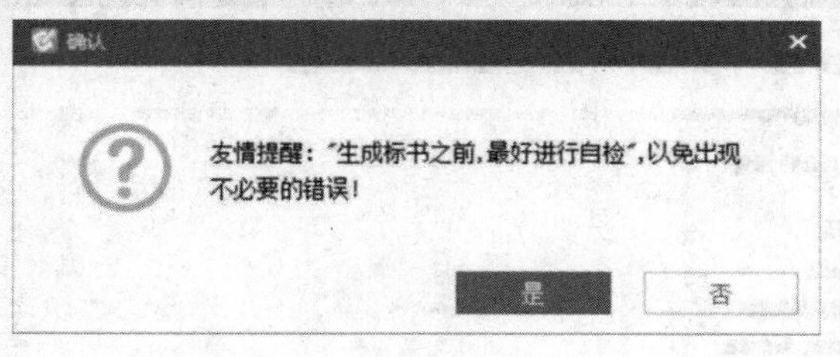

图 14.59

15 报表实例

通过本章的学习，你将能够：
熟悉编制最高投标限价文件时需要打印的表格。

一、任务说明

按照招标文件的要求，打印相应的报表，并装订成册。

二、任务分析

①招标文件的内容和格式是如何规定的？
②如何检查打印前的报表是否符合要求？

三、任务实施

①检查报表样式。
②设定需要打印的报表。

四、任务结果

工程量清单最高投标限价实例（计价文件最终确定打印）。

1 号办公楼工程

最高投标限价

工程报建号：××××××××××

1号办公楼工程

最高投标限价

最高投标限价(小写)：10 296 620.89

(大写)：壹仟零贰拾玖万陆仟陆佰贰拾元捌角玖分

招 标 人：

(单位盖章)

工程造价咨询人
招标代理机构 ：

(单位盖章)

法定代表人
或其授权人：

(签字或盖章)

法定代表人
或其授权人：

(签字或盖章)

编 制 人：

(造价人员签字盖专用章)

复 核 人：

(造价工程师签字盖专用章)

编制时间：

复核时间：

最高投标限价汇总表

工程名称:1 号办公楼工程　　　　　　　　　　　　　　　　　第 1 页　共 1 页

序号	汇总内容	金额(元)	其中:材料暂估价(元)
1	单体工程分部分项工程费汇总	5 743 311.92	
1.1	1 号办公楼	5 743 311.92	
1.1.1	房屋建筑与装饰	5 743 311.92	
2	措施项目费	1 336 957.12	
2.1	总价措施项目费	315 882.14	
2.1.1	安全文明施工费	206 759.21	
2.1.2	其他措施项目费	109 122.93	
2.2	单价措施项目费	1 021 074.98	
3	其他项目费	1 812 060	
4	规费	554 112.15	
5	增值税	850 179.7	
合计=1+2+3+4+5		10 296 620.9	

措施项目清单汇总表

工程名称:1 号办公楼工程　　　　标段:001　　　　第 1 页　共 1 页

序号	费用项目名称	金额(元)
1	整体措施项目(总价措施费)	315 882.14
1.1	安全防护、文明施工费	206 759.21
1.2	其他措施项目费	109 122.93
2	单项措施费(单价措施费)	
	合计	315 882.14

总价措施清单计价表

工程名称:1 号办公楼工程　　　　标段:001　　　　第 1 页共 3 页

序号	编码	名称	计量单位	项目名称	工程内容及包含范围	计算基础	费率(%)	金额(元)
1	安全文明施工							
	011707001001	环境保护	项	粉尘控制		5 743 311.92	3.6	206 759.23
	011707001002			噪声控制				
	011707001003			有毒有害气味控制				
	011707001004	文明施工		安全警示标志牌				
	011707001005			现场围挡				
	011707001006			各类图板				
	011707001007			企业标志				
	011707001008			场容场貌				
	011707001009			材料堆放				
	011707001010			现场防火				
	011707001011			垃圾清运				
	011707001012	临时设施		现场办公设施				
	011707001013			现场宿舍设施				
	011707001014			现场食堂生活设施				
	011707001015			现场厕所、浴室、开水房等设施				
	011707001016			水泥仓库				
	011707001017			木工棚、钢筋棚				

总价措施清单计价表

工程名称:1 号办公楼工程　　　　标段:001　　　　第 2 页共 3 页

序号	编码	名称	计量单位	项目名称	工程内容及包含范围	计算基础	费率(%)	金额(元)
	011707001018			其他库房				
	011707001019			配电线路				
	011707001020			配电箱开关箱				
	011707001021			接地保护装置				
	011707001022			供水管线				
	011707001023			排水管线				
	011707001024			沉淀池				
	011707001025			临时道路				
	011707001026			硬地坪				
	011707001027	安全施工		楼板、屋面、阳台等临时防护				
	011707001028			通道口防护				
	011707001029			预留洞口防护				
	011707001030			电梯井口防护				
	011707001031			楼梯边防护				
	011707001032			垂直方向交叉作业防护				
	011707001033			高空作业防护				
	011707001034			操作平台交叉作业				
	011707001035			作业人员具备必要的安全帽、安全带等安全防护用品				

总价措施清单计价表

工程名称:1 号办公楼工程　　　　　　　　　　　　标段:001　　　　第 3 页共 3 页

<table>
<tr><th>序号</th><th>编码</th><th>名称</th><th>计量单位</th><th>项目名称</th><th>工程内容及包含范围</th><th>计算基础</th><th>费率(%)</th><th>金额(元)</th></tr>
<tr><td>2</td><td colspan="8">其他措施项目</td></tr>
<tr><td></td><td>011707002</td><td>夜间施工</td><td rowspan="6">项</td><td></td><td></td><td rowspan="6">5 743 311.92</td><td rowspan="6">1.9</td><td rowspan="6">109 122.93</td></tr>
<tr><td></td><td>011707003</td><td>非夜间施工照明</td><td></td><td></td></tr>
<tr><td></td><td>011707004</td><td>二次搬运</td><td></td><td></td></tr>
<tr><td></td><td>011707005</td><td>冬雨季施工</td><td></td><td></td></tr>
<tr><td></td><td>011707006</td><td>地上、地下设施、建筑物的临时保护设施</td><td></td><td></td></tr>
<tr><td></td><td>011707007</td><td>已完工程及设备保护</td><td></td><td></td></tr>
<tr><td colspan="6">合计</td><td></td><td></td><td>315 882.16</td></tr>
</table>

分部分项工程费汇总表

工程名称:1 号办公楼工程\1 号办公楼\房屋建筑与装饰　　　　第 1 页共 1 页

序号	分部工程名称	金额(元)	其中:材料及工程设备暂估价(元)
1	土石方工程	105 489.05	
2	砌筑工程	229 636.61	
3	混凝土及钢筋混凝土工程	2 817 134.88	
4	门窗工程	419 570.55	
5	屋面及防水工程	114 156.58	
6	保温、隔热、防腐工程	224 329.09	
7	楼地面装饰工程	795 664.54	
8	墙、柱面装饰与隔断、幕墙工程	566 812.54	
9	天棚工程	222 147.13	
10	油漆、涂料、裱糊工程	206 011.14	
11	其他装饰工程	42 359.81	
合计		5 743 311.92	

注:群体工程应以单体工程为单位,分别汇总,并填写单体工程名称。

分部分项工程量清单与计价表

工程名称:1 号办公楼工程\1 号办公楼\房屋建筑与装饰　　标段:001　　第 1 页共 28 页

序号	项目编码	项目名称	项目特征描述	工程内容	计量单位	工程量	金额(元)				备注
							综合单价	合价	其中		
									人工费	材料及工程设备暂估价	
土石方工程											
1	010101001001	平整场地	(1)土壤类别:综合考虑 (2)弃土运距:1 km 以内	(1)土方挖填 (2)场地找平 (3)场内运输	m^2	639.26	4.7	3 004.52	3.73		
2	010101002001	挖一般土方	(1)挖土深度:4.2 m (2)土壤类别:综合考虑 (3)弃土运距:1 km 以内	(1)土方开挖 (2)基底钎探 (3)场内运输	m^3	3 943.16	7.01	27 641.55	2.76		
3	010101004001	挖基坑土方	(1)挖土深度:1.8 m (2)土壤类别:综合考虑 (3)弃土运距:1 km 以内	(1)土方开挖 (2)基底钎探 (3)场内运输	m^3	34.56	12.09	417.83	6.22		
4	010103001001	回填方	(1)部位:电梯井基坑 (2)填方材料品种:素土 (3)填方来源、运距:1 km	(1)场内运输 (2)回填 (3)压实	m^3	19.23	97.66	1 878	77.59		
5	010103001002	回填方	(1)密实度要求:分层夯实 (2)填方材料品种:3:7灰土	(1)场内运输 (2)回填 (3)压实	m^3	1 249.09	58.08	72 547.15	46.14		
		分部小计						105 489.05			
本页小计								105 489.05			

注:按照规费计算要求,须在表中填写人工费;招标人需以书面形式打印综合单价分析表的,请在备注栏内打√。

分部分项工程量清单与计价表

工程名称：1 号办公楼工程\1 号办公楼\房屋建筑与装饰　　　　标段：001　　　　第 2 页共 28 页

序号	项目编码	项目名称	项目特征描述	工程内容	计量单位	工程量	金额(元)				备注
							综合单价	合价	其中		
									人工费	材料及工程设备暂估价	
				砌筑工程							
6	010401001001	砖基础	(1)砖品种、规格、强度等级：砖基础蒸压灰砂砖 (2)基础类型：大放脚砖基础 (3)砂浆强度等级：水泥 M5.0	(1)砂浆制作、运输 (2)砌砖 (3)防潮层铺设 (4)材料运输	m^3	4.19	635.85	2 664.21	188.69		
7	010401001002	砖基础	(1)砖品种、规格、强度等级：黏土砖 (2)砂浆强度等级：混合 M5.0	(1)砂浆制作、运输 (2)砌砖 (3)防潮层铺设 (4)材料运输	m^3	1.79	511.03	914.74	189.22		
8	010401004001	多孔砖墙	(1)砖品种、规格、强度等级：240 多孔砖 (2)墙体类型：女儿墙 (3)砂浆强度等级、配合比：混合 M5.0	(1)砂浆制作、运输 (2)砌砖 (3)刮缝 (4)砖压顶砌筑 (5)材料运输	m^3	19.71	551.46	10 869.28	206.69		
9	010401008001	填充墙[混合砂浆 M5(干粉砌筑砂浆 DM5)]	(1)砂浆强度等级、配合比：混合砂浆 M5(干粉砌筑砂浆 DM5) (2)砖品种、规格、强度等级：多孔砖 240 mm×115 mm×90 mm (3)墙体类型：填充墙	(1)砂浆制作、运输 (2)砌砖 (3)装填充料 (4)刮缝 (5)材料运输	m^3	0.48	1 723.32	827.19	709.48		
				本页小计				15 275.42			

注：按照规费计算要求，须在表中填写人工费；招标人需以书面形式打印综合单价分析表的，请在备注栏内打√。

分部分项工程量清单与计价表

工程名称:1 号办公楼工程\1 号办公楼\房屋建筑与装饰　　　　标段:001　　　　第 3 页共 28 页

序号	项目编码	项目名称	项目特征描述	工程内容	计量单位	工程量	金额(元)				备注
							综合单价	合价	其中		
									人工费	材料及工程设备暂估价	
10	010401008002	填充墙[混合砂浆 M5(干粉砌筑砂浆 DM5)]	(1)砂浆强度等级、配合比:混合砂浆 M5(干粉砌筑砂浆 DM5) (2)砖品种、规格、强度等级:250 mm 陶粒空心砖 (3)墙体类型:填充墙	(1)砂浆制作、运输 (2)砌砖 (3)装填充料 (4)刮缝 (5)材料运输	m^3	168.41	551.57	92 889.9	206.73		
11	010401008003	填充墙[混合砂浆 M5(干粉砌筑砂浆 DM5)]	(1)砂浆强度等级、配合比:混合砂浆 M5(干粉砌筑砂浆 DM5) (2)砖品种、规格、强度等级:200 mm 厚陶粒空心砖 (3)墙体类型:填充墙	(1)砂浆制作、运输 (2)砌砖 (3)装填充料 (4)刮缝 (5)材料运输	m^3	380.28	282.57	107 455.72	203.68		
12	010404001001	独立基础垫层	(1)垫层材料种类、配合比、厚度:三七灰土垫层	(1)垫层材料的拌制 (2)垫层铺设 (3)材料运输	m^3	11.65	199	2 318.35	57.78		
13	010404001002	独立基础垫层	(1)垫层材料种类、配合比、厚度:三七灰土垫层	(1)垫层材料的拌制 (2)垫层铺设 (3)材料运输	m^3	58.78	199	11 697.22	57.78		
		分部小计						229 636.61			
本页小计								214 361.19			

注:按照规费计算要求,须在表中填写人工费;招标人需以书面形式打印综合单价分析表的,请在备注栏内打√。

分部分项工程量清单与计价表

工程名称:1 号办公楼工程\1 号办公楼\房屋建筑与装饰　　标段:001　　第 4 页共 28 页

序号	项目编码	项目名称	项目特征描述	工程内容	计量单位	工程量	金额(元)				备注
							综合单价	合价	其中		
									人工费	材料及工程设备暂估价	
				混凝土及钢筋混凝土工程							
14	010501001001	垫层	(1)混凝土种类:预拌混凝土 (2)混凝土强度等级:C15	(1)混凝土制作、运输、浇筑、振捣、养护	m^3	1.54	732.38	1 127.87	81.29		
15	010501001002	垫层	(1)混凝土种类:预拌混凝土 (2)混凝土强度等级:C20	(1)混凝土制作、运输、浇筑、振捣、养护	m^3	32.8	732.38	24 022.06	81.29		
16	010501001003	垫层	(1)混凝土种类:预拌混凝土 (2)混凝土强度等级:C20	(1)混凝土制作、运输、浇筑、振捣、养护	m^3	7.69	732.38	5 632	81.29		
17	010501001004	垫层 150 mm 厚 5-32 卵石灌 M2.5 混合砂浆	(1)混凝土种类:预拌混凝土 (2)混凝土强度等级:C20	(1)混凝土制作、运输、浇筑、振捣、养护	m^3	23.08	630.01	14 540.63	81.29		
18	010501001005	垫层	(1)混凝土种类:预拌混凝土 (2)混凝土强度等级:C15	(1)混凝土制作、运输、浇筑、振捣、养护	m^3	104.85	732.38	76 790.04	81.29		
19	010501003001	独立基础	(1)混凝土种类:预拌混凝土 (2)混凝土强度等级:C30	(1)混凝土制作、运输、浇筑、振捣、养护	m^3	65.33	699.04	45 668.28	43.57		
20	010501004001	满堂基础	(1)混凝土强度等级:C30 (2)混凝土种类:预拌混凝土	(1)混凝土制作、运输、浇筑、振捣、养护	m^3	316.76	689.81	218 504.22	34.76		
			本页小计					386 285.1			

注:按照规费计算要求,须在表中填写人工费;招标人需以书面形式打印综合单价分析表的,请在备注栏内打√。

分部分项工程量清单与计价表

工程名称:1 号办公楼工程\1 号办公楼\房屋建筑与装饰　　标段:001　　第 5 页共 28 页

序号	项目编码	项目名称	项目特征描述	工程内容	计量单位	工程量	金额(元)				备注
							综合单价	合价	其中		
									人工费	材料及工程设备暂估价	
21	010502001001	矩形柱【C30】	(1)混凝土强度等级:C30 塌落度 12 cm±3 cm(不含泵送费) (2)混凝土种类:泵送混凝土	(1)混凝土制作、运输、浇筑、振捣、养护	m^3	151.72	843.91	128 038.03	155.91		
22	010502002001	构造柱	(1)混凝土种类:预拌混凝土 (2)混凝土强度等级:C25	(1)混凝土制作、运输、浇筑、振捣、养护	m^3	18.16	897.19	16 292.97	199.01		
23	010503004001	圈梁	(1)混凝土种类:预拌混凝土 (2)混凝土强度等级:C25	(1)混凝土制作、运输、浇筑、振捣、养护	m^3	17.39	817.54	14 217.02	132.61		
24	010503005001	过梁	(1)混凝土种类:预拌混凝土 (2)混凝土强度等级:C25	(1)混凝土制作、运输、浇筑、振捣、养护	m^3	9.09	763.54	6 940.58	89.63		
25	010504001001	直形墙	(1)混凝土强度等级:C30 (2)混凝土种类:预拌混凝土	(1)混凝土制作、运输、浇筑、振捣、养护	m^3	37.24	762.27	28 386.93	97.62		
26	010504002001	弧形墙	(1)混凝土种类:预拌混凝土 (2)混凝土强度等级:C30	(1)混凝土制作、运输、浇筑、振捣、养护	m^3	8.05	761.12	6 127.02	97.47		
27	010504004001	挡土墙	(1)混凝土种类:预拌混凝土 (2)混凝土强度等级:C30	(1)混凝土制作、运输、浇筑、振捣、养护	m^3	26.23	724.07	18 992.36	61.85		
			本页小计					218 994.91			

注:按照规费计算要求,须在表中填写人工费;招标人需以书面形式打印综合单价分析表的,请在备注栏内打√。

分部分项工程量清单与计价表

工程名称:1 号办公楼工程\1 号办公楼\房屋建筑与装饰　　标段:001　　第 6 页共 28 页

序号	项目编码	项目名称	项目特征描述	工程内容	计量单位	工程量	金额(元)				备注
							综合单价	合价	其中		
									人工费	材料及工程设备暂估价	
28	010504004002	挡土墙	(1)混凝土种类:预拌混凝土 (2)混凝土强度等级:C30	(1)混凝土制作、运输、浇筑、振捣、养护	m^3	104.24	712.8	74 302.27	60.89		
29	010505001001	有梁板	(1)混凝土强度等级:C30 (2)混凝土种类:预拌混凝土	(1)混凝土制作、运输、浇筑、振捣、养护	m^3	566.35	703.67	398 523.5	38.68		
30	010505003001	平板	(1)混凝土种类:泵送商品混凝土 5-40 石子 (2)混凝土强度等级:C30	(1)混凝土制作、运输、浇筑、振捣、养护	m^3	3.26	709.67	2 313.52	41.06		
31	010505008001	雨篷、悬挑板、阳台板	(1)混凝土种类:预拌混凝土 (2)混凝土强度等级:C25 (3)部位:飘窗板	(1)混凝土制作、运输、浇筑、振捣、养护	m^3	0.53	916.53	485.76	205.38		
32	010506001001	直形楼梯【C30】	(1)混凝土强度等级:C30 塌落度 12 cm±3cm(不含泵送费) (2)混凝土种类:泵送商品混凝土 5-40 石子	(1)混凝土制作、运输、浇筑、振捣、养护	m^2	87.16	154.51	13 467.09	22.98		
本页小计								489 092.14			

注:按照规费计算要求,须在表中填写人工费;招标人需以书面形式打印综合单价分析表的,请在备注栏内打√。

分部分项工程量清单与计价表

工程名称:1 号办公楼工程\1 号办公楼\房屋建筑与装饰　　标段:001　　第 7 页共 28 页

序号	项目编码	项目名称	项目特征描述	工程内容	计量单位	工程量	金额(元)				备注
							综合单价	合价	其中		
									人工费	材料及工程设备暂估价	
33	010507001001	散水、坡道	(1)垫层材料种类、厚度:灰土 (2)面层厚度:60 mm (3)混凝土种类:非泵送商品混凝土 (4)混凝土强度等级:C15	(1)地基夯实 (2)铺设垫层 (3)混凝土制作、运输、浇筑、振捣、养护 (4)变形缝填塞	m^2	98.1	17 493.75	1 716 136.88	11.93		
34	010507004001	台阶	(1)踏步高、宽:150 mm (2)混凝土种类:非泵送商品混凝土 (3)混凝土强度等级:C15	(1)混凝土制作、运输、浇筑、振捣、养护	m^2	38.83	125.35	4 867.34	14.96		
35	010507005001	扶手、压顶	(1)断面尺寸:300 mm×60 mm (2)混凝土种类:预拌混凝土 (3)混凝土强度等级:C25	(1)混凝土制作、运输、浇筑、振捣、养护	m	120.86	14.55	1 758.51	2.64		
		分部小计						2 817 134.88			
门窗工程											
36	010801001001	木质门	(1)门代号及洞口尺寸:M1021 1 000 mm×2 100 mm (2)门种类:木制夹板门	(1)门安装 (2)玻璃安装 (3)五金安装	m^2	218.4	835.9	182 560.56	32.78		
37	010802003001	钢质防火门	(1)门代号及洞口尺寸:FM 乙 1121 1 100 mm×2 100 mm	(1)门安装 (2)五金安装 (3)玻璃安装	m^2	2.31	634.95	1 466.73	58.54		
			本页小计					1 906 790.02			

注:按照规费计算要求,须在表中填写人工费;招标人需以书面形式打印综合单价分析表的,请在备注栏内打√。

分部分项工程量清单与计价表

工程名称:1 号办公楼工程\1 号办公楼\房屋建筑与装饰　　　　标段:001　　　　第 8 页共 28 页

序号	项目编码	项目名称	项目特征描述	工程内容	计量单位	工程量	金额(元)				备注
							综合单价	合价	其中		
									人工费	材料及工程设备暂估价	
38	010802003002	钢质防火门	(1)门代号及洞口尺寸:FM乙1121 1 100 mm×2 100 mm (2)门框、扇材质:钢制防火门	(1)门安装 (2)五金安装 (3)玻璃安装	m^2	2.31	634.95	1 466.73	58.54		
39	010802003003	钢质防火门	(1)门代号及洞口尺寸:FM乙1121 1 100 mm×2 100 mm (2)门框、扇材质:甲级钢质防火门	(1)门安装 (2)五金安装 (3)玻璃安装	m^2	4.2	634.95	2 666.79	58.54		
40	010805002001	旋转门	(1)门代号及洞口尺寸:M5021 5 000 mm×2 100 mm (2)门框、扇材质:旋转玻璃门	(1)门安装 (2)启动装置、五金、电子配件安装	m^2	10.5	3 365.15	35 334.08	200.23		
41	010807001001	金属(塑钢、断桥)窗	(1)窗代号及洞口尺寸:ZJC1 (2)框、扇材质:塑钢窗	(1)窗安装 (2)五金、玻璃安装	m^2	209.42	336.74	70 520.09	27.79		
42	010807001002	金属(塑钢、断桥)窗	(1)窗代号及洞口尺寸:C0924 900 mm×2 400 mm (2)框、扇材质:塑钢窗	(1)窗安装 (2)五金、玻璃安装	m^2	280.5	336.74	94 455.57	27.79		
本页小计								204 443.26			

注:按照规费计算要求,须在表中填写人工费;招标人需以书面形式打印综合单价分析表的,请在备注栏内打√。

分部分项工程量清单与计价表

工程名称:1 号办公楼工程\1 号办公楼\房屋建筑与装饰　　标段:001　　第 9 页共 28 页

序号	项目编码	项目名称	项目特征描述	工程内容	计量单位	工程量	金额(元)				备注
							综合单价	合价	其中		
									人工费	材料及工程设备暂估价	
43	010807007001	金属(塑钢、断桥)飘(凸)窗	(1)窗代号:PC-1 (2)框、扇材质:塑钢窗	(1)窗安装 (2)五金、玻璃安装	m^2	57.6	336.74	19 396.22	27.79		
44	010809004001	石材窗台板	(1)黏结层厚度、砂浆配合比:20 mm 厚防水砂浆 (2)窗台板材质、规格、颜色:大理石	(1)基层清理 (2)抹找平层 (3)窗台板制作、安装	m^2	23	508.86	11 703.78	79.11		
		分部小计						419 570.55			
				屋面及防水工程							
45	010902001001	屋面卷材防水	(1)卷材品种、规格、厚度:SBS 改性沥青防水卷材 (2)防水层数:2 层 (3)防水层做法:铺贴	(1)基层处理 (2)刷底油 (3)铺油毡卷材、接缝	m^2	635.25	84.86	53 907.32	6.78		
46	010902001002	屋面卷材防水(飘窗顶板上面)	(1)卷材品种、规格、厚度:SBS 改性沥青防水卷材 (2)防水层数:2 层 (3)防水层做法:铺贴	(1)基层处理 (2)刷底油 (3)铺油毡卷材、接缝	m^2	20	121.39	2 427.8	26.35		
				本页小计				87 435.12			

注:按照规费计算要求,须在表中填写人工费;招标人需以书面形式打印综合单价分析表的,请在备注栏内打√。

分部分项工程量清单与计价表

工程名称:1 号办公楼工程\1 号办公楼\房屋建筑与装饰　　标段:001　　第 10 页共 28 页

序号	项目编码	项目名称	项目特征描述	工程内容	计量单位	工程量	金额(元)				备注
							综合单价	合价	其中		
									人工费	材料及工程设备暂估价	
47	010902004001	屋面排水管	(1)排水管品种、规格:PVC,直径 110 mm	(1)排水管及配件安装、固定 (2)雨水斗、山墙出水口、雨水箅子安装 (3)接缝、嵌缝 (4)刷漆	m	73.86	49.26	3 638.34	8.99		
48	010903001001	墙面卷材防水	(1)卷材品种、规格、厚度:3 mm+3 mm 厚改性沥青防水卷材 (2)防水层数:2 层	(1)基层处理 (2)刷黏结剂 (3)铺防水卷材 (4)接缝、嵌缝	m^2	406.13	45.81	18 604.82	8.65		
49	010903001002	墙面卷材防水	(1)卷材品种、规格、厚度:3 mm+3 mm 厚改性沥青防水卷材 (2)防水层数:2 层	(1)基层处理 (2)刷黏结剂 (3)铺防水卷材 (4)接缝、嵌缝	m^2	73.47	45.81	3 365.66	8.65		
	本页小计							25 608.82			

注:按照规费计算要求,须在表中填写人工费;招标人需以书面形式打印综合单价分析表的,请在备注栏内打√。

分部分项工程量清单与计价表

工程名称:1 号办公楼工程\1 号办公楼\房屋建筑与装饰　　标段:001　　第 11 页共 28 页

序号	项目编码	项目名称	项目特征描述	工程内容	计量单位	工程量	金额(元)				备注
							综合单价	合价	其中		
									人工费	材料及工程设备暂估价	
50	010904001001	楼(地)面卷材防水	(1)卷材品种、规格、厚度:SBS 改性沥青卷材 (2)防水层数:2 层 (3)防水层做法:铺贴 (4)反边高度:250 mm	(1)基层处理 (2)刷黏结剂 (3)铺防水卷材 (4)接缝、嵌缝	m^2	65.98	75.95	5 011.18	11.99		
51	010904001002	三元乙丙防水卷材	(1)卷材品种、规格、厚度:三元乙丙防水卷材 (2)部位:止水板底	(1)基层处理 (2)刷黏结剂 (3)铺防水卷材 (4)接缝、嵌缝	m^2	658.95	41.28	27 201.46	6.06		
		分部小计						114 156.58			
保温、隔热、防腐工程											
52	011001001001	保温隔热屋面	(1)保温隔热材料品种、规格、厚度:聚氨酯硬泡	(1)基层清理 (2)刷黏结材料 (3)铺粘保温层 (4)铺、刷(喷)防护材料	m^2	601.89	84.35	50 769.42	29.98		
本页小计								82 982.06			

注:按照规费计算要求,须在表中填写人工费;招标人需以书面形式打印综合单价分析表的,请在备注栏内打√。

分部分项工程量清单与计价表

工程名称：1 号办公楼工程\1 号办公楼\房屋建筑与装饰　　　　标段：001　　　　第 12 页共 28 页

序号	项目编码	项目名称	项目特征描述	工程内容	计量单位	工程量	金额(元)				备注
							综合单价	合价	其中		
									人工费	材料及工程设备暂估价	
53	011001001002	保温隔热屋面（飘窗顶面）	(1)保温隔热材料品种、规格、厚度：50 mm 厚聚苯板	(1)基层清理 (2)刷黏结材料 (3)铺粘保温层 (4)铺、刷(喷)防护材料	m^2	20	125.92	2 518.4	19.37		
54	011001003001	保温隔热墙面【外墙】	(1)保温隔热面层材料品种、规格、性能：50 mm 聚苯板 (2)保温隔热部位：外墙	(1)基层清理 (2)刷界面剂 (3)安装龙骨 (4)填贴保温材料 (5)保温板安装 (6)粘贴面层 (7)铺设增强格网、抹抗裂、防水砂浆面层 (8)嵌缝 (9)铺、刷(喷)防护材料	m^2	1 310.61	126.59	165 910.12	29.84		
	本页小计							168 428.52			

注：按照规费计算要求，须在表中填写人工费；招标人需以书面形式打印综合单价分析表的，请在备注栏内打√。

分部分项工程量清单与计价表

工程名称:1 号办公楼工程\1 号办公楼\房屋建筑与装饰　　　　标段:001　　　　第 13 页共 28 页

序号	项目编码	项目名称	项目特征描述	工程内容	计量单位	工程量	金额(元)				备注
							综合单价	合价	其中		
									人工费	材料及工程设备暂估价	
55	011001003002	保温隔热墙面(飘窗底面)	(1)保温隔热面层材料品种、规格、性能:50 mm 厚聚苯板 (2)保温隔热部位:其他	(1)基层清理 (2)刷界面剂 (3)安装龙骨 (4)填贴保温材料 (5)保温板安装 (6)粘贴面层 (7)铺设增强格网、抹抗裂、防水砂浆面层 (8)嵌缝 (9)铺、刷(喷)防护材料	m^2	20	126.59	2 531.8	29.84		
56	011001003003	保温隔热墙面(飘窗四面侧面)	(1)保温隔热面层材料品种、规格、性能:50 mm 厚聚苯板 (2)保温隔热部位:其他	(1)基层清理 (2)刷界面剂 (3)安装龙骨 (4)填贴保温材料 (5)保温板安装 (6)粘贴面层 (7)铺设增强格网、抹抗裂、防水砂浆面层 (8)嵌缝 (9)铺、刷(喷)防护材料	m^2	20	126.59	2 531.8	29.84		
本页小计								5 063.6			

注:按照规费计算要求,须在表中填写人工费;招标人需以书面形式打印综合单价分析表的,请在备注栏内打√。

分部分项工程量清单与计价表

工程名称:1 号办公楼工程\1 号办公楼\房屋建筑与装饰　　标段:001　　第 14 页共 28 页

序号	项目编码	项目名称	项目特征描述	工程内容	计量单位	工程量	金额(元)				备注
							综合单价	合价	其中		
									人工费	材料及工程设备暂估价	
57	011001003004	保温隔热墙面-35 mm 厚聚苯板【外墙】	(1)保温隔热面层材料品种、规格、性能:35 mm 厚聚苯板 (2)保温隔热部位:外墙	(1)基层清理 (2)刷界面剂 (3)安装龙骨 (4)填贴保温材料 (5)保温板安装 (6)粘贴面层 (7)铺设增强格网、抹抗裂、防水砂浆面层 (8)嵌缝 (9)铺、刷(喷)防护材料	m^2	0.64	105.55	67.55	17.47		
		分部小计						224 329.09			
				楼地面装饰工程							
58	011101001001	水泥砂浆楼地面	(1)找平层厚度、砂浆配合比:水泥砂浆 1∶2.5 (2)素水泥浆遍数:1 遍 (3)面层厚度、砂浆配合比:20 mm 厚 2.5 水泥砂浆	(1)基层清理 (2)抹找平层 (3)抹面层 (4)材料运输	m^2	259.25	66.73	17 299.75	18.3		
		本页小计						17 367.3			

注:按照规费计算要求,须在表中填写人工费;招标人需以书面形式打印综合单价分析表的,请在备注栏内打√。

分部分项工程量清单与计价表

工程名称:1 号办公楼工程\1 号办公楼\房屋建筑与装饰　　标段:001　　第 15 页共 28 页

序号	项目编码	项目名称	项目特征描述	工程内容	计量单位	工程量	金额(元)				备注
							综合单价	合价	其中		
									人工费	材料及工程设备暂估价	
59	011101001002	水泥地面	(1)找平层厚度、砂浆配合比:水泥砂浆 1∶2.5 (2)素水泥浆遍数:1 遍 (3)面层厚度、砂浆配合比:20 mm 厚 1∶2.5 水泥砂浆	(1)基层清理 (2)抹找平层 (3)抹面层 (4)材料运输	m^2	38.64	14.98	578.83	9.36		
60	011101006001	平面砂浆找平层(屋面水泥砂浆找平层)	(1)找平层厚度、砂浆配合比:水泥砂浆,20 mm 厚	(1)基层清理 (2)抹找平层 (3)材料运输	m^2	601.89	29.49	17 749.74	11.63		
61	011101006002	平面砂浆找平层(40 mm 厚 1∶0.2∶3.5 水泥粉煤灰页岩陶粒找 2%)	(1)找平层厚度、砂浆配合比:40 mm 厚 1∶0.2∶3.5 水泥粉煤灰页岩陶粒找 2%	(1)基层清理 (2)抹找平层 (3)材料运输	m^2	601.89	104.53	62 915.56	29.35		
本页小计								81 244.13			

注:按照规费计算要求,须在表中填写人工费;招标人需以书面形式打印综合单价分析表的,请在备注栏内打√。

分部分项工程量清单与计价表

工程名称：1号办公楼工程\1号办公楼\房屋建筑与装饰　　　　标段：001　　　　第16页共28页

序号	项目编码	项目名称	项目特征描述	工程内容	计量单位	工程量	金额（元）				备注
							综合单价	合价	其中		
									人工费	材料及工程设备暂估价	
62	011102001001	大理石楼面（800 mm×800 mm）	(1)结合层厚度、砂浆配合比：30 mm厚1∶3干硬性水泥砂浆 (2)面层材料品种、规格、颜色：大理石800 mm×800 mm	(1)基层清理 (2)抹找平层 (3)面层铺设、磨边 (4)嵌缝 (5)刷防护材料 (6)酸洗、打蜡 (7)材料运输	m^2	451.59	282.85	127 732.23	48.22		
63	011102001002	大理石地面800 mm×800 mm	(1)面层材料品种、规格、颜色：800 mm×800 mm大理石	(1)基层清理 (2)抹找平层 (3)面层铺设、磨边 (4)嵌缝 (5)刷防护材料 (6)酸洗、打蜡 (7)材料运输	m^2	327.29	236.29	77 335.35	32.28		
本页小计								205 067.58			

注：按照规费计算要求，须在表中填写人工费；招标人需以书面形式打印综合单价分析表的，请在备注栏内打√。

分部分项工程量清单与计价表

工程名称:1 号办公楼工程\1 号办公楼\房屋建筑与装饰　　标段:001　　第 17 页共 28 页

序号	项目编码	项目名称	项目特征描述	工程内容	计量单位	工程量	金额(元)				备注
							综合单价	合价	其中		
									人工费	材料及工程设备暂估价	
64	011102003001	块料楼地面	(1)结合层厚度、砂浆配合比:6 mm 厚水泥砂浆 (2)面层材料品种、规格、颜色:彩釉砖	(1)基层清理 (2)抹找平层 (3)面层铺设、磨边 (4)嵌缝 (5)刷防护材料 (6)酸洗、打蜡 (7)材料运输	m^2	1 293.5	225.68	291 917.08	36.75		
65	011102003002	防滑地砖防水楼面	(1)结合层厚度、砂浆配合比:20 mm 厚干硬性水泥砂浆结合层 (2)面层材料品种、规格、颜色:400 mm×400 mm 防滑地砖	(1)基层清理 (2)抹找平层 (3)面层铺设、磨边 (4)嵌缝 (5)刷防护材料 (6)酸洗、打蜡 (7)材料运输	m^2	254.39	215.76	54 887.19	45.54		
本页小计								346 804.27			

注:按照规费计算要求,须在表中填写人工费;招标人需以书面形式打印综合单价分析表的,请在备注栏内打√。

分部分项工程量清单与计价表

工程名称:1 号办公楼工程\1 号办公楼\房屋建筑与装饰　　标段:001　　第 18 页共 28 页

序号	项目编码	项目名称	项目特征描述	工程内容	计量单位	工程量	金额(元)				备注
							综合单价	合价	其中		
									人工费	材料及工程设备暂估价	
66	011102003003	防滑地砖防水楼面(楼梯面层)	(1)结合层厚度、砂浆配合比:20 mm 厚干硬性水泥砂浆结合层 (2)面层材料品种、规格、颜色:400 mm×400 mm 防滑地砖	(1)基层清理 (2)抹找平层 (3)面层铺设、磨边 (4)嵌缝 (5)刷防护材料 (6)酸洗、打蜡 (7)材料运输	m^2	65.99	250.41	16 524.56	49.22		
67	011102003004	地砖地面 600 mm×600 mm	(1)结合层厚度、砂浆配合比:20 mm 厚干硬性水泥砂浆结合层 (2)面层材料品种、规格、颜色:600 mm×600 mm 地砖	(1)基层清理 (2)抹找平层 (3)面层铺设、磨边 (4)嵌缝 (5)刷防护材料 (6)酸洗、打蜡 (7)材料运输	m^2	116.09	228.52	26 528.89	37.21		
本页小计								43 053.45			

注:按照规费计算要求,须在表中填写人工费;招标人需以书面形式打印综合单价分析表的,请在备注栏内打√。

分部分项工程量清单与计价表

工程名称:1 号办公楼工程\1 号办公楼\房屋建筑与装饰　　标段:001　　第 19 页共 28 页

序号	项目编码	项目名称	项目特征描述	工程内容	计量单位	工程量	金额(元)				备注
							综合单价	合价	其中		
									人工费	材料及工程设备暂估价	
68	011102003005	防滑地砖 地面 300 mm×300 mm	(1)结合层厚度、砂浆配合比:20 mm 厚干硬性水泥砂浆结合层 (2)面层材料品种、规格、颜色:300 mm×300 mm 防滑地砖	(1)基层清理 (2)抹找平层 (3)面层铺设、磨边 (4)嵌缝 (5)刷防护材料 (6)酸洗、打蜡 (7)材料运输	m^2	85.11	232.76	19 810.2	34.58		
69	011105001001	水泥砂浆踢脚线	(1)踢脚线高度:100 mm (2)面层厚度、砂浆配合比:6mm 厚 1∶2.5 水泥砂浆石	(1)基层清理 (2)底层和面层抹灰 (3)材料运输	m^2	27.24	165.51	4 508.49	105.83		
70	011105002001	大理石踢脚	(1)踢脚线高度:100 mm (2)粘贴层厚度、材料种类:10 mm 厚 1∶2 水泥砂浆 (3)面层材料品种、规格、颜色:800 mm×100 mm 深色大理石	(1)基层清理 (2)底层抹灰 (3)面层铺贴、磨边 (4)擦缝 (5)磨光、酸洗、打蜡 (6)刷防护材料 (7)材料运输	m^2	46.65	327.18	15 262.95	105.19		
本页小计								39 581.64			

注:按照规费计算要求,须在表中填写人工费;招标人需以书面形式打印综合单价分析表的,请在备注栏内打√。

分部分项工程量清单与计价表

工程名称:1 号办公楼工程\1 号办公楼\房屋建筑与装饰　　　　标段:001　　　　第 20 页共 28 页

序号	项目编码	项目名称	项目特征描述	工程内容	计量单位	工程量	金额(元)				备注
							综合单价	合价	其中		
									人工费	材料及工程设备暂估价	
71	011105001002	水泥砂浆踢脚线	(1)踢脚线高度:100 mm (2)面层厚度、砂浆配合比:6 mm厚1∶2.5水泥砂浆	(1)基层清理 (2)底层和面层抹灰 (3)材料运输	m^2	103.72	165.49	17 164.62	105.82		
72	011105003002	块料踢脚线	(1)踢脚线高度:100 mm (2)粘贴层厚度、材料种类:8 mm厚水泥砂浆 (3)面层材料品种、规格、颜色:400 mm×100 mm 深色地砖	(1)基层清理 (2)底层抹灰 (3)面层铺贴、磨边 (4)擦缝 (5)磨光、酸洗、打蜡 (6)刷防护材料 (7)材料运输	m^2	146.91	218.28	32 067.51	114.19		
73	011107001001	石材台阶面	(1)黏结材料种类:30 mm 厚1∶4 硬性水泥 (2)面层材料品种、规格、颜色:20 mm 厚花岗岩	(1)基层清理 (2)抹找平层 (3)面层铺贴 (4)贴嵌防滑条 (5)勾缝 (6)刷防护材料 (7)材料运输	m^2	38.83	344.62	13 381.59	80.28		
		分部小计						795 664.54			
本页小计								62 613.72			

注:按照规费计算要求,须在表中填写人工费;招标人需以书面形式打印综合单价分析表的,请在备注栏内打√。

分部分项工程量清单与计价表

工程名称:1 号办公楼工程\1 号办公楼\房屋建筑与装饰　　标段:001　　第 21 页共 28 页

序号	项目编码	项目名称	项目特征描述	工程内容	计量单位	工程量	金额(元)				备注
							综合单价	合价	其中		
									人工费	材料及工程设备暂估价	
墙、柱面装饰与隔断、幕墙工程											
74	011201001001	墙面一般抹灰	(1)墙体类型:女儿墙 (2)底层厚度、砂浆配合比:12 mm 厚 1:3 水泥砂浆打底扫毛或划出纹道 (3)面层厚度、砂浆配合比:6 mm厚 1:2.5 水泥砂浆罩面	(1)基层清理 (2)砂浆制作、运输 (3)底层抹灰 (4)抹面层 (5)抹装饰面 (6)勾分格缝	m^2	101.57	51.23	5 203.43	31.15		
75	011204001001	石材墙面	(1)墙体类型:填充墙 (2)安装方式:安装	(1)基层清理 (2)砂浆制作、运输 (3)黏结层铺贴 (4)面层安装 (5)嵌缝 (6)刷防护材料 (7)磨光、酸洗、打蜡	m^2	172.98	666.14	115 228.9	103.4		
本页小计								120 432.33			

注:按照规费计算要求,须在表中填写人工费;招标人需以书面形式打印综合单价分析表的,请在备注栏内打√。

分部分项工程量清单与计价表

工程名称:1 号办公楼工程\1 号办公楼\房屋建筑与装饰　　标段:001　　第 22 页共 28 页

序号	项目编码	项目名称	项目特征描述	工程内容	计量单位	工程量	金额(元)				备注
							综合单价	合价	其中		
									人工费	材料及工程设备暂估价	
76	011204001002	石材墙面内墙裙	(1)墙体类型:内墙 (2)面层材料品种、规格、颜色:普通大理石	(1)基层清理 (2)砂浆制作、运输 (3)黏结层铺贴 (4)面层安装 (5)嵌缝 (6)刷防护材料 (7)磨光、酸洗、打蜡	m^2	84.31	569.02	47 974.08	122.96		
77	011204003001	面砖外墙	(1)墙体类型:外墙 (2)面层材料品种、规格、颜色:95 mm×95 mm 面砖	(1)基层清理 (2)砂浆制作、运输 (3)黏结层铺贴 (4)面层安装 (5)嵌缝 (6)刷防护材料 (7)磨光、酸洗、打蜡	m^2	117.95	215.03	25 362.79	107.28		
本页小计								73 336.87			

注:按照规费计算要求,须在表中填写人工费;招标人需以书面形式打印综合单价分析表的,请在备注栏内打√。

分部分项工程量清单与计价表

工程名称:1 号办公楼工程\1 号办公楼\房屋建筑与装饰　　标段:001　　第 23 页共 28 页

序号	项目编码	项目名称	项目特征描述	工程内容	计量单位	工程量	金额(元)				备注
							综合单价	合价	其中		
									人工费	材料及工程设备暂估价	
78	011204003002	瓷砖墙面 200 mm×300 mm	(1)墙体类型:填充墙 (2)面层材料品种、规格、颜色:200 mm×300 mm 瓷砖	(1)基层清理 (2)砂浆制作、运输 (3)层铺贴 (4)面层安装 (5)嵌缝 (6)刷防护材料 (7)磨光、酸洗、打蜡	m^2	641.14	208.32	133 562.28	103.49		
79	011204003003	面砖外墙	(1)墙体类型:外墙 (2)面层材料品种、规格、颜色:95 mm×95 mm 面砖	(1)基层清理 (2)砂浆制作、运输 (3)结层铺贴 (4)面层安装 (5)嵌缝 (6)刷防护材料 (7)磨光、酸洗、打蜡	m^2	275.38	215.03	59 214.96	107.28		
本页小计								192 777.24			

注:按照规费计算要求,须在表中填写人工费;招标人需以书面形式打印综合单价分析表的,请在备注栏内打√。

分部分项工程量清单与计价表

工程名称:1 号办公楼工程\1 号办公楼\房屋建筑与装饰　　标段:001　　第 24 页共 28 页

序号	项目编码	项目名称	项目特征描述	工程内容	计量单位	工程量	金额(元)				备注
							综合单价	合价	其中		
									人工费	材料及工程设备暂估价	
80	011204003004	面砖外墙	(1)墙体类型:外墙 (2)面层材料品种、规格、颜色:95 mm×95 mm 面砖	(1)基层清理 (2)砂浆制作、运输 (3)结层铺贴 (4)面层安装 (5)嵌缝 (6)刷防护材料 (7)磨光、酸洗、打蜡	m^2	838.33	215.03	180 266.1	107.28		
		分部小计						566 812.54			
				天棚工程							
81	011301001001	天棚抹灰	(1)基层类型:混凝土 (2)抹灰厚度、材料种类:7 mm、干混砂浆	(1)基层清理 (2)底层抹灰 (3)抹面层	m^2	80.54	27.54	2 218.07	18.68		
			本页小计					182 484.17			

注:按照规费计算要求,须在表中填写人工费;招标人需以书面形式打印综合单价分析表的,请在备注栏内打√。

分部分项工程量清单与计价表

工程名称:1 号办公楼工程\1 号办公楼\房屋建筑与装饰　　标段:001　　第 25 页共 28 页

序号	项目编码	项目名称	项目特征描述	工程内容	计量单位	工程量	金额(元)				备注
							综合单价	合价	其中		
									人工费	材料及工程设备暂估价	
82	011302001001	铝合金条板吊顶	(1)龙骨材料种类、规格、中距:U 型轻钢龙骨 (2)面层材料品种、规格:铝合金	(1)基层清理、吊杆安装 (2)龙骨安装 (3)基层板铺贴 (4)面层铺贴 (5)嵌缝 (6)刷防护材料	m^2	1 194.23	173.76	207 509.4	37.87		
83	011302001002	岩棉吸音板吊顶	(1)龙骨材料种类、规格、中距:T 型铝合金龙骨 (2)面层材料品种、规格:矿棉板	(1)基层清理、吊杆安装 (2)龙骨安装 (3)基层板铺贴 (4)面层铺贴 (5)嵌缝 (6)刷防护材料	m^2	84.07	147.73	12 419.66	28.46		
		分部小计						222 147.13			
本页小计								219 929.06			

注:按照规费计算要求,须在表中填写人工费;招标人需以书面形式打印综合单价分析表的,请在备注栏内打√。

分部分项工程量清单与计价表

工程名称:1 号办公楼工程\1 号办公楼\房屋建筑与装饰　　标段:001　　第 26 页共 28 页

序号	项目编码	项目名称	项目特征描述	工程内容	计量单位	工程量	金额(元)				备注
							综合单价	合价	其中		
									人工费	材料及工程设备暂估价	
			油漆、涂料、裱糊工程								
84	011407001001	墙面喷刷涂料-内墙面 1	(1)喷刷涂料部位:内墙 (2)涂料品种、喷刷遍数:乳胶漆两遍	(1)基层清理 (2)刮腻子 (3)刷、喷涂料	m^2	966.81	47.99	46 397.21	25.36		
85	011407001002	涂料墙面	(1)基层类型:15 mm 厚干混抹灰砂浆 (2)喷刷涂料部位:外墙 (3)涂料品种、喷刷遍数:高级丙烯酸外墙涂料无光	(1)基层清理 (2)刮腻子 (3)刷、喷涂料	m^2	63.6	86.54	5 503.94	39.5		
86	011407001003	涂料墙面(飘窗底面)	(1)基层类型:15 mm 厚干混抹灰砂浆 (2)喷刷涂料部位:外墙 (3)涂料品种、喷刷遍数:高级丙烯酸外墙涂料无光	(1)基层清理 (2)刮腻子 (3)刷、喷涂料	m^2	20	91.95	1 839	41.71		
			本页小计					53 740.15			

注:按照规费计算要求,须在表中填写人工费;招标人需以书面形式打印综合单价分析表的,请在备注栏内打√。

分部分项工程量清单与计价表

工程名称:1 号办公楼工程\1 号办公楼\房屋建筑与装饰　　标段:001　　第 27 页共 28 页

序号	项目编码	项目名称	项目特征描述	工程内容	计量单位	工程量	金额(元)				备注
							综合单价	合价	其中		
									人工费	材料及工程设备暂估价	
87	011407001004	涂料墙面(飘窗四面侧面)	(1)基层类型:15 mm 厚干混抹灰砂浆 (2)涂料品种、喷刷遍数:高级丙烯酸外墙涂料无光	(1)基层清理 (2)刮腻子 (3)刷、喷涂料	m^2	7.04	82	577.28	33.94		
88	011407002001	天棚喷刷涂料	(1)基层类型:干混抹灰砂浆 M10 (2)喷刷涂料部位:天棚 (3)涂料品种、喷刷遍数:内墙乳胶漆	(1)基层清理 (2)刮腻子 (3)刷、喷涂料	m^2	1 478.65	94.75	140 102.09	52.86		
89	011407002002	天棚喷刷涂料(楼梯底面装饰)	(1)基层类型:干混抹灰砂浆 M10 (2)喷刷涂料部位:楼梯底 (3)涂料品种、喷刷遍数:内墙乳胶漆	(1)基层清理 (2)刮腻子 (3)刷、喷涂料遍数内墙乳胶漆	m^2	104.71	94.51	9 896.14	52.73		
90	011407002003	天棚喷刷涂料	(1)涂料品种、喷刷遍数:内墙乳胶漆	(1)基层清理 (2)刮腻子 (3)刷、喷涂料	m^2	38.49	44.05	1 695.48	20.95		
		分部小计						206 011.14			
本页小计								152 270.99			

注:按照规费计算要求,须在表中填写人工费;招标人需以书面形式打印综合单价分析表的,请在备注栏内打√。

分部分项工程量清单与计价表

工程名称:1 号办公楼工程\1 号办公楼\房屋建筑与装饰　　标段:001　　第 28 页共 28 页

序号	项目编码	项目名称	项目特征描述	工程内容	计量单位	工程量	金额(元)				备注
							综合单价	合价	其中		
									人工费	材料及工程设备暂估价	
其他装饰工程											
91	011503001001	金属扶手、栏杆、栏板	(1)扶手材料种类、规格:不锈钢栏杆 (2)栏杆材料种类、规格:直径 50 mm	(1)制作 (2)运输 (3)安装 (4)刷防护材料	m	78.23	243.85	19 076.39	50.09		
92	011503002001	硬木扶手、栏杆、栏板	(1)扶手材料种类、规格:木扶手 (2)栏杆材料种类、规格:铁栏杆	(1)制作 (2)运输 (3)安装 (4)刷防护材料	m	38.34	338.78	12 988.83	98.52		
93	011506001001	雨篷吊挂饰面	(1)面层材料品种、规格:成品雨篷,3 850 mm×7 200 mm	(1)底层抹灰 (2)龙骨基层安装 (3)面层安装 (4)刷防护材料、油漆	m^2	26.82	383.84	10 294.59	116.42		
		分部小计						42 359.81			
本页小计								42 359.81			
合计								5 743 311.92			

注:按照规费计算要求,须在表中填写人工费;招标人需以书面形式打印综合单价分析表的,请在备注栏内打√。

措施项目清单汇总表

工程名称:1 号办公楼工程\1 号办公楼\房屋建筑与装饰　　标段:001　　第 1 页共 1 页

序号	项目名称	金额(元)
1	整体措施项目(总价措施费)	
1.1	其他措施项目费	
2	单项措施费(单价措施费)	1 021 074.98
合计		1 021 074.98

单价措施项目清单与计价表

工程名称:1 号办公楼工程\1 号办公楼\房屋建筑与装饰　　标段:001　　第 1 页共 7 页

序号	项目编码	项目名称	项目特征描述	工程内容	计量单位	工程量	金额(元)		备注
							综合单价	合价	
1	011702001001	基础模板	(1)基础类型:独立基础		m^2	78.64	117.77	9 261.43	
2	011702001002	基础模板	(1)基础类型:止水带,350 mm厚		m^2	48.23	113.42	5 470.25	
3	011702002001	矩形柱模板			m^2	629.77	141.53	89 131.35	
4	011702002002	矩形柱模板	(1)其他:支撑高度3.9 m		m^2	393.03	141.13	55 468.32	
5	011702003001	构造柱模板			m^2	110.48	132.86	14 678.37	
6	011702003002	构造柱模板	(1)其他:支撑高度3.9 m		m^2	89.85	132.89	11 940.17	
7	011702006001	矩形梁模板			m^2	883.37	145.53	128 556.84	
8	011702006002	矩形梁模板	(1)支撑高度 3.9 m		m^2	463	154.67	71 612.21	
9	011702008001	圈梁模板			m^2	155.7	111.34	17 335.64	
10	011702009001	过梁模板			m^2	157.4	152.92	24 069.61	
11	011702011006	直形墙模板			m^2	147.25	72.57	10 685.93	
12	011702011007	直形墙模板	(1)支撑高度 3.9 m		m^2	36.02	72.96	2 628.02	
13	011702014004	有梁板模板			m^2	1 565.81	102.1	159 869.2	
14	011702014005	有梁板模板	(1)支撑高度 3.9 m		m^2	222.78	123.7	27 557.89	
15	011702014006	有梁板模板			m^2	518	123.09	63 760.62	
本页小计								692 025.85	

注:1.按照规费计算要求,须在表中填写人工费;招标人需以书面形式打印综合单价分析表的,请在备注栏内打√。

2.单价措施项目费用应考虑企业管理费、利润和规费等因素。

单价措施项目清单与计价表

工程名称:1 号办公楼工程\1 号办公楼\房屋建筑与装饰　　标段:001　　第 2 页共 7 页

序号	项目编码	项目名称	项目特征描述	工程内容	计量单位	工程量	金额(元)		备注
							综合单价	合价	
16	011702016001	平板模板			m^2	39.66	117.11	4 644.58	
17	011702024001	楼梯模板			m^2	144.74	267.64	38 738.21	
18	011702027001	台阶模板			m^2	38.83	71.13	2 761.98	
19	011702029001	散水模板			m^2	8.35	161.02	1 344.52	
20	041102001001	垫层模板	(1)构件类型:垫层		m^2	15.78	69.44	1 095.76	
21	011702011008	直形墙模板	(1)其他:支撑高度3.9 m	(1)模板制作 (2)模板安装、拆除、整理堆放及场内外运输 (3)清理模板黏结物及模内杂物、刷隔离剂等	m^2	4.49	77.5	347.98	
22	011702011009	直形墙模板		(1)模板制作 (2)模板安装、拆除、整理堆放及场内外运输 (3)清理模板黏结物及模内杂物、刷隔离剂等	m^2	44.78	73.59	3 295.36	
本页小计								52 228.39	

注:1.按照规费计算要求,须在表中填写人工费;招标人需以书面形式打印综合单价分析表的,请在备注栏内打√。

2.单价措施项目费用应考虑企业管理费、利润和规费等因素。

单价措施项目清单与计价表

工程名称：1 号办公楼工程\1 号办公楼\房屋建筑与装饰　　标段：001　　第 3 页共 7 页

序号	项目编码	项目名称	项目特征描述	工程内容	计量单位	工程量	金额（元）		备注
							综合单价	合价	
23	011702011010	直形墙模板	(1)其他：支撑高度3.9 m	(1)模板制作 (2)模板安装、拆除、整理堆放及场内外运输 (3)清理模板黏结物及模内杂物、刷隔离剂等	m^2	457.72	74.54	34 118.45	
24	011702011012	直形墙模板		(1)模板制作 (2)模板安装、拆除、整理堆放及场内外运输 (3)清理模板黏结物及模内杂物、刷隔离剂等	m^2	18.27	72.38	1 322.38	
25	011702012002	弧形墙模板		(1)模板制作 (2)模板安装、拆除、整理堆放及场内外运输 (3)清理模板黏结物及模内杂物、刷隔离剂等	m^2	24.23	134.54	3 259.9	
本页小计								38 700.73	

注：1.按照规费计算要求，须在表中填写人工费；招标人需以书面形式打印综合单价分析表的，请在备注栏内打√。

2.单价措施项目费用应考虑企业管理费、利润和规费等因素。

单价措施项目清单与计价表

工程名称:1 号办公楼工程\1 号办公楼\房屋建筑与装饰　　标段:001　　第 4 页共 7 页

序号	项目编码	项目名称	项目特征描述	工程内容	计量单位	工程量	金额(元)		备注
							综合单价	合价	
26	011702013003	短肢剪力墙、电梯井壁模板	(1)其他:支撑高度3.9 m	(1)模板制作 (2)模板安装、拆除、整理堆放及场内外运输 (3)清理模板黏结物及模内杂物、刷隔离剂等	m^2	63.55	73.56	4 674.74	
27	011702013004	短肢剪力墙、电梯井壁模板	(1)其他:支撑高度3.9 m	(1)模板制作 (2)模板安装、拆除、整理堆放及场内外运输 (3)清理模板黏结物及模内杂物、刷隔离剂等	m^2	57.05	74.2	4 233.11	
28	011702014007	有梁板模板	(1)支撑高度:3.9 m	(1)模板制作 (2)模板安装、拆除、整理堆放及场内外运输 (3)清理模板黏结物及模内杂物、刷隔离剂等	m^2	10.46	111.2	1 163.15	
本页小计								10 071.00	

注:1.按照规费计算要求,须在表中填写人工费;招标人需以书面形式打印综合单价分析表的,请在备注栏内打√。

2.单价措施项目费用应考虑企业管理费、利润和规费等因素。

单价措施项目清单与计价表

工程名称:1 号办公楼工程\1 号办公楼\房屋建筑与装饰　　标段:001　　第 5 页共 7 页

序号	项目编码	项目名称	项目特征描述	工程内容	计量单位	工程量	金额(元)		备注
							综合单价	合价	
29	011702014008	有梁板模板	(1)支撑高度 3.9 m	(1)模板制作 (2)模板安装、拆除、整理堆放及场内外运输 (3)清理模板黏结物及模内杂物、刷隔离剂等	m_2	267.63	123.7	33 105.83	
30	011702014009	有梁板模板	(1)支撑高度 3.9 m	(1)模板制作 (2)模板安装、拆除、整理堆放及场内外运输 (3)清理模板黏结物及模内杂物、刷隔离剂等	m_2	11.64	115.54	1 344.89	
31	011702023002	雨篷、悬挑板、阳台板模板	(1)构件类型:飘窗板 (2)板厚度:100 mm	(1)模板制作 (2)模板安装、拆除、整理堆放及场内外运输 (3)清理模板黏结物及模内杂物、刷隔离剂等	m_2	139.15	173.98	24 209.32	
32	沪 011702034002	压顶模板			m^3	2.05	1 090.67	2 235.87	
本页小计								60 895.91	

注:1.按照规费计算要求,须在表中填写人工费;招标人需以书面形式打印综合单价分析表的,请在备注栏内打√。

2.单价措施项目费用应考虑企业管理费、利润和规费等因素。

单价措施项目清单与计价表

工程名称:1 号办公楼工程\1 号办公楼\房屋建筑与装饰　　　　标段:001　　　　第 6 页共 7 页

序号	项目编码	项目名称	项目特征描述	工程内容	计量单位	工程量	金额(元)		备注
							综合单价	合价	
33	011703001001	垂直运输		(1)垂直运输机械的固定装置、基础制作、安装 (2)行走式垂直运输机械轨道的铺设、拆除、摊销	m^2	2 425.39	32.06	77 758	
34	沪 011703002001	基础垂直运输		(1)垂直运输机械的固定基础制作、安装、拆除 (2)建筑物单位工程合理工期内完成全部工程项目所需的全部垂直运输	m^3	316.76	0.68	215.4	
35	011705001001	塔吊进出场及安拆		(1)安拆费包括施工机械、设备在现场进行安装拆卸所需人工、材料、机械和试运转费用以及机械辅助设施的折旧、搭设、拆除等费用 (2)进出场费包括施工机械、设备整体或分体自停放地点运至施工现场或由一施工地点运至另一施工地点所发生的运输、装卸、辅助材料等费用	台次	1	6 000	6 000	
	本页小计							83 973.40	

注:1.按照规费计算要求,须在表中填写人工费;招标人需以书面形式打印综合单价分析表的,请在备注栏内打√。

2.单价措施项目费用应考虑企业管理费、利润和规费等因素。

单价措施项目清单与计价表

工程名称:1 号办公楼工程\1 号办公楼\房屋建筑与装饰　　标段:001　　第 7 页共 7 页

序号	项目编码	项目名称	项目特征描述	工程内容	计量单位	工程量	金额(元)		备注
							综合单价	合价	
36	011705001002	挖掘机		(1)安拆费包括施工机械、设备在现场进行安装拆卸所需人工、材料、机械和试运转费用以及机械辅助设施的折旧、搭设、拆除等费用 (2)进出场费包括施工机械、设备整体或分体自停放地点运至施工现场或由一施工地点运至另一施工地点所发生的运输、装卸、辅助材料等费用	台次	1	2 000	2 000	
37	011701001005	综合脚手架	(1)建筑结构形式:框架结构 (2)檐口高度:14.85 m	(1)场内、外材料搬运 (2)搭、拆脚手架、斜道、上料平台 (3)安全网的铺设 (4)选择附墙点与主体连接 (5)测试电动装置、安全锁等 (6)拆除脚手架后材料的堆放	m^2	3 236.83	25.08	81 179.7	
本页小计								83 179.70	
合计								1 021 074.98	

注:1.按照规费计算要求,须在表中填写人工费;招标人需以书面形式打印综合单价分析表的,请在备注栏内打√。

2.单价措施项目费用应考虑企业管理费、利润和规费等因素。

其他项目清单汇总表

工程名称:1 号办公楼工程\1 号办公楼\房屋建筑与装饰　　标段:001　　第 1 页共 1 页

序号	项目名称	金额(元)	备注
1	暂列金额	1 000 000	填写合计数 (详见暂列金额明细表)
2	暂估价	800 000	
2.1	材料及工程设备暂估价	—	详见材料及设备暂估价表
2.2	专业工程暂估价	800 000	填写合计数 (详见专业工程暂估价表)
3	计日工	—	详见计日工表
4	总承包服务费	—	填写合计数 (详见总承包服务费计价表)
合计		1 812 060	

注:材料及工程设备暂估价此处不汇总,材料及工程设备暂估价进入清单项目综合单价。

暂列金额明细表

工程名称:1 号办公楼工程\1 号办公楼\房屋建筑与装饰　　标段:001　　第 1 页共 1 页

序号	项目名称	计量单位	暂定金额(元)	备注
1	暂列金额	元	1 000 000	
	合计		1 000 000	

注:此表由招标人填写,在不能详列情况下,可只列暂列金额总额,投标人应将上述暂列金额计入投标总价中。

专业工程暂估价表

工程名称:1 号办公楼工程\1 号办公楼\房屋建筑与装饰　　标段:001　　第 1 页共 1 页

序号	项目名称	拟发包(采购)方式	发包(采购)人	金额(元)
1	玻璃幕墙工程	公开招标	乙方	800 000
合计				800 000

注:此表由招标人填写,投标人应将上述专业工程暂估价计入投标总价中。

计日工表

工程名称:1 号办公楼工程\1 号办公楼\房屋建筑与装饰　　标段:001　　第 1 页共 1 页

编号	项目名称	单位	数量	综合单价	合价
1	人工				
1.1	木工	工日	10	280	2 800
1.2	瓦工	工日	10	280	2 800
1.3	钢筋工	工日	10	280	2 800
人工小计					8 400
2	材料				
2.1	水泥		5	460	2 300
2.2	黄沙		5	72	360
材料小计					2 660
3	机械				
3.1	载重汽车		1	1 000	1 000
机械小计					1 000
合计					12 060

注:此表由投标人根据以往工程施工案例及工程实际情况填报,综合单价应考虑企业管理费、利润和规费因素,有特殊要求请在备注栏内说明。

规费、税金项目清单计价表

工程名称:1 号办公楼工程\1 号办公楼\房屋建筑与装饰　　标段:001　　第 1 页共 1 页

序号	项目名称	计算基础	费率(%)	金额(元)
1	规费	社会保险费+住房公积金		554 112.15
1.1	社会保险费	管理人员部分+施工现场作业人员		522 686.81
1.1.1	管理人员部分	分部分项人工费_建筑与装饰+单价措施人工费_建筑与装饰+专业工程暂估价人工费_建筑与装饰	4.56	73 112.02
1.1.2	施工现场作业人员	分部分项人工费_建筑与装饰+单价措施人工费_建筑与装饰+专业工程暂估价人工费_建筑与装饰	28.04	449 574.79
1.2	住房公积金	分部分项人工费_建筑与装饰+单价措施人工费_建筑与装饰+专业工程暂估价人工费_建筑与装饰	1.96	31 425.34
2	增值税	分部分项合计+措施项目合计+其他项目合计+规费	9	821 750.31
合计				1 375 862.46

注:在计算税金时,应扣除按规不计税的工程设备费用。